U0278164

国家社科基金项目结项成果

中原智库丛书·学者系列

古代黄河中下游地区生态环境变迁与城镇兴衰研究

Research on the Vicissitudes of the Ecological Environment
and the Rise and Fall of Towns in the Middle and Lower Reaches
of the Yellow River in Ancient Times

田 冰 等／著

社会科学文献出版社
SOCIAL SCIENCES ACADEMIC PRESS (CHINA)

序 言

侯甬坚

2010年的9月初，河南省社会科学院的田冰博士从郑州打来电话，自我介绍后，她说自己今年获得了国家社科基金项目，名称是"古代黄河中下游地区生态环境变迁与城镇兴衰研究"，类别是青年项目。随即向我说出自己有申请进入陕西师范大学中国史博士后流动站的想法，好一边学习历史地理学，一边在西安认真地展开自己主持的科研项目的研究。

我又问了一些相关的情况，觉得田冰带自己的项目来陕师大进站，想法是为了做好国家社科项目，其初衷是很不错的，理应给予支持。因为我所工作的单位，是著名历史地理学家史念海先生早先建立的中国历史地理研究所，2000年又进入教育部主管的百所人文社会科学重点研究基地之行列，作为国内培养历史地理学专门人才的研究机构，是具有接纳相关人员在这里提高专业技能的职责的，何况田冰这样的年轻人还有要把获得的基金项目做好做扎实的朴素想法。

田冰进站的时间是2011年3月，出站的时间2014年的3月，在学校提供的博士生公寓里、培养单位里、图书馆里，她真是待了很不短的时间，在学校研究写作，也有听课、听学术报告、参加考察活动等事项。——田冰是2009年6月从河南大学毕业的，那时刚获得历史学博士学位，做的论文题目是"明代官员谥号研究"（2012年由中国社会科学出版社出版），接下来再做黄河地区生态环境变迁的项目，当然是在做很不一样的另一项工作。

在我自己印象中的中国人，自幼及长在传统文化的熏陶中，都懂一些沧海桑田、沧桑巨变的道理，可是真正要做起关系到沧海桑田过程的学问，那就完全是另一回事了。如田冰在本书"后记"里所说，"尤其是历史地理研究，是跨学科研究，涉及历史学、地理学、灾害学、生物学等，没有宽广的胸怀，去学习吸纳其他学科知识，想做好历史地理方面的研究实属不易"。那时知道田冰很在意自己主持的国家社科基金项目，我就对她说"有多大的胸怀，就会有多大的舞台"，意思为这舞台是靠自己的努力奋斗争取来的，鼓励她坚持不懈，努力研究，力求做出一番出色的科研工作。

其实，在学人经常性的研究中，大都有一个所做学问及某一种学问本身必有的时代背景，是需要有所解说才易于明白的。就拿"古代黄河中下游地区生态环境变迁与城镇兴衰研究"这一项目名称来说，涉及这类研究兴起的时代背景，是在中国的改革开放初期。大背景是战后的六七十年代，国际社会主要国家出现了诸多环境预警的信号，在 1962 年美国海洋生物学家蕾切尔·卡逊出版《寂静的春天》，到 20 世纪 70 年代《增长的极限》《人类处在转折点——罗马俱乐部研究报告》等书籍陆续问世之间，整个世界在彷徨、踌躇中走向了目标择定，就是越来越明确地认识到环境保护在世界范围内的重要性，于是就有了诸多的行动。这包括 1972 年 6 月联合国在斯德哥尔摩召开的人类环境会议，这次会议在中国有"人类第一次专门为环境问题而举行的国际大会"之说；1992 年 9 月联合国在里约热内卢召开的环境与发展大会，中国派出代表团参加，大会通过了《里约环境与发展宣言》（即"地球宪章"），这次会议在中国有"第二座里程碑"之称。详情可以参阅中国环境报社编译的《迈向 21 世纪——联合国环境与发展大会文献汇编》（中国环境科学出版社 1992 年版）。在这中间，中国和许多国家都增加了对环境保护思想的认识力度，加大了对环境保护事业的投入，1983 年 12 月中国政府甚至把环境保护列为基本国策。从那时起，国内学术界不少学人，开始用环境保护的思路和眼光，打量和分析起中国历史上的环境问题。

"古代黄河中下游地区生态环境变迁与城镇兴衰研究"项目名称是一个

关系式结构的表达，以"与"字前面的内容为 A，后面的内容为 B，则有"A 与 B"相互关系的探讨内容，且是以 A 为主要内容，其中要探讨的是 A 的基本面貌及其变化怎样造成了 B 的兴衰，这是 20 世纪八九十年代至今，在中国学术界很流行的一种研究思路和研究内容的表达方式。其研究特点，是首先考虑自然界方面的地理环境，在自然力及人类活动作用下产生过什么变化，在弄清楚这个方面的变化后，再探讨人类社会里面的城镇之兴衰，究竟与生态环境方面的变化有什么关系。田冰所做的原有设计，是在古代黄河中下游地区的时空范围内展开，当然是一项长时段、人地关系研究风格明显的课题设计。

　　本书在"绪论"之后，逐章论述了古代本研究区城镇的发展轨迹、古代社会发展与本研究区生态环境的变迁、古代本研究区生态环境变迁对城镇兴衰的影响、古代本研究区生态环境灾变与城镇灾害的应对机制这些内容。从中可见，城镇是全书最重要的研究内容，有三章分别从发展轨迹、生态环境变迁的影响、生态环境灾变与城镇灾害的应对机制论述到它。而生态环境变迁的研究是支持城镇兴衰内容展开的必要条件，故而有一章专论"古代社会发展与黄河中下游地区生态环境的变迁"。具体做法是先将古代社会分为五个阶段，每一阶段是从人口与农业、土地垦殖、畜牧业、森林资源、黄河及其支流开发利用的情况，来判断生态环境变迁的情况。这一章对研究区生态环境变迁的情况也做出了不同阶段上的判断，即第一阶段运用了不少考古资料，来揭示社会生产力低下时地理环境的基本面貌，前后三个阶段是生态环境的退化时期，中间一个阶段是生态环境的好转时期（魏晋南北朝）。这一部分形成的总的学术见解是，先秦时期黄河中下游地区优越的生态环境给人类发展繁衍提供了物质基础，随着人口不断增长以及社会生产力的提高，黄河中下游地区自然资源被过度利用，不过不同时代的人们也在不断地对自然资源进行修复，使黄河流域生态环境与发展得以保护和持续发展。

　　这部书稿的价值，分布在全书的不少章节里，主要还是在论述研究区生态环境变迁对城镇兴衰的影响的专章里（第四章）。这一部分的明显特点，是运用生态经济学的新理论，从古代黄河中下游地区生态环境变迁的视角对

3

城镇兴衰影响进行了系统的研究。分而述之，作者论述到水文（分为优越的水环境、水文恶化两种情形）及河道变迁对城镇发展的影响，气候、土壤等自然条件的变化对城镇发展的影响，还将分出的古代都城（以邺城为例）、省城（以明清开封城为例）、府（州）城（以明清泗州城为例）、县（镇）城（以清代清江浦为例）四个城镇等级，分别做出了个案的实例，来揭示生态环境变迁与城镇兴衰之间的关系。在"绪论"里，已有作者对类似论题阐发的基本认识，即："人类与自然环境都处于一个动态变化的过程，最能反映人类发展变化速度的城镇有兴有衰，其影响因素众多，生态环境是重要因素之一，其中生态环境中的水因素是城镇发展的生命线，它可以兴城，也可以毁城。"这些实例在不同程度上，均可以作为作者所强调的看法的论证依据。

田冰告知我，这本小书只能说是对古代黄河中下游地区生态环变迁与城镇兴衰的概括解说，言下之意，还有许多工作需要做。我自忖，这些工作包括古代黄河中游、下游地区的生态环境变迁有什么不同；书中所论述到的生态环境变迁的幅度有多大；前者（A）及于城镇的影响，可以采用什么样的方法，表示出一种整体性的评判；怎样在学术界已有研究的整理分析基础上，针对一些疑难点或业已提出的关键问题，展开甚有力度的专题研究；将有效的时间和精力，怎样投入对于项目工作具有引领作用的论述方面；等等。

我认为，这部著作的全部文字，自然显示了作者田冰的学术追求和责任担当，尤其是她的四位合作者的鼎力相助。当年由于什么缘故，她从纯历史风格的明代官员谥号研究，转入生态环境变迁与城镇兴衰方面的研究上来，我并没有询问过，猜测是与她的老领导程有为先生有关，因为程有为先生撰写过《黄河中下游地区水利史》（河南人民出版社 2007 年版），可能是程有为先生这部《黄河中下游地区水利史》著作的内容吸引了她，之后才有上述国家社科基金项目的申报。在田冰 2014 年 3 月从陕西师范大学中国史博士后流动站出站之后到现今，已历时十年，这部《古代黄河中下游地区生态环境变迁与城镇兴衰研究》著作就要问世了，我对田冰研究员撰写的这部著作的出版问世，自然要表示热烈的祝贺！

最后要说的是，我们指导的这些博士生、博士后出版著作时，为什么很想找自己的老师写一篇序言，我想作为他们各自的第一本书或用心力写出的书，首先是受传统文化、师承方式的影响，想借此机会感谢老师的指导和培养，并得到老师肯定自己的学习收获后写出的文字，同时也希望再得到老师的一些指教。——对此，我一直感到是无法推辞的，一应承后马上就进入思考状态，思考怎么样把这篇序言写得符合实际情况，既介绍好作者的基本情况，对著作的价值做出率真的评价，还要给作者提出期望研究下去的内容和方向。在此连带写出这些想法，也希望各位读者理解这一点。

2024 年 12 月 18 日，西安

目　录

第一章

绪 论

第一节 研究范围与概念的界定

一 研究范围的界定

黄河中下游的分界线借用学界公认的标准，自内蒙古托克托县河口村以下至河南郑州桃花峪为中游，桃花峪至入海口为下游。历史时期，黄河干流在中游地区的变化不甚明显，下游地区的变化则非常大。自史籍记载的周定王五年（前602）黄河第一次大改道至咸丰五年（1855）于铜瓦厢改道北流的2400多年间，黄河下游河道像一条长龙，在邹逸麟先生所界定的黄淮海平原[①]上摆动，致使河南中东部、河北中南部、山东西北部和西南部、安徽和江苏的北部等广大地区的水环境、土壤、植被等自然环境以及城镇、水运交通等人文环境都发生了巨大变化。因此，本书选择古代黄河中下游地区作

[①] 邹逸麟：“黄淮海平原是我国最大的平原之一，位于东经113°至121°，北纬32°至40°30′之间，北起燕山南麓；南抵桐柏山、大别山北麓和通扬运河；西起太行山、嵩山东麓，东临渤海和黄海，并以海拔100~200米等高线与鲁中南山地分界，总面积38.7万平方公里。在流域上主要包括滦河、海河、黄河、淮河等流域的中下游地区，以及源于鲁中山地的一些中小河流下游地区。在地貌形态上，主要包括山前洪积冲积扇形平原、冲积平原以及海积平原三种类型。整个平原以黄河干道为分水脊，北面由西南向东北倾斜；南面则由西北向东南倾斜，形成了一个微向渤海、黄海倾斜的大冲积平原。”邹逸麟主编《黄淮海平原历史地理》，安徽教育出版社，1997，“前言”第1页。

为研究范围，旨在就黄河中下游区域内各生态要素变化及其之间相互影响、彼此作用的情况进行整体考察，以期揭示古代黄河中下游地区生态环境变迁与城镇兴衰的内在联系和基本规律，为当今黄河流域生态环境建设与城镇发展提供借鉴。

具体而言，黄河中下游地区的范围包括中游地区和下游地区。中游地区是指内蒙古托克托的河口村以下、河南荥阳桃花峪以上的黄河及其支流流经的地区，主要有无定河、渭河、汾河、沁河、伊河、洛河及其他小支流流经的地区。黄河中游河段及其支流与漳河上游流经的地形区是黄土高原东部，大致范围与程有为先生所说的基本相同，即"以内蒙古自治区的凉城为顶点，向西南经托克托、陕西省定边县、宁夏回族自治区泾源县到甘肃省的渭源县一线为一边；从凉城向南经山西省宁武县、榆次市、陵川县到河南荥阳桃花峪为另一边；从甘肃渭源向东经天水、陕西省太白、洛南、河南栾川到荥阳桃花峪为第三边，组成的一个三角形地区"①。黄河下游地区的界定以古代黄河流经及河患波及的区域为研究范围，以河南荥阳市为顶点，向东北经修武、林州，河北省邯郸市、巨鹿县、南宫市、沧州市和天津市一线以南地区；向东南经郑州、许昌、周口，安徽界首市、阜阳市、寿县，江苏淮安、滨海一线以北地区；从天津向南经河北黄骅市、海兴，山东东营垦利区、潍坊寿光市、济南莱芜区、枣庄市，江苏邳州市、淮安市、滨海县一线以西的广大地区，也构成一个三角形地区。在黄河下游三角形区域内，历史时期都曾遭遇过黄河改道决溢的侵害。自战国至南宋建炎二年（1128）东京留守杜充决河之前，黄河下游改道主要发生在泰山北麓至太行山东麓地区，"东行至泰山之麓，则决而西；西行至西山（按：太行山的别称）之麓，则决而东"②，造成这一区域其他河流河道紊乱，如秦、西汉时的漳河在今河北沧州市南皮县附近汇入黄河，经天津入渤海；东汉时，黄河下游河道南移至今山东东营市利津县附近注入渤海，此时漳河独流入海。东汉至唐

---

① 程有为主编《黄河中下游地区水利史》，河南人民出版社，2007，第4页。
② （宋）陈均编，许沛藻等点校，《皇朝编年纲目备要》卷二三，中华书局，2006，第562页。

末五代时期，黄河出现一个长期安流的局面①。进入北宋以后，黄河下游河道流经了 800 多年的冀鲁交界之地，地面渐高，而隋唐大运河以西至太行山东麓地区，"未经淤填，比之他处地形最下，故河水自择其处，决而北流，直至瀛、莫之郊，地势北高，河遂东折入海"②，黄河改道北流，此时漳河又汇入黄河，"漳河源于西山，由磁、洺州南入冀州新河镇，与胡卢河合流，其后变徙，入于大河"③，不仅漳河河道被黄河侵夺，其北的滹沱河、桑干河等河的下游河段都被黄河所夺。至北宋末年，黄河在太行山东麓至山东泰山之间的河北平原行水长达千年有余，导致河北、山东一带地势显著淤高，已成"弃之高地"，改道南行是唯一选择。南宋建炎二年（1128），杜充在李固渡（今河南滑县西南沙店南）人为决河是黄河改道向东南流的催化剂，黄河"自泗入淮以阻金兵"④。金章宗明昌五年（1194）之前，黄河北流的一支还存在，到"金明昌中，北流绝，全河皆入淮"⑤，黄河完成改道南流，这是黄河历史上的一次重大改道。自此以后，黄河离开了历时数千年东北流向渤海的河道，改由山东西南部汇泗水入淮河为主的河道，黄河下游河道在豫东南至鲁西南之间摆动。

此外，黄河是古代运河的主要水源。战国时期，魏国以黄河为水源，开凿了沟通黄河与淮河的人工河道，史称"鸿沟"。鸿沟自今河南荥阳北引黄河水向东流入圃田泽，经过中牟北部，至今开封城北，绕城后转向南流，经扶沟之东，太康之西，至淮阳之北，屈而东流，再经淮阳东面南流入颍水⑥，且"与济、汝、淮、泗会"⑦，使战国时中原地区的济水、颍水、汴

---

① 谭其骧：《何以黄河在东汉以后会出现一个长期暗流的局面》，《黄河史论丛》，复旦大学出版社，1986，第 72~101 页。

② （宋）苏辙：《论黄河东流札子》，《栾城集》卷四六，《景印文渊阁四库全书》，台湾商务印书馆，1986 年影印本，集部，第 1112 册，第 542 页。

③ （元）脱脱等：《宋史》卷九五《河渠五》，中华书局，1977，第 2351 页。

④ （元）脱脱等：《宋史》卷二五《高宗纪》，中华书局，1977，第 459 页。

⑤ （清）张廷玉等：《明史》卷八三《河渠一·黄河上》，中华书局，1974，第 2013 页。

⑥ 屈弓：《浅谈汴河沿革》，唐宋运河考察队编《运河访古》，上海人民出版社，1986，第 138 页。

⑦ （汉）司马迁：《史记》卷二九《河渠书》，中华书局，1959，第 1407 页。

水、汝水、涡水、睢水、濮水、菏水、泗水等河水得以连通，第一次连通了黄河与淮河两大水系，而便利的水运交通成就了魏国的强盛。汉代的汴渠（亦称浪荡渠）、隋唐大运河、唐以后的汴河都是在鸿沟的基础上修浚、拓展的沟通南北的人工河道。明清时期的京杭大运河更是与黄河结下了不解之缘，治黄保漕成为两代的重要国事。

本书以黄河及其支流为主线，就历史时期流域内人类活动和各生态要素的变迁与城镇兴衰的相互作用、相互影响予以阐述分析。在研究时间上，有时需向史前追述，以此作为铺垫，更好地解读黄河中下游地区生态环境变迁与城镇兴衰的外在表现和内在关联；在研究地域上，以界定的黄河中下游地区为主，但是黄河中下游地区不是一个孤立的区域，它的发展变化跟其他地区也有间接关系，故研究内容会因时、因地调整，把古代黄河中下游地区的生态环境变迁与城镇兴衰放在一个长时段、大范围内进行研究，以期得出相对科学的结论。

二　生态环境和城镇概念的界定

1. 生态环境

生态环境的概念有一个产生、发展和不断完善的过程，不是"生态"与"环境"的简单组合，二者之间有着天然的联系。生态一词，通常指生物在一定自然环境下生存和发展的状态，也指生物的生理特性和生活习性。随着人类社会的发展以及人类对物质财富和精神财富需求的不断增长，生态的内涵和外延日益丰富，被广泛应用在各个领域，意在指代事物美好的一面，或者自然的一面。本书中的"生态"一词借用生态学的定义，"研究生物生存条件、生物及其群体与环境相互作用的过程及其规律的科学，其目的是指导人与生物圈（即自然、资源及环境）的协调发展"[①]。生态是指一定自然环境下的生态，离开了自然环境，生态就成了无源之水、无本之木。构成自然环境的要素有地形、河流、土壤、植被、气候等，这些在人类诞生之

---

① 曹凑贵主编《生态学概论》，高等教育出版社，2006，第2页。

前早已存在，甚至可以说伴随地球生命的诞生而同步出现，只是不同历史时期会有不同程度的变化而已。特别是进入文明时代以后，构成自然环境要素的山川、土壤、植被、动物等除了自然属性外，生活在其中的不同历史时期的人类赋予了其更多新的内涵，历代有关自然环境要素利用的制度、政策、法规以及人类活动与自然环境相互作用、彼此影响的内容都是环境的组成部分，这就是内容丰富多彩的环境史所涵盖的范畴。

20 世纪 80 年代以来，随着人类活动强度的激增和活动范围的日益扩大，全球性环境问题日益严重，世界各国都在积极探寻既能使经济社会可持续发展，又能使环境得到改善与优化的途径和方略。在此背景下，"生态环境"一词应运而生。侯甬坚先生在《"生态环境"用语产生的特殊时代背景》[①] 一文中对"生态环境"这一术语的产生过程予以追述，即在 1980～1982 年第五届全国人大宪法修改过程中，将草案中的"生态平衡"一词改为"生态环境"，并写入宪法。从中可以看到，生态环境一词产生于国家立法层面，其重要性不言而喻。学术界于 2005 年 5 月开展了对"生态环境""生态环境建设"概念的研讨。侯甬坚先生认为"生态环境"非严格意义上的科技名词，在学术研究和社会实践的技术操作层面上，以"生态与环境"的表达为宜。然而，为简便表达，"生态环境"这一术语还是被一些学者使用。同时，一些从事中国古代史、历史地理研究的学者从本学科出发，对生态环境进行了界定，为从事历史时期生态环境变迁研究提供了理论指导。

中外学者更多的是运用环境史概念，较少使用生态环境史的概念，于是关于环境史的概念有多种，以致有人说，"在环境史领域，有多少学者就有多少环境史定义"[②]。这种情况主要是由环境史学者的学术背景之差异造成

---

① 侯甬坚：《"生态环境"用语产生的特殊时代背景》，《中国历史地理论丛》2007 年第 1 辑。

② 美国学者唐纳德·休斯认为环境史"是一门历史，通过研究作为自然一部分的人类如何随着时间的变迁，在与自然其余部分互动的过程中生活、劳作与思考，从而推进对人类的理解"。参见〔美〕唐纳德·休斯《什么是环境史》，梅雪芹译，北京大学出版社，2008，第 4 页。

的。中外知名学者对环境史概念的界定①，基本以阐释历史上人类活动与自然环境之间的相互关系为核心内容，吻合生态学的定义，这也是生态环境一词能够被普遍使用的一个重要推因。也有少数学者直接从人类生态学角度对环境史概念进行解读②。由此可知，在一些环境史学者的研究成果中之所以有环境史与生态环境史交替使用的情况，是因为生态环境史与环境史有交集。就笔者目前所见，很多环境史学者在使用"生态环境"这一术语，而赋予"生态环境"之科学含义的却寥寥无几，陕西师范大学朱士光先生解读了"生

① 刘翠溶、〔英〕伊懋可主编《积渐所至：中国环境史论文集》，台北"中央研究院"经济研究所，2000，第1～8页；澳大利亚国立大学的伊懋可认为，"环境史被更精确地定义为，透过历史时间来研究特定的人类系统与其他自然系统相会的界面。我们大部分以'其他自然系统'来指气候、地形、岩石、土壤、水、植被、动物和微生物，或以另一种方式说，在地球上或接近地球表面的生物地球化学的系统，这些系统生产和制造能量与人力可及的资源，并重新利用废物"；台湾的环境史学者刘翠溶先生与伊懋可对环境史的认知类同，她认为"目前习用的'环境史'（environmental history）一词是指历史见证的不再只是个人生死的故事，而是关于社会与物种及其与周遭环境的关系。环境史与当代环境主义思潮有关，而后者之思想渊源可上溯至17～18世纪一些西欧人对陌生的热带地区环境之实际经验"；包茂宏在《环境史：历史、理论和方法》（《史学理论研究》2000年第4期）中认为，"环境史就是以建立在环境科学和生态学基础上的当代环境主义为指导，利用跨学科的方法，研究历史上人类及其社会与环境之相互作用的关系；通过反对环境决定论、反思人类中心主义文明观来为濒临失衡的地球和人类文明寻找一条新路，即生态中心主义文明观"；梅雪芹在《环境史学与环境问题》（人民出版社，2004，第46页）中认为，"环境史是研究由人的实践活动联结的人类社会与自然环境互动过程的历史学新领域；景爱在《环境史：定义、内容与方法》（《史学月刊》2004年第3期）中认为"环境史是研究人类与自然的关系史，它的对象'不是环境变迁，而是人类与自然物质交换、能量交换的历史过程及其结果'"。

② 王利华先生将"人类生态系统"视作环境史学的一个核心概念，据此对环境史进行了新的定义："环境史运用现代生态学思想理论，并借鉴多学科方法处理史料，考察一定时空条件下人类生态系统产生、成长和演变的过程。它将人类社会和自然环境视为一个互相依存的动态整体，致力于揭示两者之间的双向互动（彼此作用、互相反馈）和协同演变的历史关系和动力机制。"参见王利华：《生态环境史的学术界域与学科定位》，《学术研究》2006年第9期。高国荣认为："大致也可以说，对环境史学而言，它研究的是历史上各个特定的、不同时空条件下的人类生态系统，其中人是主体，相对于人而言，自然就构成人类生态系统中的环境。""环境史是在战后环保运动推动之下在美国率先出现、以生态学为理论基础、着力探讨历史上人类社会与自然环境之间的相互关系以及以自然为中介的社会关系的一门具有鲜明批判色彩的新学科。"参见高国荣《什么是环境史？》，《郑州大学学报》（哲学社会科学版）2005年第1期。

态环境"的内涵，向学术界贡献了他的真知灼见。朱先生多年从事自然地理环境与人文地理环境变迁研究，他结合自己的实践体验与理论思考，遵循"人地关系"理念，对"生态环境"进行了如下阐述："生态环境是由人或人类社会与其周围之自然环境要素及人文环境要素组成的互动性复合型环境。这一定义表明，生态环境是自人类社会产生以后才广泛出现于地球上的新型环境；在生态环境中，人或人类社会与其周围之自然环境要素、人文环境要素处于对等的地位，组成一个对立统一的整体；在生态系统中，人或人类社会与其周围的自然环境要素、人文环境要素之间的影响和作用是双向的复合型的。"朱士光先生从环境史研究领域应建立一批分支学科角度，提出"居于下层之部门性或区域性环境史研究，都当列入生态环境史之范畴"①。"生态环境"较之"环境"而言，本身就彰显了生态学的原则，更为直接地突出了环境史学科之实质是人与自然的关系。侯甬坚先生就国内对"生态环境建设"一词产生的一些误解和误导问题，建议"需要逐步将'生态环境建设'的提法改为'生态与环境的保护、修复和改善'，其理由是生态不能涵盖环境的所有问题（例如污染问题）"②。环境污染问题是近代化工业革命的产物，若研究的问题在清代以前的小农社会，环境污染问题是不存在的。据此，环境史学者在研究古代环境问题时，就可以大胆地使用"生态环境"一词了；在研究近现代环境问题时，至于使用"环境"一词还是"生态环境"一词，这就需要研究者根据自己研究的具体问题确定了。

目前普遍使用生态环境一词已是不争的事实，人们关于区域生态环境特征的概括，也往往在重点阐释相关自然因素的基础上，有选择地加入越来越多的影响自然环境的社会人文因素，进一步强调从自然、社会、历史等方面对区域生态环境进行综合研究。有鉴于此，本书将从比较宽泛的意义上理解"生态环境"概念，以自然要素中的水因子为核心，以黄河及其支流为主线，既涉及自然环境的内容，也不忽略各时代的人文因素在环境构成与演变中的

---

① 朱士光：《遵循"人地关系"理念，深入开展生态环境史研究》，《历史研究》2010 年第 1 期。
② 侯甬坚：《"生态环境"用语产生的特殊时代背景》，《中国历史地理论丛》2007 年第 1 辑。

作用，就古代黄河中下游地区的生态环境变迁与城镇兴衰展开论述。

　　2. 城镇概念的界定

　　"城镇"是一个不断发展、不断丰富的概念，有着浓重的历史色彩，只有将它放在历史发展的长河中去考察，才能科学地揭示其蕴藏的深邃的内涵。

　　城、市、镇是人类社会发展到不同历史阶段的产物，三者的出现并非有必然的联系，正如戴均良所说："城与市早在城市产生以前就长期存在着。城与市的产生没有必然的联系，有城未必有市，有市未必有城。城虽是城市之源，但它与城市有着本质的区别。"[①]随着社会的发展和人类生产生活的需要，"市"逐渐走进城中，城市的概念也随之出现。我国古代关于"城"与"市"的记载甚多，但"城市"连称最早出现于战国文献中。《韩非子·爱臣》中有："大臣之禄虽大，不得借威城市；党与虽众，不得臣士卒。"[②]《战国策》中载："今有城市之邑七十，愿拜内之于王，唯王才之。"[③]这表明至迟在战国时期，城市已与其他聚落形态相分离并且有了自己独立的称谓，城市与邑的连用，说明城市作为邑的一种特殊形态被人们普遍接受。城市一词出现在战国，这与战国城市商业发达密切相关。有关城市的概念众说纷纭，管子的"地利说"[④]、《史记》的"市井说"[⑤]、傅筑夫的"防御说"等[⑥]，每一种说法都有道理，这与学者所处时代及区域城市的特点有关。城市本来就是集多种社会功能于一体的聚落，只是不同国家、不同民族的城市以初期的主要功能言之而已。中国古代的城市以"防御"为主要功能，政治是城市的首要功能，当然城市为实现其政治功能，其他功能也随之产生

---

① 戴均良主编《中国城市发展史》，黑龙江人民出版社，1992，第33页。
② （元）何犿注《爱臣》，《韩非子》卷一，《景印文渊阁四库全书》，台湾商务印书馆，1986年影印本，子部，第729册，第609页。
③ 何建章注释《战国策》卷一八《赵策一》，中华书局，1990，第638页。
④ （唐）房玄龄注《乘马》，《管子》卷一，《景印文渊阁四库全书》，台湾商务印书馆，1986年影印本，子部，第729册，第23页。
⑤ （汉）司马迁：《史记》卷三〇《平准书》"正义"注，中华书局，1959，第1418页。
⑥ 傅筑夫：《中国经济史论丛》（上），生活·读书·新知三联书店，1980，第323页。

了。镇出现较晚，最早可追溯到北魏在边境设置的军镇。到宋代，镇才摆脱军事色彩，以贸易镇市出现于经济领域。真正意义上的商业市镇，到明清时期才普遍发展起来，成为县治和农村集市之间的商业中心。

正因为"城"、"市"以及"镇"在发展演变过程中出现了很多交集，所以产生了"城""市""镇""城市""城镇""市镇"等术语混用的情况。本书借用城镇这一术语，旨在从行政建制角度对黄河中下游地区不同行政等级的城市发展概况进行系统考察，进而考察区域生态环境变迁对各级城镇兴衰的影响。本书中之城镇不是一般意义上"城"与"镇"的简单组合，而是包含行政等级、行政体系意义上一系列规模不等的大、中、小城镇，不仅关注黄河中下游地区的都城，还考查府城、州城、县城，也关注行政建制之外发展起来的唐宋草市、明清市镇，以期全面解读"城镇—区域"在生态环境及其变动背景下的演进脉络。

第二节 古代黄河中下游地区城镇形成与发展的
生态基础和基本概况

生态环境是人类存在和发展的物质基础，其重要性自不待言。黄河及其支流孕育了中国早期城市，优越的自然环境为城镇发展提供了物质基础，推动了城镇的发展。

一 城镇形成与发展的生态基础

城镇形成与发展的生态基础是指城镇所处区域的自然环境状况以及自然环境变迁情况，这是决定城镇选址乃至其发展的重要因素。城镇所处区域的自然环境主要表现在山川、土壤、植被、气候、物产等方面，只有把城镇放在一定的自然区划范围内，才能了解城镇形成、发展的物质基础，进而了解区域生态环境变迁与城镇兴衰的相互关系。

黄河发源于第一阶梯的青藏高原地区，流经地域有较大的海拔落差。黄河中下游地区位于第二和第三阶梯上，同我国的宏观地势一样，也呈现西高东低的态势。内蒙古托克托以下至豫西地区，基本上是黄土高原和山地，地势较高，黄河穿行于沟壑之中，很难发生大的改道。而进入河南孟津以后，地势陡降，多为丘陵和平原地区，河道逐步展宽，河水流速也较之中游为缓。

具体而言，从托克托至禹门口，黄河穿行于最长的一段峡谷，即晋陕峡谷，浑河、延河、无定河、窟野河等较大水系流入黄河，构成这一区域的水文景观和独特地貌。过了禹门口，就进入了汾渭盆地，这里也是汾水和渭水注入黄河河道之处。汾水发源于山西宁武县的管涔山，西邻吕梁山，东接云中山、太岳山，流域上游和河道两侧分布着由变岩石、页岩和灰岩组成的起伏山地；河谷盆地分布着冲积平原和冲积或洪积台地，为农业区；黄土丘陵分布于山地和盆地之间，沟壑纵横。渭水发源于甘肃渭源县的鸟鼠山，北界白于山，南靠秦岭，北侧有著名的泾河和北洛河，流域内除渭水盆地冲积平原和秦岭、六盘山、子午岭等山地外，大部分被黄土塬和黄土丘陵沟壑覆盖；由于流经黄土高原，大量泥沙被带入河道，此为关中水灾的成因，黄土高原泥沙也成为黄河下游河道泥沙的主要来源。潼关以下至荥阳桃花峪，黄河穿行于中条山和秦岭之间，两岸为黄土台塬。孟津以下，河道南靠邙山，北至太行山前，黄河与沁水泥沙堆积形成冲积平原。在此河道上，伊洛河自南流入，其上中游地区是华山、崤山、熊耳山、伏牛山等中起伏和高起伏山地，下游乃河谷地带和冲积平原，并覆盖着大片黄土丘陵和台塬。沁水五龙口以上除山西晋城、高平、阳城一带河谷盆地分布有冲积平原以及河谷盆地周围为黄土丘陵外，其余大部分是起伏基岩山地。五龙口以下为黄、沁冲积平原。

荥阳以下为黄河下游地区，是面积广大的冲积平原。历史时期黄河下游改道频繁，北至海河，南至淮河，多次摆动和决溢，泛滥沉积，塑造了广袤的冲积平原。由上而下，主要地貌单元是由冲积扇平原、泛滥平原、三角洲平原组成的。冲积扇平原西起桃花峪，西北沿太行山前漳河冲积扇缘至馆陶，西南从新郑至汝南，东北下沿至冠县、阳谷，向东抵鲁西湖洼低地，东南达临泉、太和、涡阳、永城和徐州一线。泛滥平原分布在干道两侧。在黄河下游平原上，以黄河为主的众多河流的决溢、改道，大量泥沙的沉淀，在地表上留下了深深的烙印。从平原周边地势较高的山麓地带一直到海边，地貌营力多样，先是山麓地带的剥蚀、坡积冲积，向下逐渐过渡到平原中部为冲积、湖积，到近海的潮流、波浪与河流动力一起产生的海积冲积、冲积海积、海积，由此形成了多种平原地貌类型。而在决口泛滥地带和海岸沙堤地区，组成物质多为细沙和中粗沙，结构松散，经风力作用，常形成沙丘、沙地等风成地貌夹杂在平原地貌中。具体来讲，太行山和泰山北麓，系由山坡上的坡积作用和较小山沟的洪积作用共同形成的坡积洪积平原，范围较小；太行山东麓，系由许多源自山地的季节性小河或洪流水带来的泥沙堆积而成的洪积冲积平原，地表常由黄土类壤构成，被流水切割出许多沟壑；太行山山麓，有常年流水及季节性流水共同形成的洪积冲积平原，平原上有微倾斜平地、岗地、槽形洼地；太行山、伏牛山和泰山等边缘山地的大河堆积形成的冲积扇平原，以黄河冲积扇平原最大，自河南孟津，向东延伸至鲁西低洼地带，有古河床高地、沙丘、洼地或古河床洼地地貌类型；广布于华北的冲积平原，由河流迁徙和泛滥冲积而成，今黄河以北部分具有古河床高地、洼地或古河床洼地地貌特征，古河床高地多由粉沙和壤土组成，今黄河以南部分为黄淮冲积平原，地表沉积物从西北向东南由粗到细，平原的南部因黄河改道北流形成低平的河湖洼地地貌；在入海口处，形成黄河三角洲和苏北的废黄河三角洲，地貌为微倾斜平地、微高地、洼地等。①

由于黄河中下游地区高原、山地、丘陵、盆地、平原五种地形齐全，处在南部湿热和北部干旱地区之间，因此各种类型的植被都能寻找到踪迹。3000年前的黄河中下游地区气候炎热，气温比现在高出2~3℃，降水丰富，植被茂盛。2000年前的黄河中下游地区气候变冷，四季分明，春季多风沙，夏季炎热，秋高气爽，冬季寒冷，雨量分布不均，降水量自东南向西北逐渐减少，植被也呈现出规律性变化。

总而言之，黄河中下游地区地势西高东低，黄河自西向东横贯本区，在

---

① 尤联元、杨景春主编《中国地貌》，科学出版社，2013，第599~602页。

此区域内支流较多。关中平原、汾河谷地、伊洛河平原和黄河下游地区广阔的平原，土壤肥沃疏松，加之适宜的气温和丰富的水资源，为早期人类生存繁衍提供了优越的自然环境，成为中华民族文明的发祥地之一。考古资料表明，大量古老文化遗址分布在黄河及其支流两岸，夏商活动的中心地区以及几次大的迁都多在这一带进行。从周秦到唐宋的 1000 多年间，黄河中下游地区的文化得到发展，居于世界领先地位，长安（陕西西安）、洛阳、开封（有大梁、浚仪、汴州、汴京等称谓）、临淄（今山东淄博临淄区）、邯郸、陶（今山东菏泽定陶区）、濮阳、阳翟（今河南禹州）等大城市都分布在黄河中下游地区。汉魏时代的洛阳城南北长 9 里，东西宽 7 里，城内有 24 条大街，为世界少有。长安是国内政治中心，人口达百万，经济发达，市场繁荣。开封是北宋的都城，商业繁荣，是当时国际性的大都市。人才辈出，两汉到北宋的科学家扁鹊、甘德、石申、张衡，文字学家许慎，医学家逊思邈，天文学家僧一行，翻译家玄奘等都出生在黄河中下游地区。其他地区虽然也很早就有人类活动，但黄河中下游地区是中华民族文明的发祥地之一毋庸置疑。辉煌的成就正说明了这里有着适宜人类生产生活的优越的自然环境。

然而，不得不说的是，由于这一地区开发历史悠久，自然环境受人类活动的影响最大，退化也最为严重，尤其是黄土高原地区，滥垦滥伐，水土流失严重，致使黄河下游河道含沙量过高，决溢改道自宋代日渐频繁，带给流经地区严重的水患，并沉淀大量泥沙，使土壤的沙化和盐碱化情况逐步严峻，给农业发展带来诸多不利影响，城镇赖以发展经济的根本保障遭到严重削弱。元明清时期，国家政治、文化中心北移北京，经济重心南移长江中下游地区，黄河中下游地区城镇发展的脚步放缓，越来越落后于江南地区。

二 城镇形成与发展的基本概况

城市是文明形成的重要标志之一，黄河及其支流孕育了中国早期城市，养育了千年的都城文化，书写着中华民族城镇发展的光辉篇章。宋代以前，黄河中下游地区的城镇发展处于全国先进水平。趋利避害是人类的天性，古代黄河中下游地区千年的都城史足以说明黄河中下游地区有着优越的生态环境，吸引着古代帝王在此建国立都，实现了统治天下的梦想。人类与自然环境都处于一个动态变化的过程，最能反映人类发展变化速度的城镇有兴有衰，其影响因素众多，生态环境是重要因素之一，而生态环境中的水因素是城镇发展的生命线，它既可以兴城，也可以毁城。

黄河是中华民族的母亲河之一，黄河及其支流以其丰富的水源为人类早期的生产生活提供了便利，其流域内还有广阔肥沃的土地以及适宜的气候等自然条件，故中国早期城市在黄河中下游地区率先出现。黄河中下游地区的城市起源应溯及距今 7000~5000 年的仰韶文化时期，以陕西西安半坡和姜寨、河南郑州西山遗址最具有代表性。继仰韶文化之后距今 4500~4000 年的龙山文化时期，以河南登封王城岗、淮阳平粮台和山东章丘龙山、阳谷景阳冈等城址最典型。进入文明时代，夏商西周以黄河中下游地区为政治中心，在这里建国立都。从上古时代到西周，黄河中下游地区处于生态环境相对良好的时期，大量文明遗迹的发掘和城镇的诞生，可作为有力的证据。宋代以前，黄河中下游地区城镇的发展之所以处于全国领先水平，生态环境所起的重要作用不可否认。秦汉建立了统一的中央集权国家，郡县制取代分封制，成为主要的地方行政建制，与之相应的是作为郡县治所的城、镇、市发展起来。黄河中下游地区是秦汉都城所在地，以都城为中心，有四通八达的水运交通网络，都城、郡国、县邑三级城市经济都得到发展，商业城市勃兴。西汉除京都长安外，全国共有 18 个大城市，其中有 12 个位于黄河中下游地区。到西汉末年，除长安外，发展成全国性的经济大都会有 5 个（洛阳、邯郸、临淄、成都、宛），其中黄河中下游地区就占了 3 个。然而，秦末、两汉之际乃至魏晋南北朝的分裂割据时期，黄河中下游地区是战乱的中心，该地区的商业城镇都惨遭重创。隋代重新统一全国，以洛阳为中心，以黄河为水源开凿了贯通南北的大运河。唐宋时期黄河中下游地区的城市再次迎来发展的高峰，唐都长安和宋都开封都发展成当时国际性的大都市，州县级城市尤其是运河沿岸的城市商业更为繁荣，同时，城市郊区及边远地区的草市也兴盛起来。北宋在黄河中游与西夏、辽交界地带无辖县的州（军）

辖境内修建了很多城寨，这些城寨除具备军事防御功能外，也是一定区域内的生产与生活中心，有些城寨在和平时期甚至与西夏、辽有着贸易往来，这也是区域城市发展的一个重要组成部分。然而，唐中后期的安史之乱，以及唐末五代、宋金之际的战乱，主战场仍然在黄河中下游地区，黄河河道的南移和决溢的频发使黄河中下游地区生态环境失调，使一度发展起来的城市再次陷入困境。特别是北宋以后，整个黄河流域生态环境不断恶化，黄河泥沙含量增多，治理的难度愈来愈大，土地的沙化和盐碱化日益严重，城镇的发展也越来越受到制约。这也是宋金以后经济重心南移和北方城镇落后的原因之一。金代黄河完成改道南流，元明清三代，由于全国政治中心的北上和经济重心的南下，黄河中下游地区的城镇发展丧失了原有的得天独厚的优势，城镇发展不再有过去繁华大都市的引领。加之黄河不断改道决溢，区域生态环境失衡，城镇很难获得好的发展机会。

生态环境是由不同要素组成的，生态平衡也是动态性的平衡。若这一平衡得到很好的保持，城镇发展和生态环境就能处于相辅相成、相互得益的良好状态；若超过生态系统的自我调节能力而不能恢复到原来比较稳定的平衡状态，生态系统的结构和功能就会发生变化，从而出现生态失调或生态灾难，城镇也会受到影响而陷入发展困境。唐宋之前黄河中下游地区优越的生态环境为该区域城镇的形成和发展奠定了良好基础。以黄河为中心的丰富的水资源成就了黄河中下游地区一座座名城和市镇。古代沿黄河及其支流发展起来的名城和市镇得益于黄河及其支流的航运，这也是很多城镇分布于河道沿岸的原因之一。以土地为基础的农业生产是区域城镇发展的保障。黄河中下游地区广阔肥沃的关中平原、汾河谷地、伊洛河平原、黄淮海平原，为发展农业提供了得天独厚的土地资源，使农业生产在此率先发展起来。土地垦殖自夏商周的晋南、豫西和关中平原等中心地带，逐渐向黄河中游的边缘地带拓展，到明清时期，从黄土高原上的山地到长城内外的农牧交错带，从房前屋后的零星土地到河滩地块都被纳入开垦范围，且黄河及其支流以充足的水源为农业经济发展提供了灌溉条件，加上精耕细作的劳作方式，黄河中下游地区率先成为全国的经济重心，国都和众多城镇先后诞生于此。以土地为主的自然资源，包括土壤、植被和水文等要素，这些要素也是生态环境的基本要素，其中的一个要素发生变动，其他要素也会随之发生变化。农耕地的不断增加就意味着林地、草地以及动物生存空间的逐渐减少，加之黄河中下游地区黄土疏松和夏秋多雨的特点，黄土高原水土流失严重，这不但制约着黄土高原上城镇的发展，而且给黄河下游地区的一些城镇以致命打击。尤其是明清时期，黄土高原水土流失造成黄河及其支流泥沙含量不断加大，黄河下游决溢改道不断发生，这使沿黄一带的城镇以及黄河泛滥波及的城镇大都遭遇了黄河水灌城的经历，迁移城址现象不断发生，数次遭遇黄河水倾城的开封、徐州等城，还出现了"城摞城"的现象，且城镇腹地土壤沙化非常严重，造成城镇发展的内助力严重不足。

城镇发展对于生态环境也具有重大的反作用。城镇发展水平根植于所在地区的生态环境的优劣。那么为了发展城镇，城中官民自然不会坐视生态环境的变化而不顾，越是发达和繁荣的城镇，越会投入更多的物力财力去保护或改善生态环境。治理黄河本身就可看作保护沿岸城镇的一种举措。此外，为了改善城镇的水运交通，河道疏浚工程也频繁兴办。再者，为了保护城镇的生态环境，黄河中下游地区的环境治理得以多方面进行，环境法制的拟定、城市的园林建设和绿化工程、城区的水利事业、森林和草原的保护等诸多环保行为反复出现于各个朝代。这些均可看作城镇发展带给生态环境的反作用。

第三节　古代黄河中下游地区城镇的历史地位及相关研究概述

一　黄河中下游地区城镇的历史地位

黄河及其支流孕育出中华民族早期的城市，夏代都城斟鄩（今河南巩义市内）、商代都城殷（今河南安阳小屯）、周代都城镐京（今陕西西安）和洛邑（今河南洛阳），以及众多诸侯国都邑多分布在黄河干流及其支流上。北宋以前，黄河中下游地区的城市发展水平一直处于全国前列。元明清时期，黄河中下游地区的城镇发展失去得天独厚的政治优势，其城镇整体发展水平落后于江南地区。在古代，市镇发展依靠水运交通，一旦失去水运交通条件，发展起来的市镇也会纷纷衰落下去，河南的朱仙镇、周家口、道口镇等就是如此。

黄河中下游地区城镇所处区位优势明显，政治地位显著。古都西安位于号称"八百里秦川"的关中平原，土壤肥沃，四周为连绵不断的山脉所环绕，发源于山地的河流最终都汇入渭水，水资源丰富，有"八水绕长安"之说，为农业灌溉和漕运提供了便利；气候温暖湿润，自然植被茂盛且种类多样。优越的自然条件孕育了人类早期城市的前身——西安半坡遗址和姜寨遗址。进入文明时代后，该地成为西周王朝建国定都之地，周人灭商前的都城为周原（今陕西扶风和岐山二县境内），后定都丰镐（今西安西南）。秦国于春秋初期越过陇山东拓疆土，定都雍城后逐渐具有关中之地，战国后期变法图强，其都城也自西东渐，先迁居栎阳，后定鼎于距离西周都城丰镐不远的咸阳，进而统一天下。咸阳城初建于泾河、渭河之间，即自西北向东南流的泾河汇入自西向东流的渭河之间的夹角之地——咸阳原，"原南北数十里，东西二三百里"①，处于关中平原的中心地带，原面开阔，与渭水南岸的龙首原并立。咸阳城后来之所以向渭河南岸扩展，是因为该地优越的自然环境。渭水南岸开发较早，有大片的良田沃野，发源于秦岭北坡的浐、灞、潏、滈、沣、涝，加上渭水、泾水，为城市发展及其生态环境美化提供了丰富水源。渭河横贯咸阳，其附近有沿着渭河东下黄河的漕运码头。人文基础也比较丰厚，咸阳距离西周旧都丰镐咫尺，周人以丰镐之地为基础统一天下，并建都于此，治理天下数百年，秦人心中的咸阳就是"帝王之都也"。咸阳作为秦朝的都城，成为当时全国政治、经济与文化的重心，盛况空前。之后的西汉开国皇帝刘邦并非想定都长安，而是打算定都洛阳，其谋士娄敬直言定都洛阳之弊和定都长安之利，特别强调长安处于"秦地被山带河，

---

① （唐）李吉甫撰，贺次君点校《元和郡县图志》卷一《京兆府上》，中华书局，1983，第13页。

四塞以为固"的险要形势和"膏腴之地"的富庶经济①。张良在肯定娄敬之说的基础上，认识到长安便利漕运的重要性，刘邦"即日驾，西都关中"②，即以关中平原中部渭河南岸的长安为都城，开始了西汉长达 200 余年的统治。刘邦之所以选中长安为都，在看中它所处的关中地区在军事地理形势占据优越位置的同时，也看中关中地区所具备的优越的生态环境。西汉都城长安西、北两面接近咸阳故地，南依龙首山，偏东北，与其前的周丰镐、秦咸阳比较，丰镐在其西南，咸阳在其西北。隋唐长安城当在西汉长安城东南，"今京城，隋文帝开皇二年（582）六月诏左仆射高颎所置，南直终南山子午谷，北据渭水，东临浐川，西次沣水"③。从中可以看出西周、秦汉、隋唐的城址不同，但只是近距离"搬家"，都在"八水"地域范围内。

古都洛阳位于黄河中游地区的伊洛河平原，伊洛河平原位于河南西部，土壤肥沃，四周为群山所环绕，伊、洛、涧（谷）、瀍四河水源充足，发展农业灌溉和漕运极为有利。其地还有"河山控带，形胜甲于天下"④ 之说，成为历代王朝建都立国的首选区域之一。伊洛河平原还有优越的地理位置，有"天下之中，十省通衢"之称。从全国看，其地与幽燕、江淮、关陇、黄河下游平原的距离差不多，有居中御外之便；从其自身所处周边地形地势看，北濒黄河，与太行、王屋对峙；南面正对着伊阙；西为豫西山地，有崤函之屏障，自古以来称要害之地，西南的卢氏境内有熊耳山，东南的登封境内有嵩山，两山遥相对应；东有丘陵起伏的虎牢、成皋之险，是伊洛平原的东大门，为古代兵家必争之地。由此可见，伊洛河平原的外围也是有险可恃。优越的地理位置和自然环境孕育了中国早期的城市，该地也成为帝王建都的重要选地之一，"崤函有帝皇之宅，河洛为王者之里"⑤。中国历史上第

---

① （汉）班固：《汉书》卷四三《娄敬传》，中华书局，1962，第 2119~2120 页。
② （汉）司马迁：《史记》卷五五《留侯世家》，中华书局，1959，第 2044 页。
③ （唐）李林甫等：《唐六典》卷七《尚书工部》，中华书局，1992，第 216 页。
④ （清）顾祖禹：《读史方舆纪要》卷四八《河南》，中华书局，2005，第 2214 页。
⑤ （南朝梁）萧统编，（唐）李善注《蜀都赋》，《文选》卷四，《景印文渊阁四库全书》，台湾商务印书馆，1986 年影印本，集部，第 1329 页，第 73 页。

一个国家夏代的都城就建在伊洛河平原的东部，即夏代偃师二里头遗址[①]，北临洛河，南临伊河，坐落在洛、伊两河的夹河滩上，略呈西北—东南向，很可能是夏王朝晚期的都城斟鄩。之后的商朝也曾迁都此地，考古发掘的偃师商城遗址是迄今发现的最早的商代早期都城遗址，即商都西亳，《史记·集解》释义："河南偃师为西亳，帝喾及汤所都，盘庚亦徙都之。……《括地志》云：'亳邑故城在洛州偃师县西十四里，本帝喾之墟，商汤之都也。'"[②] 西周建立伊始，周公为加强对整个东部地区的控制，在洛邑（今河南洛阳）营建了东都，作为王朝陪都。刘邦建立西汉，其本人及其大臣皆山东人，大臣多劝他定都洛阳，认为洛阳有优越的自然条件可依，"洛阳东有成皋，西有崤黾，倍河，向伊洛，其固亦足恃"[③]。娄敬、张良相继陈述洛阳不宜为都的弊端，致使刘邦最终定都长安。但是洛阳作为都城的人文基础不可否认，仍吸引着后世统治者定都于此。东汉定都洛阳，王景等人治理汴河成功，洛阳与江淮之间的漕运通畅；还有通往西域的丝绸之路，洛阳成为南北水陆交通的中心。北魏孝文帝迁都洛阳亦有此因，他说："朕以恒代无运漕之路，故京邑民贫。今移都伊洛，欲通运四方。"[④] 伊洛河平原优越的生态环境和便利的地理位置，使夏、商、周（东周）、东汉、曹魏、西晋、北魏、隋、唐（武周）、后唐等在洛阳建都，虽城址不尽相同，但都在洛河沿岸东西不足 100 里范围内。此地考古发掘出五座都城遗址，自东向西依次是：二里头夏都遗址、尸乡沟商城遗址、东周王城遗址、汉魏古都遗址和隋唐东都城遗址。

古都开封、安阳和邺城等位于黄河下游平原，即邹逸麟先生所界定的"黄淮海平原"的大部分地区，也就是历史上黄河改道决溢波及的区域。在这一区域内，以黄河为界，南北都是广阔的平原，这为发展农业生产和水运提供了便利。黄河以北的河北平原西倚太行山，东有黄河（西汉以前的河

---

① 许宏：《二里头遗址发掘和研究的回顾与思考》，《考古》2004 年第 11 期。
② （汉）司马迁：《史记》卷三《殷本纪》，中华书局，1959，第 93 页。
③ （汉）司马迁：《史记》卷五五《留侯世家》，中华书局，1959，第 2043 页。
④ （北齐）魏收：《魏书》卷七九《成淹传》，中华书局，1974，第 1754 页。

道），北有漳河、滏阳河，南有洹水和淇水，平原千里，漕运通畅，是古代从山东到西北、从中原到幽燕的必经之地，自古以来就有"天下腰脊之称"。这一优越的自然环境和地理位置成就了历史文化名城安阳、邺城、邯郸等。安阳和邺城处于同一地形区，西倚太行山，山岭高深，险扼异常，大有"一夫当关，万夫莫开"之势，军事地理形势极为险要。南北两侧为低山丘陵，东部是广袤无垠的华北平原，且安阳与邺城之间的距离很近，如《史记》卷三《殷本纪》载："《竹书纪年》云'盘庚自奄迁于北蒙，曰殷墟，南去邺四十里'，是旧邺城西南三十里有洹水，南岸三里有安阳城，西有城名殷墟，所谓北蒙者也。"① 邺城位于今河北省临漳县西南与河南省安阳市的交界地带，已经不复存在，仅是一处重要的古都遗址。然而，邺城在中国历史上有过辉煌的时代，为曹魏王都和后赵、冉魏、前燕、东魏、北齐的都城，具有极其重要的历史地位。安阳和邺城周围有着丰富的水资源，北有自西向东流的漳水、滏水，南有自西向东流的淇水，洹水穿安阳城东流。北宋之前黄河在二城之东，尤其是先秦时期距离二城较近。《史记·索隐》载："大河在邺东。"② 以竺可桢为代表的研究气候变迁方面的专家学者，普遍认为殷墟时代的年平均气温比现在高出 2℃ 以上，考古发掘、甲骨文和文献记载所反映的此地有热带和亚热带地区生活的犀牛、大象等动物以及茂密的竹林等都是有力的证明③。二城之东广袤无垠的大平原是由发源于黄土高原的河流横切太行山东流冲积形成的，土壤肥沃。在古代生产力水平相对低下的条件下，优越的自然环境对农作物的种植十分重要。邺城在漳水之南，早在战国时，魏国西门豹、史起曾为邺令，利用漳水灌溉农田，使邺城富庶起来，这为此后邺城政治地位的不断提升发挥着至关重要的作用。邺城成为曹魏的王都后，曹魏以邺城为中心，开凿了沟通淇水、白沟、漳水、洹水、荡水、

---

① （汉）司马迁：《史记》卷三《殷本纪》注"竹书纪年"条，中华书局，1959，第 91 页。

② （汉）司马迁：《史记》卷四四《魏世家》，中华书局，1959，第 1839 页。

③ 胡厚宣：《气候变迁与殷代气候之检讨》，见燕京大学国学研究所、金陵大学中国文化研究所、齐鲁大学国学研究所、华西大学中国文化研究所编印《中国文化研究汇刊》（第四卷）上册，1944，第 1211~1212 页。

黄河、滹沱河、泒水等自然水域的人工河道，形成了一个四通八达的水域网。丰富的水资源促进了邺城社会经济的繁荣发展，同时也优化了邺城的生态环境。优越的自然环境和地理位置，吸引商王盘庚迁都于此，此前商代的都城处于不断变换中，自迁都于殷后273年不徙都，可见当时的安阳是非常理想的王都之地。

古都开封地处黄河以南的"黄淮平原"。北宋之前，黄河河道相对稳定，主要流路在太行山东麓至山东泰山以北之间的河北平原，改道决溢对黄淮平原的影响较小，黄淮平原的水环境与经济发展基本上处于良性运行状态，河道众多，湖泽棋布。战国时鸿沟水系工程的兴建，为黄淮平原上的农耕作业和城市发展提供了良好的条件。譬如开封城，从战国时代的魏国都城大梁，到隋唐时代的汴州，再到五代、北宋时期的都城东京，从默默无闻的蕞尔小邑渐升为闻名遐迩的全国中心，政治地位达到了辉煌的巅峰。在这一发展历程中，水环境扮演着极为重要的角色。鸿沟水系的凿通成就了魏都大梁；隋唐汴州的崛起，直接受益于通济渠（汴河）的开浚；宋都开封，距离黄河相对较远，利多弊少。黄河是汴河水源的重要补给，没有黄河就不会有汴河的畅通，没有汴河就没有都城东京城的繁荣。汴河应是通入开封城内最早的一条人工河，其前身是战国时代魏国开挖的鸿沟，在今河南荥阳北部引黄河水，东流至今开封城北，绕城后转向南流，经周口市淮阳区东面南流入颍水[①]，连通黄河与淮河两大水系，为开封经济发展提供了便利的水运交通条件。且汴河与五丈河、蔡河、金水河均通入开封城，既便漕运，又供客舟，舳舻千里，帆樯踵继。北宋时，开封经济繁荣，富甲天下，人口超过百万，风景旖旎，城郭气势恢弘，不仅是全国政治、经济、文化的中心，也是当时世界上最繁华的大都市之一，史书以"八荒争凑，万国咸通"[②]来描述。北宋画家张择端的作品《清明上河图》，描绘了清明时节北宋京城汴梁及汴河两岸的繁华和热闹的景象及优美的生态环境。可以说，开封是黄河南岸的重要历史文

---

① 屈弓：《浅谈汴河沿岸》，唐宋运河考察队编《运河访古》，上海人民出版社，1986，第138页。

② （宋）孟元老：《东京梦华录》，中华书局，1985，"序言"第1~2页。

化名城，是黄淮平原上最早升起的一颗璀璨明珠。开封没有西安、洛阳四周群山环绕的地理屏障，却有发展南北水运的便利条件，不用逆水行舟、翻山越岭，大大缩短了与江南经济重心的水运距离。

正因为黄河及其支流有着丰富的水资源，自战国时起，人们就开凿了贯通南北的人工河，形成了通往全国各地的水运网，为黄河中下游地区的城镇发展创造了得天独厚的条件。各诸侯国的都城率先在黄河中下游地区发展起来；经济都会陶（今山东菏泽定陶区），濒于济水，处于交通枢纽之地，水路交通四通八达，也发展成为"天下之中"①的大城市。秦汉时期，以郡县治所为主的城市拥有一个官僚消费群体，这为商业城市勃兴奠定了政治基础。西汉时号称"五都"的全国性商业大都会洛阳、邯郸、临淄、宛（今河南南阳）、成都，其中3个都在黄河中下游地区；今河南温县、济源在当时商业都很发达。黄河中下游地区在经历魏晋南北朝战乱后，到唐宋时期城镇发展至鼎盛，有繁华大都市的引领，有贯通南北的大运河，运河沿岸的城市诸如开封、泗州、临清等率先发展起来；在都城州县城市商业发展的带动下，在城郊附近、交通要道或驿站以及大的村镇，草市兴盛起来，既有大都市郊外发展起来的草市，如长安万年县之大宁驿，也有偏远的乡村草市，如德州安德县与齐州临邑县交界之地的灌家口草市；至宋代，草市在数量上和规模上超过了前代，这为明清时期市镇的普遍发展奠定了基础。元明清时期，随着全国政治中心的北移和经济重心的南移，黄河中下游地区的城镇发展不再有过去繁华大都市的引领。但是随着商品经济的空前发展和全国商品流通网络的形成，黄河中下游地区处于贯通东西南北的中间区域，优越的地理位置给城镇发展注入了新动力，使城镇在原来的基础上都有较大发展。

然而，黄河中下游地区城镇的历史地位并不是一成不变的，有兴旺发达的高峰期，也有停滞不前甚至倒退的衰落期。揆诸历史，其成因是多元的，而生态因素占据着显要位置。优越的生态环境成为城镇选址和发展的重要因素。黄河中下游地区有广阔肥沃的平原、适宜的气候和充足的水源等，曾是

---

① （汉）司马迁：《史记》卷一二九《货殖列传》，中华书局，1959，第3257页。

历史上农业经济发达的地区，率先成为全国的经济重心，国都和众多城市先后诞生于此。随着该地区人口不断增加以及国家开疆拓土的需要，黄河中下游地区不宜农耕的土地也被纳入开垦范围，区域生态环境不断恶化，城市的内助力严重不足。例如，黄河影响下的开封城历史地位的变动最为明显，从鼎盛时期的北宋都城降为今河南省的一个地级市，其兴衰变迁非同一般。

二 黄河中下游地区城镇和生态环境相关研究概述

黄河中下游地区的城镇在我国城镇发展史上具有十分重要的地位，备受学界关注，特别是 20 世纪 80 年代以后，相关研究成果颇多；同时，有关该区域生态环境的研究自 20 世纪 90 年代后也日益受到学界重视。有关黄河中下游地区城镇和生态环境的研究成果概述如下。

1. 黄河中下游地区城镇研究概述

以古都为主的黄河中下游地区城镇的研究，取得了丰硕成果。在古都研究方面取得的最大成果为 1983 年秋在西安成立的中国古都学会，该学会举行了学术研讨会，与会者提交了很多论文，编纂者选辑了其中的一部分，于 1985 年 4 月出版了第 1 辑《中国古都研究》。学会规定，其后每年举行一次学术研讨会。尽管个别年份囿于各种原因没有举办学术研讨会，但这并没有影响古都研究的进程，至今已经出版 20 多辑《中国古都研究》，相继成立了各地古都学分会，大大推进了古都研究的广度和深度，这些研究成果都是本书的重要参考。

城市地理学作为人文地理学的一个分支，自 20 世纪 80 年代以来有较大发展，与此同时，历史城市地理受到前所未有的关注，其代表性著作有侯仁之的《历史地理学的理论与实践》、李孝聪的《历史城市地理》、马正林编著的《中国城市历史地理》等[1]。城市是地域范畴，是一定区域的城市，历史城市地理也属于区域史研究的范畴，能够给予区域城镇研究指导的，当数

---

① 侯仁之：《历史地理学的理论与实践》，上海人民出版社，1979；李孝聪：《历史城市地理》，山东教育出版社，2007；马正林编著《中国城市历史地理》，山东教育出版社，1998。

李孝聪的专著《中国区域历史地理》①；从历史学角度研究中国城市发展的通史性著作以何一民的《中国城市史纲》② 为代表；从多学科角度研究中国城市史的著作以傅崇兰等合著的《中国城市发展史》③ 为代表；从城镇体系角度研究中国城市的著作以顾朝林的《中国城镇体系——历史·现状·展望》④ 为代表；能够给中国城市史研究以指导的现代城市地理学著作以许学强、周一星、宁越敏编著的《城市地理学》⑤ 为代表。回顾中国城市史的研究成果，还有一部外国巨著——美国施坚雅先生主编的《中华帝国晚期的城市》⑥，其理论也有重要参考价值。研究黄河中下游地区城镇的论文多是对单一城镇进行考察，诸如侯仁之《邯郸城址的演变和城市兴衰的地理背景》、邹逸麟《论定陶的兴衰与古代水运交通的变迁》、李润田等《黄河影响下开封城市的历史演变》、赵明奇《徐州城叠城的特点和成因》、陈代光《从万胜镇的衰落看黄河对豫东南平原城镇的影响》等⑦；从总体考察黄河中下游地区城镇的论文有邹逸麟的《历史时期黄河流域的环境变迁与城市兴衰》⑧，探讨了黄河流域城市兴衰的一般历史地理过程。其他城镇研究成果涉及黄河中下游地区城镇的不胜枚举，诸如许檀、邓亦兵、王兴亚、徐春燕等人的论著，都是本书研究的重要参考。

2. 黄河中下游地区生态环境变迁的研究概述

黄河是黄河流域最大的生态因素和引发生态环境变迁的主要驱动力。从传说中的大禹治水到 1855 年黄河在铜瓦厢改道北流的历史长河中，黄河及

① 李孝聪：《中国区域历史地理》，北京大学出版社，2004。
② 何一民：《中国城市史纲》，四川大学出版社，1994。
③ 傅崇兰等：《中国城市发展史》，社会科学文献出版社，2009。
④ 顾朝林：《中国城镇体系——历史·现状·展望》，商务印书馆，1992。
⑤ 许学强、周一星、宁越敏编著《城市地理学》，高等教育出版社，1997。
⑥ 〔美〕施坚雅主编《中华帝国晚期的城市》，叶光庭等译，中华书局，2000。
⑦ 侯仁之：《历史地理学的理论与实践》，上海人民出版社，1979，第308～335页；邹逸麟：《椿庐史地论稿》，天津古籍出版社，2005，第126～137页；李润田等：《黄河影响下开封城市的历史演变》，《地域研究与开发》2006年第6期；赵明奇：《徐州城叠城的特点和成因》，《中国历史地理论丛》2000年第2辑；陈代光：《从万胜镇的衰落看黄河对豫东南平原城镇的影响》，《历史地理》第2辑，上海人民出版社，1982；等等。
⑧ 邹逸麟：《历史时期黄河流域的环境变迁与城市兴衰》，《江汉论坛》2006年第5期。

其支流在不同历史时期发生了或大或小的变化，尤其是黄河下游河道变迁最为明显。述及黄河变迁的论著颇丰，有专门书写黄河变迁及其治理的著作，相关代表作有岑仲勉的《黄河变迁史》、邹逸麟的《千古黄河》、水利部黄河水利委员会编写的《黄河水利史述要》、史念海的《黄河流域诸河流的演变与治理》、程有为主编的《黄河中下游地区水利史》等[①]；也有从全国水利史角度书写黄河变迁及治理的著作，其代表作有郑肇经的《中国水利史》、姚汉源的《中国水利史纲要》、武汉水利电力学院和水利水电科学研究院编的《中国水利史稿》以及台湾学者沈百先、章光彩等编著的《中华水利史》等[②]。黄河是一条善淤善决善徙的河流，在中国古代与邻近的河流总是发生这样那样的关系，如黄河与运河、黄河与济水、黄河与淮河等，相关代表作有史念海《中国的运河》、张新斌等著《济水与河济文明》、韩昭庆《黄淮关系及其演变过程研究——黄河长期夺淮期间淮北平原湖泊、水系的变迁和背景》等[③]。以论文形式书写历史时期黄河变迁及其治理的更是层出不穷，其代表作有谭其骧《〈山经〉河水下游及其支流考》《何以黄河在东汉以后会出现一个长期安流的局面》等[④]。以上论著运用不同方法，从不同角度对黄河及其支流，以及与黄河关系密切的河流进行了广泛而深入的研讨，重点对黄河的变迁及其治理作了勾勒和描述，其侧重点各有不同。

历史时期生活在黄土高原上的人们对黄土高原的开发利用所引发的该区

① 岑仲勉：《黄河变迁史》，人民出版社，1957；邹逸麟：《千古黄河》，上海远东出版社，2012；水利部黄河水利委员会《黄河水利史述要》编写组编《黄河水利史述要》，水利电力出版社，1982；史念海：《黄河流域诸河流的演变与治理》，陕西人民出版社，1999；程有为主编《黄河中下游地区水利史》，河南人民出版社，2007。

② 郑肇经：《中国水利史》，上海书店，1984；姚汉源：《中国水利史纲要》，水利电力出版社，1987；武汉水利电力学院、水利水电科学研究院《中国水利史稿》编写组编《中国水利史稿》，水利电力出版社，1979；沈百先、章光彩等编著《中华水利史》，台湾商务印书馆，1979。

③ 史念海：《中国的运河》，陕西人民出版社，1988；张新斌等：《济水与河济文明》，河南人民出版社，2007；韩昭庆：《黄淮关系及其演变过程研究——黄河长期夺淮期间淮北平原湖泊、水系的变迁和背景》，复旦大学出版社，1999。

④ 谭其骧：《〈山经〉河水下游及其支流考》，《黄河史论丛》，复旦大学出版社，1986，第1~16页；谭其骧：《何以黄河在东汉以后会出现一个长期安流的局面》，《黄河史论丛》，复旦大学出版社，1986。

域生态环境的变化是学术界研究的一个重点领域，研究的主要问题是黄土高原原始植被和环境的变化，其代表作有史念海《黄土高原历史地理研究》、朱士光《黄土高原地区环境变迁及其治理》及朱士光、侯甬坚主编论文集《黄土高原地区历史环境与治理对策会议论文集》等①。诸多文章围绕农业开发与环境变迁展开论述，其代表性论文有朱士光《历史时期农业生态环境变迁初探——以陕蒙晋大三角地区为例》《我国黄土高原地区几个主要区域历史时期经济发展与自然环境概况》和《试论我国黄土高原地区生态环境演化的特点与可持续发展对策》，吕卓民《明代关中地区的水利建设》和《明代西北黄土高原地区的水利建设》，邵侃和卜风贤《明清时期粮食作物的引入和传播——基于甘薯的考察》，马雪芹《明代黄河流域的农业开发》《明清时期黄河流域农业开发和环境变迁述略》和《明清时期豫北地区的农田水利事业》，王建革和陆建飞《从人口负载量的变迁看黄土高原农业和社会发展的生态制约》等②。也有从军屯角度展开考察的，其代表性论文有梁四宝《明代"九边"屯田引起的水土流失问题》、李心纯

①　史念海：《黄土高原历史地理研究》，黄河水利出版社，2001；朱士光：《黄土高原地区环境变迁及其治理》，黄河水利出版社，1999（这部著作汇集了作者的23篇有关黄土高原环境研究的文章，从多个侧面对我国黄土高原地区自新石器时代以来的环境变迁状况进行了全面深入的论述。王守春评价此书为"黄土高原历史地理研究的承前启后之作"）；朱士光、侯甬坚主编《黄土高原地区历史环境与治理对策会议论文集》，《中国历史地理论丛》2001年增刊。

②　朱士光：《历史时期农业生态环境变迁初探——以陕蒙晋大三角地区为例》，《地理学与国土研究》1990年第2期；朱士光：《我国黄土高原地区几个主要区域历史时期经济发展与自然环境概况》，《中国历史地理论丛》1992年第1辑；朱士光：《试论我国黄土高原地区生态环境演化的特点与可持续发展对策》，《中国历史地理论丛》2000年第3辑；吕卓民：《明代关中地区的水利建设》，《农业考古》1999年第1期；吕卓民：《明代西北黄土高原地区的水利建设》，《中国农史》1998年第2期；邵侃、卜风贤：《明清时期粮食作物的引入和传播——基于甘薯的考察》，《安徽农业科学》2007年第22期；马雪芹：《明代黄河流域的农业开发》，《古今农业》1997年第3期；马雪芹：《明清时期黄河流域农业开发和环境变迁述略》，《徐州师范大学学报》（哲学社会科学版）1997年第3期；马雪芹：《明清时期豫北地区的农田水利事业》，《古今农业》2000年第3期；王建革、陆建飞：《从人口负载量的变迁看黄土高原农业和社会发展的生态制约》，《中国农史》1996年第3期；王守春主编《黄河流域地理环境演变与水沙运行规律研究论文集》第5辑，海洋出版社，1993；邹逸麟：《历史时期黄河流域水稻生产的地域分布和环境制约》，《复旦学报》（社会科学版）1985年第3期。

《黄土高原水土流失加剧的祸根——明代的军屯与九边屯垦所导致的土地演替》、王广智《晋陕蒙接壤区生态环境变迁初探》等①。

历史时期黄土高原生态环境的变化直接影响黄河下游水患的发生与否。华北平原是黄河下游河道的必经之地，也是历史时期黄河水患的肆虐之地，尤其明清时期黄河水患最为严重的区域是黄河与淮河之间的黄淮平原。相关研究成果主要有：邹逸麟先生主编的《黄淮海平原历史地理》，河南黄河河务局开封市修防处编的《开封治黄发展史》，史念海的《由历史时期黄河的变迁探讨今后治河的方略》，张含英的《历代治河方略探讨》和《明清治河概论》，黄河水利委员会黄河志总编辑室编的《河南黄河志》、《历代治黄文选》、《黄河大事记》、《黄河防洪志》（与黄河防洪志编纂委员会合编）、《黄河人文志》，开封市黄河志编辑室编的《开封市黄河志》，牛玉国主编的《黄河与河南论坛文集》等②著述；还有诸多论文，如邹逸麟《黄河下游河道变迁及其影响概述》和《历史时期华北大平原湖沼变迁述略》、徐福龄《黄河下游河道历史变迁概述》、钮仲勋《历史时期人类活动对黄河下游河道变迁的影响》、张旭平和田洪梅《黄河下游河道变迁的历史考察》、张民服《黄河下游段河南湖泽陂塘的形成及其变迁》、马雪芹《明清黄河水患与下游地区的生态环境变迁》、胡思庸《近代开封人民的苦难史篇——介绍

---

① 梁四宝：《明代"九边"屯田引起的水土流失问题》，《山西大学学报》（哲学社会科学版）1992年第3期；李心纯：《黄土高原水土流失加剧的祸根——明代的军屯与九边屯垦所导致的土地演替》，《山西师大学报》（社会科学版）1999年第1期；王广智：《晋陕蒙接壤区生态环境变迁初探》，《中国农史》1995年第4期。

② 邹逸麟主编《黄淮海平原历史地理》，安徽教育出版社，1997；河南黄河河务局开封市修防处《开封治黄发展史》（征求意见稿），未刊本；史念海《河山集》（二集），生活·读书·新知三联书店，1981；张含英：《历代治河方略探讨》，水利出版社，1982；张含英：《明清治河概论》，水利电力出版社，1986；黄河水利委员会黄河志总编辑室编《河南黄河志》，内部发行，1986；黄河水利委员会黄河志总编辑室编《历代治黄文选》（上下册），河南人民出版社，1988、1989；黄河水利委员会黄河志总编辑室编《黄河大事记》，河南人民出版社，1989；黄河防洪志编纂委员会、黄河水利委员会黄河志总编辑室编《黄河防洪志》，河南人民出版社，1991；黄河水利委员会黄河志总编辑室编《黄河人文志》，河南人民出版社，1994；开封市黄河志编辑室编《开封市黄河志》，内部发行，1991；牛玉国主编《黄河与河南论坛文集》，黄河水利出版社，2008。

〈汴梁水灾纪略〉》和《清代黄河决口次数与河南河患纪要表》等①。

此外，从森林变化而论的，有史念海《论历史时期我国植被的分布及其变迁》、朱士光《历史时期华北平原的植被变迁》、周云庵《秦岭森林的历史变迁及其反思》、徐海亮《历代中州森林变迁》等论文②；从灾害与环境关系方面而论的，如马雪芹《明清河南自然灾害研究》、吴滔《关于明清生态环境变化和农业灾害发生的初步研究》、李文海和康沛竹《生态破坏与灾荒频发的恶性循环：近代中国灾荒的一个历史教训》等论文③；从气候变化与生态环境之间的关系而论的，诸如竺可桢《中国近五千年来气候变迁的初步研究》、朱士光等《历史时期关中地区气候变化的初步研究》、邹逸麟《明清时期北部农牧过渡带的推移和气候寒暖变化》、

① 邹逸麟：《黄河下游河道变迁及其影响概述》，《复旦学报》（社会科学版）1980 年第 1 期；邹逸麟：《历史时期华北大平原湖沼变迁述略》，《历史地理》第 5 辑，上海人民出版社，1987；徐福龄：《黄河下游河道历史变迁概述》，《人民黄河》1982 年第 3 期；钮仲勋：《历史时期人类活动对黄河下游河道变迁的影响》，《地理研究》1986 年第 1 期；张旭平、田洪梅：《黄河下游河道变迁的历史考察》，《中学历史教学参考》2003 年第 6 期；张民服：《黄河下游段河南湖泽陂塘的形成及其变迁》，《中国农史》1988 年第 2 期；马雪芹：《明清黄河水患与下游地区的生态环境变迁》，《江海学刊》2001 年第 5 期；胡思庸：《近代开封人民的苦难史篇——介绍〈汴梁水灾纪略〉》，《中州古今》1983 年第 1 期；胡思庸：《清代黄河决口次数与河南河患纪要表》，《中州古今》1983 年第 3 期；陈代光：《从万胜镇的衰落看黄河对豫东南城镇的影响》，《历史地理》第 2 辑，上海人民出版社，1982；陈代光：《运河的兴废与开封的盛衰》，《中州学刊》1983 年第 6 期；黄以柱：《豫东黄河平原环境的变迁与开封城市的发展》，《河南师大学报》（自然科学版）1983 年第 1 期；李润田：《黄河对开封城市历史发展的影响》，《历史地理》第 6 辑，上海人民出版社，1988；李润田等：《黄河影响下开封城市的历史演变》，《地域研究与开发》2006 年第 6 期；田冰、吴小伦：《道光二十一年开封黄河水患与社会应对》，《中州学刊》2012 年第 1 期；田冰、吴小伦：《水环境变迁与黄淮平原城市经济的兴衰——以明清开封城为例》，《中州学刊》2014 年第 2 期。
② 史念海：《论历史时期我国植被的分布及其变迁》，《中国历史地理论丛》1991 年第 3 辑；朱士光：《历史时期华北平原的植被变迁》，《陕西师范大学学报》（自然科学版）1994 年第 4 期；周云庵：《秦岭森林的历史变迁及其反思》，《中国历史地理论丛》1993 年第 1 辑；徐海亮：《历代中州森林变迁》，《中国农史》1988 年第 4 期。
③ 马雪芹：《明清河南自然灾害研究》，《中国历史地理论丛》1998 年第 1 辑；吴滔：《关于明清生态环境变化和农业灾害发生的初步研究》，《农业考古》1999 年第 3 期；李文海、康沛竹：《生态破坏与灾荒频发的恶性循环：近代中国灾荒的一个历史教训》，《人民日报》1996 年 6 月 29 日，第 6 版。

李伯重《气候变化与中国历史上人口的几次大起大落》等①。从其他角度研究黄河中下游地区生态环境的成果，还有李心纯《从生态系统的角度透视明代的流民现象——以黄河中下游流域的山西、河北为中心》、蔡苏龙和牛秋实《流民对生态环境的破坏与明代农业生产的衰变》、薛平栓《明清时期陕西境内的人口迁移》、王建革《马政与明代华北平原的人地关系》等论文②。

3. 黄河中下游地区生态环境变迁与城镇兴衰的研究概述

古代黄河流域生态环境变迁与城镇兴衰问题也引起了学者的关注，主要集中在对商都殷墟、古都长安和开封的研究上。长安城因其历史上的辉煌，成为学者最为关注的都城。在长安城与生态环境研究方面，代表性论文有史念海《黄土高原的演变及其对汉唐长安城的影响》、朱士光《汉唐长安城的兴衰对黄土高原地区社会经济发展与生态环境变迁的影响》和《西汉关中地区生态环境特征及其与都城长安相互影响之关系》、李建超《汉唐长安城

---

① 竺可桢：《中国近五千年来气候变迁的初步研究》，《考古学报》1972年第1期；张丕远：《中国历史气候变化》，山东科技出版社，1996；朱士光、王元林、呼林贵：《历史时期关中地区气候变化的初步研究》，《第四纪研究》1998年第1期；邹逸麟：《明清时期北部农牧过渡带的推移和气候寒暖变化》，《复旦学报》（社会科学版）1995年第1期；王会昌：《2000年来中国北方游牧民族南迁与气候变化》，《地理科学》1996年第3期；满志敏、葛全胜、张丕远：《气候变化对历史上农牧过渡带影响的个例研究》，《地理研究》2000年第2期；龚高法、张丕远、张瑾瑢：《历史时期我国气候带的变迁及生物分布界限的推移》，《历史地理》第5辑，上海人民出版社，1987；王业键、黄莹珏：《清代中国气候变化、自然灾害与粮价的初步考察》，《中国经济史研究》1999年第1期；周翔鹤、米红：《明清时期中国的气候和粮食生产》，《中国社会经济史研究》1998年第4期；倪根金：《试论气候变迁对我国古代北方农业经济的影响》，《农业考古》1988年第1期；李伯重：《气候变化与中国历史上人口的几次大起大落》，《人口研究》1999年第1期；牟重行：《中国五千年气候变迁的再考证》，气象出版社，1996；于希贤：《近四千年来中国地理环境几次突发变异及其后果的初步研究》，《中国历史地理论丛》1995年第2辑。

② 李心纯：《从生态系统的角度透视明代的流民现象——以黄河中下游流域的山西、河北为中心》，《中国历史地理论丛》1998年第3辑；蔡苏龙、牛秋实：《流民对生态环境的破坏与明代农业生产的衰变》，《中国农史》2002年第1期；薛平栓：《明清时期陕西境内的人口迁移》，《中国历史地理论丛》2001年第1辑；王建革：《马政与明代华北平原的人地关系》，《中国农史》1998年第1期。

地下水的污染与黄土地带国都的生态环境嬗变》等①；日本学者鹤间和幸的《汉长安城的自然景观》、妹尾达彦的《唐代长安城与关中平原的生态环境变迁》等②。关于商都殷墟与生态环境之间关系的研究，代表性论文有李民《殷墟的生态环境与盘庚迁殷》、郭睿姬《殷墟的自然环境及其与人类社会的关系试探》、李建党《生态环境对商代都城的影响》等③。关于古都开封城生态环境的研究，代表作当数程遂营的专著《唐宋开封生态环境研究》④。

综上所述，学者们在古代黄河中下游地区城镇、生态环境变迁方面的研究成果颇多，古都与生态环境之间相互关系的研究成果也有不少，这些研究成果为本书提供了许多有价值的启示和参考。但是，在以往的研究中，学者们多侧重古都与生态环境关系的研究，对古代中小城镇与生态环境关系的研究较少，且多集中在黄河水患对某一城镇的影响上，对于黄河中下游地区生态环境变迁、城镇兴衰特别是二者关系的研究尚不够系统、全面，有待继续深入探讨。这就是本书要研究的重点难点及要解决的问题。

---

① 史念海：《黄土高原的演变及其对汉唐长安城的影响》，《中国历史地理论丛》1998 年 4 月增刊；朱士光：《汉唐长安城的兴衰对黄土高原地区社会经济发展与生态环境变迁的影响》，《中国历史地理论丛》1998 年 4 月增刊；朱士光：《西汉关中地区生态环境特征及其与都城长安相互影响之关系》，《中国历史地理论丛》1999 年 12 月增刊；李建超：《汉唐长安城地下水的污染与黄土地带国都的生态环境嬗变》，《中国历史地理论丛》1998 年 4 月增刊。

② 〔日〕鹤间和幸：《汉长安城的自然景观》，《中国历史地理论丛》1998 年 4 月增刊；〔日〕妹尾达彦：《唐代长安城与关中平原的生态环境变迁》，《中国历史地理论丛》1998 年 4 月增刊。

③ 李民：《殷墟的生态环境与盘庚迁殷》，《历史研究》1991 年第 1 期；郭睿姬：《殷墟的自然环境及其与人类社会的关系试探》，《中州学刊》1998 年第 2 期；李建党：《生态环境对商代都城的影响》，《殷都学刊》1999 年第 3 期。

④ 程遂营：《唐宋开封生态环境研究》，中国社会科学出版社，2002。

第二章
古代黄河中下游地区城镇发展轨迹

中国城市有着数千年的发展历史，城市文明是中华文明的重要组成部分。从原始聚落到城市萌芽，从诸侯都城的兴盛到以郡县治所为主体的城市，再到明清时期勃兴的商业市镇，城市发展经历了曲折、复杂的过程，有兴旺发达的高峰期，也有停滞不前甚至倒退的衰落期；有许多可资借鉴的成功经验，也有不少值得后人引以为戒的失败教训，这在古代黄河中下游地区的城镇发展历程中表现得尤其明显。对该地区城镇发展的轨迹进行纵向考察，既能为认识城镇发展规律提供参考，也是本书深入探讨生态环境变迁与城镇兴衰互动进程的重要基础。

第一节　先秦时期诸侯国都城的兴起

先秦时期，黄河中下游地区的城市经历了从环壕聚落到原始城市再到诸侯国都城的进程，王朝都城、诸侯国都城、卿大夫都邑的城市等级出现，城市职能从以政治军事职能为主发展到以集政治、军事、经济等于一体。结合古书记载和近年来考古发掘提供的资料，我们推断最早的城可以追溯到原始社会军事民主制时期，建城是为了军事防御。市的出现也很早，古书中有"神农作市""祝融作市"① 的传说。最初的市与城的功能是不同的，市是

---

① （宋）李昉等：《居处部》引《古史考》，《太平御览》卷一九一，《景印文渊阁四库全书》，台湾商务印书馆，1986 年影印本，子部，第 894 册，第 801 页。

人口密集、工商业发达的地方，而城则更多地发挥军事功能。具有集贸色彩的市与城的结合，也就是集政治、军事、经济等职能于一身的城市很可能直到周代才出现。对于黄河中下游地区来说，城市最早当出现在距今7000～5000年的新石器时代，当时这里农业较为发达，生活资料来源相对稳定，由之而来的定居生活使村落和城市的出现成为可能，从而为夏商周诸侯国都城的兴起奠定了基础。

一 史前黄河中下游地区的城市

史前黄河中下游地区的城市发展经历了仰韶文化时期的雏形城市和龙山文化时期的原始城市两个阶段。

1. 仰韶文化与城市的雏形（环壕聚落）

黄河中下游地区的城市应追溯到距今7000～5000年的仰韶文化时期，主要分布在以陕西东部、河南西部和山西西南部为中心的狭长地带。仰韶文化遗址的考古发掘证明，这一狭长地带地理条件相对优越，适宜人们定居生活，是世界上最早出现城市的区域之一。仰韶文化早期阶段是黄河流域重要的新石器时代文化，"仰韶村遗址的布局、大小房屋、陶器场所和墓葬区，反映出新石器时代原始居住群落的情形，人们通常称之为原始社会居民点的形成"[1]，仰韶文化早期阶段的城市，以西安半坡聚落和姜寨聚落、郑州西山城址最具有代表性。

西安半坡聚落是典型的仰韶文化半坡类型的聚落遗址，位于西安城东灞桥区浐河东岸二级阶地上。它的聚落范围大体上是一个南北长、东西窄的不规则椭圆形，占地面积约3万平方米，共有房屋46座，陶穴200多个，幼儿瓮棺葬70多个。居住区分为两片，之间隔一条沟渠，可能归属于同一胞族的两个氏族。每片居住区内各有一座大房子，估计是氏族首领居住兼氏族成员的聚会场所；大房子周围是成片的呈半月形分布的中小型住宅。居住区的外围有一条深5～6米、宽6～8米的大壕沟，应该是起保卫区内居民生命

---

① 傅崇兰：《城市史话》，中国大百科全书出版社，2000，第15～16页。

财产安全的作用。壕沟外北边是氏族公共墓地，东边是一片陶窑。这些遗存说明当时的部落已经开始采用环壕聚落，即居民在住地周围设置防御性壕沟的居住方式。

西安姜寨是另一处保存较好的大型仰韶文化半坡类型的聚落遗址，位于西安城东临潼区骊山山麓临河东岸二级阶地上，是迄今发掘的中国新石器时代面积最大的一个遗址，占地面积 5 万平方米。整个遗址分为居住区、陶窑场和氏族公共墓地三部分。居住区位于中部，平面轮廓呈椭圆形，总面积约 2 万平方米。西南面以河为天然屏障，东、南、北三面环绕着很长的人工壕沟。居住区的中心是氏族成员公共活动的广场，100 余座房屋围绕广场形成一个圆圈，门户都朝向中央广场。房屋按照大小可分为小型、中型、大型三种，按建筑方式可分为地面建筑、半地穴和地穴式三种，按照分布可分为五个群体，每群包括一座大型的房子与若干中小型房子。房子周围分布着许多窖穴、牲畜圈栏和儿童瓮棺葬等。房子呈五群分布的现象可能暗示着这个氏族的组织结构已分化为五个女儿氏族或体现了部落、胞族、氏族的关系。村西临河岸有一个陶窑场，村东壕沟外为墓葬区，由南向北共有三片墓地，和半坡遗址一样，都是功能分区明显、布局整齐的村落。[①]

郑州西山城址是仰韶时代晚期的一座城址，位于郑州市北郊，北依邙岭余脉西山，北距黄河约 4 公里。山岭在遗址东侧戛然而止，一条短促的季节性河流在遗址南面流过，过遗址再向东即汇入黄河。西山遗址即坐落在河流北岸二级阶地南缘，正处在绵延不绝的豫西丘陵与东南部一望无垠的黄淮平原交界点。城址南部因遭到河流北侧侵蚀而被破坏。城址平面形状近于圆形，直径约 180 米，推断城内面积原有 25000 平方米。城外四周有壕沟环绕，城壕宽为 5~7 米，如果将城墙和城壕的面积一并计入，则城址面积可达 34500 多平方米。城内发掘出大量的房基、窖穴、灰坑、墓葬、瓮棺等遗迹，还发现大量的奠基和祭祀遗迹。房屋分布有一定布局，有中心广场。城

---

① 邵凤芝：《古代城市发展的演变历程及其与文明的关系》，《文物春秋》2002 年第 4 期。

址始建于遗址的三期早段，废弃于三期晚段即仰韶时代晚期，绝对年代距今5300～4800年。[①] 由此可见，郑州西山古城因河而建，也因河而废，河对城市兴废起着重要作用。

此外，在河南洛阳仰韶村、甘肃渭河台地等地发现的村落遗址，其整体布局、房屋状况、陶器场所与墓葬区等均与西安半坡、姜寨和郑州西山遗址类似，反映出环壕聚落式居住方式是人类进入农耕时代后常见的一种聚落形式。虽然其仍停留在村落阶段，但是从一定程度上来讲，已经初步具备了城市的内涵和布局，因此可以称为原始城市的雏形。

2. 龙山文化与原始城市

龙山文化继仰韶文化之后，泛指黄河中下游地区约相当于新石器时代晚期的一类文化遗存，因首次发现于山东历城龙山镇（今为山东济南章丘区龙山街道）而得名，距今4500～4000年。大量龙山文化遗址的发现证实，中国早期的城市此时已初步形成，因处于原始社会萌芽状态又被称为"原始城市"。可以说，城址的发现是龙山文化的重要特征之一。

从仰韶文化时期的环壕聚落城址向龙山文化时期的原始城址转变，中间应该经历了一个土围聚落阶段，在黄河中下游地区的城址中没有找到这一阶段存在的确凿证据，但是在其边缘地带的连云港藤花落龙山文化遗址却给我们提供了启示，这是我国迄今发现的首例内外两道城垣结构的史前城址，也是我国目前发现的50余座龙山文化城址中保存最完整的大遗址。连云港藤花落古城外城平面呈圆角长方形，由城墙、城壕、城门等组成，南北长435米，东西宽325米，城周1520米，面积约14万平方米。墙宽21～25米、残高1.2米，采用堆筑和版筑相结合的方式筑成。内城有城垣、道路、城门和哨所等。内城平面呈圆角方形，面积约4万平方米。南北长207～209米、东西宽190～200米，城周806米。墙宽14米、残高

---

① 张玉石等：《新石器时代考古获重大发现　郑州西山仰韶时代晚期遗址面世》，《中国文物报》1995年9月10日，第1版；张玉石、赵新平、乔梁：《郑州西山仰韶时代城址的发掘》，《文物》1999年第7期；杨肇清：《试论郑州西山仰韶文化晚期古城址的性质》，《华夏考古》1997年第1期。

1.2 米，主要由版筑夯打而成。内城墙体夯土中均发现非常密集而又粗壮的木桩。整个内城墙的建造，耗费的木桩数以万计。外城为生产区，外城垣有明显的防洪功能。内城为生活居住区。在内城发现 30 多座房址，分长方形单间房、双间房、排房及回字形房和圆形房等。门大多朝向西南，与现代民居方向一致。房址有等级区分。其中最大的一座平面呈"回"字形，面积达 100 平方米，应是一座与宗教、祭祀、集会等活动有关的场所。另外还发现水沟、灰坑、奠基坑、道路、水稻田、石埠头等遗迹 200 多处。城墙的出现是古代城市形成的重要标志，从土围到夯筑，是城墙发展的必然趋势。土围聚落产生后，规模势必越来越大，随着技术的改进，土围夯实成为可能。夯实土围的方法，最初应该是边堆土边夯实，后来逐渐发展到分层夯实，这就是夯筑法。藤花落版筑夯打的方式则是层筑法的又一进步，说明到龙山文化时期，我国的筑墙技术已经达到了一定水平，城墙已经不再只是用来防御野兽侵扰、防止家畜走失，或是在特定地域具备防水功能，而是主要用于防御外敌的入侵。

再以龙山文化晚期的城子崖龙山城遗址为例。龙山城遗址位于山东省济南市章丘区龙山街道东武原河东岸，是黄河中下游地区一座重要的城市。整座城近正方形，其中北垣随地势弯曲而外凸，沿断崖而筑，墙外为河流或沼泽，城东西临河，东西宽约 455 米，南北最大距离 540 米，面积 20 余万平方米。[①] 遗址出土的陶器多为素面、磨光黑灰陶，器表常饰弦纹、压划纹等，制作精美规整，形态多样，代表器物有白衣黄（红）陶粗颈袋足鬶、素面肥袋足鬲、素面筒腹袋足鬲等，都是同类器具中的上品。此外还出土了许多磨制石器，有斧、铲、镰、半月形穿孔石刀、镞等，还有骨角器，如锥、针、笄、镞、鱼叉，以及穿孔蚌刀和带齿蚌镰，首次发现了由牛和鹿等肩胛骨修治的卜骨，这些证据表明当时城中居民的社会阶层除了农民、手工业者，应该还有巫师以及氏族贵族等。城内生活着一批经验丰

---

① 山东省考古研究所：《城子崖遗址又有重大发现 龙山岳石周代城址重见天日》，《中国文物报》1990 年 7 月 26 日，第 1 版；魏成敏：《章丘市城子崖遗址》，《中国考古学年鉴（1994）》，文物出版社，1997。

富、技术娴熟的制陶艺人，这里很可能是当时手工业生产的中心。值得一提的是，城子崖周围 10 余平方公里的范围内还分布着马安庄、邢亭山、焦庄等 40 余处龙山文化遗址，相对于龙山城来说，它们面积小，内涵单一，可能是依托城子崖遗址的村落，它们的存在与龙山古城形成鲜明的对照，可以推断龙山城在当时应该是这一地区政治、经济、文化的中心。种种迹象都表明，城子崖龙山城遗址已经具备早期城市的特征。

这一时期有名的城址还有河南的登封王城岗①、新密新砦②、周口市淮阳区平粮台③等，以及山东的邹平丁公④、临淄田旺⑤、茌平教场铺、阳谷景阳冈⑥等，城址数量较之仰韶文化时期大大增加。

综观考古发现的陕西地区的史前城址群，基本沿渭河南岸至秦岭以北之间分布。河南地区的史前城址群，基本沿太行山东麓及属于秦岭山系的伏牛山、外方山东麓一线南北分布，已发现的城址可分作两个亚群：豫北太行山东麓的几座城址，位于沁河至漳河、卫河之间，古黄河河道以西，约当《禹贡》冀州之东界；豫中地区的几座城址，分别位于沙河、颍河的上中游，西至伏牛山、外方山东麓，约当《禹贡》豫州之域。⑦ 山东地区的史前城址群，主要分布于泰山、沂山北侧。这些城址群主要集

---

① 河南省文物研究所、中国历史博物馆考古部编《登封王城岗与阳城》，文物出版社，1992；方燕明：《河南登封王城岗遗址发现龙山晚期大型城址》，《中国文物报》2005 年 1 月 28 日，第 1 版。

② 赵春青等：《河南新密新砦遗址发现城墙和大型建筑》，《中国文物报》2004 年 3 月 3 日，第 1 版；赵春青等：《河南新密新砦城址发掘城墙西北角与浅穴式大型建筑》，《中国文物报》2006 年 6 月 30 日，第 2 版；赵春青等：《河南新密市新砦城址中心区发现大型浅穴式建筑》，《考古》2006 年第 1 期。

③ 曹桂岑、马全：《河南淮阳平粮台龙山文化城址试掘简报》，《文物》1983 年第 3 期。

④ 山东大学历史系考古教研室：《邹平丁公发现龙山文化城址》，《中国文物报》1992 年 1 月 12 日，第 1 版；栾丰实：《邹平县丁公大汶口文化至汉代遗址》，《中国考古学年鉴（1994）》，文物出版社，1997。

⑤ 魏成敏：《临淄区田旺龙山文化城址》，《中国考古学年鉴（1993）》，文物出版社，1995。

⑥ 李繁玲、孙淮生、吴铭新：《山东阳谷县景阳岗龙山文化城址调查与试掘》，《考古》1997 年第 5 期。

⑦ 张玉石：《史前城址与中原地区中国古代文明中心地位的形成》，《华夏考古》2001 年第 1 期。

中在自然环境优越的陕西、河南、山东，一般坐落在近河的台地上，地势高于周围，便于人们生产和生活，也为夏商周诸侯国都城的兴起奠定了基础。

二 夏商周诸侯国都城的兴起

约公元前 21 世纪上半叶，是中国历史上夏王朝的开始。夏人活动的中心地区约当今河南省西部，以嵩山为中心的伊河、洛河、颍河、汝河谷地平原一带。启继承夏禹的王位，都于阳城（今河南登封告成镇），标志着夏朝的建立，其主要统治区域为今河南中部、北部和山西南部。约在公元前 17 世纪末，商汤起兵最终灭夏。夏王朝自禹至桀，共 17 君，历时 471 年。商本是活动于夏王朝东部边界的一个古老民族，大略活动于今豫北、冀南和豫东一带的广阔地区。商汤灭夏，"汤始居亳"，定都于今河南偃师商城一带（或说即今郑州商城）。商代前期，都城频繁迁徙，"自盘庚徙殷至纣之灭，七〔二〕百七十三年，更不徙都"①，商朝进入稳定发展的时期。约公元前 11 世纪中叶，崛起于西方的周族，在武王带领下，联合西南诸小国，师渡盟津，决战牧野，一举灭商。周因都于丰、镐间，史称"西周"。后迁都洛邑（今河南洛阳），史称"东周"。夏商周在城市的发展上，呈现阶段性的特点：从国与城不分到诸侯国都城的兴起，直至郡县城市的萌芽。

1. 夏商的城与国

夏朝是中国传统史书记载的第一个世袭制王朝，一般认为夏朝是一个部落联盟形式的国家，夏王朝和诸侯分而治之，筑"城郭沟池以为固"②。其实，上古时期因生产力极其低下，同一氏族的人往往群居在一起，在人口集中的地区建城，所以早期的城与国的概念并没有太大区别。史书记载，夏王太康经常带着部属到洛水北岸打猎，最后被后羿趁机夺

---

① 方诗铭、王修龄：《古本竹书纪年辑证》，上海古籍出版社，1981，第 30 页。
② （汉）郑玄注，（唐）孔颖达疏《礼运》，《礼记注疏》卷二一，《景印文渊阁四库全书》，台湾商务印书馆，1986 年影印本，经部，第 115 册，第 445 页。

去了夏都。其实联系到当时还处于新石器时代晚期的社会生产状况，太康的这种行为很可能是因为原始社会种植作物产量有限，打猎和畜牧业仍是重要的生活方式。后来东夷族首领后羿实力强大，用武力夺取了王都，无奈之下，太康只好率领部族逃往另外一个地方。可见，夏王对除都邑外的其他地区的统辖能力应该非常薄弱，以致夏邑因为政治斗争被掠夺之后，太康不能获得足够的支援而只好避难他方，即史书所说的"太康失国"，也即失掉都邑就等于失去整个国家。目前考古发现的夏代都城遗址有偃师二里头遗址①，城址位于洛阳盆地的东部，北临洛河，南临伊河，坐落在洛、伊两河的夹河滩上，略呈西北—东南向，很可能是夏王朝晚期的都城斟鄩。在二里头文化中心区的外围分布着与其关系密切的方国城址或军事城堡，有河南的荥阳大师姑、辉县孟庄、新郑望京楼3处②，是夏王朝经略四方和领土扩张的直接产物。

商朝是第二个世袭制王朝，是居住在黄河下游的商族建立的政权，奴隶制文明高度发展。商代的国家形态表现为以商王国为主体的方国联盟，即在商王国的统治区域外，分布着大大小小的方国，这些方国相对独立，各自为政，互不统属，与商王国或敌或友，若即若离，联盟较为松散。当时地广人稀，众多的方国分散在广阔的区域，国与国之间没有明确的国界，呈现出星罗棋布的点状结构。商代的国家形态决定了商代的城市种类，即商王国的都城和方国的都邑。迄今发掘的具有代表性的商代城市遗址有河南偃师商城、郑州商城、安阳殷墟，它们是商王国都城的典型。偃

---

① 许宏：《二里头遗址发掘和研究的回顾与思考》，《考古》2004年第11期。

② 参见许宏《二里头遗址发掘和研究的回顾与思考》，《考古》2004年第11期；郑州市文物考古研究所编著《郑州大师姑（2002~2003）》，科学出版社，2004，第1~4、27、338~339页；河南省文物考古研究所编《辉县孟庄》，中州古籍出版社，2003，第306、388页；吴倩、魏青利、柏天然《望京楼二里岗文化城址初步勘探和发掘简报》，《中国国家博物馆馆刊》2011年第10期；顾万发等《河南新郑望京楼二里岗文化城址东一城门发掘简报》，《文物》2012年第9期；张国硕《望京楼夏代城址与昆吾之居》，《苏州大学学报》（哲学社会科学版）2012年第1期；杨贵金、张立东《焦作市府城古城遗址调查报告》，《华夏考古》1994年第1期；袁广阔、秦小丽《河南焦作府城遗址发掘报告》，《考古学报》2000年第4期。文中城址资料均出自这些成果。

师商城①遗址位于洛阳盆地的东部，西南距二里头遗址 6 公里，北依邙山，南临洛河，有大城、小城、宫城之分，是迄今发现的最早的商代早期都城遗址。郑州商城②遗址位于今郑州市区内偏东部的郑州旧城区一带，在其西北 20 公里索须河畔有小双桥遗址③，年代上与郑州商城的衰落年代相当而早于安阳殷墟。安阳殷墟④遗址位于安阳市西北的小屯村一带，地跨洹河两岸，处于安阳盆地与华北平原交界地带的洹河二级台地上，是商王朝后期的都城。商代的方国城址有焦作府城⑤、辉县孟庄、新郑望京楼、山西垣曲⑥等，其中辉

---

① 段鹏琦、杜玉生、肖淮雁：《偃师商城的初步勘探和发掘》，《考古》1984 年第 6 期；赵芝荃、徐殿魁：《1983 年秋季河南偃师商城发掘简报》，《考古》1984 年第 10 期；赵芝荃、刘忠伏：《1984 年春偃师尸乡沟商城宫殿遗址发掘简报》，《考古》1985 年第 4 期；赵芝荃、刘忠伏：《河南偃师尸乡沟商城第五号宫殿基址发掘简报》，《考古》1988 年第 2 期；王学荣：《偃师商城第Ⅱ号建筑群遗址发掘简报》，《考古》1995 年第 11 期；王学荣、张良仁、谷飞：《河南偃师商城东北隅发掘简报》，《考古》1998 年第 6 期；张良仁、谷飞、岳洪彬：《河南偃师商城Ⅳ区 1996 年发掘简报》，《考古》1999 年第 2 期；王学荣、杜金鹏、岳洪彬：《河南偃师商城小城发掘简报》，《考古》1999 年第 2 期；张良仁、杜金鹏、王学荣：《河南偃师商城宫城北部"大灰沟"发掘简报》，《考古》2000 年第 7 期；王学荣：《河南偃师商城商代早期王室祭祀遗址》，《考古》2002 年第 7 期。

② 河南省文物考古研究所编著《郑州商城——1953～1985 年考古发掘报告》（上），文物出版社，2001，第 13～178 页；河南省文化局文物工作队编著《郑州二里冈》，科学出版社，1959；陈嘉祥、曾晓敏：《郑州商城外夯土墙基的调查与试掘》，《中原文物》1991 年第 1 期；河南省文物研究所：《郑州三德里、花园新村考古发掘简报》，河南省文物研究所编《郑州商城考古新发现与研究（1985～1992）》，中州古籍出版社，1993；河南省文物考古研究所：《郑州商城北大街商代宫殿遗址的发掘与研究》，《文物》2002 年第 3 期。

③ 河南省文物研究所：《郑州小双桥遗址的调查与试掘》，河南省文物研究所编《郑州商城考古新发现与研究（1985～1992）》，中州古籍出版社，1993；河南省文物考古研究所：《1995 年郑州小双桥遗址的发掘》，《华夏考古》1996 年第 3 期。

④ 中国社会科学院考古研究所编著《殷墟的发现与研究》，科学出版社，1994，第 37～39 页；夏商周断代工程专家组编著《夏商周断代工程 1996～2000 年阶段成果报告》（简本），世界图书出版公司，2000，第 50～61 页。

⑤ 杨贵金、张立东：《焦作市府城古城遗址调查报告》，《华夏考古》1994 年第 1 期；袁广阔、秦小丽：《河南焦作府城遗址发掘报告》，《考古学报》2000 年第 4 期。文中城址资料来源于此。

⑥ 中国历史博物馆考古部等编著《垣曲商城（1985～1986 年度勘察报告）》，科学出版社，1996；王睿、佟伟华：《1988～1989 年山西垣曲古城南关商代城址发掘简报》，《文物》1997 年第 10 期；佟伟华、王睿：《1991～1992 年山西垣曲商城发掘简报》，《文物》1997 年第 12 期。

县孟庄、新郑望京楼是承袭夏代的方国城。

总之，夏商时代的中央王朝和地方方国或者诸侯国，都以建城立国为要务，以巩固国家（城等同于国）的统治。正因如此，中国语言文字中"国"与"城"的最初概念并没有严格的区分，甚至很可能在早期人们的意识中"国"与"城"是相同的①。上古时期"国""邑""都"通用。《周礼·司土》中有："掌国中之土治。"郑玄注："国中，城中也。"② 人们在出土的商代甲骨文中，没有见到"国"字，"邑"一般可以理解为"国"。因此，于省吾先生在《释中国》一文中认为：甲骨文中出现的"大邑商"可理解为"大国商"③。《王力古汉语字典》在辨"邑""都""国"时说："三字都能指都市、城市。但是'邑'用的最早，'邑'本指人群聚居的地方，可是在甲骨文中就已经可指称王都。"④ 而"国"和"邑"在概念上的截然不同是周代以后的事情了。

2. 西周都城的建置与诸侯国都城的兴起

西周实行封邦建国制，即周王以镐京为中心，将周围的土地分封给王族、功臣和先代的贵族，建立大量的诸侯国，这些诸侯国与周王国是不平等的联盟。这种联盟以血缘为纽带，建立在宗族分封的基础上，相互之间有着宗亲和姻亲关系，因而其联盟较之商代的方国联盟要密切和稳固得多。周王国与诸侯国的纵向联系及诸侯国之间的横向联系比较密切，有礼乐制度约束和规范，西周的都邑建置相对统一，等级制色彩较为明显。同时，城市在继续发挥其传统的政治中心和军事作用外，经济功能明显增强。

周朝王都是当时最大的城市，也是等级最高的城市。周文王建丰京、武

---

① 胡克森：《融合——春秋至秦汉时期从分裂走向统一的文化思考》，人民出版社，2010，第287页。

② （汉）许慎：《说文解字》，中华书局，1963年影印本，第129页。

③ 于省吾：《释中国》，中华书局编辑部编《中华学术论文集》，中华书局，1981，第1～10页。

④ 王力主编《王力古汉语字典》，中华书局，2000，第1463页。

王建镐京，史称丰镐。丰镐遗址①位于陕西西安市西南沣河两岸，《诗·大雅·文王有声》载，文王"作邑于丰"，命武王营建镐京。丰京坐落于沣水西岸，其中心大约在今马王村、客省庄一带，其西的张家坡、大圆村一带则为墓葬区域。镐京坐落于沣水东岸斗门镇与丰镐村之间约4平方公里的范围内。两京有桥相连，祭祀在丰京，行政在镐京。《考工记》载："匠人营国，方九里，旁三门。国中九经九纬，经涂九轨。左祖右社，面朝后市。"② 国在这里是城的意思，指的应该就是镐京。建筑师在营建镐京时，城市的设计是平面呈正方形，边长9里，每边建大小3个城门。城内有9纵9横的18条街道。街道宽度皆为能同时行驶9辆马车。王宫的左边是宗庙，右边是社稷。宫殿前面是朝堂，后面是市场。市场和朝拜处各方百步（边长100步的正方形）。传说，周天子在城中游玩的地方是灵台、灵沼、灵囿，灵沼内有鱼、飞鸟。在渭水北岸的黄土塬上还发现了一座城市，人们习惯上称其为周原③，其地在今扶风和岐山两县接壤之处。周原遗址是周人灭商以前的都城，据《诗经》《史记·周本纪》等文献记载，周人大约在公元前11世纪初迁都于此，文王迁都丰京后，这里仍是重要的政治中心，宫室宗庙始终在使用。从周原、丰京、镐城三地发现的青铜器铭文可知，渭水一带是周王举行国家仪典和接见地方诸侯的政治中心。这里出土了大量青铜器窖藏，分属微、裘、中、散、虢、荣、函、梁等西周王族，可以推测当时周地居住了大量王室成员以及贵族宗族。考古发掘还证明周地尚有各种各样的手工业作坊，如云塘村南的骨器作坊和近年在齐家村发现的青铜器作坊，以及一些半地穴式的房址。与西周令彝、伊簋铭文及《尚书·康诰》中出现的"百工"

---

① 中国科学院考古研究所编《沣西发掘报告》，文物出版社，1963；冯孝堂、梁星彭：《1976~1978年长安沣西发掘简报》，《考古》1981年第1期；陕西省考古研究所：《镐京西周宫室》，西北大学出版社，1995。

② （宋）林希逸：《考工记解》卷下，《景印文渊阁四库全书》，台湾商务印书馆，1986年影印本，经部，第95册，第72页。

③ 陕西省文物管理委员会：《陕西扶风、岐山周代遗址和墓葬调查发掘报告》，《考古》1963年第12期；陕西周原考古队：《陕西岐山凤雏村西周建筑基址发掘简报》，《文物》1979年第10期；丁乙：《周原的建筑遗存和铜器窖藏》，《考古》1982年第4期。

一词相印证，半地穴式的房屋应该是服务于各种作坊的手工业工奴或者是管理工奴的工官的居住地。另外，从青铜器铭文还知道周地居住了大量的农耕人口，分别属于王室和几个贵族所有。不仅如此，从诸侯国对周王承担的朝觐、纳贡以及派兵随从周王作战三大义务看，周地当时还应活跃着大量朝觐的贵族以及纳贡的队伍。这些均可证明周朝都城与过去有的学者构建的所谓商周城市为宗教中心的模式很不相同；从一定程度上来说，它似乎更接近于张光直先生所讲的"多功能特点"的城市。此外，西周建立伊始，为加强对东方的控制，曾营建洛邑①。周公旦辅政成王时，东征平定"三监"之乱后，伐诛武庚、管叔，流放蔡叔，贬霍叔为庶人。为了控制整个东方地区，又在洛邑（今河南洛阳）营建了东都成周，作为王朝别都。这一重要的史实，在《尚书·召诰》《尚书·洛诰》《逸周书·度邑》及出土的青铜器何尊铭文中均有明确的记载，并得到确切的证明。《尚书·洛诰》明确说明了营建洛邑前召公来洛相宅选定的具体地点："我乃卜涧水东、瀍水西，惟洛食；我又卜瀍水东，亦惟洛食。"② 据此，这一地点应在今洛阳市区涧河东岸与洛河北岸的涧、洛两河交汇处的三角地带。洛阳市区东部的瀍河两岸，不断发现西周铸铜、祭祀等遗址和墓葬、车马坑，这为寻找西周洛邑遗址提供了重要的线索，其遗址可能就在瀍河两岸。

　　诸侯国都城是西周城市的另一重要组成部分。西周实行分封制，众多的王室子弟或其他异姓贵族被分封到各地建立诸侯国，"周之所封四百余，服国八百余"③，其中王室子弟建立的诸侯国是西周诸侯国的主体部分，代表周天子行使对地方的统治权，以拱卫王室。西周初期分封在黄河中下游地区

---

① 叶万松等：《西周洛邑城址考》，《华夏考古》1991 年第 2 期；郭宝钧、林寿晋：《一九五二年秋季洛阳东郊发掘报告》，《考古学报》1955 年第 1 期；徐治亚：《洛阳北窑村西周遗址 1974 年度发掘简报》，《文物》1981 年第 7 期；叶万松、张剑：《1975～1979 洛阳北窑西周铸铜遗址的发掘》，《考古》1983 年第 5 期；冯承泽、杨焕新：《洛阳老城发现四座西周车马坑》，《考古》1988 年第 1 期。

② （汉）孔安国撰，（唐）孔颖达疏《周书·洛诰》，《尚书注疏》卷一四，《景印文渊阁四库全书》，台湾商务印书馆，1986 年影印本，经部，第 54 册，第 320 页。

③ 许维遹：《吕氏春秋辑释》卷一六《观世》，文学古籍刊行社，1955，第 689 页。

的重要诸侯国有都于朝歌（今河南卫辉北）的卫、都于奄（今山东曲阜）的鲁、都于营丘（今山东淄博）的齐、都于唐（今山西翼城）的晋、都于商丘（今河南商丘）的宋等，到西周中期和晚期，周王室又分封了为数不少的诸侯，如郑国的立国已晚至宣王时代。这些远离王畿的诸侯初到环境复杂的封地，当务之急就是筑城立国，以城邑为据点守土治民。我们可以想见，在西周初年大分封的过程中，与之相伴的是空前频繁的筑城活动，一座座诸侯城邑如雨后春笋般出现在南北各地，诸侯国密度最大的黄河中下游地区也应是诸侯国都城最多的地区。西周诸侯国都城遗迹犹存，目前已经发现有齐、鲁、宋、虢[①]等国的城址。

西周的城市以王都为核心，向外分布着大大小小的诸侯国都城。具体而言，天子都城大于诸侯的都城，诸侯的都城大小不一，有等级之别。按照《考工记》的记载，西周城市建置可大致分为三个等级。"匠人营国，……王宫门阿之制五雉，宫隅之制七雉，城隅之制九雉。经涂九轨，环涂七轨，野涂五轨，门阿之制以为都城之制，宫隅之制以为诸侯之城制，环涂以为诸侯（城）经涂，野涂以为都经涂。"[②] 引文中的"都城"指的是周王所居住的王都，是西周最高等级的城市；"诸侯之城"指的是诸侯封国的国都，是西周第二级城市；"都"指的是宗室和卿大夫的采邑，是西周第三级城市。奴隶制时代，城邑营建的规模等级要严格按照奴隶主爵位尊卑执行，如《考工记》中提到的城隅高度，都城可以和王宫门阿相平，即五雉，而诸侯封国只能到宫隅的高度，即三制九雉。国都经纬道路宽度为"经涂九轨"（周时，王都内道路的宽度是车轨的9倍。车宽6.6尺，左右各伸7寸，九轨为72尺。周时的4.07尺合现在的1米，九轨折合17.69米）。"环涂七轨，野涂五轨"，诸侯之城只能相当于王城环涂，即七轨的宽度；都的道路

———————

① 李学勤：《三门峡虢墓新发现与虢国史》，转引自王斌主编《虢国墓地的发现与研究》，社会科学文献出版社，2000，第58～60页；俞伟超：《上村岭虢国墓地新发现所揭示的几个问题》，《中国文物报》1991年2月3日，第3版。

② （宋）林希逸：《考工记解》卷下，《景印文渊阁四库全书》，台湾商务印书馆，1986年影印本，经部，第95册，第72～76页。

宽度最小，只能为五轨，与国都野涂相当。至于国土面积，则分得更细。《左传》载："先王之制，大都不过参国之一，……中五之一，小九之一。"①《逸周书·作洛》载："大县城，方王城三之一；小县立城，方王城九之一。"②《春秋左传要义》也载："天子之城方九里，诸侯礼当降杀，则知公七里，侯、伯五里，子、男三里。"③ 不同级别的城邑层次分明、大小有序，与西周的等级社会和宗法政治密切相关。

3. 东周诸侯国都城的迁移

公元前 770 年，平王东迁洛邑，此后的周代史称"东周"，又称春秋战国时期。这一时期，封国林立，迭相攻伐，诸侯争霸，战乱频仍。大诸侯国为使自己称霸一方，纷纷将都城迁到更具地利的地方。同时，随着以血缘宗法制为基础的分封制逐渐走向衰落，西周时出现的郡县城邑到战国时演变为地方行政建制。其中晋国、秦国的都城迁移最为显著，此二国也是郡县城邑发展较为突出的诸侯国。

晋国是西周初年分封的重要诸侯国，都于唐（今山西翼城境）。这里是汾河与浍河之间的三角地带，土地肥沃，为传说中尧帝陶唐氏的封地之一，是夏朝的中心区域。西周初年，这里有唐国，可能是陶唐氏后裔所建，成王灭唐，封叔虞于此，袭用唐国之号，后改唐为晋④。春秋时期的晋国在都城迁移中走向强大乃至称霸。晋文侯三十五年（前 746），文侯死，其子昭侯伯即位。晋昭侯封晋文侯之弟成师于曲沃，是为曲沃桓叔。曲沃城邑比晋君的都城翼城还大，加之桓叔好德，深得晋国民心。此后，经过长达近 70 年的宗室内战，到桓叔之孙曲沃武公时，武公灭晋，得到周室册封，以小宗取代大宗成为晋君，以曲沃为都，拥有整个晋国的土地。到曲沃武公之子晋献

---

① （清）阮元校刻《十三经注疏·春秋左传正义》卷二《侯伯城方五里约考工记文》，上海古籍出版社，1980，第 1716 页。

② 黄怀信、张懋镕、田旭东：《逸周书汇校集注》卷五《作洛解》，上海古籍出版社，2007，第 530 页。

③ （宋）魏了翁：《侯伯城方五里约考工记文》，《春秋左传要义》卷二，《景印文渊阁四库全书》，台湾商务印书馆，1986 年影印本，经部，第 153 册，第 274 页。

④ （汉）司马迁：《史记》卷三九《晋世家》，中华书局，1959，第 1635～1688 页。

公八年（前669），晋献公采纳士䓒的建议，派人诛杀原晋国诸公子，把都城从曲沃迁到绛，开始以"绛"为都城，大肆扩张，先后灭掉霍、魏、耿、虢、虞等诸侯国，"并国十七，服国三十八"[1]，为晋文公、晋襄公成为中原霸主奠定了基础。晋景公十五年（前585），景公迁都于绛山之北汾河、浍河交汇处的新田，称新绛，这也是晋国最后的都城。都城迁移新田，使晋国国力再次强盛，成就了晋景公、晋悼公的霸业，晋国霸业达到顶峰。根据考古发掘，侯马晋都新田[2]总面积在40平方公里以上，在东西长9公里、南北宽7公里的范围内，分布着春秋中期至战国早期的城址、建筑基址、祭祀遗址、手工业作坊、居住址和墓地等大量遗存。遗址范围内共发现6座城址。其中，遗址西部的3座面积较大，呈"品"字形分布，最小的22.5万平方米，最大的212.5万平方米，城垣大体平行，应为晋国宫室的宫城。宫城东边的3座城址规模较小，最大的20余万平方米，最小的仅2万余平方米，应为公卿的采邑。城内都发现有大小不等的夯土建筑基址，城外南部的浍河岸边，是制铜、制陶、制骨、石圭作坊等遗址。遗址东南部浍河北岸有包括盟誓遗址在内的祭祀遗址5处和带围墙的夯土建筑基址，应是宗庙建筑所在。盟誓遗址东北部发现有400多座陪葬墓。遗址之外浍河南岸的新绛县柳泉大型墓地是晋公陵墓区。

晋国在称霸过程中，卿族势力不断增强，威胁到国君的统治，先有赵盾弑晋灵公，后有晋厉公灭三郤，栾书、中行偃弑晋厉公，卿族之间也是明争暗斗相互攻伐。到晋幽公元年（前433），晋公室仅剩下绛、曲沃两邑作为奉祀的地方，晋国所有领土被赵、韩、魏三家瓜分，晋幽公反而要去朝见赵、韩、魏之君。晋烈公十三年（前403），周威烈王赐赵、韩、魏为诸侯，从名义上承认了赵、韩、魏的诸侯地位，晋国名存实亡。晋静公二年（前355），赵、韩、魏"灭晋后而三分其地"[3]，晋国彻底灭亡。三个诸侯国为

---

① （元）何犿注《难二》，《韩非子》卷一五，《景印文渊阁四库全书》，台湾商务印书馆，1986年影印本，子部，第729册，第746页。

② 山西省考古研究所侯马工作站编《晋都新田》，山西人民出版社，1996。

③ （汉）司马迁：《史记》卷三九《晋世家》，中华书局，1959，第1687页。

扩大自己的势力，纷纷把都城迁到地理环境优越的平原之地，成为战国七雄中的三雄。赵国占据晋的北部地区，初以晋阳（今山西太原）为都城，于前386年迁都邯郸（今河北邯郸）；韩国占据晋的中部地区，初以平阳（今山西临汾）为都城，于前375年迁都新郑（今河南新郑）；魏占据晋的南部地区，初以安邑（今山西夏县）为都城，于前361年迁都大梁（今河南开封）。考古发掘的邯郸赵国故城①是战国中晚期的赵国都城遗址，位于河北邯郸市区及外围。分为宫城和郭城两个不相连接的区域，总面积近19平方公里，沁河从郭城的中北部穿过。宫城由3座呈品字形的小城组成，每个小城长宽均约1000米。西城中部偏南处有一长296米、宽265米的大型夯土建筑基址，与其同一中轴线的北半部还有夯土台基5座。东城略小，近西墙处发现有大型夯土台基2座。北城西墙内外有两个大的夯土台基东西相对。宫城的其他地方也发现不少夯土台基。大城位于宫城东北部，西南角与宫城东北角相距约80米，平面略呈长方形，南北最长4880米，东西最宽3240米，面积约13.8平方公里。中部偏东一带，集中分布着冶铁、铸铜、制陶、制骨、石器等作坊遗址。城西的沁河北岸是一般墓葬区。城址西北4公里的百家村一带是贵族墓地，西北15公里的丘陵地带是王陵区。另一座故城是新郑郑韩故城②，位于河南新郑双泊河和黄水河之间的三角地带。城址依双泊河和黄水河建造，平面略呈不规则长方形，形象地比喻为牛角形，东西长约5000米，南北宽约4500米，中部有一道南北向夯土墙将故城分隔成东西两部分，城内面积约16平方公里。西城为内城，也是主城，是郑韩两国的宫殿、个别郑国国君陵墓、韩国宫城及宗庙分布区，平面略呈长方形。北墙外侧分布着4个外凸的马面，墙外有护城河。西墙和南墙被双泊河冲毁。城内中

---

① 河北省文物管理处等：《赵都邯郸故城调查报告》，《考古学集刊》第4集，中国社会科学出版社，1984；罗平：《河北邯郸赵王陵》，《考古》1982年第6期。

② 河南省博物馆新郑工作站、新郑县文化馆：《河南新郑郑韩故城的钻探和试掘》，文物编辑委员会编《文物资料丛刊（3）》，文物出版社，1980；安金槐、李德保：《郑韩故城内战国时期地下冷藏室遗迹发掘简报》，《华夏考古》1991年第2期；李德保：《郑韩故城制骨遗址的发掘》，《华夏考古》1990年第2期；河南省文物考古研究所编著《新郑郑国祭祀遗址》，大象出版社，2006。

部有夯土墙环绕的宫城遗址，东西长约 500 米，南北宽约 320 米，宫城中部偏北处有大型夯土建筑基址，宫城以北有地下冷藏建筑遗存。东城是郭城，是铸铜、制玉、制骨、铸铁、制陶等手工作坊的集中分布区，另分布有郑国贵族墓地、祭祀遗址、粮窖群区及部分夯土建筑基址。故城西南 10 公里的许岗村发现有双墓道带陪葬坑、车马坑的大墓数座，应是韩国王室墓地。

偏居关中一隅的秦国，于春秋初期越过陇山东拓疆土，定都雍城后逐渐具有关中之地，战国后期变法图强，其都城也自西东移，先迁居栎阳，后定鼎于距离西周都城丰镐不远的咸阳，进而统一天下。秦都雍城①是秦国春秋至战国早期的都城遗址，位于关中平原西部陕西省宝鸡市凤翔区城南的渭河北岸。城址平面为不规则的长方形，东西长 3480 米，南北宽 3130 米，总面积 10 余平方公里。进入战国后，新崛起的魏国越过黄河，抢占了黄河与北洛河（今陕西境内的洛河）之间的秦国领土。为对付魏国，秦献公执政的第二年（前 383），修筑栎阳城，并迁都于此，使都城靠近了秦魏前线，以便夺回被魏人占据的河西失地。秦都栎阳位于今西安市阎良区武屯东北，东临沮水（今陕西境内的石川河），交通便利，"北却戎翟，东通三晋"②。根据 1980 年中国社会科学院考古研究所栎阳发掘队的勘探与试掘，栎阳城呈长方形，东西长约 2500 米，南北宽约 1600 米，与北宋学者宋敏求《长安志·栎阳》记载的"东西五里，南北三里"③ 基本一致。公元前 350 年，商鞅进行第二次变法，目的是进一步深化改革和加快富国强兵的进程，迁都咸阳是变法的主要内容之一。秦国在咸阳大兴土木，"（孝公）十二年，作为咸阳，筑冀阙，秦徙都之"④。此后，在社会经济快速发展和兼并战争不断

---

① 徐锡台、孙润德：《秦都雍城遗址勘查》，《考古》1963 年第 8 期；陕西省雍城考古队：《秦都雍城钻探试掘简报》，《考古与文物》1985 年第 2 期；韩伟：《凤翔秦公陵园钻探与试掘简报》，《文物》1983 年第 7 期；韩伟等：《凤翔秦公陵园第二次钻探简报》，《文物》1987 年第 5 期。

② （汉）司马迁：《史记》卷一二九《货殖列传》，中华书局，1959，第 3261 页。

③ （宋）宋敏求：《栎阳》，《长安志》卷一七，《景印文渊阁四库全书》，台湾商务印书馆，1986 年影印本，史部，第 587 册，第 204 页。

④ （汉）司马迁：《史记》卷五《秦本纪》，中华书局，1959，第 203 页。

取得重大胜利的同时，秦国都城咸阳也在不断向南北扩大规模，"广大宫室，南临渭，北临泾"①，跨越渭河，扩向渭南。② 咸阳是战国中晚期秦国及秦王朝的国都③，位于关中平原中部陕西咸阳市以东咸阳原上的渭水两岸，东西长约 7200 米，南北宽约 6700 米，在该都城遗址发现了大量遗存。

总之，春秋时期晋国占主导地位，为"春秋五霸"之一；战国时期秦国最终占主导地位，为"战国七雄"之一，灭六国而一统天下。晋秦的强大应该说与这两个国家的都城迁移有一定的关系。毫无疑问，每一次的迁都都是迁往生态环境优越、自然资源富饶之地，并且能够摆脱旧势力的束缚，迅速发展新生力量，使国家更加强大。

4. 郡县城邑的演变

郡、县出现于西周，发展在东周。具体而言，郡、县在西周中期已经存在，本指国都之外的鄙野之地，后来发展成为鄙野地区的城邑，如《逸周书·作洛》记载，周公经略天下，"制郊甸方六百里，国西土为方千里。分以百县，县有四郡"④。当时的县大于郡。春秋时代，随着人口增加、国土扩大，各国普遍设县以治之。在黄河中下游地区，晋国、秦国、齐国设县较早。诸侯国设县较为普遍，郡的设置相对滞后。关于晋国的郡县，《左传》昭公五年（前 537）说："韩赋七邑，皆成县也。羊舌四族，皆强家也。晋人若丧韩起、杨肸，五卿八大夫辅韩须、杨石，因其十家九县，长毂九百；其余四十县遗守四千，奋其武怒，以报其大耻。"⑤ 据此可知晋国当时至少已有 50 县。《左传》昭公二十八年（前 514）载："魏献子为政，分祁氏之

① （汉）班固：《汉书》卷二七《五行志》，中华书局，1962，第 1447 页。

② 李令福：《古都西安城市布局及其地理基础》，人民出版社，2009，第 14 页。

③ 吴梓林、郭长江：《秦都咸阳故城遗址的调查和试掘》，《考古》1962 年第 6 期；王学理：《秦都咸阳》，陕西人民出版社，1985；陈国英：《秦都咸阳考古工作三十年》，《考古与文物》1988 年第 5、6 期合刊；刘庆柱：《论秦都咸阳城布局形制及其相关问题》，《文博》1990 年第 5 期。

④ 黄怀信、张懋镕、田旭东：《逸周书汇校集注》卷五《作洛解》，上海古籍出版社，2007，第 525~530 页。

⑤ （清）阮元校刻《十三经注疏·春秋左传正义》卷四三《昭公五年》，中华书局，1980，第 2042 页。

田以为七县，分羊舌氏之田以为三县。"① 在原来的基础上又增加了 10 县。设县已成大势所趋，在三家分晋之前（前 503~前 403）长达百年的时间内晋国应新增设了很多县，有据可考的县有轵县、耿县、魏县、温县、平阳、邯郸等。这些县的设置及其分布特点，正如朱绍侯先生在其主编的《中国古代史》一书所说的："早在春秋初期，秦、晋、楚等国往往把兼并得来的土地和灭亡的小国改设为县。"② 而被兼并的土地和灭亡的小国多在诸侯国边疆地带，这是诸侯国在春秋早期设县的共性。春秋中期以后，晋国的县主要设置在旧贵族的封邑之地，以六卿为代表的新兴贵族依仗军事实力和政治特权，在国内兼并其他旧贵族的土地后，在这些地区设县。而旧贵族的封邑大都分布在人口稠密的内地，因此大部分县设在内地。如六卿分公族祁氏、羊舌氏之邑而设的十县，分别是邬、祁、平陵、梗阳、涂水、马首、盂、铜鞮、平阳、杨氏，主要分布在今山西中部③，属于晋国内地。并且，晋县的隶属关系经历了一个由国君掌握逐步转化为由卿族掌握的过程。春秋前期，晋君赐县于大夫，县政大权掌握在国君手中。春秋中期以后，晋国公室日益衰落，军政大权旁落卿族之手，晋县也完全由卿族掌握。此时，县大夫由卿族任命，出现了"各令其子为大夫"④ 的现象，县大夫对本县事务的处理有疑难时，即上呈执政卿，而不必报告晋君。如《左传》昭公二十八年记载，"梗阳人有狱"，梗阳县大夫魏戊"不能断"，就把这个案子呈给执政卿魏献子决断⑤。有的卿族还把县作为鼓励下属为己效力的奖励，如春秋末年晋卿赵简子在铁之战中临阵誓师，"克敌者，上大夫受县，下大夫授郡"⑥，县已经被用来奖励军功。晋国县的规模大小不一，有的相当于一个小国家，如

---

① （清）阮元校刻《十三经注疏·春秋左传正义》卷四三《昭公五年》，中华书局，1980，第 2118 页。

② 朱绍侯主编《中国古代史》，福建人民出版社，2010，第 132 页。

③ 谭其骧主编《中国历史地图集》第一册，中国地图出版社，1982，第 22~23 页。

④ （汉）司马迁：《史记》卷三九《晋世家》，中华书局，1959，第 1684 页。

⑤ （清）阮元校刻《十三经注疏·春秋左传正义》卷五二《昭公二十八年》，中华书局，1980，第 2119 页。

⑥ （清）阮元校刻《十三经注疏·春秋左传正义》卷五七《哀公二年》，中华书局，1980，第 2156 页。

耿、魏等县，原来是小国家，灭国后在此置县。这种类似于国的县在晋国并不多，且多置于春秋早期。春秋中期以后，晋国的县主要设在旧贵族的封邑之地，其规模相当于旧贵族的封邑，如"韩赋七邑，皆成县也"①；还有一类称为"别县"，这类县是从一些大县里分置出来的，如州县就是从温县分置出来的别县，"晋之别县不唯州"②，即州县不是晋国的唯一别县。到春秋晚期，晋国出现了"万家之县"③，其规模和秦汉时期的县相近。总之，春秋时期晋国的县制更具备地方行政组织的特点，它是由宗族政治体制下的封邑制向中央集权制转变的一种过渡形态，是社会变革在地方行政建制上的反映。

战国时代的郡县脱胎于春秋，但性质与功能已发生根本变化。郡的普遍设置约在春秋晚期，晋国赵简子以"上大夫受县，下大夫受郡"奖励克敌立功者，说明当时已有相当数量的郡，郡仍低于县。战国前期的郡仍多置在边地，主要为了巩固边防，具有浓厚的军事色彩，并非政区。随着兼并战争的日益激烈，各国在中原地区的边境也陆续设郡，强国交界地区设郡的现象也比较普遍。郡的辖境虽然广大，但郡府不是地方政府。郡的长官称为"守"，也尊称"太守"，均由武官充任。郡守的主要职责是戍守边境，韩非将"边地任守"和"出军命将"并论④，其原因就在于此。在政治和军事密不可分的战国时代，军事权和行政权很难截然分开，郡守的权力范围必然向非军事领域扩展。到战国后期，郡逐步由军区过渡到政区，郡守也从单纯的军事长官向统管全部军政事务的地方长官演变。秦国昭王时的郡守大都要履行"上计"的职责，因而河东郡守王稽"三岁不上计"⑤被视为特例载

---

① （清）阮元校刻《十三经注疏·春秋左传正义》卷四三《昭公五年》，中华书局，1980，第2042页。

② （清）阮元校刻《十三经注疏·春秋左传正义》卷四二《昭公三年》，中华书局，1980，第2032页。

③ 何建章注释《战国策》卷一八《赵策一》，中华书局，2018，第495页。

④ （元）何犿注《亡征》，《韩非子》卷五，《景印文渊阁四库全书》，台湾商务印书馆，1986年影印本，子部，第729册，第643页。

⑤ （汉）司马迁：《史记》卷七九《范睢蔡泽列传》，中华书局，1959，第2415页。

入史册。秦王政二十年（前 227），南郡（今湖北江陵）郡守在给本郡各县、道发布的文告中，重点讲述了以法律革除民间恶俗、整顿吏治的社会及政治问题，还有"修律令、田令"等内容①，此时的南郡郡守显然已经完全是一个地方行政长官了。秦统一后，郡作为军事防备区的历史相应结束，而转变为中央和县之间的一级地方行政政府。郡由低县一等演变为高县一级，郡下设县，形成郡、县两级制的地方组织。郡辖县的郡县制在赵、韩、魏地区普遍推行，赵的上党郡有 24 县，魏的上党郡有 15 县，韩的上党郡有 17 县。郡守既是一郡的军事长官，也是一郡的行政长官，另设郡丞、郡尉协助管理政务和军务。

战国时代的县以秦国发展最快，特别是商鞅变法，"集小乡邑聚为县，置令、丞，凡三十一县"②，此后不断设县，正式确立县为地方行政单位。县管辖范围有相应的规制，秦"县大率方百里"③；齐"百里而一县"，"大县百里，中县七十里，小县五十里。大县二万家，中县万五千家，小县万家"④。据秦、齐的县制推断，战国时代的县标准面积大约为方百里，人口约万户。另外，秦国在少数民族聚居区或者边远地区设置和县平级的"道"，管理民族和边远之地事务。如前文提到的南郡内同时设有县和道，郡守给本郡下达的文书是县、道的并称。这种地方行政建制为秦汉时代所承袭。县直属于国君，县级长官由国君任命，秉承国家意志，依照国家法令行政。县级长官的名称由春秋时期的县公、县尹、县大夫改为县令、县长，大县设令，小县设长⑤。县令（长）是食取国君俸禄的官僚，公元前 349 年，秦国"初为县有秩史"⑥，开始在各县设置有定额俸禄的小吏，直接对国君

---

① 睡虎地秦墓竹简整理小组编《睡虎地秦墓竹简·语书》，文物出版社，1978，第 11 页。
② （汉）司马迁：《史记》卷六八《商君列传》，中华书局，1959，第 2232 页。
③ （汉）班固：《汉书》卷一九上《百官公卿表》，中华书局，1962，第 742 页。
④ 银雀山汉墓竹简整理小组编《银雀山汉墓竹简·释文注释·守法守令等十三篇》，文物出版社，1985，第 134 页。
⑤ （汉）班固：《汉书》卷一九上《百官公卿表》"有蛮夷曰道"，中华书局，1962，第 742 页；（汉）卫宏：《汉官旧仪》卷下"内郡为县，三边为道"，《景印文渊阁四库全书》，台湾商务印书馆，1986 年影印本，史部，第 646 册，第 14 页。
⑥ （汉）司马迁：《史记》卷一五《六国年表第三》，中华书局，1959，第 723 页。

负责，可随时任免，无世袭县政之特权，这与多是贵族子弟或者家臣的春秋时代的县级长官有根本区别。县有一套对应上一级郡乃至中央的行政机构，履行组织生产和管理民政、财政、司法等职能，是中央集权下的地方政府，相当于中央派出机构，以实施中央意志也就是国君意志为唯一职能，政治上没有独立性。县的管辖范围不再局限于城邑及其四周地区，不再以城市为中心，而以农村为主，城邑不过是其衙署所在地而已。地缘关系取代血缘关系，行政组织取代宗法组织。"至秦初置三十六郡以监其县"①，郡辖县的地方行政建制最终定型，为郡县级城镇体系的形成和发展奠定了政治基础。

第二节　秦汉时期商业城镇的勃兴

自秦统一天下到东汉末年（前 221~220），共历时 441 年，是我国皇权制度形成、发展及走向定型的时期。秦结束了长达数百年的纷争割据局面，建立起统一的中央集权的多民族的封建国家。在大一统的政治形势下，随着国土开发和地域经济的发展，强大的中央集权统治和地方郡县制行政体制的设置，层次分明、规模不等的各级行政中心城市得以形成。尤其是在黄河中下游地区，秦朝、西汉、东汉分别定都咸阳、长安和洛阳，形成较为完备的都城、郡城、县城三级城市体系；经济上，采取"平准""均输"政策，促进了该区域商业贸易的发展，都城和一些郡城、县城的商业出现了繁荣景象，发展为商业城市。

一　郡县级城镇的形成与发展

秦统一全国后，在地方上彻底废除"封诸侯，建藩卫"制度，全面实行郡县制，这成为后世郡县政区沿革起始的基点，"秦虽闰位，然实后世郡

---

① （宋）王应麟：《汉制考》卷四，《景印文渊阁四库全书》，台湾商务印书馆，1986 年影印本，史部，第 609 册，第 844 页。

国之祖"①。西汉在此基础上,吸取秦"二世而亡"的教训,对地方统治方式略有改变,虽然名义上也实行"郡县制",但实际上是"郡国并行制",东汉沿袭了这一制度。

1. 秦代郡县级城市的形成

秦始皇二十六年（前 221），初灭赵、韩、魏、楚、燕、齐六国，在全国范围内推行郡县制，并设三十六郡，至后来的四十八郡说②，采取整齐划一的行政方式统治全国各地。因黄河中下游地区气候宜人，人口众多，开发历史悠久，为实行有效管辖，郡和县的设置较之其他地域更为稠密。

秦朝实行郡辖县的管理模式，每郡管辖若干县。依据谭其骧主编的《中国历史地图集》，秦朝在黄河中下游地区布设的郡县有：内史辖 27 县，上郡辖 4 县，北地郡辖 3 县，陇西郡辖 3 县，三川郡辖 13 县，颍川郡辖 9 县，陈郡辖 8 县，泗水郡辖 16 县，东海郡辖 9 县，薛郡辖 12 县，砀郡辖 21 县，东郡辖 15 县，济北郡辖 8 县，临淄郡辖 4 县，巨鹿郡辖 2 县，邯郸郡辖 4 县，河内郡辖 7 县，河东郡辖 6 县，太原郡辖 6 县，上党郡辖 3 县，仅有地跨黄河中游地区的雁门、云中二郡在该区域无辖县。统计之，秦朝在黄河中下游地区设置 22 郡 180 县。由于郡治所内设县，也就是说郡治所与县治所同城的有 18 座城市，这 22 座城市计入郡治所城市，就不再计入县治所城市。这样，秦代在黄河中下游地区布设了 22 座郡级城市，162 座县级治所城市，共计 184 座郡县级城市，这 184 座城市构成黄河中下游地区城市发展的主体，成为地方政治、经济中心。

由于不同区域自然环境及其开发程度的差异，各郡辖县数量不等，如雁门、云中二郡处于黄河中游北部边缘地区，地跨黄河中上游，地广人稀，本来设县数目就少，属于黄河中下游地区的县尚未见到；黄河中下游地区的内史、三川郡、砀郡等，历史上开发较早，人口众多，秦代在这些郡设置的县就多，尤其是内史是都城咸阳所在地，辖县最多，谭图上能够

---

① （清）全祖望：《汉书地理志稽疑》，《二十五史补编》卷一，中华书局，1955，第 1249 页。
② 辛德勇：《秦汉政区与边界地理研究》，中华书局，2009，第 86~87 页。

看到的就达 26 县。还有些郡因为地跨黄河流域和长江流域，或者黄河流域和淮河流域，或者黄河流域和海河流域，所辖县又不在本书研究视域，如三川郡、太原郡、巨鹿郡、邯郸郡等，其部分辖县不计入。总而言之，处于关中平原、伊洛盆地、汾河谷地及黄淮海大平原的郡辖县数量多，县级城市数量也多。在此需要特别说明的是，这 162 县并非秦朝在黄河中下游地区布设的所有县，正如谭其骧主编的《中国历史地图集》"秦时期图组编例五"所说，"秦制以郡统县，而秦县见于记载者极少。图中画出的县，一部分是见于唐宋以前史籍中的'秦置'县；一部分是见于战国记载而在西汉时尚存在的县；此外，凡见于秦灭六国至西汉统一以前的地名西汉时是县的，也作为秦县画出"①。据此，秦朝在黄河中下游地区布设的县，在谭图中标识出来的也只是一部分，相对应的县级治所城市也是其中的一部分。

秦祚国 15 年而亡，黄河中下游地区刚刚建立起来的各级行政区划治所城市不同程度地受到破坏。秦末陈胜、吴广在泗水郡大泽乡起义，一路攻下泗水郡的蕲县、陈郡的陈县、三川郡的荥阳，进军到今陕西临潼东，直接威胁到秦王朝的都城咸阳的安全。接着是反秦武装的蓬勃发展及项羽、刘邦展开的楚汉战争，黄河中下游地区是主战场，刘邦起兵于沛（今江苏沛县），转战东阿（今山东东阿西南）、城阳（今山东菏泽东北）、雍丘（今河南杞县）；项羽起兵于吴（今江苏苏州），转战下邳（今江苏睢宁西北）、定陶（今山东菏泽定陶区）、彭城（今江苏徐州）等地。楚汉战争中，项羽首先屠掠咸阳城，火烧秦宫室，与刘邦长期相持于荥阳、成皋一带，黄河中下游地区的大部分郡县级城市在秦末战乱中都受到不同程度的破坏，直至项羽败于垓下（今安徽固镇），黄河中下游地区的战乱状态才基本结束。

2. 西汉郡国县级治所城市的大发展

刘邦建立西汉，定都长安。鉴于秦亡之失，采取一系列休养生息、恢

① 谭其骧主编《中国历史地图集》第二册"秦时期图组编例五"，中国地图出版社，1982。

复社会经济的政策。到汉景帝时，社会经济得到发展，物质财富极为丰富，出现了"太仓之粟陈陈相因，充溢露积于外，至腐败不可食。众庶街巷有马，阡陌之间成群"① 的局面，迎来了中国封建社会第一个盛世局面，即所谓的"文景之治"。与恢复经济发展一样重要的地方行政区划重新构建，也是西汉统治者面临的重要问题以及建立稳定统治秩序的关键。西汉在继承秦郡县制的基础上，实行郡国并行制度，即设置与郡同级的诸侯王国。郡国之下置县，每个郡国都统辖若干数量不等的县，这些郡国县的治所就是西汉地方城市的基本构成单元，在各自管辖领域内发挥着地方中心城市的功能。

西汉在黄河中下游地区布设的郡国县以秦代的郡县为基础，既有沿袭，也有变更，还有新置。依据谭其骧主编的《中国历史地图集》，西汉在黄河中下游地区布设的郡国县有：京兆尹辖 12 县，左冯翊辖 24 县，右扶风辖 21 县，弘农辖 7 县，河东辖 24 县，河南郡辖 18 县，河内郡辖 18 县；上党郡辖 14 县，太原郡辖 11 县，雁门郡无辖县，定襄郡辖 3 县，云中郡辖 2 县，五原郡辖 1 县，西河郡辖 17 县，上郡辖 14 县，北地郡辖 11 县；颍川郡辖 10 县，汝南郡辖 13 县，淮阳国辖 9 县，沛郡辖 30 县，临淮郡辖 7 县，泗水国辖 2 县，东海郡辖 5 县，楚国辖 7 县，鲁国辖 6 县，泰山郡辖 18 县，东平国辖 7 县，山阳郡辖 17 县，梁国辖 7 县，陈留郡辖 17 县，济阴郡辖 9 县，东郡辖 21 县，平原郡辖 17 县，济南郡辖 13 县，千乘郡辖 11 县，齐郡辖 4 县；魏郡辖 17 县，赵国辖 2 县，广平国辖 13 县，巨鹿郡辖 4 县，清河郡辖 14 县，信都国辖 15 县；渤海国辖 16 县；安定郡辖 12 县，天水郡辖 13 县；陇西郡辖 3 县，共计 46 郡 536 县。由上可见，西汉布设的郡国数量比秦代增加一倍，在地理空间相同的黄河中下游地区，唯一办法只能分割秦代 22 郡的辖境，因此西汉的郡国辖境一般比秦代的郡辖境小，且西汉的国辖境普遍比郡辖境要小。

西汉郡国县数量增多，意味着郡国县级城市增多。然而，有些郡辖境

---

① （汉）司马迁：《史记》卷三〇《平准书》，中华书局，1959，第 1420 页。

跨黄河上中游地区，其治所城市不在黄河中游地区，如地处黄河中游边缘地区的五原郡、安定郡、陇西郡地跨黄河中上游地区，这 3 郡治所城市都布设在黄河上游地区；云中郡、定襄郡、天水郡、雁门郡也处在黄河中游边缘地带，但这 4 郡治所城市都布设在黄河中游地区。地处黄河下游东北部边缘地区的魏郡、赵国、广平国、巨鹿郡、清河郡、信都国、渤海郡 7 郡国处于黄河与海河的分界地带，也是农牧业交错带；地处黄河下游东南部边缘地区的颍川郡、汝南郡、沛郡、临淮郡、泗水国、东海郡 6 郡国处于颍水以东、淮河以北的地区，也就是黄河与淮河的分界地带，这 13 郡治所城市都在黄河及其支流或与黄河关系密切的河流附近。这样，西汉时黄河中游和黄河下游边缘地区有 20 郡国，其中 17 郡国治所城市都在该区域内，加上地处黄河中下游地区其他 26 郡国，就有 43 座郡国城市，发挥着全国中心城市以及区域中心城市的作用。在谭图上，郡国级城市所处自然区域与行政区划有不完全吻合的特点，而县级城市没有勾勒出辖境，所统计的县都视为区域内的，郡国县治所同在一城的应有 37 座，计入郡级城市，因此，西汉时黄河中下游地区县级城市大概有 511 座，郡国县级城市共计 54 座城市。

西汉郡国治所城市有的因袭秦代郡治所城市；有的是秦代县级城市上升为西汉郡国治所城市，这种情况多是新置的郡国治所城市，即秦朝的一郡辖境变成二郡辖境或三郡辖境。还有一种情况是秦代郡级城市降为县级城市，重新在近河之地设置郡级城市，这种情况比较少，目前见到的只有北地郡，秦代就设此郡，其治所在义渠，西汉时其治所北移到今甘肃庆阳北的泾水二级支流（今甘肃环江）东岸马领，而义渠到西汉降为县级城市。总之，随着西汉郡国的增多，秦代时的一些县级治所城市上升为郡国级治所城市，城市等级提高，其功能相应增强。

西汉郡国统辖县、邑、道、侯国，一般而言，郡统辖县的数量要比国多。西汉在黄河中下游地区布设的 46 郡国中，除雁门郡仍然无辖县外，地处黄河中游边缘地区的五原郡、安定郡、陇西郡辖境内有属于黄河中下游地区的县级治所城市，共计 54 县。这 54 县并非西汉在黄河中下游地区布设的所有县，受统计依据和笔者视野的局限，可能会漏掉个别县，但这不影响对黄河中下游地区县级治所城市的考察。

西汉在沿袭秦代县级城市的基础上，对秦代一些县更名，如京兆尹的华阴县秦时称宁泰，霸陵县称芷阳；右扶风的渭城秦时称咸阳，槐里称废丘；左冯翊的襄德县，秦时称怀德县；河东郡的蒲反，秦时称蒲坂；河内郡的河阳县，秦时称河雍；东郡的范县，秦时称范阳；济阴郡的冤句秦时称宛朐，成阳称城阳；陈留郡的浚仪，秦时称大梁；等等。西汉还废掉秦代设置的县，这是极个别的情况，从谭图中仅见两例，一个是京兆尹的丽邑县，一个是河内郡的安阳县。更为重要的是，西汉新置很多县级城市，从前文统计数据秦代152县与西汉54县比较中即可看出，县级治所城市增设幅度非常大，多出3倍之余。

西汉末年，王莽篡政，调整郡县划分，改变郡县名称；加之农民起义，长安成为各路起义军进攻的最终目标，黄河中下游地区再次成为战乱的中心地区。江夏郡新市（今湖北京山）人王匡率领绿林军的一支攻下洛阳；绿林军的另一支由申屠建率领，攻破武关（今陕西丹凤东南），于更始二年（24）攻破长安。

3. 东汉郡级城市持续发展和县级城市减少

秦代、西汉两代郡县级城市的布设，奠定了黄河中下游地区郡县二级城市的基本格局。东汉的郡国设置基本沿袭西汉，变化不大。依据谭其骧主编的《中国历史地图集》，现就西汉、东汉在黄河中下游地区布设的郡国情况列表2-1。

表2-1　西汉、东汉在黄河中下游地区布设的郡国情况比较

刺史部	西汉	东汉
司隶部	京兆尹、右扶风、左冯翊、河东郡、弘农郡、河南郡、河内郡(7)	京兆尹、右扶风、左冯翊、河东郡、弘农郡、河南尹、河内郡(7)
并州、朔方刺史部	五原郡、云中郡、定襄郡、雁门郡、太原郡、上党郡、西河郡、上郡、北地郡(9)	五原郡、云中郡、定襄郡、雁门郡、太原郡、上党郡、西河郡、上郡(8)

续表

刺史部	西汉	东汉
兖州、豫州、青州、徐州刺史部	东郡、平原郡、千乘郡、齐郡、济南郡、泰山郡、东平郡、鲁国、山阳郡、济阴郡、陈留郡、颍川郡、汝南郡、淮阳国、梁国、沛郡、楚国、临淮郡、泗水国、东海郡(20)	东郡、平原郡、乐安国、齐国、济南国、泰山郡、济北国(从泰山郡析出)、东平国、任城国(从东平国析出)、山阳郡、济阴郡、陈留郡、梁国、陈国、颍川郡、汝南郡、沛国、彭城国、下邳国(西汉临淮郡北部、东海郡南部)、东海郡、鲁国(21)
冀州刺史部	魏郡、赵国、广平国、巨鹿郡、清河郡、信都国(6)	魏郡、赵国、巨鹿郡、安平国、清河国、渤海郡(6)
幽州刺史部	渤海郡(1)	—
凉州刺史部	陇西郡、天水郡、安定郡(3)	陇西郡、汉阳郡、安定郡、北地郡(4)
合计	46郡国	46郡国

资料来源：谭其骧主编《中国历史地图集》第二册，中国地图出版社，1982。

从表2-1可以看出，东汉在黄河中下游地区布设的郡国数量与西汉等同，都是46郡国，但是郡国有增有减有合并。东汉将西汉冀州刺史部的广平国省入巨鹿郡；从西汉兖州刺史部的东平国南部分出一个任城国，从泰山郡西部分出一个济北国；裁撤西汉徐州刺史部南部泗水国。另外，东汉诸侯国数量比西汉增多，西汉9国，东汉15国。西汉青州刺史部的千乘郡、济南郡、齐郡到东汉时分别调整为乐安国、济南国、齐国，还有豫州刺史部的沛郡调整为沛国，冀州刺史部的清河郡调整为安平国，徐州刺史部的临淮郡调整为下邳国。还有个别郡名称有所变化及所属刺史部有所调整，如河南郡到东汉时改称河南尹，这是沿袭西汉都城所在地之称谓，东汉定都洛阳，故洛阳所属的河南郡改称河南尹；北地郡西汉时归属朔方刺史部，到东汉时调整到凉州刺史部，天水郡到东汉时改称汉阳郡；渤海郡西汉时归属幽州刺史部，到东汉时调整到冀州刺史部。这些调整及变化更适合东汉统治的需要，更能强化基层社会秩序的稳定和治理。

东汉黄河中下游地区郡国数量决定了该区域郡国级治所城市的数量和中心城市的分布密度，这也是衡量经济社会发展程度的重要指标。东汉黄河中游边缘地带的五原郡、云中郡、雁门郡、陇西郡、北地郡5郡治所城市不在黄河中下游地区，其他 41 郡治所城市都分布在该区域。东汉时郡国级行政区划的变化，相应地引起一些郡国级治所城市的升降。西汉河南郡治所城市洛阳因东汉定都于此而升为都城，成为全国最大的城市。有些郡国治所城市是西汉时的县级治所城市，如西汉时京兆尹、右扶风、左冯翊的治所城市都在长安，到东汉时京兆尹治所城市仍在长安，右扶风治所城市迁移槐里，左冯翊治所城市迁到高陵，槐里、高陵由西汉时的县级城市到东汉时升为郡级城市；西河郡治所城市在西汉时是平襄，到东汉时内迁离石，离石由西汉时的县级城市升为东汉时的郡级城市，平襄刚好与离石相反，由西汉时的郡级城市降为东汉时的县级城市。济北国的治所城市卢县、任城国的治所城市任城、下邳国的治所城市下邳，都是由西汉县级城市升为侯国治所城市。相应地，也有西汉时的少数郡国级治所城市到东汉时下降为县级治所城市，如西汉千乘郡治所城市千乘、西河郡治所城市平定、天水郡治所城市平襄等，到东汉时分别下降为乐安国、西河郡、汉阳郡属县治所城市。这些郡国治所城市的级别升降不单是由行政区划的变化引起的，其实环境因素在其中起着关键作用。如东汉下邳国不借用西汉临淮郡治所城市徐县，而是选择泗水、沂水交汇的下邳作为治所城市。东汉新建的郡级治所城市只有一座，乐安国在济水北岸建立新的治所城市——临济，即乐安国的临济。

　　东汉仍然是郡国辖县，依据谭其骧主编的《中国历史地图集》，东汉在黄河中下游地区布设的郡国辖县情况如下：京兆尹辖 8 县，右扶风辖 15 县，左冯翊辖 13 县，河东郡辖 20 县，弘农郡辖 9 县，河南尹辖 20 县，河内郡辖 18 县；五原郡辖 1 县，云中郡辖 8 县，定襄郡辖 3 县，雁门郡辖 1 县，太原郡辖 11 县，上党郡辖 13 县，西河郡辖 10 县，上郡辖 9 县；东郡辖 15 县，平原郡辖 10 县，乐安国辖 7 县，齐国辖 4 县，济南国辖 10 县，泰山郡辖 7 县，济北国辖 3 县，东平国辖 7 县，任城国辖 3 县，山阳郡辖 10 县，济阴郡辖 11 县，陈留郡辖 17 县，梁国辖 9 县，陈国辖 9 县，颍川郡辖 9 县，汝南郡辖 14 县，沛国辖 20 县，彭城国辖 8 县，下邳国辖 11 县，东海郡辖 2 县，鲁国辖 6 县；魏郡辖 12 县，赵国辖 1 县，巨鹿郡辖 8 县，安平国辖 2 县，清河国辖 7 县，渤海郡辖 8 县；陇西郡辖 2 县，汉阳郡辖 10 县，安定郡辖 6 县，北地郡辖 3 县，共计 46 郡国 410 县。依然要强调的是，这 410 县并非东汉在黄河中下游地区布设的所有县，受统计依据和笔者视野的局限，可能会漏掉个别县，如西汉的泗水国到东汉时被省入广陵郡，其治所城市凌县下降为广陵郡的属县，位于淮河以北，属于界定的黄河中下游地区范围内的县，但是广陵郡的主要辖境在淮河以南，凌县是淮河以北唯一的一个县，在不影响整体考察的情况下，凌县就忽略不计，这种情况在历朝历代都可能会遇到。

东汉县级治所城市更多的是对西汉县级治所城市的沿袭，在此基础上，也有对县级治所城市的提升和革新，如前文提到的西汉县级治所城市到东汉时上升为郡国级治所城市；也有将西汉一些县级治所城市更名的，如改西汉右扶风辖县隃糜（今陕西千阳）为渝糜，河东郡辖县蒲反为蒲坂、绛县为绛邑，河南郡辖县谷成为谷城，河内郡辖县隆虑为林虑，东郡辖县观县为卫国、乐平为清县，山阳郡辖县橐县为高平、湖陵为湖陆、爰戚为金乡，东平国寿良为寿张，陈留郡甾县为考城，沛郡辖县敬丘为太丘、芒县为临睢、竹县为竹邑、洨国为洨县，平原郡辖县鬲县为鬲国、平昌为西平昌、富平为历次，济南国辖县朝阳为东朝阳，千乘郡辖县高宛为高菀。更为重要的是，东汉在黄河中下游地区裁撤了 138 县，以裁撤西汉京兆尹、右扶风、左冯翊、北地郡、安定郡、天水郡、上郡阳、西河郡辖县为多，主要原因是东汉定都洛阳，京兆尹、右扶风、左冯翊所在地失去作为都城的政治优势，人口相应减少，管理基层组织的县相应也减少了；北地郡、安定郡、天水郡、上郡、西河郡地处黄河中游地区的边缘地带，也是农牧交错地带，东汉政权弱化了对这一地区的管理。其次是济阴郡、沛郡、平原郡、千乘郡辖县，其他相对较少，一般不超过 3 个。不过，东汉也有新置县，但数量很少。依据谭图，与西汉县比较，东汉新置县有汉阳郡的显亲，山阳郡的防东，陈国的长平、扶乐、武平，梁国的谷熟，其他郡较少见到。

综上所述，秦代是黄河中下游地区郡县级治所城市的形成期，西汉是郡县级治所城市的发展期，东汉是对郡级治所城市的继承期和对县级治所城市进行裁撤的合并期。从全国来看，东汉时县级城市数量与西汉比较也处于减少的趋势，"西汉后期的地方行政区划以一百零三郡、国统辖一千五百多个县、邑、道、侯国"，"东汉永和中的行政区划以一百另〔零〕五郡、国、属国统辖一千一百八十个县、邑、道、侯国、公国"①。从中可以看出，西汉与东汉在全国布设的郡仅 2 郡之差，而县相差 400 个左右，黄河中下游地区也不例外。东汉与西汉在黄河中下游地区布设的郡都是 46 个，而县相差126 个，相应地，黄河中下游地区的县级治所城市也减少 126 个，从中反映出两汉政治、经济发展的差异。

二　商业城镇勃兴

秦汉统一政权的建立，以都城为中心，有通往全国各地的水陆交通；郡县制的形成与发展，以都城、郡、县治所为基础发展起来的各级政治中心，群集了一个庞大的官僚消费群体，这为商业城市的勃兴提供了保障。

秦汉时期商业城市勃兴的基础是春秋战国时期黄河中下游地区已经形成四通八达的水运网。春秋以前，黄河中下游地区以黄河、济水、淮河三大水系为主，黄河、淮河二水各成一系，互不相通。到春秋末期，吴国在长江、淮河之间开凿了人工河邗沟，沟通了江、淮；在济水、泗水之间开凿了人工河荷水，沟通泗水和济水，泗水下游入淮水，济水是黄河一大支流，这样江、淮、河、济四水沟通。战国时，魏国从荥阳北黄河南岸开凿人工河鸿沟，引黄河水向东南流，"以通宋、郑、陈、蔡、曹、卫，与济、汝、淮、泗会"②，从而把中原地区的济水、汝水、淮河、泗水、颍水、汳水、睢水、涡水、濮水、菏水等都连通，互相通航，形成更大的水运网络，这使地处水运网中的都城以及诸侯国都城和其他城市都发展成天下著名的商业都市。如东周都城洛阳"东贾齐、鲁，南贾梁、楚"，是"富冠海内"的"天下名

---

① 谭其骧主编《中国历史地图集》第二册"西汉时期图组编例五""东汉时期图组编例四"，中国地图出版社，1982。

② （汉）司马迁：《史记》卷二九《河渠书》，中华书局，1959，第 1407 页。

都"；赵国都城邯郸是中原冶铁中心，为"漳、河之间一都会"①；齐国都城临淄人口稠密，有户七万，"甚富而实"，城内"车毂击，人肩摩，连衽成帷，举袂成幕，挥汗成雨，家敦而富，志高而扬"②，呈现出一片繁荣景象。其他如秦国都栎阳、咸阳，魏国都城朝歌（今河南淇县）、大梁（今河南开封），卫国都城濮阳（今河南濮阳南）等都是商业繁盛的都城。

秦始皇统一全国后，采取广修驰道、统一货币、统一度量衡等措施，为商业城市发展创造了条件，但是秦朝实行"重农抑商"的政策，除为满足皇室贵族需要的都城商业兴盛外，地方城市商业相对萧条。都城咸阳是行政级别最高的城市，也是当时全国最大的城市，地处关中平原，南北二山之间原隰交错分布，田野开阔，河川环绕，水源丰沛。优越的水环境为咸阳提供了便利的水上运输，渭河横贯咸阳，其附近有沿着渭河东下黄河的漕运码头，为商业发展提供了便利的交通条件。咸阳作为秦朝的都城，也云集了全国各地的精英。秦始皇曾经强行迁徙天下豪富 12 万户至咸阳，在削弱关东经济的同时，增强了都城咸阳的经济实力，推动了咸阳工商业的发展。如秦始皇时，司马迁的前四代祖司马昌曾"为秦主铁官"③，云梦秦简中《秦律杂抄》有对官营采矿冶铁考课的规定。咸阳秦宫殿区附近，考古发掘出铸铁作坊遗址一处，遍地铁渣，还有铁块、炉渣、红烧土和草灰等，另有铜、陶作坊遗址。这些遗址分布在宫殿建筑遗址附近，当是为宫廷服务的官营手工业作坊④。

经秦末农民战争和楚汉战争的破坏，西汉初年的城市衰颓不堪，汉高祖十二年（前 195），"时大城名都民人散亡，户口可得而数裁什二三，是以大侯不过万家，小者五六百户"⑤。西汉建国后，采取了一系列恢复经济的措施，尤其是"开关梁，驰山泽之禁"后，出现了"富商大贾周流天下，交

---

①　（汉）司马迁：《史记》卷一二九《货殖列传》，中华书局，1959，第 3264 页。

②　何建章注释《战国策》卷八《齐策一》，中华书局，2018，第 260 页。

③　（汉）司马迁：《史记》卷一三○《太史公自序》，中华书局，1959，第 3286 页。

④　刘庆柱：《秦都咸阳几个问题的初探》，《文物》1976 年第 11 期。

⑤　（汉）班固：《汉书》卷一六《高惠高后文功臣表序》，中华书局，1962，第 527 页。

易之物莫不通，得其所欲，而徙豪杰诸侯强族于京师"①的盛况，商业获得迅速发展。都城长安和一些位于交通要道或河川渡口的各级行政治所城市，适宜作为商货聚散中心，从而使本来不是为商业需要而兴建的城市都很自然地发展为商业城市。

西汉定都长安，地处殷富的关中平原，有得天独厚的地理位置条件，北却戎翟，西缩羌陇，南御巴蜀，东通中原，四方辐辏，并至而会，成为富商大贾的麇集之地。正如《盐铁论·力耕》载："自京师东西南北，历山川，经郡国，诸殷富大都，无非街衢五通，商贾之所臻，万物之所殖者。"②《汉书·王尊传》云："长安宿豪大猾东市贾万、城西万章、剪张禁、酒赵放、杜陵杨章等。"③ 其实，长安的"宿豪大猾"是书不尽的。西汉时的武帝、昭帝、宣帝、成帝之世均有家赀百万、三百万乃至五百万的豪富迁徙长安。武帝元朔二年（前127）夏，"徙郡国豪杰及赀三百万以上于茂陵"；太始元年（前96）正月，"徙郡国吏民豪杰于茂陵、云陵（应是"阳"，见于颜师古注）"④。昭帝始元四年（前83）三月，"徙三辅富人云陵，赐钱，户十万"⑤。宣帝本始元年（前73）正月，"募郡国吏民赀百万以上徙平陵"⑥。迁徙长安富豪人数最多的一次是成帝鸿嘉二年（前19）夏，"徙郡国豪杰赀五百万以上五千户于昌陵"⑦。故《史记·货殖列传》载，全国过半的富人集中在以长安为中心的关中平原⑧。正如司马迁所说："关中自汧、雍以东至河、华，膏壤沃野千里。……及秦文、（孝）〔德〕、缪居雍，隙陇蜀之货物而多贾。献（孝）公徙栎邑，栎邑北却戎翟，东通三晋，亦多大贾。（武）〔孝〕、昭治咸阳，因以汉都，长安诸陵，四方辐凑并至而会，地小人

① （汉）司马迁：《史记》卷一二九《货殖列传》，中华书局，1959，第3261页。
② （汉）桓宽撰，徐南村释《盐铁论集释》卷一《力耕》，台北：广文书局，1975，第14页。
③ （汉）班固：《汉书》卷七六《王尊传》，中华书局，1962，第3234页。
④ （汉）班固：《汉书》卷六《武帝纪》，中华书局，1962，第170、205页。
⑤ （汉）班固：《汉书》卷七《昭帝纪》，中华书局，1962，第221页。
⑥ （汉）班固：《汉书》卷八《宣帝纪》，中华书局，1962，第239页。
⑦ （汉）班固：《汉书》卷一〇《成帝纪》，中华书局，1962，第317页。
⑧ （汉）司马迁：《史记》卷一二九《货殖列传》，中华书局，1959，第3262页。

众，故其民益玩巧而事末也。"① 从中可以看出长安商业之盛况。西汉末年，长安虽先后遭起义军与官兵的破坏，但破坏程度并非史书所记的那样严重，东汉时又渐渐恢复了。东汉的长安虽失去了作为都城的优势，但长安并未因此废弃，这个既有悠久的历史，在地理位置上又是西北贸易的东方出发点，商业再度繁荣。班固《西都赋》对此有记载，东汉的长安城规模宏大，"建金城而万雉，呀周池而成渊，披三条之广路，立十二之通门"。商业兴盛，"内则街衢洞达，闾阎且迁，九市开场，货别隧分，人不得顾，车不得旋"。都市人过着丰富多彩的生活，"阛城溢郭，旁流百廛，红尘四合，烟云相连。于是既庶且富，娱乐无疆，都人士女，殊异乎五方，游士拟于公侯，列肆侈于姬姜"②。张衡《西京赋》亦载："徒观其城郭之制，则旁开三门，参途夷庭，方轨十二，街衢相经，廛里端直，甍宇齐平。……尔乃廓开九市，通阛带阓，旗亭五重，俯察百隧，周制大胥，今也惟尉。瑰货方至，鸟集鳞萃，鬻者兼赢，求者不匮。尔乃商贾百族，裨贩夫妇，鬻良杂苦，蚩眩边鄙，何必昏于作劳，邪赢优而足恃。彼肆人之男女，丽美奢乎许史。若夫翁伯浊质，张里之家，击钟鼎食，连骑相过，东京公侯，壮何能加。……郊甸之内，乡邑殷赈，五都货殖，既迁既引，商旅连槅，隐隐展展，冠带交错，方辕接轸，封畿千里，统以京尹。"③ 从"鬻者兼赢，求者不匮"可以窥见东汉长安城商业之发达。

东汉都城洛阳位置优越，位于黄河中游南岸的伊洛盆地，北依邙山、黄河，南有嵩岳为屏障，东控虎牢，西据崤函，洛河、伊河、瀍河、涧水四条河流逶迤其间，自古便有"八面环山，五水绕洛"之说，有"府河、山控带，形胜甲于天下"④ 之名；居天下之中，扼关中与山东交通之咽喉，绾毂东西南北，有"天下之中，十省通衢"之称。东汉建武十五年（39），河南

---

① （汉）司马迁：《史记》卷一二九《货殖列传》，中华书局，1959，第3261页。
② （南朝梁）萧统编，（唐）李善注《西都赋》，《文选》卷一，《景印文渊阁四库全书》，台湾商务印书馆，1986年影印本，集部，第1329册，第7页。
③ （汉）张衡：《西京赋》，（明）张溥辑《汉魏六朝百三家集》卷一三《张衡集》，《景印文渊阁四库全书》，台湾商务印书馆，1986年影印本，集部，第1412册，第298页。
④ （清）顾祖禹：《读史方舆纪要》卷四八《河南三》，中华书局，2005，第2214页。

尹率民人沿邙山脚下凿渠，西引谷水入城，名之阳渠。永平十三年（70）夏，王景等人治理汴河成功，洛阳与江淮之间的漕运通畅，洛阳成为南北水陆交通的中心，西通秦陇，北接幽燕，南至江淮，东达齐鲁。北魏孝文帝迁都洛阳正是缘于此，他说："朕以恒代无运漕之路，故京邑民贫。今移都伊洛，欲通运四方。"① 洛阳有发达的水运，也有发达的陆路交通，特别是通往西域的"丝绸之路"，远达中亚、南亚、西亚以及地中海沿岸和南欧、北非等地，这更加密切了与各国间的关系，扩大了海内外贸易。西汉时就涌现出诸如师史之类的大商人，他们利用地域优势，"东贾齐、鲁，南贾梁、楚"，从商致富，"周人既纤，而师史尤甚。转毂以百数，贾郡国，无所不至。洛阳街居在齐秦楚赵之中。贫人学事富家，相矜以久贾。数过邑不入门，设任此等，故师史能致七千万"②。东汉定都洛阳，城市规模相应扩大。张衡《东京赋》谓当时的洛阳："溯洛背河，左伊右瀍，西阻九阿东门于旋，盟津达其后，太谷通其前。回行道乎伊阙，邪径捷乎辕辕。"③ 东汉政权的创立者刘秀以及开国元勋都出身于富商大贾，对洛阳乃至全国商业及商业大都市的迅速恢复起到促进作用。处于都城的洛阳在春秋战国时期就是黄河流域的商业城市，秦、西汉时作为长安的外府，商业得到了发展，至东汉时发展成为全国最大的商业城市，"船车贾贩，周于四方；废居积贮，满于都城。琦赂宝货，巨室不能容；马牛羊豕，山谷不能受"④，以致会集了众多的豪门大族和富商大贾，"河南尹内掌帝都，外统京畿，兼古六乡六遂之士。其民异方杂居，多豪门大族，商贾胡貊，天下四（方）会，利之所聚，而奸之所生"⑤。东汉的洛阳城内出现了综合市场和专业市场，如陆机《洛阳记》载："洛阳旧有三市，一曰金市，在宫西大城内；二曰马市，在城东；三曰羊市，在城南。"金市应该是综合市场，《河南志》卷二引华延儁

---

① （北齐）魏收：《魏书》卷七九《成淹传》，中华书局，1974，第1754页。

② （汉）司马迁：《史记》卷一二九《货殖列传》，中华书局，1959，第3265、3279页。

③ （南朝梁）萧统编，（唐）李善注《东京赋》，《文选》卷三，《景印文渊阁四库全书》，台湾商务印书馆，1986年影印本，集部，第1329页，第47页。

④ （南朝宋）范晔：《后汉书》卷四九《仲长统传》，中华书局，1975，第1648页。

⑤ （晋）陈寿：《三国志》卷二一《傅嘏传》裴注引《傅子》，中华书局，1964，第624页。

《洛阳记》对"金市"有解读，"大市名金市，在城中，南市在城之南，马市在大城之外"①。东汉洛阳见诸文献记载的还有西市②、粟市③等，从中可看出洛阳城商业之盛。

在都城发达的商业带动下，黄河中下游地区的郡县级治所城市的商业也得到进一步发展。赵国的都城邯郸，位于黄河、漳水之间，"居五诸侯之衢，跨街冲之路"④，即西邻三晋之地，东近梁、鲁之地，"北通燕、涿，南有郑、卫"，居于四通八达之地，为"漳、河之间一都会也"。齐郡的治所临淄，所处之地域膏壤千里，自战国以至秦代工商业都比较发达，人口达七万户之多。到西汉时仍盛况如前，借助滨海鱼盐之利、桑麻之功而勃兴。《汉书·高五王传》称，"临淄十万户，市租千金，人众殷富，巨于长安"⑤。据此，若按每户三至四人计算，西汉时临淄居民已达三四十万之众。西汉全国性的商业大都会共有五个，号称五都，即洛阳、邯郸、临淄、宛、成都。临淄是五都中最繁华的一都："亦海岱之间一都会也。……其中具五民（《集解》服虔曰：士农商工贾也）。"⑥汉武帝时，贵妃王夫人的爱子到了封王的年龄，王夫人意欲封王于洛阳，武帝以"先帝以来，无子王于洛阳者。去洛阳，余尽可"而拒之，之后封王于临淄，且曰："关东之国无大于齐者。齐东负海而城郭大，古时独临菑中十万户，天下膏腴地莫盛于齐者矣。"⑦魏郡治所邺城于东汉末年曹操"挟天子以令诸侯"时建都于此，邺城遂成为一个新的政治、经济和文化中心，商业也随之发展起来，"廓三市而开廛，籍平逵而九达，班列肆以兼罗，设闤闠以襟带，济有无之常偏，距日中而毕会，抗旗亭之嶤薛，侈所眺之博大。百隧

①　（清）徐松：《河南志》卷二《成周城阙宫殿古迹》引华延儁《洛阳记》，缪荃孙辑《藕香零拾》，清光绪宣统刻本，第11页。

②　（南朝宋）范晔：《后汉书》卷二六《蔡茂传》，中华书局，1962，第907页。

③　（唐）房玄龄等：《晋书》卷二六《食货志》，中华书局，1974，第781页。

④　（汉）桓宽撰，徐南村释《盐铁论集释》卷一《力耕》，台北：广文书局，1975，第14页。

⑤　（汉）班固：《汉书》卷三八《高五王传》，中华书局，1962，第2000页。

⑥　（南朝宋）裴骃：《史记集解》卷一二九《货殖列传六十九》，《景印文渊阁四库全书》，台湾商务印书馆，1986年影印本，史部，第246册，第428页。

⑦　（汉）司马迁：《史记》卷六〇《三王世家·褚先生补述》，中华书局，1959，第2115页。

毂击，连轸万贯，凭轩捶马，袖幕纷半，壹八方而混同，极风采之异观，质剂平而交易，刀布贸而无算。财以工化，贿以商通，难得之货，此则弗容。器周用而长务，物背窳而就攻，不鬻邪而豫贾，著驯风之醇酨。"① 济阴郡的治所城市定陶（今山东菏泽定陶区）、梁国的都城睢阳（今河南商丘），春秋战国时为梁、宋之地，《史记·货殖列传》曰："自鸿沟以东，芒砀以北，属巨野，此梁、宋也。" 就地理方位而言，即今日河南之东南、山东之西南之地，定陶、睢阳是当时这一带的大都市，"陶、睢阳亦一都会也"②。与这两大都会距离较近的楚国都城彭城（今江苏徐州），也是当时的一大都会。地处河东郡中北部的杨县、平阳，西毗邻都城所在地的京兆尹、左冯翊，东边是商业发达的邯郸城，北迫近匈奴，其商人活动的地域范围大概是"西贾秦、翟（《正义》秦，关内也。翟，隰、石等州部落稽也。延、绥、银三州皆白翟所居），北贾种、代（《正义》种在恒州石邑县北，盖蔚州也。代，今代州）"③。河内郡的温县、轵县（今河南济源南）二县，在黄河以北，"西贾上党（《正义》泽、潞等州也），北贾赵、中山（《正义》洛州、定州）"④。总之，从以上郡县治所城市商业发展状况可以窥见，秦汉时期黄河中下游地区蓬勃兴起的商业城市，既有原来商业城市的再次兴起，如长安、洛阳、临淄、邯郸等，又有新型商业小城市之形成，如温县、轵县等城。

然而，秦汉时期在黄河中下游地区布设的上自都城下至郡县级治所城市格局并未能长久维持下来，很多城市经历了曲折的艰难发展，既有兴盛之时，也有衰败萧条之时。秦短命而亡，咸阳城在秦始皇死后不到三年的时间，毁于关东楚国旧贵族项羽的一把火，城屠宫焚，顿成废墟。至西汉末

---

① （南朝梁）萧统编，（唐）李善注《魏都赋》，《文选》卷六，《景印文渊阁四库全书》，台湾商务印书馆，1986 年影印本，集部，第 1329 页，第 110 页。

② （汉）司马迁：《史记》卷一二九《货殖列传》，中华书局，1959，第 3266 页。

③ （南朝宋）裴骃：《史记集解》卷一二九《货殖列传》，《景印文渊阁四库全书》，台湾商务印书馆，1986 年影印本，史部，第 246 册，第 427 页。

④ （南朝宋）裴骃：《史记集解》卷一二九《货殖列传》，《景印文渊阁四库全书》，台湾商务印书馆，1986 年影印本，史部，第 246 册，第 427 页。

年，王莽篡位，调整郡、县划分，改变郡县的名称，有些地名连改五次，最后又恢复原名。王莽的所谓改制造成的混乱加速了农民大起义的爆发。王莽称帝的第一年（9），东郡太守翟义首先起兵反对王莽，响应的有十万余人；地皇二年（21），平原郡（今山东平原西南）女子迟昭平起义，亦千余人；等等。起义如星火燎原，迅速燃遍全国。逐渐汇成三大支，即今湖北地区的绿林军、山东地区的赤眉军和河北地区的铜马军等。都城长安是觊觎皇权者必然要攻占的城市，黄河中下游地区再次沦为战乱的中心，一些城市遭到不同程度的破坏。由爆发于荆州刺史部南郡（治今湖北江陵）一带的绿林军一支，在王匡率领下，攻克洛阳；绿林军的另一支由申屠建率领，攻破武关（今陕西丹凤东南），于更始二年（24）十月攻破长安。于天凤五年（18）爆发于徐州刺史部城阳国莒县（今山东莒县）的赤眉军转战青、徐、兖、豫（今山东和苏北、豫东一带）四州，于更始三年（25）冬，攻破关中，攻破长安。最后，各路起义军会集在黄河中下游地区，转战中原，进行征战厮杀，直至刘秀建立东汉政权。东汉建立后，郡县城镇格局的治理模式得以恢复，但在东汉末年的战乱中再次遭到破坏，一直持续到隋朝的建立。这期间，因黄河中下游地区仍是战乱的中心地区，该地区大大小小的商业城市再次惨遭重创。至魏晋南北朝时期，局部地区兴起一些大中型城市，诸如平阳、邺城等，然而，全国处于分裂割据状态，战乱不止，人口锐减。处于战乱中心的黄河中下游地区经济遭到重创，该区域的大小城镇也都遭遇空前的破坏。

第三节　唐宋时期城镇的发展与草市的兴起

经过魏晋南北朝长达300多年的分裂割据，到开皇九年（589）隋灭陈统一全国，中国的城镇又进入新一轮的发展期。隋、唐、北宋的都城仍然在黄河中下游地区，隋唐皆定都长安，以洛阳为陪都；北宋定都开封。都城在该地区的时间起始于581年隋朝建立，至1127年迁至临安（今浙江杭州），前后长达546年。在此期间，隋末农民大起义爆发于大业七年

（611），至唐高祖武德元年（618）唐朝立国，经历七年的战乱；唐中期历经八年"安史之乱"；从乾符元年（874）唐末农民大起义爆发至907年唐朝灭亡共33年；继唐朝灭亡后出现的梁、唐、晋、汉、周"五代"至960年北宋建立共53年时间。这一时期的乱世总计101年，相对于546年的时间来说，算是处于一个长期稳定发展的阶段，为城镇恢复和发展提供了良机。黄河中下游地区的州（府）县行政区划在新生政权的统一规划和布局下，州级治所城市增加，县级治所城市稳中有减。在新的州县城镇体系下，随着唐宋商品经济的高度发展，都城长安和开封发展成为国际性的大都市，州县级城市尤其是运河沿岸的城镇商业更为繁荣，同时，城镇郊区的草市也兴盛起来。

一 州级城市增加与县级城市发展

唐宋时期，由于都城的辐射效应，黄河中下游地区州县级治所城市快速发展。唐朝州级城市数量空前增加，县级城市接近西汉的数量；北宋州级城市数量空前绝后，县级城市数量相对减少；金朝的都城远离黄河中下游地区，加上战争和其他原因，州县级治所城市失去发展的政治优势，城市处于发展的低潮。

1. 隋唐州级县级城市概况

唐朝州县级城市是在经过魏晋南北朝长期分裂割据，隋朝完成统一后进行的地方行政区划重构基础上，才完善成熟起来的。东汉末年以后至隋朝统一前，国家处于分裂割据状态，北方少数民族纷纷南下，黄河中下游地区再次成为战争的中心，除曹魏政权和西晋政权为汉族统治外，其他时间广大地域都处于前赵、后赵、前燕、前秦、后秦、后燕、南燕、夏、北魏、西魏、东魏、北周、北齐等少数民族政权统治之下，行政区划混乱不堪。隋文帝杨坚取代北周建立隋朝后，针对北魏以来纷乱的地方政区建制，"或地无百里，数县并置；或户不满千，二郡分领"[①] 的状况，采取大规模的整治措

———

① （唐）魏征、令狐德棻：《隋书》卷四六《杨尚希传》，中华书局，1973，第1253页。

施，全面废除郡级建制，实行以州统县的政区二级制，从而使国家的地方政区建制又趋向合理，州（县）治所城市初步建立起来。隋炀帝大业三年（607）夏四月"壬辰，改州为郡"①，此时的"改州为郡"，仅是名称的更换而已，其实质内容相同。依据谭其骧主编的《中国历史地图集》，隋朝在黄河中下游地区布设的郡县有京兆郡辖 22 县，冯翊郡辖 8 县，扶风郡辖 9 县，天水郡辖 6 县，陇西郡辖 5 县，平凉郡辖 2 县，安定郡辖 7 县，北地郡辖 6 县，弘化郡辖 6 县，上郡辖 5 县，延安郡辖 11 县，朔方郡辖 3 县，雕阴郡辖 11 县，榆林郡辖 3 县，定襄郡无辖县，马邑郡无辖县，楼烦郡辖 3 县，太原郡辖 13 县，离石郡辖 5 县，龙泉郡辖 5 县，文成郡辖 4 县，河东郡辖 10 县，绛郡辖 8 县，临汾郡辖 7 县，西河郡辖 6 县，上党郡辖 9 县，长平郡辖 6 县，河内郡辖 10 县，河南郡辖 12 县，弘农郡辖 4 县，上洛郡辖 1 县，襄城郡辖 1 县，颍川郡辖 7 县，荥阳郡辖 11 县，梁郡辖 12 县，淮阳郡辖 9 县，汝阴郡辖 5 县，谯郡辖 7 县，彭城郡辖 11 县，下邳郡辖 7 县，东海郡辖 2 县，东郡辖 9 县，济阴郡辖 9 县，东平郡辖 6 县，鲁郡辖 10 县，济北郡辖 10 县，齐郡辖 10 县，北海郡辖 3 县，汲郡辖 8 县，魏郡辖 11 县，武阳郡辖 13 县，武安郡辖 4 县，襄国郡辖 2 县，信都郡辖 10 县，清河郡辖 14 县，平原郡辖 9 县，渤海郡辖 10 县，总计以上共 57 郡辖 417 县。隋朝这 57 郡中，黄河中游边远地区的平凉郡、定襄郡、马邑郡治所城市都在黄河上游地区，其他 54 郡治所城市都在黄河中下游地区，成为区域的政治中心；除定襄郡、马邑郡无所属的黄河中下游地区县外，其他 55 郡都有属于该地区的辖县，共计 417 县，这 417 县中有 54 县治所与郡治所同在一个城市，相应地有 363 座单纯的县级治所城市。这样，隋代的黄河中下游地区共计 397 座郡县级治所城市。

　　唐朝地方行政区划沿袭隋朝的郡（州）县二级制，以郡为名的行政区划在唐代的使用时间仅有 16 年，其他时间都是以州（府）为名，其实质内容仍然相同。随着黄河中下游地区社会经济的不断发展，唐王朝又在该区域

---

① （唐）魏征、令狐德棻：《隋书》卷三《炀帝纪上》，中华书局，1973，第 67 页。

内增置州县以加强管理，从而形成了区域州县级治所城市发展的一个高峰期。依据谭其骧主编的《中国历史地图集》，唐朝在黄河中下游地区布设的州县有京兆府辖 21 县，华州辖 3 县，同州辖 7 县，商州辖 1 县，岐州辖 8 县，陇州辖 5 县，原州辖 2 县，泾州辖 3 县，庆州辖 11 县，宁州辖 7 县，邠州辖 4 县，坊州辖 3 县，鄜州辖 5 县，丹州辖 5 县，延州辖 9 县，绥州辖 5 县，夏州辖 5 县，银州辖 4 县，胜州辖 4 县；单于都护府无辖县；秦州辖 5 县，渭州辖 4 县；云州无辖县，朔州无辖县，岚州辖 4 县，太原府辖 9 县，石州辖 5 县，隰州辖 6 县，慈州辖 5 县，绛州辖 11 县，蒲州辖 8 县，虢州辖 6 县，晋州辖 9 县，汾州辖 5 县，沁州辖 3 县，潞州辖 10 县，仪州辖 4 县，泽州辖 6 县；河南府辖 25 县，陕州辖 5 县，怀州辖 5 县，郑州辖 7 县，汴州辖 6 县，宋州辖 10 县，陈州辖 6 县，许州辖 6 县，颍州辖 4 县，亳州辖 8 县，徐州辖 7 县，泗州辖 6 县，海州辖 1 县，兖州辖 11 县，郓州辖 5 县，曹州辖 6 县，滑州辖 7 县，濮州辖 5 县，济州辖 5 县，齐州辖 8 县，淄州辖 5 县，青州辖 3 县；卫州辖 5 县，相州辖 11 县，魏州辖 10 县，博州辖 6 县，贝州辖 8 县，洺州辖 10 县，邢州辖 6 县，冀州辖 9 县，德州辖 7 县，棣州辖 5 县，沧州辖 12 县，总计共 71 州（府）452 县。唐朝在黄河中下游地区布设的 71 州（府）中，单于都护府、云州、朔州、商州、邢州 5 府州治所城市不在黄河中下游地区，其他 66 州（府）治所都在黄河中下游地区，成为区域政治中心；除单于都护府、云州、朔州 3 府州无辖县外，其他 68 州（府）辖 452 县，这 452 县中有 66 县治所与州治所同在一城，单纯的县级治所城市 382 座。与隋朝 57 郡 417 县相比，唐朝在黄河中下游地区新置 14 州（府）55 县，相应地，新增 12 座州（府）级城市 43 座县级城市。当然，州（府）城内有置一县或二县的，州、县治所城市为同一城市，至少相当于州级治所城市的数量，即 66 座州、县同治的城市，单纯的县级治所城市要少于 382 座，因为有的州（府）级治所城市内置两座县级城市，如京兆府治所城市长安有长安、万年两县，河南府治所城市洛阳有洛阳、河南二县，汴州治所城市有开封、浚仪二县。唐朝在黄河中下游地区布设 71 州（府）治所城市有的因袭隋代治所城市；有的是隋代县级城市上升为州（府）治所城市，这种情况多是隋一郡辖境到唐朝分成二州（府）辖境或三州（府）辖境；也有的从隋代的郡级治所城市迁移过来，原来的郡级城市降为县级城市，如卫州的治所汲县是隋朝汲郡所属县，隋朝汲郡治所城市卫县到唐朝降为一个县级城市；新建州（府）级城市只有黄河入海口的棣州厌次。

总之，唐朝的地方行政区划为州（府）县两级制，地方城市主要仍是由州（府）级治所城市和县级治所城市组成。此时的州（府）相当于秦汉时期的郡，与东汉后期和魏晋南北朝时期的地方行政区划州、郡、县三级制中的州是不同的。东汉末年，为镇压黄巾起义，将郡国之上作为监察区的州转变为一级行政区划，使汉末地方行政区划出现州、郡、县三级制，并被三国魏晋南北朝沿用，到隋时地方行政区划改为州、县（有时为郡、县）二级制。唐朝的州（府）县数量都比隋时多，"隋郡、县建制以大业八年为准。……一百九十郡统辖一千三百余县"①。唐朝在全国的州（府）县级建制明显比隋朝多，黄河中下游地区亦不例外。但是，唐朝在黄河中下游地区布设的县级行政区划数量比西汉少，尽管两者在全国布设的县数量相差不多，唐朝到开元末在全国布设"三百二十八府州，一千五百七十三县"②。唐朝在黄河中下游地区布设452县，西汉在该区域布设548县，减少了96县。

2.北宋州级城市增至峰顶和县级城市相对减少

唐朝灭亡后，继之为史称五代十国时期的割据政权梁、唐、晋、汉、周前后统治黄河中下游地区50多年，朝代不断更迭，政治混乱，战火时起，黄河中下游地区仍然是战火的中心，从而使黄河中下游地区的社会经济发展再次受到严重影响，继续处于不断衰退之中。进入北宋时期，国家统一政权的建立，黄河中下游地区迎来了再次大发展的机会。然而很快就发生了迁居于黄河上中游地区的党项族举兵反抗宋王朝的斗争，且建立了以兴庆府

---

① 谭其骧主编《中国历史地图集》第五册"隋时期图组编例五"，中国地图出版社，1982。

② 谭其骧主编《中国历史地图集》第五册"唐时期图组编例八"，中国地图出版社，1982。

（今宁夏银川市）为都城的民族政权，控制黄河上游与中游西北部的边远地区。从此，黄河中游西北部的边缘地带就成了宋夏长期对峙和争战之地。控制黄河中游北部边缘地区的还有契丹族建立的辽政权。具体而言，也就是唐朝的朔州、云州、单于都护府由辽政权控制，胜州黄河以南的地域、银州西部、夏州由西夏政权控制。因此，黄河中游西北部和北部的边缘地带成了北宋的屯兵之地，以御西夏和辽。正是因为西北部和北部边疆地带经常面临西夏和辽的严重威胁，北宋在地方行政区划上设置了与府（州）平级的军制，多置在黄河中游西北部和北部与西夏、辽的交界之地，内地也有，但相对较少，这充分体现出军制区划的军事功能。北宋把唐朝的路纳入地方行政区划的最高级，路辖府（州、军），府（州、军）辖县，地方行政区划由隋唐的州（府）县二级制变成路府（州、军）县三级制。依据谭其骧主编的《中国历史地图集》，北宋在黄河中下游地区布设的路、府（州、军）、县有：永兴军路辖20府（州、军）80县，分别为京兆府辖14县，商州辖1县，华州辖5县，同州辖6县，河中府辖7县，解州辖3县，陕州辖7县，虢州辖4县，耀州辖7县，邠州辖4县，宁州辖4县，坊州辖2县，丹州辖1县，鄜州辖4县，庆州辖3县，环州辖1县，定边军无辖县，保安军无辖县，延安府辖7县，绥德军无辖县；秦凤路辖8府（州、军）32县，分别为凤翔府辖10县，泾州辖4县，原州辖2县，渭州辖5县，德顺军辖1县，秦州辖3县，陇州辖4县，巩州辖3县；河东路辖21府（州、军）70县，分别为绛州辖7县，慈州辖1县，晋州辖10县，泽州辖5县，隆德府辖9县，辽州辖4县，威胜军辖2县，汾州辖5县，隰州辖6县，石州辖3县，太原府辖7县，宪州辖1县，宁化军无辖县，岢岚军辖1县，岚州辖3县，晋宁军辖2县，麟州辖3县，保德军无辖县，火山军无辖县，府州辖1县，丰州无辖县；河北西辖路7府（州、军）26县，分别为怀州辖3县，卫州4辖县，安利军辖2县，相州辖4县，磁州辖3县，洺州辖5县，邢州辖5县；河北东路辖11府（州、军）49县，分别为开德府辖7县，大名府辖12县，冀州辖6县，恩州辖3县，永静军辖3县，沧州辖5县，清州辖1县，博州辖4县，德州辖3县，棣州辖3县，滨州辖2县；京畿路、京西北路辖

8府（州、军）56县，分别开封府辖17县，滑州辖3县，郑州辖4县，孟州辖6县，河南府辖13县，颖昌府辖4县，陈州辖5县，颍州辖4县；淮南东路辖5府（州、军）17县，分别为寿州辖1县，亳州辖7县，宿州辖5县，泗州辖2县，涟水军辖1县，海州辖1县；淮南西路辖1州1县，即寿州辖下蔡县；京东东路辖2州（军）5县，分别为淮阳军辖2县，青州辖3县；京东西路辖11府（州、军）50县，分别为应天府辖6县，单州辖4县，徐州辖5县，兖州辖7县，济州辖4县，广济军辖1县，兴仁府辖4县，濮州辖4县，郓州辖6县，齐州辖5县，淄州辖4县。总计94府（州、军）辖386县，由此可以看出，北宋在控制的不及唐朝大的黄河中下游区域内布设了94州，相比唐朝布设的71个州，多出23个州，在与西夏、辽交界的黄河中游西北部和北部的边缘地带布设的州、军行政区划，绝大多数是不辖县的，如与西夏政权交界的永兴军路北部的绥德军、保安军、定边军，秦凤路的怀德军、镇戎军、西安州、会州也无辖县；与辽政权交界的河东路北部的丰州、火山军、保德军、宁化军，河北东路的清州皆无辖县。黄河中游地区的商州和黄河下游地区的邢州、青州、海州4州治所城市不在界定的黄河中下游地区。

依据上述，北宋在黄河中下游地区布设的94府（州、军）386县中，计有都城1座，绥德军、保安军、定边军、镇戎军、丰州、火山军、保德军、宁化军、清州9座军（州）城市，路、府（州）、县同治之城有9座（按：河北西路、京东东路治所不在该区域），4府治所城市内置2县（京兆府、河南府、开封府、大名府），府（州）、县同治之城80座，单一县级城市282座，总计各种不同等级的城市至少有300座。加上黄河中游西北部和北部即与西夏、辽交界地带无辖县的州（军），由于战争与巩固边防的需要，北宋在这些州军辖境内修建了很多城寨，除驻军外，也是一定区域内的生产与生活中心，有些城寨还有发达的商业贸易，如保安军所属的顺宁寨，与保安军都设有与西夏贸易的榷场；宋仁宗康定元年（1040），种世衡修清涧城，因开营田，募商通货以赢其利，不久，即获"城遂富实"之效。这些城寨构成区域城镇发展的一部分。另外，当时西夏政权在黄河中游西北部置有夏州、银州、石州、洪州、宥州、左厢神勇军司，辽政权置有宁边州、河清军、全肃军、东胜州、朔州、武州等行政与军事机构，其治所或驻地，也应是当时黄河中下游地区城镇发展变化的一部分。

总之，北宋在黄河中下游地区布设94府（州、军）386县，与唐朝比较，州（府、军）增加23个，县减少66个，相应会引起各等级城市的增加与减少，也就是地方行政区划的变更和调整直接引起各等级城市的变化，同时也会注入城镇发展的新因素，城市发展不一定与地方行政区的变更和调整完全一致。

3. 金代州级城市稳定发展与县级城市稳中有增

金于宣和七年（1125）灭掉辽政权，于靖康二年（1127）灭北宋，控制了辽、北宋的黄河中下游地区，成为继辽、北宋之后与西夏并存的政权，以秦岭、淮河为界与南宋政权对峙，至端平元年（1234）金灭亡，金控制黄河中下游地区长达百余年。在地方行政区划上，金基本沿袭北宋的路府（州）建制，裁撤军建制。具体而言，金代在黄河中下游地区布设的路级建制有11个，与北宋一样多，只是路的名称和管辖范围有所调整，即河北东路和大名府路（按：北宋的河北东路一分为二），河北西路，南京路（按：北宋京畿路、京西北路及淮南东路和京东西路的部分区域），山东西路，河东北路和河东南路（按：北宋的河东路一分为二），京兆府路、鄜延路、庆原路（按：北宋永兴军路一分为三），凤翔路（按：北宋的秦凤路）11个。依据谭其骧主编的《中国历史地图集》，金代在黄河中下游地区布设的路、府（州）、县有：京兆府路7府（州）36县，分别为京兆府12县，商州1县，华州5县，同州6县，虢州3县，耀州5县，乾州4县；凤翔路5府（州）29县，分别为凤翔府9县，陇州2县，秦州7县，德顺军6县，平凉府（按：北宋渭州）5县；鄜延路6府（州）16县，分别为坊州2县，丹州1县，鄜州4县，延安府7县，保安州1县，绥德州1县；庆原路6府（州）19县，分别为庆阳府3县，邠州5县，宁州4县，环州（定边军并入）1县，原州2县定边军，泾州4县；临洮路1州2县，巩州2县；河东南路9府（州）51县，分别为河中府7县，解州6县，绛州7县，孟州4

县，怀州3县，泽州6县，耿州（唐慈州）2县，平阳府（唐晋州）10县，潞州（北宋隆德府）6县；河东北路13府（州）40县，分别为辽州3县，沁州（北宋威胜军）4县，汾州5县，隰州5县，石州6县，葭州（北宋晋宁军、麟州合并而成）无辖县，太原府9县，管州（北宋宪州）1县，岚州3县，宁化州（北宋宁化军）1县，岢岚州（北宋岢岚军）1县，保德州（北宋保德军）1县，隩州（北宋火山军）1县；河北西路6府（州）27县，分别为卫州4县，浚州（北宋安利军）2县，相州4县，磁州3县，洺州9县，邢州5县；河北东路4州17县，分别为冀州4县，景州（北宋永静军）6县，沧州5县，清州2县；大名府路（京西北路）5府（州）21县，分别为滑州3县，开州（北宋开德府）3县，濮州2县，大名府9县，恩州4县；南京路（北宋永兴军路、京畿路和京西北路、淮南东路）17府（州）82县，分别为陕州4县，嵩州（新置）4县，河南府9县，郑州6县，钧州2县，许州3县（北宋颖昌府一分为二，即钧州、许州），开封府14县，陈州5县，颖州4县，寿州2县，亳州6县，宿州4县，泗州3县，睢州（新置）3县，归德府（北宋应天府）6县，单州4县，曹州（北宋兴仁府、广济军合并）3县；山东西路（北宋京东西路）14府（州）54县，分别为徐州3县，邳州（北宋淮阳军）3县，滕州（新置）3县，兖州4县，济州4县，东平府（北宋郓州）6县，济南府（北宋齐州）7县，淄州4县，博州5县，德州3县，棣州3县，滨州3县，益都府（北宋青州）3县，泰安州（新置）3县；山东东路（北宋京东东路）1州3县，海州（北宋涟水军、海州合并）3县。总计以上95府（州）396县。

金代在北宋府（州、军）级行政区划上，撤销军的建制，或改军为州，或并军入州，成为州、府并行的两个同级行政区划建制。州级行政区划建制数量变化不大，金在北宋京兆府西部新置乾州，把定边军并入庆阳府，撤一个新建一个，以军命名的州级行政区划更名为州；到金时，北宋河东路的丰州、府州被西夏蚕食，麟州、晋宁军合并为葭州，慈州更名为耿州，威胜军更名为沁州，火山军更名为隩州，保德军更名为保德州，岢岚军更名为岢岚州，宁化军更名为宁化州，晋州更名为平阳府，宪州更名为管州；金在北宋京西路管辖的河南府西南新置嵩州，使河南府一分为二，在京畿路管辖的开封府与京东西路管辖的应天府交界之地新置睢州（今河南商丘睢县）；金将北宋京西西路管辖的兴仁府更名为曹州，治所济阴因黄河南流而迁移乘氏，乘氏被济阴代替，广济军并入曹州，郓州更名为东平府，治所不变，济州治所自巨野迁徙任城（今山东济宁），在兖州北部新置泰安府，治所奉符由北宋兖州辖县升为州城，在兖州南部与徐州北部交界之地新置滕州，治所滕县由北宋徐州辖县升为州城；金就北宋京东东路管辖的淮阳军更名为邳州，治所沿袭淮阳军治所下邳；金就北宋京东东路管辖的齐州更名为济南府，治所沿袭北宋齐州治所历城；永静军更名为景州，沿袭北宋永静军治所东光；金就北宋河北西路管辖的安利军更名为浚州，治所沿袭北宋安利军治黎阳。由上可知，金国在北宋控制的黄河中下游地区新置5个州（府），撤并2个军，与西夏政权毗邻的丰州、府州被西夏蚕食，麟州与晋宁军合并为葭州，布设州的数量仅一个之差，没有太大变化。在府（州）级行政区划调整的基础上，县级行政区划也有些微变化，比北宋增加了11个县，主要增设在黄河中游地区边缘地带，即与西夏交界之地的府（州）境内，也就是北宋行政建制"军"的辖境内不设县，金时改军为州，在州内设置县，便于地方行政事务管理。尽管金代府（州）县都有相应的调整，或是名称的变化，或是根据需要撤并重置，但以府（州）县治所为基础的府（州）县城镇体系基本上稳定下来。

金国基本沿袭北宋在黄河中下游地区布设的州县，这说明金在取代汉族统治的区域后，继续采用汉政权的行政区划，以求在中原的统治能够稳定下来。结果事与愿违，金政府对各族人民实行残酷统治，不断爆发反抗金朝统治的斗争。在金国北面兴起的蒙古族也不断对外扩张，"得中原者，得天下"，金国统治着中原地区，是蒙古族首先要拿下的。于端平元年（1234）正月，金哀宗自杀，金朝灭亡。金朝在黄河中下游地区布设的州（府）县行政区划，被蒙古族建立的元朝继承并有很大发展，为黄河中下游地区州（府）县级城市持续发展奠定了政治基础。

二　草市的产生与发展

隋唐宋经过魏晋南北朝长达 300 多年的分裂割据和战乱，重新走向统一，打破区域壁垒，开凿沟通南北的大运河，为商业发展创造了便利条件，促进了商业城市的发展和草市的兴盛。

1. 草市发展的基础

隋唐的商业是从一片废墟中发展起来的，即在魏晋南北朝时期惨遭破坏的基础上重新设计规划的商业蓝图。魏晋南北朝时期，全国处于分裂割据状态，交通阻塞，商旅不畅，手工业、商业十分萧条。而黄河中下游地区是割据政权争夺的中心地区，战乱不断，人口大减。《魏书》记载："孝昌之际，乱离尤甚。恒代而北，尽为丘墟，崤潼已西，烟火断绝。齐方全赵，死于乱麻，于是生民耗减，且将大半。"[1] "当今天下黔黎，久经寇贼，父死兄亡，子弟沦陷，流离艰危，十室而九，白骨不收，孤茕靡恤，财殚力尽，无以卒岁。"[2] 这一时期黄河中下游地区的城市在战争中遭到空前破坏，原来的都城长安、洛阳处于破坏与重建中，新建的都城邺城、平阳、统万城等也处于破坏与重建中，郡县级治所城市亦是如此，何谈城市商业发展。以邺城为例，它是曹魏都城，西晋的军事重镇。在西晋"八王之乱"期间，丞相司马颖驻邺执掌朝政，"事无巨细，皆就邺咨之"[3]，邺城遂成为这一动乱时期的权力中心。惠帝光熙元年（307）五月，邺城被马牧帅汲桑攻陷，并"烧邺宫，火旬日不灭"[4]，致使"魏时宫室皆尽"[5]。后赵石虎迁都邺城，以曹魏邺城为基础，重建邺城，其规模修饰超过曹魏邺城。然而，自石遵之后，天灾兵火不断，宫室台观残毁者居其半，"太武、晖华殿灾，诸门观阁荡然，其乘舆服御烧者太半，光焰照天，金石皆尽，火月余乃灭。雨血周遍邺

---

① （北齐）魏收：《魏书》卷一〇六上《地形志》，中华书局，1974，第 2455 页。

② （北齐）魏收：《魏书》卷七七《辛雄传》，中华书局，1974，第 1696 页。

③ （唐）房玄龄等：《晋书》卷五九《司马颖传》，中华书局，1974，第 1617 页。

④ （唐）房玄龄等：《晋书》卷五《孝怀帝纪》，中华书局，1974，第 117 页。

⑤ （唐）房玄龄等：《晋书》卷一三《天文下》，中华书局，1974，第 369 页。

城"①。北朝时，从控制东魏政权的高欢把都城自洛阳迁到邺城，到高氏建立北齐，邺城一直是政治中心。东魏、北齐时，邺城规模达到鼎盛，高欢在曹魏始建的邺北城基础上，新建邺南城。高欢之子高洋又加修饰，尤其仙都苑最为奢华，园中有假山、河流、池沼，时称"四渎五岳"，整个园内殿堂、楼阁、长廊都饰以金、银、玉、珍珠、彩缎等。北齐高氏统治集团大兴土木，极尽豪华奢靡，最终灭于北周，邺城由国都下降为相州治所，大将尉迟迥出为相州总管，镇守邺地。丞相杨坚辅佐年幼的静帝执政，尉迟迥认为杨坚有篡逆之心，于北周大象二年（580），据邺起兵，兵败自杀。杨坚遂下令"焚烧邺城，徙其居人，南迁四十五里，以安阳城为相州理所"②。从此，邺城一蹶不振，给今人留下的仅是一处重要的古都遗址。与邺城同样结局的还有处于黄河中游边缘地区的大夏国统万城（今陕西靖边县西北）遗址，给后人留下无尽的遐思。

隋朝结束 300 多年的分裂局面，重新走向统一。为加强中央对东方和南方的控制，隋炀帝决定升洛阳为东都，说："洛邑，自古之都；王畿之内，天地之所合，阴阳之所和；控以三河，固以四塞；水陆通，贡赋等。"③ 大业元年（605），开始营建东都洛阳，十月修成。东都在旧洛阳城之西，规模宏大，周长五十余里，分宫城、皇城和外郭城三部分。宫城是宫殿所在地，皇城是官衙所在地，外郭城是官吏私宅和百姓居处所在地。外郭城有居民区一百余坊，每坊一里见方，也称里坊。另有丰都市、大同市、通远市三大市场。隋炀帝迁天下富商大贾数万家、河北工艺户三千余家以充实东都。东都西面建有显仁宫，苑囿连接，周围数百里。隋炀帝常住洛阳，洛阳成为隋朝在东方的政治、军事和经济中心，也是东方最大的消费中心。炀帝营建东都洛阳，看重的是"水陆通，贡赋等"，在营建东都的同时，下令开凿大运河。大运河以洛阳为中心，处于黄河中下游地区的永济渠、通济渠两段贯通南北，北至涿郡（今北京），南至杭州。通济渠段即唐宋所说的汴河，其

---

① （唐）房玄龄等：《晋书》卷一〇七《天文下》，中华书局，1974，第 2789 页。
② （后晋）刘昫等：《旧唐书》卷三九《地理二》，中华书局，1975，第 1492 页。
③ （唐）魏征、令狐德棻：《隋书》卷三《炀帝纪上》，中华书局，1973，第 61 页。

流经的城市在《元和郡县图志》有记载，"隋炀帝大业元年更令开导（汴渠），名通济渠，自洛阳西苑引谷、洛水达于河，自板渚引（黄）河入汴口，又从大梁（今河南开封市）之东引汴水入于泗（水），达于淮（水），自江都宫入于海"①。即经过陈留（今陈留镇）、雍丘（今杞县）、襄邑（今睢县）、宁陵、考城、宋城、虞城、砀山、萧县、徐州等城市，也有说经过柽柳、雍丘、襄邑、宁陵、宋城（今商丘市）、谷熟（今商丘市东南）、永城、临涣（今永城东南）、甬桥（今宿州市）、虹县（今泗县）、泗州（今盱眙）等。永济渠段流经城市有：武陟、汲县、黎阳（今河南浚县）、临河（今濮阳市西六十里）、内黄、魏（今大名县西十里）、馆陶、永济（今临清市南）、临清（今临清市南）、清河、清阳（今清河县东）、武城（今武陟县西十里）、漳南（今恩县西四十里）、长河（今德县）、吴桥、东光、南皮、清池（即沧州，今沧州市东南四十里）、范桥镇（今青县南三十里）、乾宁军（今青县）等城镇②。运河的开凿，促进了水陆交通网的形成，使城市交通更为便利，为城市发展创造了条件。处于水陆交通中心的黄河中下游地区，在全国最大的商业中心——都城长安的带动辐射下，洛阳成为仅次于长安的商业中心，城内有三市，即丰都市、通远市、大同市，"河南县在政化里，去宫城八里，在天津街西。洛阳县在德茂里，宣仁门道北，西去宫城六里。大同市周四里，在河南县西一里。出上春门，傍罗城南行四百步，至漕渠，傍渠西行三里，至通远桥。桥跨漕渠，桥南即入通远市，二十门分路入市，市东合漕渠。市周六里，其内郡国舟船舳舻万计。市南临洛水，跨水有临寰桥。桥南二里，有丰都市，周八里，通门十二。其内一百二十行，三千余肆，甍宇齐平，四望一如，榆柳交阴，通渠相注。市四壁有四百余店，重楼延阁，牙相临映，招致商旅，珍奇山积"③。此外，北市南面洛河与漕渠两岸，因是南北运河交汇之地，"皆天下舟船所集，常万余艘，填满河

① （唐）李吉甫撰，贺次君点校《元和郡县图志》卷五《河南道一·汴渠》，中华书局，1983，第137页。

② 岑仲勉：《黄河变迁史》，人民出版社，1957，第308~311页。

③ （唐）杜宝撰，辛德勇辑校《大业杂记辑校》，三秦出版社，2006，第15页。

路，商旅贸易，车马填塞"①。这里云集来自全国各地的货物，成了全国商品集散中心，也是丝绸之路最东方的起迄点。黄河中下游地区 55 郡（州）的治所都是本郡或更大范围的商业中心。

唐代的黄河中下游地区水陆交通更为发达，隋遗留下来的贯通南北的大运河是重要的水路干线；陆路交通以长安为中心，东至汴州（今河南开封）、宋城（今河南商丘），远至山东半岛；西至岐州（今陕西宝鸡市凤翔区）、成都；西北至凉州（今甘肃武威），远通西域；北至太原、范阳（今北京）；南至荆（今湖北江陵）、襄（今湖北襄樊），远达广州。长安、洛阳是黄河中下游地区最大的两个商业中心，在这两个大城市的带动辐射下，黄河中下游地区 452 座郡县级治所城市都是区域商业中心。都城长安是全国最大的商业城市，周围 70 多里，由宫城、皇城和外郭城三部分构成。外郭城是居民区和工商业区，共有 108 坊和东、西两市。坊是住宅区，是工商业区。市内出售货物的店铺称"肆"，经营同类货物的肆集中在统一区域，称"行"。东市"街市内货财二百二十行，四面立邸，四方珍奇，皆所积集"②。西市比东市更繁华，外商云集，"胡风"甚盛。

北宋时的黄河中下游地区仍是全国的政治中心，都城开封四河通城，既便漕运，又供客舟，舳舻千里，帆樯踵继，这是开封历史上最为辉煌耀眼的时期，经济繁荣，富甲天下，人口超过百万。城内商业从临街设店发展到侵街、夹街店肆，市场由城内向四郊扩展。城内除了街道纵横外，还有汴河、惠民河、五丈河、金水河四水贯穿全城，其中"唯汴水横亘中国，首承大河，漕引江湖，利尽南海，半天下之财赋，并山泽之百货，悉由此路而进"③。四方客商云集，"临汴无委泊之地"④，"凡商旅交易，皆萃其中，四

① （清）徐松：《河南志》卷四《漕渠》，缪荃孙辑《藕香零拾》，光绪年间刻本，第 16 页。
② （宋）宋敏求：《唐京城二》，《长安志》卷八，《景印文渊阁四库全书》，台湾商务印书馆，1986 年影印本，史部，第 587 册，第 134 页。
③ （元）脱脱等：《宋史》卷九三《河渠三·汴河上》，中华书局，1977，第 2321 页。
④ （宋）释文莹：《玉壶野史》卷三，《景印文渊阁四库全书》，台湾商务印书馆，1986 年影印本，子部，第 1037 册，第 301 页。

方趋京师从货物求售转售他物者，必由于此"①，开封成了全国商贸集散中
心。而且东京开封也是当时世界上最繁华的大都市之一，正如宋末孟元老所
说："八荒争凑，万国咸通，集四海之珍奇，皆归市易，会寰区之异味，悉
在庖厨。花光满路，何限春游，箫鼓喧空，几家夜宴。"② 可见商业之繁荣。
在都城开封的辐射下，位于黄河中下游地区的秦州（今甘肃天水）、并州
（今山西太原）、晋州（今山西临汾）、南京（今商丘）、陈州（今周口淮
阳）、陈留（今开封东南）、郑州、西京（今洛阳）等也发展成为区域性的
中心城市。

　　在唐宋大都市长安、洛阳、开封商业发展的推动下，地方一些州县治所
城市因处于水陆交通网上，尤其是处于运河沿岸而发展成为商业城市，乃至
都城，如汴州。汴州建州于北周宣帝年间，因州城靠近汴水而得名，治所在
浚仪（今河南开封市）。唐代仍称汴州。五代后梁开平元年（907）州升为
开封府，又名东京。北宋建都东京，置开封府。其辖县在历朝历代都有调整
变动，北宋时辖县最多，达到 17 县。自隋朝开凿大运河经过汴州，汴州遂
成为南北货物的聚散地，到唐代发展成为中原的商业都会。唐载初元年
（690），自开封境内开湛渠，使漕运又向东发展，引汴渠注入白沟，"通曹、
兖赋租"，汴州运河两岸"商旅往返，船乘不绝"，"于是自淮以南，邦国之
所仰，百姓之所输，金谷财帛，岁时常调，舳舻相衔，千里不绝，越舲吴
艚，官艘贾舶，闽讴楚语，风帆雨楫，联翩方载，钲鼓镗鞳，人安以舒，国
赋应节"③，商业呈现一派繁荣景象。中唐以后，朝廷财赋主要依靠东南，
汴渠成了唐朝的经济生命线，汴州的地位日益重要。《旧唐书》卷一九〇
《齐澣传》载："（开元）十二年，出为汴州刺史。河南，汴为雄郡，自江、
淮达河洛，舟车辐辏，人庶浩繁。前后牧守，多不称职，唯倪若水与（齐）
澣以清严为治，民吏歌之。"④ 《旧唐书》卷六四《李灵夔传附李道坚传》

---

① （宋）王栐：《燕翼诒谋录》卷二，中华书局，1981，第 20 页。
② （宋）孟元老：《东京梦华录·序》，中华书局，1985，第 1~2 页。
③ 周邦彦：《汴都赋》，《丛书集成续编》，上海书店，1994，史部，第 54 册，第 27 页。
④ （后晋）刘昫等：《旧唐书》卷一九〇中《齐澣传》，中华书局，1975，第 5037 页。

说："开元二十二年（734），（李道坚）兼校魏州刺史；未行，改汴州刺史、河南道采访使，此州都会，水陆辐辏，实曰膏腴。"① 《旧唐书》卷一三一《李勉传》说："汴州水陆所凑，邑居庞杂，号为难理。"② 可见有唐一代汴州商业之繁盛。正如时人所评价的，"北通涿郡之渔商，南运江都之转输，其为利也博哉"③。时人王建也说："水门向晚茶商闹，桥市通宵酒客行。"④ 既记述了汴河之上茶叶运输的繁忙和酒店生意的兴旺，也反映了汴京商业活动的活跃。到五代时期，汴州成为割据政权的中心，随着政治地位的上升，其商业有了更进一步的发展。《五代会要》卷二六"城郭"条记后周显德二年（955）诏说："东京（即汴州）华夷辐辏，水陆会通，时向隆平，日增繁盛。而都城因旧，制度未恢，诸卫军营，或多窄狭，百司公署，无处兴修。加以坊市之中，邸店有限，工商外至，络绎无穷。傩赁之资，增添不定；贫乏之户，供办实多。而又屋宇交连，街衢湫隘，入夏有暑湿之苦，居常多烟火之忧。将便公私，须广都邑。宜令所司于京城四面，别筑罗城，先立表识，候将来冬末春初，农务闲时，即量差近甸人夫，渐次修筑。"⑤ 商业发展要求扩大城市规模。除汴州外，通济渠沿岸发展起来的城市还有宿州、泗州、淮安等；永济渠沿岸发展起来的城市有汲县、内黄、魏州、馆陶、临清、幽州、东光、南皮等：都是商业发达之城⑥。

　　2. 草市的发展

　　在都城、州县城市商业发展的带动下，府州县治所城市以外的郊区乡镇由民人自发形成的市场，渐次成为草市。

　　在都城外围及州县城以外的水陆交通要道或关津驿站所在之地形成了集市，称为草市，大多设在城郊附近、交通要道或驿站以及大的村镇等处。它

① （后晋）刘昫等：《旧唐书》卷六四《李灵夔传附李道坚传》，中华书局，1975，第2435页。
② （后晋）刘昫等：《旧唐书》卷一三一《李勉传》，中华书局，1975，第3633页。
③ （唐）皮日休：《皮子文薮》卷四《汴河铭》，上海古籍出版社，1981，第41页。
④ 尹占华校注《王建诗集校注》卷六《寄汴州令狐相公》，巴蜀书社，2006，第265页。
⑤ （宋）王溥：《五代会要》卷二六"城郭"条，上海古籍出版社，1978，第320页。
⑥ 潘镛：《隋唐时期的运河和漕运》，三秦出版社，1987，第114~123页。

是唐代盛行起来的与都市贸易相辅相成的一种交易形式，适应分散于各地的小商品生产者的要求，同时也便利了消费者，买卖双方都不用长途跋涉，就近解决了民生所需的主要商品的交换问题，特别是在远离州县正规市场的偏远地区，其作用更为凸显。因此，草市多由村野百姓在交通要冲自发聚集进行交易，逐渐而成集市。随着草市的发展，在草市上往来的已不限于本地的小生产者和购买者，而且商品种类也远不止日常必需品，外地商人及其携带而来的大批珍奇奢侈品甚至元稹、李白的诗稿也涌入草市，使草市融入全国范围的商品交换网络中，与外界的商品流通联系起来。如在非农业区的市场上，出现的经营农产品的行市，其商品不乏出自集市转运。那些盐、茶产地的草市更是为了供应商人南北兜售而兴建的。由此，全国性的市场已经形成，只是各地区因文化水平的不同而存在一定的差距。相对而言，在社会经济迅速发展的江淮以南，草市更多。杜牧说："凡江淮草市，尽近水际，富室大户，多居其间。自十五年来，江南江北，凡名草市，劫杀皆遍，只有三年再劫者，无有五年获安者。"① 到唐代中叶，黄河中下游地区的大城市郊外都有草市，如长安万年县之大宁驿以及汴州城外。草市的兴起，吸引了南北各地的客商。正如唐代人王建《汴路即事》一诗所描写的"千里河烟直，青槐夹岸长。天涯同此路，人语各殊方。草市迎江货，津桥税海商。回看故宫柳，憔悴不成行"②。这是汴州城外距城不远的汴水渡口一个草市的繁华景象。所谓"天涯同此路，人语各殊方"，是因为草市中交易之人是来自海内外的四方商贾，并非都是附近民众。草市多设在州府县治所的城外附近，如长安万年县之太宁驿在县城东的草市，东至昭应驿四十六里，西至秦川驿四里③。有些人口特别众多、商业非常发达的草市，地理位置特别重要，政府会在那里建城设治，往往把草市升为城镇、县城，这在黄河中下游地区也

① （唐）杜牧：《上李太尉论江贼书》，《樊川文集》卷八，《景印文渊阁四库全书》，台湾商务印书馆，1986 年影印本，集部，第 1081 册，第 617 页。

② （唐）王建：《王司马集》卷三《汴路即事》，上海古籍出版社，1993，第 23 页。

③ （宋）宋敏求：《万年县》，《长安志》卷一一，《景印文渊阁四库全书》，台湾商务印书馆，1986 年影印本，史部，第 587 册，第 152 页。

能找到实例，如德州辖县安德县灌家口草市就是如此。唐开元十三年
（725），横海军节度使郑权奏："当道管德州安德县，渡黄河南与齐州临邑
县邻接，有灌家口草市一所。顷者成德军于市北十里筑城，名福城，割管内
安德、平原、平昌三县五都，置都知管勾当。臣请于此置前件城，缘隔黄河
与齐州临邑县对岸。又居安德、平原、平昌三县界，疆域阔远，易动难安，
伏请于此置县，为上县，请以归化为名。从之。"① 这就是说德州归化县是
由灌家口草市改制的，草市不是建城设治的必要，但也起到一定的推动
作用。

草市并非唐代才有，它起源于何时尚无定论。在东晋南北朝时已经见于
记载，"肥水又西，分为二水，右即肥之故渎，遏为船官湖，以置船舰也。
肥水左渎，又西石桥门，□亦曰草市门"②。更为具体的记载是在东晋成帝
时，因苏峻之乱，宫城移往苑城，在健康城外置七尉，其中南尉系驻在一草
市之北。"古建康县，初置在宣阳门内。晋咸和三年，苏峻作乱，烧尽，遂
移入苑城。咸和六年，以苑城为宫，乃徙出宣阳门外，御街西，今建初寺门
路东。是时有七部尉：江尉在三生渚，西尉在延兴寺巷北，东尉在吴大帝陵
口，今蒋山西门，南尉在草市北，湖宫寺前，北尉在朝沟村，左尉在青溪孤
桥，右尉在沙市。"③ 由此可知，此草市位于建康城外。后来南齐鄱阳王宝
夤于永元三年（501）张欣泰之乱，入台城被拒，乃投奔草市尉，"日已欲
暗，城门闭，城上人射之，众弃宝夤逃走。宝夤逃亡三日，戎服诣草市尉，
尉驰以启帝，帝迎宝夤入宫"④。此处的草市尉当是驻在草市附近的南尉，
这说明在唐以前，草市多设在州府县治的城外附近。唐代的草市已向偏远地
方发展，如上德州安德县、平原、平昌三县交界地带的灌家口草市便是实
证。唐中后期，农村商业发展，草市更盛。唐末五代，战乱频繁，江淮富户
和城市居民到草市建草屋居住避难的不少，这使有些草市更渐繁盛，有的发

---

① （宋）王溥：《唐会要》卷七一《州县改置下》，中华书局，1955，第1264页。
② （北魏）郦道元撰，（清）戴震校《水经注》卷三二《肥水》，武英殿聚珍版，第8页。
③ （宋）乐史：《太平寰宇记》卷九〇《江南东道二》，中华书局，2007，第1788页。
④ （南朝梁）萧子显：《南齐书》卷五〇《鄱阳王宝夤传》，中华书局，1972，第865页。

展为新兴城镇。后唐明宗天成三年（928）敕提及"京都及诸道州府县镇坊界及关城草市"①以及后周太祖广顺二年（925）敕中"诸州镇郭，下及草市"②，皆说明草市成批出现。至宋代，商业发展突破了市坊界限，草市也随之有了很大发展，不仅数量上超越前代，规模上也颇为可观，较大的草市一般邻近大城市，即所谓的"负郭草市"。北宋文学家苏轼在写给宋哲宗的奏疏中提到宿州（今安徽宿州）城外的草市，并提及"诸处似此城小人多，散在城外谓之草市者甚众"③，这说明城外的草市具有相当数量。北宋都城开封，"十二市之环城，嚣然朝夕"④，其中一部分后来变成开封城外的厢坊。"并州城（今山西太原）南草市关城内民户二千余"⑤，其规模可以想见。且北宋边远地区也有草市，"秦州（今甘肃天水）东西草市，居民、军营仅万余家，皆附城而居"⑥。北宋将草市也纳入城镇管理之列，熙宁七年（1074），官方规定"诸城外草市及镇市内保甲，毋得附入乡村都保"⑦。后来又规定各地草市与城镇一样归所属县尉主管，而不归负责乡村治安的巡检官主管⑧。这些规定都说明官方就草市居民与城镇居民一视同仁。

草市有一些必需的常设店铺，如药肆、酒肆等。"连帅章仇兼琼……具状奏闻，玄宗问张果，果云知之不敢言，请问青城王老。玄宗即诏兼琼求访王老进之。兼琼搜索青城山前后，并无此人，唯草市药肆云：常有二人日来卖药，称王老所使二人至，兼琼即令衙官随之入山，数里至一草堂，王老幡

---

① （宋）王溥：《五代会要》卷二六《麹》，上海古籍出版社，1978，第 420 页。

② （宋）王溥：《五代会要》卷一五《户部》，上海古籍出版社，1978，第 157 页。

③ （宋）苏轼：《乞罢宿州修城状》，《东坡全集》卷六二，《景印文渊阁四库全书》，台湾商务印书馆，1986 年影印本，集部，第 1108 册，第 43 页。

④ （宋）吕祖谦：《皇畿赋》，《宋文鉴》卷二，《景印文渊阁四库全书》，台湾商务印书馆，1986 年影印本，集部，第 1350 册，第 18 页。

⑤ （清）徐松辑《宋会要辑稿·兵》，中华书局，1957，第 6802 页。

⑥ （宋）韩琦：《韩魏公集》卷一一《家传》，王云五主编《丛书集成初编》，商务印书馆，1926，第 175 页。

⑦ （宋）李焘：《续资治通鉴长编》卷二五二，熙宁七年四月甲午，中华书局，1985，第 2379 页。

⑧ （清）徐松辑《宋会要辑稿·职官》，中华书局，1957，第 3488 页。

然鬓发，隐几危坐。"① 酒肆大多开设在闹市，因市是五方杂处，顾客众多，酒的需要量很大，酒肆遂成为市场店铺中的一个重要组成部分，但是在唐代文献中有关记载却很少见。而宋代此类记载较多，"恰从秋浦挂篷簛，又泊清溪十里余。愁水愁风吹帽后，作云作雨授衣初。远寻草市沽新酒，牢闭篷窗理旧书。行路阻艰催老病，骚骚落雪满晨梳"②。陆游的诗中也有"草市寒沽酒，江城夜捣衣"③ 的句子，这是乡间酒肆设在草市中的见证。从陆游另一首诗中的"今朝半醉归草市，指点青帘上酒楼"④，可以看出宋代的草市已经具有比较完备的饮食服务设施。其实一些大的草市，其繁华程度并不亚于城市，有时超过附近城市，市中所售之物种类繁多，甚至连名人诗句也成为市中交易的商品，如白居易和元稹的诗，就被人"缮写模勒，炫卖于市井"，或持之以换酒茗，"白氏长庆集者，太原人白居易之所作。……然而二十年间，禁省、观寺、邮候墙壁之上无不书，王公、妾妇、牛童、马走之口无不道。至于缮写模勒，炫卖于市井，或持之以交酒茗者，处处皆是"⑤。简而言之，草市无论数量还是规模在宋代都有大发展，这归因于北宋时的城市变化最大，其基本趋势就是城市经济功能的强化。最明显的例子就是突破隋唐以来严格的坊市制度，出现临街设店的景象，城市里到处可设市场；又或由于镇的繁盛，城市内开始出现集市，并扩展到城外。

综上所述，唐宋时期是黄河中下游地区商业城镇发展的又一高峰期，然而，在这一时期，城镇同样经历了兴衰之变。都城长安城自天宝年间由盛转

① （宋）李昉：《许老翁》引《玄怪录》，《太平广记》卷三一，《景印文渊阁四库全书》，台湾商务印书馆，1986年影印本，子部，第1043册，第163页。
② （宋）范成大：《离池阳十里清溪口复阻风》，《石湖诗集》卷一九，《景印文渊阁四库全书》，台湾商务印书馆，1986年影印本，集部，第1159册，第744页。
③ （宋）陆游：《村居》，《剑南诗稿》卷二八，《景印文渊阁四库全书》，台湾商务印书馆，1986年影印本，集部，第1162册，第461页。
④ （宋）陆游：《杂赋》，《剑南诗稿》卷七九，《景印文渊阁四库全书》，台湾商务印书馆，1986年影印本，集部，第1163册，第234页。
⑤ （唐）元稹：《白氏长庆集序》，《元氏长庆集》卷五一，《景印文渊阁四库全书》，台湾商务印书馆，1986年影印本，集部，第1079册，第601页。

衰，经过安史之乱、唐末黄巢起义军及藩镇割据势力的战火冲击，宫室民舍遭到毁坏，这座都城彻底毁废。特别是昭宗天佑元年（904）正月，朱温强迫昭宗迁都洛阳，"全忠率师屯河中，遣牙将寇彦卿奉表请车驾迁都洛阳。温令长安居人按籍迁居，彻屋木，自渭浮河而下，连甍号哭，月余不息。秦人大骂于路曰：'国贼崔胤，召朱温倾覆社稷，俾我及此，天乎！天乎！'"① 朱温对长安城实施彻底破坏，"长安自此遂丘墟矣"②。天佑四年（907），朱温废掉哀帝，建都开封，除后唐建都洛阳外，后晋、后汉、后周都建都开封。此后的两宋分别以开封、杭州为都城，元明清三朝都以北京为国都。定都立制乃国之大事，都是当政者经过深思熟虑才作出的决定。唐末以后改朝换代仍在进行，长安再也没有被选择作为国都。③ 可以说，唐都长安遭到的破坏最为严重，其他州府县治也遭到不同程度的破坏。宋代的东京开封主要毁于金军围攻期间，攻守双方均对园林中的木石资源进行了掠夺性的利用，东京城内外的大部分园林由此被人为毁坏。东京城内外的水道在金军围城期间也遭到严重毁坏，尤其是汴河逐渐湮废，乾道五年（1169），宋使楼钥出使金国，经汴河，看到的是"乘马行八十里宿灵壁，行数里，汴水断流。……离泗州循汴而行，至此河益埋塞，几与岸平，车马皆由其中，亦有作屋其上"④。由此可见，东京以下汴河河道已完全湮废，不具备通航功能。汴河是东京城的生命线，汴河湮废成为东京衰落的重要原因。自然汴河沿岸的其他州县治所城市也衰落下去。

第四节 明清时期城镇体系的完善与市镇的兴盛

明清时期市镇普遍发展的因素之一是城镇体系的完善，合理的地方行政

---

① （后晋）刘昫等：《旧唐书》卷二○上《昭宗本纪》，中华书局，1975，第778页。
② （宋）司马光：《资治通鉴》卷二六四，昭宗天祐元年正月壬戌，中华书局，1956，第8626页。
③ 田冰：《唐末长安城毁废过程考察》，《史学月刊》2015年第11期。
④ （宋）楼钥：《北行日录上》，《攻媿集》卷一一一，《景印文渊阁四库全书》，台湾商务印书馆，1986年影印本，集部，第1153册，第687~688页。

区划是城镇体系完善的政治基础。元明清三代都是统一政权，在地方行政区划上既有继承也有创新。元代实行行省制，为地方行政区划开创了一个新格局，省下有路（府、州）、州、县。明代承袭元代，在地方设行省，后改为承宣布政使司，下设府（州）、县（州）。清代因袭明代，也在地方设承宣布政使司，下设府（州）、县（厅），但通常人们仍称承宣布政使司为省。随着省级行政建制的确立和不断完善，省城成为地方行政级别最高的城市，以路（府、州）、州、县为层级的城市转变为以府（州）、县（州、厅）为层级的城市。元明清三代，黄河中下游地区的行政区划存在差异，其城镇格局也不尽相同。现对元明清时期黄河中下游地区不同行政级别的城镇加以梳理，以窥探元明清时期该地区城镇发展的全貌。

一 城镇体系的完善

朝代的更替变换预示着弃旧迎新的到来，新政权面对百废待兴的局面，在社会的方方面面都会采取一系列有效措施，尽量恢复社会经济发展，使新生政权实现其稳定的政治统治，而构建合理的地方行政区划，建立起有序合理的城镇体系，是实现长治久安的重要保障。

1. 元代省、路（府、州）、州、县多级城镇并存

元代结束了南宋、金、西夏等政权并存的局面，重新建立了大一统政权。面对辽阔的疆域，"北逾阴山，西极流沙，东尽辽左，南越海表……东南所至不下汉、唐，而西北则过之"[1]，元朝在全国设立了 10 个行省，"掌国庶务，统郡县，镇边鄙，与都省为表里……凡钱粮、兵甲、屯种、漕运，军国重事，无不领之"[2]，行省成为地方最高行政机构，大部分行省的辖区包括今天的二到三个省，远远超出以前王朝地方最高行政区划的统辖范围。黄河中下游地区分属中书省（又称都省）、陕西行省、河南江北行省管辖。而中书省、陕西行省、河南江北行省的管辖范围都超出了黄河中下游地区，

---

① （明）宋濂等：《元史》卷五八《地理一》，中华书局，1976，第 1345 页。
② （明）宋濂等：《元史》卷九一《百官七》，中华书局，1976，第 2305 页。

且中书省管辖的今河北、山东、山西等地是其"腹里",其省治所在大都（今北京市），陕西行省的省治所在长安，河南江北省的省治所在开封。省下有路、府、州、县，路、府、州、县的关系大致是路领州、领县，而腹里或有领府、领州、领县，府领州、领县，州领县。路、府、州也有不直接辖县者，府与州又有不隶于路而隶于省者，即所谓直隶府、州。鉴于此，元代地方的路、府、州、县之间的隶属关系比较复杂，谭其骧主编的《中国历史地图集》在"元时期图组编例四"中作了说明，"地方建置凡隶于省的路府州……作二级（路级）政区；属于路级的府州军凡领县的，注记作二级，符号作三级，不领县的，注记、符号均作三级（县级）处理"[①]。依据谭其骧主编的《中国历史地图集》和李志安等《中国行政区划通史》（元代卷），元代在黄河中下游地区布设的省、路（府、州）、州、县概况如下：中书省辖25路（府、州）41州199县，分别为大同路辖4州，冀宁路辖7州16县，晋宁路辖1府9州51县，怀庆路辖1州6县，卫辉路辖2州4县，彰德路辖1州3县，广平路辖2州10县，顺德路辖7县，真定路辖1州5县，河间路辖4州18县，济南路辖2州11县、益都路辖1州3县，般阳路辖3县，泰安州辖4县，德州辖5县，恩州无辖县，高唐州辖3县，东昌路辖6县，冠州无辖县，大名路辖3州9县，濮州辖6县，东平路辖6县，曹州辖5县，济宁路辖3州14县，泰安州4县；河南江北行省辖7路（府）14州72县，分别为河南府路辖1州12县，南阳府辖1州1县，汴梁路辖5州36县，汝宁府辖1州2县，归德府辖4州12县，安丰路辖3县，淮安路辖2州6县；陕西行省辖16路（府、州）7州67县，分别为奉元路辖4州26县，凤翔府辖5县，陇州辖1县，秦州辖3县，巩昌路辖5县，临洮府辖1县，静宁州辖1县，庄浪州无辖县，平凉府辖3县，镇原州无辖县，泾州辖2县，邠州辖2县，宁州辖1县，庆阳府辖1县，环州无辖县，延安路辖3州16县。总计3省48路（府、州）62州338县。黄河中下游地区有2座省会城市，即今陕西省的西安市、河南省的开封市；48路（府、州）中位

① 谭其骧主编《中国历史地图集》第七册"元时期图组编例四"，中国地图出版社，1982。

于黄河中游地区的大同路和黄河下游地区的顺德路、真定路、河间路、益都路、南阳府、汝宁府、安丰路、淮安路共9路治所不在黄河中下游地区，也就是说黄河中下游地区有39座路级城市，这39座路级城市中，省路县并治的城镇有2座，路县并治的城镇有28座，有9座单一的路级城市；62州都归路管辖，州县并治一城有35座，单一的州城有27座；单一的县城有271座（因汴梁路和奉元路治所内各置2县），共336座城市。

元末韩山童及其信徒刘福通等人领导的红巾军大起义于至正十一年（1351）在中书省广平路永年县（河北邯郸永年区）爆发。韩山童、刘福通等在广平路永年县聚众反抗元朝的专制统治，战火再次在黄河下游地区点燃。刘福通率众南下颍州（今安徽阜阳），攻下颍州州城，乘胜进入河南，连续攻破一些府州县。很快，战火燃遍大江南北。以刘福通为首的红巾军旨在夺取元朝的京城大都，兵分三路，两路分别从今山东和山西、河北北上，一路西进关中，整个黄河中下游地区成了主战场，到朱元璋建立明朝止，前后历时17年，大小城市都遭到不同程度的破坏。

2.明代省、府（州）、县（州）级城镇的重建

明代是在元末红巾军大起义的基础上建立的，自1351年揭开元末大起义序幕至1368年明代建立，战乱历时17年，百废待兴，而与恢复发展经济同样重要的是重建地方行政区划。明王朝在地方行政区划上，继承元代的行省制，改元代的路为府，有与府同级的州，以府为主，取消路县之间的州级行政区划，为省、府（州）、县（州）三级。改元代的行中书省为承宣布政使司（习惯上仍称为省），全国除南北两京外，共有13个布政使司，分元代中书省管辖的河北、山东、山西等地为京师（按：北直隶）、山东、山西3省。因此，明代的黄河中下游地区分属陕西、山西、河南、山东、京师、南京管辖，其省治所分别是西安、太原（今山西太原市）、开封（今河南开封市）、济南（今山东济南市）、北京（今北京市）、南京（今江苏南京），除北京、南京不在黄河中下游地区外，其他4省的治所都在黄河中下游地区，简言之，明代的黄河中下游地区有4座省会城市。省下为府，地位同府的州称直隶州；府下设县，地位同县的州称属州。

依据谭其骧主编的《中国历史地图集》，明代在黄河中下游地区布设的省、府（州）、县（州）情况概述如下。陕西辖 7 府 81 县（州），分别为西安府辖 32 县，凤翔府辖 8 县，巩昌府辖 8 县，临洮府辖 1 县，平凉府辖 9 县，庆阳府辖 5 县，延安府辖 18 县；山西辖 8 府（州）74 县（州），分别为大同府辖 1 县，太原府辖 19 县，汾州辖 3 县，平阳府辖 35 县，泽州辖 4 县，潞安府辖 8 县，沁州辖 2 县，辽州辖 2 县；河南辖 6 府 74 县（州），分别为怀庆府辖 6 县，卫辉府辖 6 县，彰德府辖 7 县，河南府辖 14 县，开封府辖 32 县，归德府辖 9 县；山东辖 4 府 76 县（州），分别为东昌府辖 18 县，兖州府辖 24 县，济南府辖 30 县，青州府辖 4 县；南京辖 3 府（州）22 县（州），分别为徐州辖 4 县，淮安府辖 7 县，凤阳府辖 11 县；京师辖 5 府 47 县（州），分别为大名府辖 11 县（州），广平府辖 9 县，顺德府辖 7 县，真定府辖 6 县（州），河间府辖 14 县（州），总计 33 府（州）374 县。由于陕西行省的临洮府、山西行省的大同府、山东行省的青州府、南京的淮安府和凤阳府、京师的真定府和河间府 7 府的治所都不在界定的黄河中下游地区，因此属于黄河中下游地区的府级城市共有 26 座；再者，明代的府治所设置有附郭县，即府县共治一城，与府平级的州治所不置县，即单一的州城，有山西的汾州、泽州、沁州和辽州以及南京的徐州共 5 州，也就是说 26 座府级城市中有 4 座省、府、县共治一城，即西安、太原、开封、济南，5 座单一的州城，17 座府县共治一城；并且重要的府治所置 2 个附郭县，陕西西安府治有长安、咸宁二县，京师大名府有大名、元城二县，由上可以推断出单一的县城有 349 座。故有明一代黄河中下游地区有省、府、县级治所城市共 372 座。

由上文可知，明代在黄河中下游地区布设的 33 府（州）374 县，与元朝布设的 48 路（府、州）62 州 338 县而言，与路同级的行政区划府的数量减少 15 个，元代介于路、县之间的 62 个州级，到明代有的被撤掉，有的降为县级行政区划，这是明代县级行政区划数量增加的主要途径，明代新置县数量非常少。该区域府（州）城市在继续减少，这与元末明初的战争密不可分。朱元璋于元至正十二年（1352）起兵，十六年在集庆（今江苏南京）

建立政权，设置百官，称吴王。先后消灭割据湖广、江西等地的陈友谅与占领江浙地区的张士诚和浙东的方国珍。后北上抗元，首先攻取山东，继而转攻河南，占据潼关；然后，攻取河北及元朝大都（今北京），消灭元朝；最后，主力由大都南下攻取山西，略定陕甘，完成北方统一。黄河中下游地区的山东、河南、河北、山西、陕西等地无不成为战场，战争破坏严重，各级城市受到不同程度的损毁。这也是明代合并府州的重要因素。府州级城市的合并直接导致这一级别城市的减少。例如山东省辖下的东昌府是由元代东昌路合并冠州、濮州、高唐州、恩州、德州而成；兖州府是由元代东平州、济宁路、曹州及益都路的南部合并而成。陕西省辖下的巩昌府由元代巩昌路合并秦州、徽州、成州、阶州、西和州、会州、定西州而成；平凉府沿袭元代平凉府，并入元代泾州、镇原州、开成州、静宁州、庄浪州；庆阳府由元代庆阳府、宁州、环州合并而成。府州级行政区划的合并意味着管辖范围的扩大，区域中心城市的地位进一步提高。

明代在黄河中下游地区布设 374 县，与元代布设的 338 县相比，相差不多，略微增加。县级城市基本沿袭元代，增加之数主要在于一些地方新置了县级行政区划，一些地方元代的州级行政区划降为县级行政区划。山西省太原府辖下新置了岢岚州、老营堡所等县级行政区划；山东省东昌府辖下的冠县、恩县等是由元代的冠州、恩州降级为县的，兖州府下的东平州、济宁州等县（州）级行政区划是由元代的东平路和济宁路降级而成的；陕西省平凉府的泾州、镇原、庄浪等县（州）级行政区划也是由元代路（府、州）级行政区划降级的。

总体而言，明代地方行政区划整体趋于简化，由元代的省、路（府、州）、州、县调整为省、府（州）、县（州），而城镇数量由元代的 336 座增加到 372 座，这主要是因为元代路县、州县共治一城的较多，层级复杂的行政区划对城镇体系以及城镇数量的影响不大，而行政区划的层级布局及数量决定城镇体系以及城镇的数量。

此外，明朝建国后，退居漠北的蒙元残余势力伺机南下，成为明代的严重边患。为抵御元朝残余势力，明朝在北方沿边一线修筑了举世闻名的万里长城，且在长城一线修建 10 余座城堡，以保卫沿边地区的安全。长城穿越的黄河中游边缘地带有明代九边重镇中的三镇，即大同镇、山西镇和榆林镇，每镇所辖卫、所数个，卫相当于府级，所相当于县级，这些卫所既是有明一代北面边防的军事重镇，同时，在和平时期又发挥着边贸市场的作用，成为中原汉族与草原游牧民族的重要物资交换地。特别是榆林城，正是这一重要的经济职能给榆林城注入了生命活力，即使在沙尘掩埋城市的恶劣环境下，榆林城也能够存续下来，促进了榆林城的持续发展。

3.清代省、府、县级城市的重构

清代是在明末农民大起义的基础上建立的，自天启七年（1627）揭开明末大起义序幕至崇祯十七年（1644），战乱历时 18 年，重建地方行政区划便成为清廷的要务。清代恢复元代的行省之名，在全国共设置 23 行省，改明代的京师为直隶，分明代南京的北部地区为安徽、江苏二省管辖，从明代陕西的西部地区分出甘肃省。因此，清代的黄河中下游地区分属陕西、甘肃、山西、河南、山东、江苏、安徽、直隶八省管辖，其省治所分别为西安（今陕西西安市）、兰州（今甘肃兰州市）、太原（今山西太原市）、开封（今河南开封市）、济南（今山东济南市）、南京和苏州（今江苏南京市和苏州市）、安庆（今安徽安庆市）、保定（今河北保定市）。而黄河中下游地区仍旧是 4 座省会城市，即西安、太原、开封、济南。沿袭明代的府（州）、县（州）制，增置称为"厅"的行政区划。省下为府，与府同级的州、厅称直隶州、直隶厅；府下设县，与县同级的有州、厅，称散州、散厅。

依据谭其骧主编的《中国历史地图集》，清代在黄河中下游地区布设的府（州、厅）、县（厅、州）情况如下。陕西辖 10 府（州）61 县，分别为西安府 16 县，同州府 10 县，邠州 3 县，乾州 2 县，商州 1 县，凤翔府 8 县，延安府 10 县，绥德州 3 县，鄜州 3 县，榆林府 5 县；甘肃省辖 6 府（州）21 县（州），分别为庆阳府 5 县，平凉府 4 县，泾州 3 县，巩昌府 5 县，秦州 3 县，兰州府 1 县；山西省辖 17 府（州、厅）75 县（州、厅），分别为归绥六厅 2 厅，朔平府 2 县，宁武府 3 县，保德州 1 县，忻州 1 县，太原府 11 县，汾州府 8 县，隰州 3 县，霍州 2 县，平阳府 11

县，绛州 5 县，蒲州府 6 县，解州 4 县，泽州府 5 县，沁州 2 县，潞安府 7 县，辽州 2 县；河南省辖 9 府（州）72 县（州），分别为陕州 3 县，怀庆府 8 县，卫辉府 10 县，彰德府 7 县，河南府 10 县，开封府 17 县，许州 2 县，陈州府 7 县，归德府 8 县；山东省辖 9 府（州）74 县（州），分别为东昌府 10 县（州），临清州 3 县，济南府 16 县（州），武定府 10 县（州），青州府 4 县，泰安府 7 县（州），兖州府 10 县，济宁州 3 县，曹州府 11 县（州）；安徽省辖 3 府（州）9 县（州），分别为泗州 1 县，凤阳府 3 县（州），颍州府 5 县（州）；江苏省辖 3 府（州）12 县（州），分别为徐州府 8 县（州），淮安府 3 县，海州 1 县；直隶辖 6 府（州）43 县（州），分别为大名府 7 县（州），广平府 10 县，顺德府 7 县，冀州 5 县，河间府 7 县（州），天津府 7 县（州）；总计 63 府（州、厅）367 县（州、厅）。较之明代 33 府（州）374 县（州）而言，清代在黄河中下游地区布设的府多县少。清代增加府（州、厅）级行政区划途径与以前朝代没有两样，仍然是从明代府（州）级行政区域分出一部分另置府（州）。例如直隶辖下的天津府是从明代河间府的东半部分出，新置治所；山东省辖下的临清州、武定府、泰安府、济宁州分别是从明代东昌府西北部、济南府东部、济南府南部和兖州府北部交界地、兖州府西南部分出；河南省辖下的陕州、陈州分别是从明代河南府西部、开封府东南部分出；安徽省辖下的泗州是从明代凤阳府东部分出；甘肃省辖下的泾州、秦州分别是从明代平凉府、巩昌府分出。从中还能看出，清代新分出府（州、厅）级行政区划多是以州称之。

　　清代在黄河中下游地区布设的 63 府（州、厅）367 县（州、厅）并非对应相应级别的城镇数量，无论府级治所城市还是县级治所城市的数量，都要少于同级行政区划的数量。一些府（州、厅）治所城市不在黄河中下游地区，这样的情况有陕西的商州治所、甘肃的兰州府治所、山西归绥六厅及宁武府治所和忻州治所、山东青州府治所、安徽凤阳府治所、江苏淮安府和海州治所、直隶河间府治所共 10 个治所城市，也就是清代黄河中下游地区有府级城市 53 座；在这 53 座府级城市中，省、府、县共治一城有 4 座，府县共治一城的有 30 座，与府同级的州治所城市内是不置县的，这样单一的州城有 19 座；西安府有 2 个附郭县，从上可知单一的县城有 323 座。故清代黄河中下游地区有 4 座省城，30 座府城，19 座单一州城，323 座单一县城，共计 376 座县级以上城镇。

二　市镇普遍发展

元明清三代，由于全国政治中心在今北京，经济重心又位于长三角地区，黄河中下游地区的城镇发展丧失了原有的得天独厚的优势，城镇发展不再有过去的繁华大都市引领。但是，随着商品经济的空前发展和全国商品流通网络的形成，黄河中下游地区处于贯通东西南北的中间区域，优越的地理位置给城镇发展注入了新动力，使城镇在原来的基础都有较大发展，还出现了脱离于政治中心之外的新的经济中心，一改过去政治中心与经济中心相吻合的旧例。这种政治中心和经济中心相分离的现象在中国城镇发展史上是有很大进步意义的。明清时期突破行政区划藩篱发展起来的市镇就是明证。

1. 市镇普遍发展的动力

明清时期，随着经济作物的种植和田赋货币化，很多农产品商品化，大大加速了商品经济的发展，推动着地处交通要道的镇由军事职能向着经济功能转化，使其逐渐成为联系农村与城市的经济桥梁，成为带动一方经济发展的商业中心。

明朝的开国皇帝朱元璋非常重视种植经济作物，早在至正二十五年（1365），就下令"农民田五亩到十亩者，栽种桑、麻、木绵各半亩，十亩以上者倍之，其田多者率以是为差。有司亲临督劝勤惰，不如令者有罚，不种桑使出绢一匹，不种麻及木绵使出麻布绵布各一匹"①。洪武二十七年（1394），谕工部督劝全国百姓多种木棉，"令益种棉花，率蠲其税"②。次

---

① 《明太祖实录》卷一七，乙巳年六月乙卯，台北"中央研究院"历史语言研究所，1962 年影印本，第 231~232 页。

② 黄汝成集释《日知录集释》附录卷四《摘桑枣》，上海古籍出版社，2006，第 2012 页。

年，又下令山东、河南等地自二十六年以后栽种枣树，"不论多寡，俱不起科"①。以上政策有效地推动了明初经济作物的种植，改变了传统单一种植粮食作物的方式而趋向多样化，为棉丝纺织业及其他加工业发展提供了更多的原料。

国家赋役货币化加速了农产品商品化的进程，直接影响着农作物种植的种类。有明一代，夏税以征麦为主，秋粮以征米为主，称"本色"。米麦之外，明政府也允许交纳其他东西代替，称"折色"。折色以布、绢为多。洪武三年（1370），因赏赐军士用布较多，户部要求浙西四府秋粮折布 30 匹，明太祖认为，"松江乃产布之地，止令一府输纳"②。更为重要的是，国家赋税可以用钱、钞、金、银等折纳。洪武七年（1374），因徽州、饶州、宁国府等"不通水道，税粮输纳甚艰，今后夏税令以金银钱布代输"③。洪武十七年（1384），又命"苏、松、嘉、湖四府以黄金代输今年田租"④。可见，货币田赋不时实行。然而，明前期货币田赋所占比重甚少。明中期以后，田赋征银的比例不断提高。正统元年（1436），明政府将江南诸省"田赋折征银两"，称为"金花银"。而后田赋货币化扩大到北方，而且因灾荒、逋欠和运输等，将大批税粮折银征收，如嘉靖八年（1529）兑运米折银 170 万石，十四年（1535）折征 150 万石⑤。力役也大批折银缴纳。万历九年（1581），时任内阁首辅的张居在全国普遍实行一条鞭法，大大简化了赋役征收手续，包括人头税在内的烦琐税目一律征银，基本取消力役，规定除了苏、松、杭、嘉、湖等供应宫廷使用的漕粮外，其余的田赋一般改收折色

①《明太祖实录》卷二四三，洪武二十八年十二月壬辰，台北"中央研究院"历史语言研究所，1962 年影印本，第 3532 页。

②《明太祖实录》卷五六，洪武三年九月辛卯，台北"中央研究院"历史语言研究所，1962 年影印本，第 1089 页。

③《明太祖实录》卷八八，洪武七年四月甲申，台北"中央研究院"历史语言研究所，1962 年影印本，第 1568 页。

④《明太祖实录》卷一六三，洪武十七年七月丁巳，台北"中央研究院"历史语言研究所，1962 年影印本，第 2529 页。

⑤（明）唐顺之：《与李龙冈邑令书》，《荆川集》卷五，《景印文渊阁四库全书》，台湾商务印书馆，1986 年影印本，集部，第 1276 册，第 288 页。

银，这扩大了田赋征收中的货币比重。清初的赋役因袭明代的一条鞭法，地有地税银，丁有丁税银。由于土地兼并和土地集中进一步发展，按丁征收丁银就使无地少地的贫苦农民无力负担丁银，引发"或逃或欠"、隐匿户口等问题。康熙五十一年（1712），清廷决定改革赋役制度，实行地丁合一，即丁税不再按丁征收，而是摊派到地亩上，这样田多的人丁税负担就多，田少的人丁税负担就少，而无田的人则不负担丁税。到雍正元年（1723），地丁合一在各省普遍推行，这对社会生产力的发展具有一定的推动作用。伴随田赋力役货币化的是农产品商品化程度进一步提高。作为赋税的承担者农民，为完纳国家赋税，必须把自己的农产品拿到市场上去卖，以换取白银缴税。正如成化七年（1471）湖广按察金事尚褫所说："顷来凡遇征输，动辄折收银两。然乡里小民何由得银？不免临时辗转易换，以免逋责。"[1] 何乔远《闽书》载："输赋之金，必负米出易。"[2] 由此可见，农民的农业生产已经与市场联系起来，而且他们的家庭副业同样如此。如徐光启所说松江等地的情况，"壤地广袤，不过百里而遥；农亩之人，非能有加于他郡邑也。所由共百万之赋，三百年而尚存视息者，全赖此一机一杼而已。非独松也，苏、杭、常、镇之币帛枲纻，嘉、湖之丝纩，皆恃此女红末业，以上供赋税，下给俯仰，若求诸田之收，则必不可办"[3]。简言之，田赋货币化把农业生产和家庭副业生产都卷入商品市场，促进了商品经济的发展。

商品经济的发展促使农民向着经济效益好的产业转化。经济作物的种植首推棉花。自宋、元间棉花逐渐传入中国后，棉布渐成人们喜爱的衣着原料。棉布较麻布细致，较绢布粗糙，却兼有麻布、绢布的功用，在春、夏、秋三季可以与麻布、绢布一样缝制单衣夹衣，并且在冬季可用棉花"得御寒之衣"，尤其"北方多寒，或茧纩不足，而裘褐之费，此最省便"[4]。在此

---

[1]　《明宪宗实录》卷九三，成化七年七月己卯，台北"中央研究院"历史语言研究所，1962年影印本，第 1785 页。

[2]　（明）何乔远：《闽书》卷三八《风俗志》，崇祯四年刻本，第 1 页。

[3]　石声汉校注《农政全书校注》卷三五《木棉》，上海古籍出版社，1979，第 969 页。

[4]　王毓瑚校《王祯农书·农器图谱之十九·纩絮门》，农业出版社，1981，第 414 页。

之前的御寒衣服被褥，上层家庭用丝纩绵絮、野蚕茧絮，而广大贫民则用芦花、草絮等。用棉花御寒虽较茧絮厚重，成本却低廉得多，草絮、芦花更是不能相提并论。到明代，用作御寒的衣被已经全部是棉花，即使富豪人家的冬季衣着被褥也不再用茧纩茧絮，而改用棉花了。在人人必用的御寒棉衣被褥范围内，棉花很快就把茧絮完全排挤出去了，并且富豪人家的衣用绢布也部分被棉布取代，一般平民的衣用麻布则渐渐地被棉布全部取代。棉布成为大众化的衣用原料后，棉花的需求量急剧上升，种植棉花比种植粮食作物更有利可图，因此，棉花得到广泛种植。如嘉靖《山东通志》载，棉花"六府皆有之，东昌尤多，商人贸于四方，其利甚溥"[1]。兖州府郓城县，土宜木棉，"五谷之利不及其半"[2]。济南府临邑县"木棉之产独甲他所，充赋治生依办为最"[3]。河南植棉地区遍及全境九府几十个县。如兰阳县《木棉歌》云："比岁多种木棉花。"[4] 北直隶棉花种植主要分布在中部和南部的镇定府、大名府、河间府、顺德府等，以接近山东、河南的地区最为普遍。万历年间的谢肇淛说："今则燕鲁、燕洛之间尽种之矣。"[5] 山陕地区也有种植。如嘉靖《耀州志》载："富平产木棉。"[6] 宋代以前，棉花种植一直限于边陲地区，经过宋元两代的传播，到明代中叶，已经呈现出全国普遍种植的局面。明宪宗成化末年，大学士丘浚曾明确指出，棉花"至我朝其种乃遍布天下，地无南北皆宜之，人无贫富皆赖之。其利视丝、枲盖百倍焉。臣故表出之，使天下后世知卉服之利，始盛于今代"[7]。棉纺织业的商品化也达到了很高的程度。元代的木棉生产主要在南方，但是到明代已经广为普及，虽

---

① 嘉靖《山东通志》卷八《物产》，《四库全书存目丛书》，齐鲁书社，1996，史部，第 188 册，第 9 页。

② 万历《兖州府志》卷四《风土志》，齐鲁书社，1984，第 12 页。

③ 同治《临邑县志》卷二《地舆志·风俗》，《中国地方志集成·山东府县志辑》，凤凰出版社，2004，第 15 册，第 56 页。

④ 嘉靖《兰阳县志》卷二《田赋志·木棉歌》，《天一阁藏明代方志选刊》，上海书店出版社，1981 年影印本，第 17 页。

⑤ （明）谢肇淛：《五杂俎》卷一〇《物部二》，上海书店出版社，2001，第 208 页。

⑥ 嘉靖《耀州志》卷四《田赋·物产》，嘉靖三十六年刻本，第 7 页。

⑦ （明）丘濬编《大学衍义补》卷二二《贡赋有常》，上海书店出版社，2012，第 204 页。

则如此，北方的棉纺织业却不如江南地区发达，而江南地区以棉布享有盛名的地区有棉花供不应求的，如松江生产的棉布"衣被天下"，但其本地区的棉花不足以满足本地织布业的需要；抑或产棉甚少，如浙江嘉善县"地产木棉花甚少，而纺之为纱，织之为布者，家户习为恒业，不止乡落，虽城中亦然"①。而山东、河南许多农民种植棉花，除供应本地棉织业外，还有剩余，这样就形成了"北土广树艺而昧于织，而南土精织衽而寡于艺，故棉则方舟而鬻于南，布则方舟而鬻诸北"②局面。一些地区还形成了专业的棉花输出市场，如山东兖州盛产花绒，"其地亩供输与商贾贸易，甲于诸省"③。河南也是当时重要的产棉区，正如钟化民所说，"棉花尽归商贩"④，就是说棉花已经作为商品，悉数进入了市场流通领域。到了清代，这种商品生产更加活跃，山东植棉"达州县总数的87%"⑤。山东、河南棉花沿运河，经过宿迁关、淮安关、扬州关、浒墅关，"连舻捆载而下，市于江南"⑥。南方的布生产出来后也很快进入商品流通领域，"小民以纺织所成，或纱或布，侵晨入市，易绵花以归，仍治而纺织之。明旦复持以易，无顷刻间。纺者日可得纱四五两，织者日成布一匹。燃脂夜作，男妇或通宵不寐。田家收获，输官偿息外，卒岁室庐已空，其衣食全赖此"⑦。此处的"田家""小民"，虽然只是把纺纱织布当作副业，但其产品既不是自给自足，也不是首先满足自身需用后有余出卖，而是全部当作商品出卖。可见这种商品生产对于他们的重要性，已是生活不可或缺的一部分，从中也可以看出当时南方很

---

① 民国《吴县志》卷五一《物产》引《康熙长洲志》，1933年铅印本，第15页。

② （清）姚之骃：《元明事类钞》卷二四引王象晋《木棉谱序》，《景印文渊阁四库全书》，台湾商务印书馆，1986年影印本，子部，第884册，第399页。

③ 万历《兖州府志》卷二五《物产》，转引自程民生《中国北方经济史》，人民出版社，2004，第540页。

④ （清）俞森：《钟忠惠公赈豫纪略》，《荒政丛书》卷五，《景印文渊阁四库全书》，台湾商务印书馆，1986年影印本，史部，第663册，第83页。

⑤ 许檀：《明清时期山东经济的发展》，《中国经济史研究》1995年第3期，第43页。

⑥ 康熙《嘉定县志》卷四《物产》，《中国地方志集成·上海府县志辑》，上海书店出版社，2010，第7册，第513页。

⑦ 雍正《浙江通志》卷一○二《物产》，《景印文渊阁四库全书》，台湾商务印书馆，1986年影印本，史部，第521册，第597页。

多的百姓已经进入产品生产流通领域，中国自给自足的农业经济渐趋瓦解。

仅次于棉花和棉布的是植桑养蚕和丝织业。棉花在北方取代桑而居于首位，出现了棉盛桑衰的状况。虽然明政府也三令五申要求农民植桑，但是仍然改变不了桑衰的局面。正当植桑在北方走向衰败之时，在南方尤其杭、嘉、湖一带却得到长足发展。湖州府是桑蚕业非常发达的地区，遍植桑树，屋前宅后的尺寸之地，必树之以桑，富者田连阡陌，桑麻万顷，据明末当地人朱国祯言，其地"畜蚕者多自栽桑，不则豫租别姓之桑，俗曰秒叶。凡蚕一斤，用叶百六十斤，秒者先期约用银四钱。既收而偿者，约用五钱。蚕佳者，用二十日辛苦，收丝可售银一两余……本地叶不足，又贩于桐乡、洞庭。价随时高下，倏忽悬绝，谚云：仙人难断叶价。故栽与秒最为稳当，不者谓之看空头蚕？"[1] 不仅蚕丝进入商品领域，而且养蚕所用的桑叶或租"秒"或购于外地，完全通过市场交易实现。此外，"秒桑"和丝价相对稳定，而从外地购进，"价随时高下，倏忽悬绝"，可以看出是市场规律中的供求关系在起作用，这也从另一角度说明了湖州桑蚕业商品生产的性质。浙江嘉兴府在弘治年间已是桑林稼陇，四望无际。桐乡县在弘治年间有民桑21351株，高原树桑麻。秀水县原住居民树桑，十室而九。万历四十四年（1616），"桐乡之地利倍于田，而田之赋重于地，……趋避者又相率改田为地"[2]。改田为地已是大势所趋。明末清初张履祥的《补农书》也提到"桐乡田地相匹，蚕桑利厚……地之利为博，多种田不如多治地"[3]。改田为地最为典型的嘉兴府崇德县，地田比例逐年上升。洪武二十四年（1391）至永乐二十年（1422），种植经济作物的"地"占田地总数的15.66%；宣德七年（1432）至正德七年（1512），"地"占田地总数的22.72%；康熙年间，"地"占田总数的41.42%。其中万历九年（1581）桑地占田地总数的

① （明）朱国祯：《涌幢小品》卷二《蚕报》，中华书局，1959，第45页。

② 嘉庆《桐乡县志》卷四《户品·赋役·条陈田地一则起科遂为定制》，嘉庆四年刻本，第20页。

③ （清）张履祥辑补，陈恒力校释《补农书校释》，农业出版社，1983，第101页。

12.46%，至康熙五十二年（1713）桑地比例则上升为41.38%[1]。明末清初的崇德县，粮田和桑地面积大致相等，生产的粮食仅能维持8个月，其余4个月要到市场上买米来满足所需，农民的生计和上缴赋税"唯蚕息是赖"[2]。农田大量改种以桑树为主的经济作物，以致粮食作物种植面积下降，粮食要靠外地供应，要吃从湖广、江西贩运来的粮食。

　　瓷器制造业中的官窑为国家垄断，产品完全供政府和皇室享用，不进入商品流通领域，而各地兴起的民窑却完全为买卖而生产。景德镇制瓷业规模庞大，据黄墨舫《杂志》描述，这里"列市受廛，延袤十三里许，烟火逾十万家，陶户与市肆，当十之七八"[3]。著名的民窑有崔公窑、周窑、壶公窑等，每有精品出炉则"四方争售"，"每一名品出，四方竟重（价）购之""四方不惜重价求之"[4]。这些记载充分说明，在景德镇，瓷器的制造已经完全实现了商品化。此外，诸如造纸、印刷、矿冶等行业，随着生产技术的提高，商品贸易的活跃，产品的商品化程度也越来越高。

　　明清商业的繁荣不仅体现在越来越多的剩余产品被投入市场，也体现在商品的种类不断增加。过去许多地方的特产是作为贡品献给朝廷和皇室使用的，但是到了清代，有些贡品直接变成了商品对民众出售。如河南信阳的黄蜡，明时为贡品，一般百姓鲜能享用到，到了清代却"绝少入贡，皆转鬻他方"[5]。再如东北的人参、貂皮等曾是政府严禁私卖的珍品，但是到清中叶，允许人参"交官之外，听其自售"[6]，实现了珍稀物资的部分商品化。

　　随着农产品商品化程度的提高，粮食和经济作物生产、原料和手工业品

---

① 陈恒力编著，王达参校《补农书研究》，农业出版社，1961，第246页。
② 光绪《石门县志》卷一一《杂类志·风俗》，《中国方志丛书》，台北：成文出版社，1975年影印本，第1850~1851页。
③ （清）蓝浦、郑廷桂：《景德镇陶录》卷八《陶说杂编（上）》，江西人民出版社，1996，第97页。
④ （清）蓝浦、郑廷桂：《景德镇陶录》卷五《景德镇历代窑考》，江西人民出版社，1996，第65页。
⑤ 乾隆《信阳州志》卷三《物产》，乾隆十四年刻本，第71页。
⑥ （清）冯一鹏：《塞外杂识》，《明清史料汇编初集》第8册，台北：文海出版社，1967，第4234页。

生产的区域优势已逐渐显露出来。黄河中下游地区成为主要的棉花生产区域，如前文所述，长江三角洲的杭、嘉、湖一带成为主要的蚕丝业生产区域，全国著名的丝绸生产基地主要依靠杭、嘉、湖的蚕丝供应。如丝织业发达的苏州、福州等地，所需的蚕丝，皆取给于杭、嘉、湖地区。"松之布衣被海内，吴绫上贡天府，亦云重矣。顾布取之吉贝，而北种为盛。帛取之蚕桑，而浙产为多。"① 福建"皆衣被天下，所仰给他省，独湖丝耳"②。远处西北的潞安府以织"潞绸"著名，但其丝织原料同样仰赖于湖丝，"每岁织造之令一至，比户惊慌，本地无可买，远走江浙买办湖丝"③。湖广地区成为主要的粮食生产区，有"湖广熟，天下足"之谚。明初的湖广地区"田多人少"，周边的中州、江南及江西等地区的大量人口向这里迁移，给农田开发注入了新的劳动力，他们以围湖筑堤的方式开垦土地，耕地面积成几倍扩大，超过了人口的增长；同时兴修水利设施，保障农作物的收成和单位面积产量的提高，并成为长江三角洲地带的米粮供应地。唐以迄宋元时代不断发展成为全国经济重心的长江三角洲地区，盛产米粮是其典型特征之一，"苏湖熟，天下足"之谚曾广泛流传，但至明朝中后期，长江三角洲地区广种经济作物和发展农村加工业，粮食依靠从湖广及四川等省运进，才能满足本地区的需要，全国的米粮盛产中心已转移到湖广地区。各具特色的区域经济的形成，加速了各地区之间的物资交流。明人宋应星说："幸生圣明极盛之世，滇南车马，纵贯辽阳；岭徼宦商，衡游蓟北。"④ 清代长途贩运贸易有了更大发展，商品流通路线甚至延伸到边远地区。处于中间地带的黄河中下游地区是东西南北长途贩运的必经之地，商业往来频繁，在物资丰富和交通便利的省、府、县形成了大大小小的商业中心。

　　河南省会开封是河南最大的商业城市，也是黄河中下游地区为数不多

---

① 崇祯《松江府志》卷六《物产》，《日本藏中国罕见地方志丛刊》，书目文献出版社，1991年影印本，第145页。

② （明）王世懋：《闽部疏》，《丛书集成初编》，中华书局，1985，第12页。

③ （明）于公允：《条议潞绸详》，乾隆《潞安府志》卷三四《奏疏》，《中国地方志集成·山西府县志辑》，凤凰出版社，2005，第31册，第125页。

④ （明）宋应星：《天工开物》，商务印书馆，1933，"序"第1页。

的几个大城市之一。明中期以后开封经济发展迅速，商业繁华，城内布满了大大小小的街巷胡同，"为街者六十有九，为巷者五十有六，而胡同则四十有二"，总计有167条。其中徐府街尤为繁华，"此市有天下商客，堆积杂货等物，每日拥塞不断"①，成为名符其实的商业中心街区。到明朝末期，随着商品市场的发展，城内外的店铺数不胜数，仅《如梦录·街市纪》中提到的有名称的店铺就达150余个，经营范围涉及城中市民日常生活所需各种行业。崇祯十五年（1642）的特大洪水，给开封带来了灭顶之灾，昔日繁华的街坊市巷悉数被淹没在滔天洪水中，"旧所有者百不存一"②。清初的开封城市商业是在一片废墟上复苏的，直至康熙年间，"市廛辐辏处，唯汴桥隅、大隅首、贡院前、关王庙、渔市口、火神庙、寺角隅、鼓楼隅为最盛"③，其他地方仍未从荒废和萧条中恢复。到乾隆时，经过百余年的发展，开封才又现繁荣。明代最繁华的徐府街集市在此时期日益扩大，山陕甘会馆就建立在这条街上，外地商人在此地经营如鱼得水。城中店铺根据经营范围可以分作25类，可以说各地特色商品在开封市场上都能见到。

河南府治所洛阳是河南省的第二大城市，但发展远落后于开封。明代洛阳城的规模只恢复到隋唐时的1/5，与当时省内比较繁荣的县城相埒，手工业只有家庭丝织业、棉纺织业、制酒业，城内酒馆多于商肆。经过明末战争，城市被毁。康熙年间，洛阳商业再次兴起，清代中叶达到鼎盛。当时洛阳南关是城中最为繁华的商业区，其中仅马市街就有商业店铺数百家，铁锅巷还有定期集市，非常热闹。洛阳不仅是河南府的商业中心，也是陕甘地区通过中原同南北各省商品流通的重要通道。早在清朝建立之初就有客商前来经营贸易，至嘉道年间，洛阳城中外地行商坐贾汇聚一堂。这些客商中以秦、晋商人最多，而在秦、晋商人中又以山西潞泽府商人最强。据山陕会馆

① 孔宪易校注《如梦录·街市纪》卷六，中州古籍出版社，1984，第28页。
② 顺治《祥符县志》卷二《街巷》，天津古籍出版社，1898，第10页。
③ （清）陈梦雷：《古今图书集成·方舆汇编·职方典》卷三七三《开封府部》，中华书局，1985，第9页。

所存《捐款碑》记录，嘉道年间参与集资修建会馆的秦、晋商号高达 652 家，而潞泽会馆所存乾隆二十一年（1756）《关帝庙新建碑文》记载，当时在洛阳经营的山西潞泽府商号有 225 家，这应该还只是坐贾的数量。故而许檀先生结合其他资料分析认为："嘉道年间汇聚于洛阳的山陕两省行商、坐贾当有千家，如果加上其他省份的商人，为数更众。"① 从这一数据看，直到清代洛阳仍然是中原地位较为重要的一个城市。

县城经济在原来的基础上有了很大发展，这主要表现在经济由市内向关厢即郊区发展，一些城市的商业街就在关厢。山西曲沃县布市、棉花市、绒线市、菜市、果市、杂货市、枣市、靓市，俱在古南关厢②；油市、柴市、米粮市，俱在古东关厢②。陕西三原县城南关"东西通衢，市廛店舍，自南门以外，西抵县城，相连百余家"③。咸宁县"城内系水陆马〔码〕头，商贾云集，气象颇形富庶。其实各铺皆系浮居客商，货物皆从各县驮载至此。由水、陆运往晋、豫。至粮食、木板，亦有西路车运而来，用舟载至下路，到此纳税给票方准放行"④。河南县城经济在明代以棉花买卖为主要来源，许多地区处于"虽多木棉，而鲜为布"的状态，甚至有些偏僻州县"男女有未尝识机杼者，故尽以资四远贩易，商贾乘其愚，做要厚利以去"⑤。进入清代以后，棉纺织业较明代有了很大进步，很多地区居民纺织线织布成为家庭重要的经济来源。如顺治年间，温县"民间纺织无问男女……远商来货，累千累百，指日而足。贫民赋役，全赖于是"⑥。乾隆年间，偃师妇女"朝夕纺织，备婚嫁、丧葬之资，轧车之声溢于里巷"⑦。棉布不仅在省内互通

① 许檀：《清代中叶的洛阳商业——以山陕会馆碑刻资料为中心的考察》，《天津师范大学学报》（社会科学版）2003 年第 4 期，第 47 页。

② 乾隆《新修曲沃县志》卷七《城池附市肆村镇》，《中国地方志集成·山西府县志辑》，凤凰出版社，2005，第 48 册，第 45 页。

③ 乾隆《三原县志》卷二《城池》，乾隆四十八年刻本，第 17 页。

④ （清）卢坤：《秦疆治略·咸阳县》，《中国方志丛书》，台北：成文出版社，1970 年影印本，第 5 页。

⑤ 嘉靖《濮州志》卷二《食货志》，《天一阁藏明代方志选刊续编》，上海书店，1990 年影印本，第 334 页。

⑥ 顺治《温县志》卷二《集市》，顺治十五年印本，第 78 页。

⑦ 乾隆《偃师县志》卷五《风土记》，乾隆五十四年刻本，第 3 页。

有无，还有不少输往山西、陕西以及甘肃、宁夏、蒙古、青海等少数民族地区。孟县（今河南孟州）"通邑男妇，惟赖纺织营生糊口"，所产孟布，远近闻名，"自陕、甘以至边墙一带，远商云集。每日城镇、市集收布特多，车马辐辏，廛市填咽，诸业毕兴，故人家多丁者有微利，而巷陌无丐者。盖商民两得其便"①。一直到道光年间，孟县衣食充裕、家给人足的根本原因还是民众勤于纺织。嘉庆时，孟津（今河南孟津东）"无不织之家，秦陇巨商终年坐贩，邑中贫民资以为业"，每至收成，"则食用皆足"②。内黄县"山西客商多来此置局收贩"③，购买棉花、棉布。偃师"以种棉为急务，（棉）花之利与五谷等"④。与河南经济发展相似的山东，县城经济也以棉花和棉布买卖为主要来源。

2.市镇普遍发展

经济作物的广泛种植和农产品的商品化，以及区域特色种植业和加工业的形成，致使地区之间、城乡之间商品往来频繁，在物产丰富和交通位置便利的地方产生了数以千计的市镇。正如王家范所言："城市是由于政权的力量，政治上的原因，由上而下形成的，消费对象主要为贵族阶级；市镇则主要由于经济的原因，即乡村与商品经济联系的扩大，由下而上形成的。"⑤这些市镇架起了地区之间、城乡之间商品交换的桥梁，在中国城镇发展史上具有里程碑的意义。

市镇是明清时期经济发展中常被提及的字眼，尤以江南地区最为著称。关于市镇概念，樊树志先生认为，"市"是由农村为调剂产品余缺而形成的定期集市演变而来的，"镇"则是比"市"高一级的经济中心地，经历了一个从定期市到经常市再到镇的发展过程⑥。邓亦兵先生认为，市镇形成要有

---

① 乾隆《孟县志》卷四《物产》，乾隆五十五年刻本，第19页。
② 嘉庆《孟津县志》卷四《土产》，嘉庆二十一年刻本，第33页。
③ （清）王凤生：《河北采风录》卷二《内黄县水道图说》，道光六年刻本，第43页。
④ 乾隆《偃师县志》卷五《风俗》，乾隆五十四年刻本，第3页。
⑤ 王家范：《明清江南市镇结构及历史价值初探》，见于王家范主编《明清江南社会史散论》，上海人民出版社，2018，第1~20页。
⑥ 樊树志：《明清江南市镇探微》，复旦大学出版社，1990，第17~41页。

两个要素：一是交通发达，商业繁盛，人口集中；二是有派驻市镇的机构和官员。两个条件都具备者为较大的市镇，仅有其一者乃中小市镇①。任放提及市镇概念的宋明转折期时说："宋代以来，有商贾贸易者谓之市，设官将禁防者谓之镇。衍至明代，户口滋繁，商业兴盛，均向市镇集中，镇的概念因之变化，或指人烟稠集之处谓之市镇，或指商贾聚集之处谓之市镇。"②根据以上市镇的内涵，笔者认同邓亦兵先生所言的市镇"交通发达"是其产生的必备条件之观点。正是发达的交通吸引全国各地富商大贾往来此地经营，才使市镇与传统型集镇最终区别开来。如明代中期贾鲁河疏浚后，"自正阳至朱仙镇舟楫通行，略无阻滞"③，为周边城镇发展带来了契机。朱仙镇距离省城开封45里，位于贾鲁河畔，凭借得天独厚的地缘优势，吸引南北客商云集，发展成为中原地区最大的货物中转地。商水县周家店（今周口市），地处"燕、赵、江、楚之冲，秦、晋、淮、泗之道"，明初还只是沙河南北岸的一个渡口，成化年间贾鲁河与沙、颍二河汇流，舟楫可以直通朱仙镇，于是来此定居的商民日渐增多，成为北方"水陆交汇之乡，财货堆积之薮"④。同样因为地理优势迅速兴起的镇市还有归德州丁家道口集，其地位于州北30里，紧靠黄河南岸，正统时期已是"舳舻星聚，贾货云集，亦兹土之名区也"⑤。

宋代以前的镇大都是一些处于冲要地区的军事城堡或者据点，自宋代以后，由于经济的发展，越来越多的镇变成了人们进行贸易的场所。明代中期以后，伴随着商品经济的发展，能够给各地商贾提供交易平台的市镇在全国发展起来，到清代鸦片战争前更如雨后春笋般普遍发展起来。时人有关市镇

---

① 邓亦兵：《清代前期的市镇》，见于《清代前期商品流通研究》，天津古籍出版社，2009，第241~267页。

② 任放：《二十世纪明清市镇经济研究》，见于《中国历史市镇的历史研究与方法》，商务印书馆，2010，第5~40页。

③ 《明神宗实录》卷四一六，万历十五年十月丙辰，台北"中央研究院"历史语言研究所，1962影印本，第7855页。

④ 王兴亚：《明清河南集市庙会会馆》，中州古籍出版社，1998，第41~42页。

⑤ 嘉靖《归德志》卷一《舆地志》，《天一阁藏明代方志选刊续编》，上海书店，1990年影印本，第34页。

的内涵描述进一步清晰，"郊外民居所聚谓之村，商贾所集谓之镇"①，"市镇所以聚贾"②。从中可知，市镇是一个概念，是"镇"或者"镇市""集"的不同称呼。简言之，镇上有市场，有大的商业买卖，这些买卖活动不仅仅是本地居民之间的买卖，还有来自全国很多地方的客商。由于黄河中下游地区受诸多因素的限制，经济社会发展滞缓，与之相应，市镇无论在数量上还是在发达程度上都不及江南地区。尽管如此，这一地区的市镇还是取得了一定程度的发展，现就明清时期黄河中下游地区的市镇情况进行简单勾勒，以窥见市镇发展的概貌。

根据明代黄河中下游地区的各地方志、谭其骧主编的《中国历史地图集》和韩大成《明代城市研究》等文献资料，就该地区的主要市镇统计如下。陕西省主要有西安府华州的柳子镇、耀州的流曲镇和美原镇、朝邑县的赵渡镇、韩城的淄川镇、临潼县的零口镇、渭南的关山镇、邠州的亭口镇和宜禄镇，凤翔府宝鸡县的益门镇、平凉府的三乡镇、庆阳府的湫头镇等12个以上的大市镇；山西省主要有解州的长乐镇、汾州的温泉镇、介休的关子岭镇、平遥的洪山镇，太原府的王胡镇、东阳镇、原隅镇、永康镇和团柏镇等9个以上的大市镇；河南主要有怀庆府的清化镇和木栾店，河南府有虢略镇、杜管镇、崇阳镇、栾川镇、旧县镇、鸣皋镇、赵保镇，开封府有须水镇、朱仙镇、陈桥镇、石固镇、周家口镇等，卫辉府有淇门镇，彰德府有临水镇和固镇等17个以上的大市镇；南直隶淮安府有马头镇、王家营镇、官亭镇，凤阳府有旧县集、倪丘集、正阳镇、固镇、下蔡镇等8个以上大市镇；山东兖州府有安陵镇、谷亭镇、鲁桥镇、安山镇、张秋镇，东昌府有南馆陶镇，济南府有堰头镇、旧县镇、丰国镇，青州府有广陵镇等10个以上大市镇；北直隶有大名府的新镇、回隆镇和小滩镇，广平府有临洺镇等4以上大市镇。由上可知，明代黄河中下游地区

①　正德《姑苏志》卷一八《乡都》市镇村附，《北京图书馆古籍珍本丛刊》，书目文献出版社，1998，第26册，第276页。

②　成化《宁波郡志》卷四《闾里考》，《北京图书馆古籍珍本丛刊》，书目文献出版社，1998，第28册，第46页。

至少有 60 个以上的大市镇。

到清代前期（鸦片战争前），黄河中下游地区市镇有了长足发展，可以说达到了顶峰。现依据谭其骧主编的《中国历史地图集》、邓亦兵《清代前期商品流通研究》，结合清代黄河中下游地区的各地地方志，就该地区市镇发展情况统计如下。陕西省西安府有 36 镇，商州 2 镇，同州府 17 镇，乾州 5 镇，凤翔府 18 镇，邠州 9 镇，鄜州 13 镇，延安府 8 镇，绥德州 2 镇，共计 110 镇；甘肃秦州 5 镇，巩昌府 8 镇，平凉府 3 镇，泾州 6 镇，庆阳府 17 镇，共计 39 镇；山西太原府 15 镇，忻州 1 镇，汾州府 23 镇，隰州 12 镇，霍州 4 镇，沁州 9 镇，辽州 9 镇，潞安府 18 镇，泽州府 17 镇，平阳府 21 镇，绛州 6 镇，解州 8 镇，蒲州府 9 镇，共计 152 镇；河南开封府 8 镇，归德府 9 镇，卫辉府 8 镇，彰德府 13 镇，怀庆府 12 镇，河南府 18 镇，陕州 4 镇，许州 3 镇，陈州 10 镇，共计 85 镇；山东济南府 17 镇，武定府 8 镇，青州府 5 镇，临清州 2 镇，东昌府 10 镇，泰安府 5 镇，兖州府 8 镇，济宁州 3 镇，曹州 3 镇，共计 61 镇；江苏徐州府 7 镇，海州 3 镇，淮安府 11 镇，共计 21 镇；安徽凤阳府 3 镇，泗州 3 镇，颍州府 3 镇，共计 9 镇；北直隶大名府 6 镇，广平府 1 镇，顺德府 1 镇，河间府 6 镇，天津府 12 镇，共计 26 镇。由上可知，清代黄河中下游地区至少有 503 市镇。

以上所统计的明清两代黄河中下游地区的市镇，是否所有的镇均符合镇的标准，尚很难定论。同时，未统计的冠以集、店、寨的地名亦会含有部分市镇，如清代徐州府的王家营集，也可算得上镇。鉴于此，以上所统计的并非市镇之全部，但是，我们仍可从中窥知明清两代黄河中下游地区市镇发展的一般状况。明代黄河中下游地区的市镇发展处于萌芽期，到清代前期达到鼎盛，几乎是明代的 9 倍。可以说到鸦片战争前，黄河中下游地区的市镇已经普遍发展起来。

明清时期市镇的普遍发展，不仅表现为数量的快速增加，更重要的是成为广大农村物资集散和商贾谋利之地。市镇一般距离县城十几里甚至几十里，所属外围地区一般都有许多村庄，辐射面积大小不等。如陕西大荔县羌白镇，"为皮货所萃，每岁春夏之交，万贾云集"①，是生、熟皮的商品市场。山西介休县的张兰镇，位于介休县和平遥县之间，为山西省第一大镇，"地当冲要，商贾辐辏，五方杂处，百货云集，烟火万家，素称富庶，为晋省第一大镇。与湖北之汉口无异"②。河南武陟县木栾店，在黄河边，有主簿驻镇。道光三年（1823）将覃怀书院移此，改名安昌书院③。安徽太和县旧县集，"居民稠繁，商贾四集，故本土之人少，徽州、山陕之人多，太和之第一镇市也"④。有些习惯上称墟、称市、称场、称集市的地方实际也是市镇。豫北新乡县乐水关，当地居民亦多从事商业活动，"以水路通便，故商贾蚁附，物货山集，目今最为繁庶"，迎恩关"乐居就业者日众"⑤。河内县（今河南沁阳）清化镇"为三晋咽喉，乃财货堆积之乡，凡商之自南而北者莫不居停于此"⑥，东西乃"居秦晋之交，商贾辐辏，厘市棋列，实此邦一大都会"⑦。陈州（今周口淮阳）周家口"旧在沙河南岸，仅有子午街一道，居民数家。国朝治平百年以来，人烟聚杂，街道纵横沿及淮宁境，连接永宁集，周围十余里，三面夹河，舟车辐辏，烟火万家，樯桅树密，水陆交会之乡，财货堆积之薮。北连燕赵，南接楚越，西连秦晋，东达淮扬，豫省一大都会也"⑧。

市镇与集、场、墟有明显的不同，最大的差别是参与交易的人员。市镇有商贾辐辏，而集、场、墟多是附近村民和方圆几十里的村民，"届期凡近境者，披星戴月，络绎毕至"⑨。山西保德州"州近边鄙，富商大贾绝迹不

① 道光《大荔县志》卷六《土地志·物产》，道光三十年刻本，第21页。
② 乾隆二十一年十月十二日陕西巡抚明德奏折、乾隆十三年三月初六日山西巡抚觉罗巴延三奏折，《宫中档乾隆朝奏折》第15、42辑，台北故宫博物院，1982，第714、293页。
③ 道光《武陟县志》卷一五《建置志》，道光九年刻本，第10页。
④ 乾隆《太和县志》卷一《舆胜志·镇市》，乾隆十七年刻本，第13页。
⑤ 正德《新乡县志》卷一《关厢》，《天一阁藏明代方志选刊》，上海书店，1981年影印本，第10页。
⑥ 清康熙七年《大王庙创建戏楼碑记》，藏于博爱县城内大王庙。
⑦ 杜英魁、杜英举：《我所知道的杜盛兴麝香庄》，政协博爱县文史资料征集研究委员会编《博爱文史资料》第5辑，内部发行，1990，第32~34页。
⑧ 乾隆《商水县志》卷一《舆地志》，乾隆十二年刻本，第12页。
⑨ 乾隆《宝坻县志》卷六《乡间·市集》，1917年石印本，第19页。

到。然麻缕棉絮之类，日用所必需，东沟立集，农民喜其便宜"①。正如方行所言："墟集是以农民之间、农民和手工业者之间互通有无为主的贸易形式，尽管有流动商贩参与，乃至有少量座商的店铺，它仍然应当属于墟集。市镇则是以商贾为媒介，以商贾贸易为主的场所，尽管市镇还包含有'日中为市'或'及辰而散'的墟集，它还是应当属于市镇。"② 市镇是四方商贾辐辏之地，也有本地居民参与其中的贸易。集、场、墟多为本地或附近几十里的村民参与交易，外地富商大贾一般很少见。因此，市镇辐射的面积大，而集、场、墟一般只覆盖周围几个村庄而已。一个州县中只有少数几个市镇，前文清代黄河中下游地区有 63 府（州、厅）367 县（州、厅）503 镇，平均每个县不到两个大市镇，而集、场、墟往往有几十处。

市镇发展非常迅速，其规模也普遍大于传统集市，少数市镇的商业发展水平超过了所在的县城、府城和省城。一是不分集期，交易已经成为常态。如周家口居民明初时每逢双日在永宁集交易，永乐时期，随着子午街的开辟，单日设集进行交易，成化以后，"来周家口定居的商民日益增多，并在沿河三岸形成了河南、河西、河北三个市区。万历年间，三个市场连接在一起，商务兴盛，相继开设了陆陈、茶麻、杂货、中药等行店"③，已经发展为常市。二是发展规模超越县、州、府城市，不再是传统意义上的农村集市。市镇的交易面更广、交易量更大，参与者涉及外地长途贩运者，而且数量众多，这在传统市镇中是没有的。一般而言，城市越大，街巷越多，市廛繁盛，商民稠密。省城是地方最大的城市，商业市场繁多，商品齐全。如陕西省城咸宁城内有粮食市、布市、大小菜市、糯米市、面市、骡马市、羊市、猪市、鸡鸭鹅市、木头市、方板市、瓷器市、鞭子市、竹笆市、草市；东郭有粮食市、果子市；南郭有菁果市。商铺有绸缎店、云布店、梭布店、金店、椒盐摊等；东关有盐店、糖果店、生姜店、

---

① 乾隆《保德州志》卷四《市集》，《中国地方志集成·山西府县志辑》，凤凰出版社，2005，第 15 册，第 52 页。
② 方行：《清代前期农村市场的发展》，《历史研究》1987 年第 6 期。
③ 王兴亚：《明清河南集市庙会会馆》，中州古籍出版社，1998，第 42 页。

药材店、棉花店、过客店①。然而，并不是所有的市镇经济状况都不如城市。陕西陇州县头镇（今宝鸡县功镇）"旧吴山县治，为商贾聚集之地，繁盛不减州城，间日一市"②。清代全国四大名镇之一的朱仙镇，相当于河南省城开封的港口，开封的商品多从该镇运入，四方商贾也从此转运，其商业繁荣超过了开封，甲于全省。河内县清化镇（今博爱县），明代已经发展成为豫北重镇，商贸繁华程度超过府城，镇内居住着大量外地客商，据隆庆五年（1571）《创建金龙四大王神祠记》记载，当年参与大王庙营建的人员有472名，外地客商高达351人，占全部捐资人数的74.4%。以上事实说明，清代前期全国最大市镇的商品经济，尤其商业经济，已经超过了所在省城，一些市镇的商业经济超过了所在县、州、府城。可见，市镇商品经济在清代前期确实有了长足的发展，是此前任何一个朝代都无法比拟的。

市镇发展受到中央政府的关注。市镇距离县、州、府城比较远，成为各级地方政府鞭长莫及、无暇顾及之地。市镇商业的发展，成为政府的税收来源之一。为保证市镇正常的经济运行，政府派驻行政机构和官员对其进行全面管理。常见的机构是巡检司署、府同知（简称同知）、府通判（简称通判）、州同知（简称州同）、州通判（简称州判）、县丞、县主簿等衙署，其官员的品秩分别为巡检从九品、同知正五品、通判正六品、州同从六品、州判从七品、县丞正八品、主簿正九品。同知、通判是府佐官，职责"或理事；或理饷、督粮、监兑；或清军；或总捕；或驿；或茶；或马；或营田、水利；或抚边、抚彝、抚番、抚瑶、抚黎"。州同、州判是州佐官。县丞、主簿是县佐官。其"所管或粮；或捕；或水利"。"其杂职内之巡检，皆分防管捕，或兼管水利。"这些机构和官员的驻地，"凡府、州、县之佐贰，或同城，或分防"③。佐官通常是"因事而设"。派驻的方式，有的是将原有的机构改变设置地点，即文献中称"改驻""移

---

① 康熙《咸宁县志》卷二《建置·市镇》，康熙七年刻本，第26页。
② 乾隆《陇州续志》卷二《建置志·市镇》，乾隆三十一年刻本，第28页。
③ （清）昆冈等：《光绪钦定大清会典》卷四《吏部》，光绪二十五年重修本。

驻"。乾隆年间，山西"祁县向设有龙舟峪巡检"，"查该处并非隘口，又无市集。惟县属子洪镇，在县南适中之地，人烟凑集，路当豫楚孔道，崇山叠嶂，宵小易于窃发"，政府将龙舟峪改驻子洪镇①。市镇大小不同，经济繁荣程度也不一样，因此，政府派驻市镇官员品秩也不相同。当时，全国四大名镇的汉口、朱仙镇、景德镇、佛山镇都是同知驻镇，这是派驻市镇的最高等级官员。山西张兰镇乾隆十七年（1752）将静乐巡检移驻，二十一年又将汾州同知移驻。在奏请改变驻镇官员的级别时，巡抚奏说："巡检品秩卑微，此等富商巨贾会集之所，或有奸牙蠹棍妄行滋事，既不足以弹压。"② 河南陈州知州董起盛于雍正十一年（1733）在申请将陈州改升为府的奏折中特意提到了周家口："陈州幅员辽阔，绵亘数百里，界连八邑，犬牙交错，河通淮泗，路达江楚。更有所属周家口一带地方，水陆交冲，五方杂处。一切刑名钱谷，稽查保甲，各处验勘，类难悉举，事本繁多。"③ 次年，陈州即升为府，朝廷还下令将管粮州判及军捕同知署移驻周家口，由此可见周家口在陈州的地位非同一般，已经受到了朝廷的充分重视。稍小的市镇，派驻的官员级别较低。陕西富平县美原镇、周至县祖庵镇都是县丞驻镇④。大多数地方是巡检驻镇。官员的职责有时也因市镇的情况而定。一般政府在批准巡抚奏请派驻机构的公文中，都具体说明高级官员的管辖职权范围。康熙五十八年（1719），议准河南清化镇河捕通判"专管河务，为管河通判"⑤。到乾隆年间，其通判的职责变成"巡缉奸匪，兼管税务"⑥。山西张兰镇派驻巡检时，"除命盗大案仍归该县审理外，其一切奸匪

① 《清高宗实录》卷一七六，乾隆七年十月己亥，中华书局，1985，第271页。
② 乾隆二十一年十月十二日山西巡抚明德奏折，《宫中档乾隆朝奏折》第15辑，台北故宫博物院，1982，第715页。
③ 乾隆《陈州府志》卷一《沿革·附陈州改府原由》，乾隆十二年刻本，第14页。
④ 《清高宗实录》卷二五三，乾隆十年十一月戊子，中华书局，1985，第272页。
⑤ （清）昆冈等：《光绪钦定大清会典事例》卷二六《吏部·官制》，光绪二十五年石印本。
⑥ 乾陵四十六年九月十四日河南巡抚富勒浑奏折，《宫中档乾隆朝奏折》第48辑，台北故宫博物院，1982，第61页。

逃窃，以及赌博、斗殴、追比客欠等事，悉令该巡检稽查办理"①。所谓客欠，邓亦兵先生解释为"即商贾控告牙行欠客商款项"②。此后，山西巡抚在申请张兰镇派驻同知的奏折中称："汉口镇系将汉阳府同知移驻，就近准理客欠，及查拿赌博逃盗等事。"张兰镇与汉口镇情形相同，所以也请派驻同知③。河内清化镇是明清时期河南著名的商业城镇之一，位于河南省西北部。明代政府在这里设置巡检司，清代乾隆年间，丹、沁河决口，怀庆府又于二十九年（1764）将通判署移驻此地。通判是掌握粮运、督捕、水利、理事诸务的实权官员，地位在县级政府之上，从中能够判断清化镇的政治地位在上升。政治地位的提升一般与经济地位有着密切关系。变更派驻官员等级的市镇，多是经济发展较快的市镇。有一些驿站，政府命"驿丞兼巡检职衔"；或者反之，令巡检、县丞兼管驿务，这类驿站实际属于市镇，如直隶沧州砖河驿、通州和合驿、河南汤阴宜沟驿和渑池硖石驿等。还有一些驿站的驿丞，虽然没有兼巡检职衔，但驿站驻地也是商品交易之区，这类地方实际上也是市镇；或者驿铺驻地本来就是市镇，如河南确山县的驻马店、竹沟镇等处就是如此④。从政府派出行政机构和官员对市镇进行管理看，市镇商品经济已经发展到了一定高度。

总之，市镇与县城、州城、府城、省城一样，都是全国商品流通网络上的一个结点。通过商品流通网络，市镇和各级城市与周围农村建立了广泛的经济联系，在促进社会经济发展上发挥着共同的作用。

然而，市镇与县城、州城、府城、省城的主要区别即在于，县城、州城、府城、省城是各级地方政府所在地，有行政机构建置，在朝代更迭中不断得到重建与破坏，而市镇是明清时期才发展起来的没有行政建置的区域商业中心，处于物资丰富和交通便利之地，尤其是水路便利之地。无论

① 乾隆十七年四月二十五日山西按察使唐绥祖奏折，《宫中档乾隆朝奏折》第2辑，台北故宫博物院，1982，第792页。
② 邓亦兵：《清代前期商品流通研究》，天津古籍出版社，2009，第261页。
③ 乾隆二十一年十月十二日山西巡抚明德奏折，《宫中档案乾隆朝奏折》第15辑，台北故宫博物院，1982，第715页。
④ 乾隆《确山县志》卷一《建置·镇店》，乾隆十一年刻本，第62页。

市镇规模如何大、经济如何发达，一旦失去交通条件，市镇经济便很快衰落，特别是以水运为主的古代社会，大部分市镇都集中在河道附近，如清代全国四大名镇之一河南开封府的朱仙镇就是如此。明代弘治七年（1494），刘家夏浚孙家渡口（今属于荥阳），别凿新河七十余里，导水南行，经中牟、朱仙镇，南下至项城、南顿入颍水，以杀黄河水势，并资以通运。凭借航运优势，朱仙镇自此兴盛。至明末，已与汉口镇、景德镇、佛山镇齐名，同称中国四大名镇。但经清雍正元年（1723）、乾隆二十六年（1761）、道光二十三年（1843）等黄河数次泛滥，漫溢贾鲁河，淹没街市，淤塞河道，致使舟楫不通，加之京汉、津浦铁路通车，朱仙镇日趋衰落，终成一般集镇①。尤其是近代铁路的兴起，对因水运而兴起的市镇冲击非常大，如河南的周家口。光绪末年京汉铁路通车，这意味着周家口乃至中原地区水路运输优势的结束。新的铁路运输的站点设在距离周家口西仅有百里的漯河，周家口在豫东南地区长期以来的水陆联运码头和物资集散中心的地位逐渐为漯河所取代，以至于周家口"商氓渐迁郾漯，连年生意冷落异常"②，这使周家口很快衰落下去。朱仙镇和周家口是黄河中下游地区市镇衰落的一个缩影。因为黄河中下游地区市镇的兴起和发展往往与交通密切相关，尤其是影响大、辐射力强、规模大的市镇一般位于交通枢纽地区。很多时候，交通在市镇发展中起到了决定作用，因交通发达而商业往来频繁，从而带动城镇经济的繁荣发展，继而提升整个城镇的经济水平。也就是说，很大程度上交通发达的程度决定了当地经济的发展水平，而相对来说城镇自身的产业发展却非常不充分，它的一个具体表现就是很多交通枢纽城镇的商业经济资本被操纵在外地商人手中，而一旦交通优势不在，随着外地商人的纷纷散去，这些因为交通优势而带来的城市繁荣就会昙花一现。这也说明黄河中下游地区的市镇发展虽然取得了一定成

---

① 许檀：《清代河南朱仙镇的商业——以山陕会馆碑刻资料为中心的考察》，《史学月刊》2005年第6期。

② 李介祜：《代周口镇议事会上宝中丞禀》，民国《商水县志》卷一二《丽藻志》，1918年刻本，第15页。

就，但是就整体而言，在广度、深度与专业分工的细化度上，与江南市镇相比还有很大的差距，市镇发展在动力方面还存在巨大的滞后性。也可以认为黄河中下游地区的市镇发展还存在巨大的被动性，它的前进往往是外力推动的，这些外力可以是政治因素，也可以是交通因素，而当这些外力减弱或消失时，很多繁华一时的城镇就会一蹶不振。

第三章
古代社会发展与黄河中下游地区
生态环境的变迁

  在中国古代，构成社会生产的基本要素有劳动者、以土地为主的自然资源和技术。劳动者的劳动是社会生产赖以进行的最基本、最活跃的要素，劳动者的数量和生产技术决定社会生产的地域范围，尤其是种植业，哪里有人，哪里就有土地垦殖。以土地为代表的自然资源，包括水源、森林等要素，也是生态环境的基本构成要素。一个要素发生变动，其他要素也会随之发生变化。人口的增加和生产技术的进步是生态环境变化的两个重要因素。

  某一历史时期的人口数量和分布，一般都能作为分析评估当时气候、生态、地貌、灾害的指标或参数，在缺乏观测记录的情况下尤其重要[1]。"文化十分不同的人获得和维持生计的方式，自有其环境的适当性。"[2] 然而，中国传统社会强调"农为本业"，抹杀了多样性的生存方式，以"毁林开荒""开垦河滩之地"等途径发展农耕经济，致使植被减少、水土流失、河患加剧、土壤沙化，对生态环境造成很多负面影响。

---

① 葛剑雄：《行路集》，山东教育出版社，1999，第32页。
② 刘翠溶、伊懋可主编《积渐所至：中国环境史论文集》，"中央研究院"经济研究所，2000，第16~17页。

第一节　先秦时期低下的社会生产力与原生态环境

夏商西周时期，由于社会生产力极其低下，人类对自然资源的利用程度较低，很大程度上保持了生态环境的原貌。到春秋战国时期，铁质生产工具逐渐普及，原生态环境开始发生变化。

一　人口的缓慢增长与低下的生产技术

人口数量是社会生产发展程度的标志之一，从有人类社会以来到先秦时期，人口增长缓慢，社会生产力水平很低，原生态环境保持较好。

1. 人口状况

夏代以前，人口的统计尚不明确，具体人口数量更是难以获得。商代已有初步的人口统计制度，武丁时期频频用兵，小规模战役征兵一千人、三千人，大者五千人，还有一次征兵一万三千人，显然要以一定的人口统计为基础。西周则有司民全面负责，百姓出生死亡都要记录在案。司商掌管赐族受姓，司徒掌管适宜服兵役人数，司寇掌管囚犯人数等，"是则少多、死生、出入、往来者皆可知也"[①]。周宣王曾"料民"于太原，亲自主持人口调查工作。然而，西周还处于小国寡民状态，人口稀少，国与国之间是大片荒地，无人居住。居民以农民为主，与后世城市居民的构成不同，最多三千家而已[②]，加上居于郊外的野人，数量也很有限。

春秋时期，人口增加明显，城邑数量增多，但仍地广人稀，各国依然有大片荒地，故征战他国畅通无阻。如秦穆公派兵袭郑，过晋国、经过周都洛邑北门，王孙满批评秦师"轻而无礼，必败"，并没有批评秦师犯境[③]。清代学者顾栋高因此称春秋"处兵争之世而反若大道之行，外户不闭，历敌

---

① （春秋）左丘明撰，焦杰校点《国语》卷一《周语上》，辽宁教育出版社，1997，第 5 页。
② 何建章注释《战国策》卷二〇《齐策三》，中华书局，1990，第 709 页。
③ （清）阮元校刻《十三经注疏·春秋左传正义·僖公三十三年》，中华书局，1980，第 1833 页。

境如行几席，如适户庭"①。直至春秋末叶仍是如此。当时郑宋两国之间还有隙地，"曰弥作、顷丘、玉畅、岩、戈、锡"②。这些隙地无人耕种，无所归属，反映出春秋时代人口增殖缓慢的事实。

战国时期，各国都采取各种措施，促进人口增长。墨子明确提出鼓励生育以增加人口的主张，批评统治者广占民女，多蓄妻妾，破坏男女比例，"大国拘女累千，小国累百，是以天下之男多寡无妻，女多拘无夫，男子失时，故民少"③，提出"丈夫年二十，毋敢不处家，女子年十五，毋敢不事人"④。商鞅破除秦国父子兄弟同室内息的传统，用行政手段强迫分家立户，"民有二男以上不分异者倍其赋"⑤。这既是为了扩大赋源，也是为了加速人口增殖。并且建立严密的户口调查制度，"四境之内，丈夫女子皆有名于上，生者著，死者削"⑥。户籍上不仅注明性别、年龄，还要注明身高、健康状况和职业，不同职业、不同身份的人各有户籍，如商人有市籍、官吏有官籍等。国家不仅掌握着人口数字，而且了解人口构成。人口的增减是考核地方官吏政绩的标准之一，每年年底县令长要将本县的人口、垦田、赋税等造册上报国君，国君视其增减进行奖惩。

然而，人口增加的数量无法确计，我们可以通过当时城市数量增加和规模扩大的情况推断人口增多的史实。各国"千丈之城，万家之邑相望也"⑦。大城有"郭方（十）七里，城方九里"，小城有"郭方十五里，城方五里"。此时，像春秋时代那样大片荒无人烟的地区已很少见了。苏秦说魏国

---

① （清）顾栋高辑，吴树平、李解民点校《春秋大事表》卷九《春秋列国不守关隘论》，中华书局，1993，第995页。

② （清）阮元校刻《十三经注疏·春秋左传正义·哀公十二年》，中华书局，1980，第2171页。

③ （战国）墨翟：《墨子》卷一《辞过》，《景印文渊阁四库全书》，台湾商务印书馆，1986年影印本，子部，第848册，第30页。

④ （战国）墨翟：《墨子》卷六《节用上》，《景印文渊阁四库全书》，台湾商务印书馆，1986年影印本，子部，第848册，第62页。

⑤ （汉）司马迁：《史记》卷六八《商君列传》，中华书局，1959，第2230页。

⑥ （秦）公孙鞅：《商子》卷五《境内》，《景印文渊阁四库全书》，台湾商务印书馆，1986年影印本，子部，第728册，第587页。

⑦ 何建章注释《战国策》卷二〇《赵策三》，中华书局，1990，第710页。

"庐田庑舍，曾无刍牧牛马之地，人民之众，车马之多，日夜行不休，无以异于三军之众"①。不过，各国的人口数量有差异，密度也不一样。

2. 低下的生产技术

春秋以前我国处于青铜器时代，生产工具落后，生产力低下，人们基本是在原生态环境下生活。春秋以后特别是到战国中晚期，生产工具有了重大改进，铁农具的数量和种类明显增多，原生态环境也在生产工具改进的过程中发生着悄无声息的变化。

夏、商、西周三代的生产工具以非金属器为主。根据偃师二里头②与山西夏县东下冯③等遗址的发掘成果，夏代生产工具多以石、骨、蚌、木为材料制成，包括砍伐工具，如石锛、蚌锛、石斧等；土作工具，如石铲、骨铲、蚌铲、双齿木耒、木耜；收割工具，如石刀、骨刀、蚌刀、石镰、蚌镰等。商代生产工具种类与夏代基本相同，数量明显增多，但仍然以非金属工具为主。郑州商城仅1953年的发掘，就发现石、骨、蚌质工具217件④，河北藁城台西遗址仅斧、铲、镰等工具就发现551件⑤，安阳殷墟8个窖穴灰坑出土石镰、石刀计3640件⑥，出现了石犁土作工具。与夏代相比，更突出的变化是，商代发现有青铜农业生产工具，如锛、斧等砍伐工具，铲、耒、耜、锸、犁等土作工具，刀、镰等收割工具。不过，数量十分有限，不足100件⑦，斧、铲较多，耒、耜、犁、刀、镰等较少。他们大多出土于贵族墓葬，制作精良，有的饰有精美花纹。一般认为，这一时期青铜工具大多应是礼仪器具，不属实用器⑧。因此，尽管商代青铜已应用于制作农

① 何建章注释《战国策》卷二二《魏策一》，中华书局，1990，第819页。
② 中国社会科学院考古研究所编著《偃师二里头——1959年~1978年考古发掘报告》，中国大百科全书出版社，1999，第40、80、168、268、349、368页。
③ 中国社会科学院考古研究所等：《夏县东下冯》，文物出版社，1988，第20、31、68、114、159、190页。
④ 河南省文化局文物工作队编著《郑州二里冈》，科学出版社，1959，第32~35页。
⑤ 河北省文物研究所编《藁城台西商代遗址》，文物出版社，1985，第67~69页。
⑥ 佟柱臣：《二里头文化和商周时代金属器代替石骨蚌器的过程》，《中原文物》1983年第2期。
⑦ 詹开逊、刘林：《谈新干商墓出土的青铜农具》，《文物》1993年第7期，表一。
⑧ 白云翔：《殷代西周是否大量使用青铜农具的考古学观察》，《农业考古》1985年第1期。

具，但因其代价昂贵，并没有大量普及，非金属农具在生产活动中依然占据主导地位。西周的生产工具也分为非金属器和青铜器两类。非金属生产工具的种类与商代大体相同，数量相当可观。1955~1957 年的客省庄遗址出土工具 189 件，张家坡遗址出土工具 508 件①。青铜农具的种类与商代也大体相同，多了镐、锄，没有发现犁、耒、耜，但推测应该也是有的。青铜农具数量同商代一样十分有限，据统计不足 100 件，斧、锛、铲较多，刀、镰等甚少。它们多出自贵族墓葬、车马坑以及窖藏，有的饰有精美花纹。一般认为，青铜工具大多仍是礼仪器具，或者是车马备用的工具，不用于农业生产②。因此，西周的青铜铸造业虽然繁荣，但青铜农具制造不仅没有明显进步，也没有在生产活动中大量使用，在生产活动中占据主导地位的仍然是非金属农具。夏、商、西周三代的人们多使用非金属生产工具，对自然环境的影响非常弱，生活在原生态环境下，主要依靠大自然赋予的生活资料。当一地的生活资料不足以维持生存时，人们就迁徙到另一生态资源丰富的地区生活，这就是夏商周都城不断迁移的一个重要原因。

春秋战国时期的生产工具由夏商西周以非金属器为主转向以金属器为主，以铁器的出现和推广使用为标志。非金属农业生产工具的数量明显减少，如山西省侯马铸铜遗址，出土石质和角质工具 20 件③，山西省垣曲石城东关遗址出土石、蚌器 45 件④；洛阳中州路 1954~1955 年的发掘，共发现蚌刀、镰 21 件⑤。青铜农具的种类与前代相似，有锛、斧、铲、镐、锸、锄、犁、刀、镰等，数量明显增加，且类型更加多样⑥，如数量较多的铜镰，有锋刃和齿刃之别，齿刃镰又可分为三种不同的形式，在近 20 个地点

---

① 中国科学院考古研究所编《沣西发掘报告》，文物出版社，1963，第 19、80 页。

② 洛阳市文物工作队：《洛阳北窑西周墓》，文物出版社，1999，第 71 页。

③ 山西省考古研究所：《侯马铸铜遗址》（上册），文物出版社，1993，第 415 页。

④ 中国历史博物馆考古部等编著《垣曲古城东关》，科学出版社，2001，第 461~467 页。

⑤ 中国科学院考古研究所编著《洛阳中州路（西工段）》，科学出版社，1959，第 34 页。

⑥ 徐学书：《商周青铜农具研究》，《农业考古》1987 年第 2 期。

共发现 55 件以上①，青铜农具获得了较大发展。考古发现明确属于春秋时期的铁器数量还比较少。

到战国时期，铁器得到广泛应用，种类、器形更加适应农业劳作。出土铁器的地点广泛见于秦、齐、赵、魏、韩等诸国，即今黄河中下游的河北、河南、山西、山东、陕西等地，其中燕国辖地河北的发现地点多达 40 余处②。冶铸铁遗址见于河北、河南、山东。其中，河北的地点最多，易县燕下都一带最为密集③，邯郸赵王城等遗址也有较多发现④。河南的冶铸铁遗址集中于新郑郑韩故城附近⑤，此外还发现于登封告城镇古阳城⑥、商水扶苏故城遗址⑦。山东的冶铸铁遗址见于临淄齐故城⑧、滕县古薛城、曲阜鲁国故城遗址⑨。并且，铁质生产工具的数量很大，如洛阳东周王城 62 号战国粮仓出土的锛、斧、铲、镢、镈、凿、刀、镰等生产工具就达 32 种 126 件 400 余公斤⑩。墓葬填土或封土中也常常发现数量不等的被丢弃的铁制工具，如河南辉县固围村魏国贵族墓⑪等，发现的铁制工具类型有镬、锄、铲、斧、锛。可见，战国时期铁制生产工具已取代非金属生产工具并广泛使用。由于铁制生产工具的普遍应用，人类开发利用自然的能力大大提高，原生态环境区域逐渐减少。

---

① 云翔：《齿刃铜镰初论》，《考古》1985 年第 3 期。
② 中国社会科学院考古研究所编著《中国考古学·两周卷》（东周部分），中国社会科学出版社，2004，第 227~347 页。
③ 河北省文物研究所：《燕下都》，文物出版社，1996。
④ 河北省文物管理处、邯郸市文物保管所：《赵都邯郸故城调查报告》，《考古学集刊》第 4 集，中国社会科学出版社，1984，第 162 页。
⑤ 刘东亚：《河南新郑仓城发现战国铸器泥范》，《考古》1962 年第 3 期；河南省博物馆新郑工作站、新郑县文化馆：《河南新郑郑韩故城的钻探和试掘》，文物编辑委员会编《文物资料丛刊（3）》，文物出版社，1980，第 56 页。
⑥ 河南省文物研究所、中国历史博物馆考古部编《登封王城岗与阳城》，文物出版社，1992，第 256 页。
⑦ 商水县文物管理委员会：《河南商水县战国城址调查记》，《考古》1983 年第 9 期。
⑧ 群力：《临淄齐国故城勘探纪要》，《文物》1972 年第 5 期。
⑨ 山东省文物考古研究所等编《曲阜鲁国故城》，齐鲁书社，1982，第 49 页。
⑩ 徐治亚、赵振华：《洛阳战国粮仓试掘纪略》，《文物》1981 年第 11 期。
⑪ 中国科学院考古研究所编著《辉县发掘报告》，科学出版社，1956，第 32 页。

二　土地垦殖

夏、商、西周以农业立国，土地国有。民人在"公田"上劳作，所得有限，生产积极性不高。春秋战国时期，土地逐渐私有，除缴纳税收之外，所剩皆归自己，这刺激了民人的生产积极性，加速了土地垦殖。

《夏小正》中有"农及雪泽，初服于公田"的记载，至少说明"公田"的存在。商代，国王拥有至高无上的权力，是全国最高的土地所有者。甲骨文中的"我田"表示的就是商王所有的土地，商王直接占有和支配的土地称为"王田"或"大田"[①]。商王本身已经脱离了生产劳动，而是"令尹乍大田"，即委派官吏经营管理土地。商王仍然对生产进行检查和监督，甲骨文中"王立黍""王观黍""王省黍""省田"等，就是商王巡视、监督田地耕作的意思。西周时，农业生产是国家财政收入的基本来源。《国语·周语》载虢文公言曰："夫民之大事在农，上帝之粢盛于是乎出，民之番庶于是乎生，事之供给于是于在，和协辑睦于是乎兴，财用蕃殖于是乎始。"[②]土地归周王所有，可以分封给宗室、臣下和人民，受封土地的诸侯间不能私相授受。

春秋战国时期，各国大都采取改革土地制度的措施，土地开始私有化。如晋国"作爰田""作州兵"，就是"赏众以田"，"易其疆畔"，把掌握的官田赐给民众作为私田，并更换地界，让州民也服兵役、纳军赋。鲁国实行"初税亩"，就是在私田上按亩纳税。郑国"作丘赋"，也是要服兵役、纳军赋。齐国根据土地的肥瘠"相地而衰征"，依年成好坏"按田而税"。秦国实行"初租禾"，即按照田亩征收租禾，后来商鞅变法"制爰田"，就是在自己的土地上轮耕生产，不需要"换土易居"，又实行军赋。土地买卖出现。《汉书·食货志》载："（秦）用商鞅之法，改帝王之制，除井田，民得买卖。"[③]土地私有化刺激了土地的垦殖。加之这一时期，铁器和牛耕的出

---

① 陈梦家：《殷虚卜辞综述》，中华书局，1988，第539页。
② （春秋）左丘明撰，焦杰校点《国语》卷一《周语上》，辽宁教育出版社，1997，第3页。
③ （汉）班固：《汉书》卷二四上《食货志上》，中华书局，1962，第1137页。

现及推广，土地大规模开垦成为可能。西周末年，河南新郑一带还是一片荒野。后来郑国由渭水流域迁到这里，"庸次比耦，以艾杀此地，斩之蓬蒿藜藋而共处之"①。春秋初年，晋国南面是一片荒野，"狐狸所居，豺狼所嗥"。后来，晋国将这片土地送给姜戎，姜戎人"除剪其荆棘，驱其狐狸豺狼"②，变成了耕地。从文献记载来看，当时每个国家或民族，都在开垦荒地，其中大部分用来种植农作物。

三　畜牧业的发展

野生动物的繁盛与畜牧业的发达是当时原生态环境的重要体现，其间也有野生动物种群的变化。

1. 野生动物丰富繁多

动物种群的演变与其所处的生态环境有着密切联系。先秦时期，黄河中下游地区的动物种群相当丰富，许多喜暖动物的踪迹也有发现。诸多考古学文化遗存所提供的动物遗存鉴定信息，可以让我们看到每一个时代的基本动物种群构成。

西周以前黄河中下游地区的动物种类繁多，数量丰富。具有代表性的是龙山文化遗址发现很多动物遗存。如河南汤阴白营发现的动物有猪、狗、猫、牛、山羊、马、鸡、獐、野猪、虎、鳖、草鱼、厚壳蚌、田螺③，新郑裴李岗遗址发现羊的遗骨④、麋的骨骼⑤、貉的遗骨、野猫骨骸⑥。能够反映夏朝物候的《夏小正》记录有很多动物，鸟类有雁、雉、鹰、鸠、鸡、玄鸟、仓庚、鴽、鴂、丹鸟、白鸟、雀、黑鸟、弋等。洛阳皂角树遗址发现有

---

① （清）阮元校刻《十三经注疏·春秋左传正义·昭公十六年》，中华书局，1980，第2080页。

② （清）阮元校刻《十三经注疏·春秋左传正义·襄公十四年》，中华书局，1980，第1956页。

③ 陈文华：《中国农业考古图录》，江西科学技术出版社，1994，第492页。

④ 陈文华：《中国农业考古图录》，江西科学技术出版社，1994，第513~516页。

⑤ 中国社会科学院考古研究所河南一队：《1979年裴李岗遗址发掘简报》，《考古》1982年第4期。

⑥ 周昆叔主编《环境考古研究》第1辑，科学出版社，1991，第123页。

鸡的遗骸；兽类有田鼠、獭、羔羊、驹、马、狸、鹿、熊、罴、貉、鼬鼪、豺、麋等，洛阳皂角树遗址也发现有啮齿目鼠科动物骨骼、哺乳纲鼬科猪獾、羊的骨骼、梅花鹿遗骨 30 块、小型鹿科动物 4 块①。偃师二里头遗址发现有羊骨架及陶塑羊头遗存②。商代安阳殷墟遗址的动物有鹿、猴、狐、熊、虎、豹、竹鼠、象、犀牛、田鼠、殷羊、山羊、圣水牛、獾、河狸、亚洲象、麋鹿、苏鹿、獐、苏门羚、海螺、田螺、雕鹫等③，其中已发现的麋鹿个体就在 1000 个以上④。值得一提的是，考古工作者在安阳殷墟发现热带动物野象、麋鹿、犀牛等的遗存。甲骨文中有不少关于察看大象行踪、猎象、驯象、用象祭祀等的记载，胡厚宣认为象应是当地所产的⑤。二里头发现一件大型笄状象牙器⑥。妇好墓出土象牙杯等大量象牙器⑦，安阳郭家庄一座商墓中随葬有象牙器等珍贵遗物⑧，国家博物馆展出商代玉制象，日本也藏有一件殷代象牙⑨，这证明当时殷墟周围的野象是成群活动的。麋鹿遗存，在安阳、郑州等地均有出土⑩。甲骨文中所记录的猎获麋鹿的数量和次数也相当可观，据胡厚宣先生对卜辞记载的不完全统计，仅武丁时，猎获的麋鹿就有 1179 头，其中一次猎获 200 头以上的就有两次⑪。《逸周书·世俘解》提到武王伐纣以后，"武王狩，擒虎二十有二，猫二，麋五千二百三十五，

---

① 洛阳市文物工作队编《洛阳皂角树：1992~1993 年洛阳皂角树二里头文化聚落遗址发掘报告》，科学出版社，2002，第 115 页。

② 中国社会科学院考古研究所著《偃师二里头——1959 年~1978 年考古发掘报告》，中国大百科全书出版社，1999，第 332 页。

③ 周峰：《全新世时期河南的地理环境与气候》，《中原文物》1995 年第 4 期。

④ 杨钟健、刘东生：《安阳殷墟之哺乳动物群补遗》，《中国考古学报》1949 年第 4 期。

⑤ 胡厚宣：《气候变迁与殷代气候之检讨》，燕京大学国学研究所、金陵大学中国文化研究所、齐鲁大学国学研究所、华西大学中国文化研究所编印《中国文化研究汇刊》（第四卷）上册，1944，第 1263 页。

⑥ 刘忠伏、杜金鹏：《1982 年秋偃师二里头遗址九区发掘简报》，《考古》1985 年第 12 期。

⑦ 郑振香、陈志达：《安阳殷墟五号墓的发掘》，《考古学报》1977 年第 2 期。

⑧ 杨锡璋、刘一曼：《安阳郭家庄 160 号墓》，《考古》1991 年第 5 期。

⑨ 张长寿等：《西周时期的铜漆木器具》，《考古》1992 年第 6 期。

⑩ 文焕然、文榕生：《中国历史时期冬半年气候冷暖变迁》，科学出版社，1996，第 53 页。

⑪ 胡厚宣：《气候变迁与殷代气候之检讨》，燕京大学国学研究所、金陵大学中国文化研究所、齐鲁大学国学研究所、华西大学中国文化研究所编印《中国文化研究汇刊》（第四卷）上册，1944，第 1264 页。

犀十有二"①。黄河中下游麋鹿数量确实不少。在甲骨文记载中，最多有一次猎获野犀几百头。安阳殷墟出土过一具犀牛头骨，上有刻辞："于倞□□获白象"，象应释作兕，兕即犀牛②。国家博物馆藏"宰丰骨匕"，用料也是犀骨③。安阳是迄今为止所知历史时期野犀分布最北的地区④。

野生动物中，大象、麋鹿、犀牛等是较能典型反映生态环境变化的物种。它们均是热带或亚热带动物，它们的大量存在，说明当时的黄河中下游地区安阳一带远比现在温暖，有大面积的湖泊沼泽存在，有适合水生动物和食草动物生存的环境。

2. 牛马的饲养

夏、商、西周三代极重"祀与戎"，"祀与戎"所需要的牺牲和牲畜促进了畜牧业的发展。春秋战国时期，铁农具的普遍应用与推广，加之战争频发，牛马等大牲畜的饲养备受关注，直接刺激了牛马饲养业的发展。

夏代就有专门管理畜牧业生产的官职"牧正"。从《夏小正》中也能看出当时人们已经积累了一定的饲养管理经验。二月"初俊羔"⑤，四月"执陟攻驹"，五月"颁马"⑥。人们已经认识到什么时候配种，什么时候为马足加绊、为牡驹去势等可以增强马种、选优去劣的养马措施。商的先人以畜牧业著称，故畜牧业获得进一步发展。《管子·轻重戊》说："殷人之王，立皂牢，服牛马，以为民利而天下化之。"⑦ 商代的家畜种类有马、牛、羊、鸡、犬、猪等，特别是牛、羊、马等大牲畜的数量很大。从殷墟考

① 黄怀信、张懋镕、田旭东：《逸周书汇校集注》卷四《世俘解》，上海古籍出版社，1995，第459页。

② 文焕然等：《中国野生犀牛的灭绝》，《武汉师范学院学报》（自然科学版）1981年第1期。

③ 孙机：《古文物中所见之犀牛》，《文物》1982年第8期。

④ 文焕然、文榕生：《中国历史时期冬半年气候冷暖变迁》，科学出版社，1996，第59～60页。

⑤ （宋）傅崧卿注《夏小正戴氏传》卷一，《景印文渊阁四库全书》，台湾商务印书馆，1986年影印本，经部，第128册，第546页。

⑥ （宋）傅崧卿注《夏小正戴氏传》卷二，《景印文渊阁四库全书》，台湾商务印书馆，1986年影印本，经部，第128册，第548页。

⑦ （唐）房玄龄注《轻重戊》，《管子》卷二四，《景印文渊阁四库全书》，台湾商务印书馆，1986年影印本，子部，第729册，第269页。

古发掘出土的动物骨骼数量看，牛、羊、马、猪最多。甲骨文中，有马、牛、羊、豕、犬等关于牲畜的字，也有牢、圈、豢等关于饲养的字，还有直接反映畜牧的卜辞。例如，王畜马在兹厩（《合集》29415）；庚子卜，贞，牧氏羌，□于□□用（《后》下12·13）；辛巳王贞，牧□燕□□（《后》下12·15）；卜，贞，从牧。六月（《林》1·26·1）；辛酉又，其豢（《余》6·1）；卯卜，王牧（《前》6·23·5）；等等。卜辞以大量动物作牺牲，并且常常将其中的一部分掩埋，这似乎说明"畜牧的繁盛已经过渡"，并已"让渡其地位于农业"①。甲骨刻辞上记录的祭祀十分频繁，所用牺牲的数量自一至十、至百不等，甚至一次可多至上千。殷墟发现了数量可观的车马坑，墓葬也有随葬家畜的风尚，这些都可以佐证商代畜牧业的发展状况。西周的畜牧业有了更大发展。《周礼》中详细记载有周王室设置的管理畜牧业的职官，如《地官》中的"牧人""牛人"，《夏官》中的"校人""羊人""圉师""庾人""牧师""趣马""巫马"，《秋官》中的"犬人"，《春官》中的"鸡人"，《天官·冢宰》中的"兽医"等。牧人，"掌牧六牲而阜蕃其物，以共祭祀之牲牷"，是负责在野外饲养、繁育马、牛、羊、猪、犬、鸡等六畜以供朝廷祭祀之用的官。牛人专管政府的养牛任务，"掌养国之公牛，以待国之政令"。校人，"掌王马之政"，是总掌马政的官。羊人专门负责饲养祭祀用羊，"掌羊牲"。圉师，"掌教圉人养马"。庾人是掌管天子马匹的官员，"掌十有二闲之政教，以阜马、佚特、教駣、攻驹及祭马祖、祭闲之先牧及执驹，散马耳，圉马"。牧师，"掌牧地，皆有厉禁而颁之。孟春焚牧，中春通淫，掌其政令"，是掌管牧马之地，按照规定将牧地颁发给养马者的官，并且负责在初春焚烧牧地陈草，以促进新草生长，还要掌管马匹的交配繁育。趣马，"掌赞正良马，而齐其饮食"。巫马则是医治马匹疾病的兽医，"掌养疾马而乘治之，相医而药攻马疾"。犬人专门负责养供官府祭祀用犬，"掌犬牲供祭祀之用"。鸡人是专门负责养鸡并区别其品质优劣的官员，

---

① 吕振羽：《殷周时代的中国社会》，生活·读书·新知三联书店，1962，第47页。

"掌共鸡牲，辨其物（毛色）"。这些职官，分工严格，职责明确，可以反映出当时畜牧业的状况①。西周还订立有对畜牧的情况进行检查的"考牧"制度。周代豢养牲畜的数量，从王室祭祀时用牛数百头，羊、豕过千头，可见一斑。

春秋战国时代列国纷争，牛马的使役显得更加重要，甚至是判断一个国家贫富的标志。《管子》载："计其六畜之产，而贫富之国可知也。"② 从贫和富两个角度来说，畜牧业显得尤为重要。国家厩苑饲养大批的牛马，私人养殖大户出现。这一时期涌现了"赀比王公""礼抗万乘"的猗顿、乌氏倮等著名养殖大户；个体农户饲养"五母鸡"等已成为普遍现象。畜牧法在这一时期应运而生，云梦秦简中，有"厩苑律"和其他有关畜牧业的法令。畜牧技术也有了更大的进步。适时配种繁育、保护幼崽、合理安排放牧时间等饲养管理技术有了相当的积累。鉴定家畜和牲畜选种方面的家畜外形学——相畜术已经兴起，如春秋时期著名的相马家孙阳即伯乐、九方皋，相牛家宁戚，等等。兽医专业出现，并有了内科、外科之分，针刺、火烙、热灸等治疗技术也有了较为广泛的应用。

四　原始森林与植被的繁盛和变迁

西周以前，黄河中下游地区在文明迅速发展的同时，依然存留了大片原始森林。到春秋战国时期，铁器的不断推广使原始森林与植被开始减少。

夏代植被的情况，据洛阳皂角树二里头遗址发现，有柳属、栗属孢粉；有桃核碎片，碎皮厚 1.9~2.81 毫米；有两个品种的枣核，一种倒卵形，顶端呈锐尖头状，一种为卵球形，两端圆钝③。裴李岗遗址中发现有炭化

---

① 唐嘉弘：《论畜牧和渔猎在西周社会经济中的地位》，人文杂志编辑部编印《人文杂志丛刊》第 2 辑《西周史研究》，1984，第 17~34 页。

② （唐）房玄龄注《八观》，《管子》卷五，《景印文渊阁四库全书》，台湾商务印书馆，1986 年影印本，子部，第 729 册，第 56 页。

③ 洛阳市文物工作队编《洛阳皂角树：1992~1993 年洛阳皂角树二里头文化聚落遗址发掘报告》，科学出版社，2002，第 95、110、103~113 页。

的梅核①、酸枣核，新密莪沟北岗发现有桃核②，信阳长台关发现有杏核③，荥阳青台遗址出土了桑蚕丝织品④。《夏小正》中提到的草本植物有韭、芸、缟、堇、蘩、识、王茗、幽、蓝蓼、兰、蘦苇、苹、荓、荼、鞠、卵蒜等。洛阳皂角树二里头文化遗存中发现有百合科花粉、莎草科花粉、蒿属孢粉、菊科孢粉⑤。偃师二里头发现有百合科孢粉⑥、茄科标本、芦苇孢粉⑦。这些都说明了《夏小正》描述的可靠性。

商周之际，森林覆盖率仍然很高，史籍多有记载。如《郑风·山有扶苏》："山有乔松。"⑧《大雅·思齐》："柞棫斯拔，松柏斯兑。"⑨《商颂·殷武》："陟彼景山，松柏丸丸。"⑩《孟子·滕文公上》称："草木畅茂，禽兽繁殖。"⑪此外，甲骨卜辞中有桑、竹、栗、柏、榆、栎、柳等记载，还有大量畋猎麋、鹿、虎、狼、豕等动物的记载，甚至一次捕猎 400 多只，说明有大量森林的存在⑫。周代关中冲积平原及河流两侧也有不少森林，留下了平林、中林、棫林、桃林等名称⑬，战国时仍是"山林川谷美，天材之利多"⑭。

① 任万明、王吉怀、郑乃武：《1979 年裴李岗遗址发掘报告》，《考古学报》1984 年第 1 期。
② 河南省博物馆等：《河南密县莪沟北岗新石器时代遗址》，《考古学集刊》第 1 辑，文物出版社，1981，第 21 页。
③ 陈文华：《中国农业考古图录》，江西科学技术出版社，1994，第 102 页。
④ 张松林、高汉玉：《荥阳青台遗址出土丝麻织品观察与研究》，《中原文物》1999 年第 3 期。
⑤ 洛阳市文物工作队编《洛阳皂角树：1992~1993 年洛阳皂角树二里头文化聚落遗址发掘报告》，科学出版社，2002，第 96~97 页。
⑥ 王星光：《生态环境变迁与夏代的兴起探索》，科学出版社，2004，第 115~120 页。
⑦ 宋豫秦等：《河南偃师市二里头遗址的环境信息》，《考古》2002 年第 12 期。
⑧ （宋）苏辙：《有女同车》，《诗集传》卷四，《景印文渊阁四库全书》，台湾商务印书馆，1986 年影印本，经部，第 70 册，第 359 页。
⑨ （宋）苏辙：《思齐》，《诗集传》卷一五，《景印文渊阁四库全书》，台湾商务印书馆，1986 年影印本，经部，第 70 册，第 474 页。
⑩ （清）阮元校刻《十三经注疏·毛诗正义·商颂》，中华书局，1980，第 628 页。
⑪ （汉）赵岐注，（宋）孙奭疏《滕文公章句上》，《孟子》卷五下，《景印文渊阁四库全书》，台湾商务印书馆，1986 年影印本，经部，第 195 册，第 127 页。
⑫ 蓝勇：《中国历史地理学》，高等教育出版社，2002，第 67 页。
⑬ 史念海：《历史时期黄河中游的森林》，《河山集》（二集），读书·生活·新知三联书店，1981，第 234 页。
⑭ （唐）杨倞注《强国篇》，《荀子》卷一一，《景印文渊阁四库全书》，台湾商务印书馆，1986 年影印本，子部，第 695 册，第 217 页。

可知当时山地有许多大树。植被也丰富茂盛，今河南境内的森林覆盖率高达63%[1]，足见林木之多。

春秋时期，随着铁器的出现和应用，人们对原始森林的垦伐逐渐增多。《诗经·伐檀》讲的可能是采伐豫北故魏地的檀木。《诗经·卫风》讲到淇水流域"椅桐梓漆"[2]，砍伐的是豫北地区的林木。战国以后，铁器广泛使用，中原的生态环境出现空前的变化。平原、河谷被进一步开发，垦伐向丘陵推进，加之冶铁本身便需要大量的木材作为燃料，从而加速了对当时林木的破坏[3]。战国时中原地区冶金业发达，并已销往关陇等地，天下著名的九种宝剑，大都出自西平、荥阳等地，这才有苏秦说韩宣王"天下之强弓劲弩皆从韩出"之说[4]。这些情况致使中原地区的生态环境开始逐步发生变化。

五　黄河及其支流的开发与利用

人们对"水"在生存中的意义，在春秋时期已有十分深刻的认识，《管子·水地》篇说："故曰水者何也？万物之本原也，诸生之宗室也，美恶贤不肖愚俊之所产也。"[5] 对黄河及其支流的开发与利用，最迟是从"大禹治水"开始的。《史记》的《五帝本纪》和《夏本纪》中，都记载有禹带领人们疏通沼泽、开挖沟渠、修通道路，使以前蒙受洪水灾难的人们能够在低湿地种植水稻的故事[6]。这是大禹治水的一个重要成就"浚畎浍距川"，即《论语·泰伯》所说的"致力乎沟洫"，也就是通过在田间挖掘沟渠，一方面将田间积水排入江河，另一方面用淤泥治理盐碱地，使其利于庄稼生长，

---

① 凌大燮：《我国森林资源的变迁》，《中国农史》1983 年第 2 期。
② （清）阮元校刻《十三经注疏·毛诗正义·国风·鄘风》，中华书局，1980，第 315 页。
③ 徐海亮：《历代中州森林变迁》，《中国农史》1988 年第 4 期。
④ （汉）司马迁：《史记》卷六九《苏秦列传》，中华书局，1959，第 2250 页。
⑤ （唐）房玄龄注《水地》，《管子》卷一四，《景印文渊阁四库全书》，台湾商务印书馆，1986 年影印本，子部，第 729 册，第 154~156 页。
⑥ 王守春：《黄河流域气候环境变化的考古文化与文字记录》，施雅风主编《中国全新世大暖期气候与环境》，海洋出版社，1992，第 178 页。

这是商周盛行的沟洫制度滥觞①。洛阳矬李发现了夏文化的水渠②。另据研究，"田"字的写法是4、6、8、9、12个不等的方块摞在一起的形象③，这些都是沟洫存在的证明。

传说中的井田沟洫制度实际上就是原始的引水灌溉系统。《周礼·遂人》载，沟洫可分为遂、沟、洫、浍、川五级。周灵王曾对太子晋论及大禹平治水土的四条原则——帅天地之度、顺四时之序、度民神之义、仪生物之则，就是要根据自然条件、遵循季节顺序、衡量人民之所宜、遵照事物特别是水土的特性，并主张"不堕山，不崇薮，不防川，不窦泽"，也赞同大禹"高高下下，疏川导滞，钟水丰物，封崇九山，决汨九川，陂障九泽，丰殖九薮，汨越九原，宅居九隩，合通四海，……能以嘉祉殷富生物"④。也就是要按地形，因高就下各有所用，川要疏浚，山要植树，湖泊要筑陂蓄水，沼泽要利用，平原要开发，居民要住在有屏障的地方，各地要有交通联系。也有引水灌溉的记载，如《诗经·小雅·白桦》载："滮池北流，浸彼稻田。"⑤ 滮池是滮水的上游，而滮水是渭水的支流，所灌溉的稻田就在西周都城丰镐附近。

春秋战国时期，水利灌溉事业有了更大发展。智伯渠是春秋后期晋国世卿智伯为了攻取赵襄子的采地晋阳，在汾水支流晋水上筑坝壅水灌城而修的水渠，后人在旧渠的基础上加以修浚，使其成为灌溉田地的水渠。《水经注·晋水注》中记载："昔智伯之遏晋水以灌晋阳，其川上溯，后人踵其遗迹，蓄以为沼，……沼水分为二派，北渎即智氏故渠也。昔在战国，襄子保晋阳，智氏防山以水之，城不没者三版，……其渎乘高，东北注入晋阳城，以周灌溉。"⑥ 引漳十二渠是魏国邺令西门豹在漳水上筑的十二道低滚水坝，

---

① 陈文华：《中国农业通史·夏商西周春秋卷》，中国农业出版社，2007，第70页。
② 洛阳博物馆：《洛阳矬李遗址试掘简报》，《考古》1978年第1期。
③ 黄展岳：《考古纪原万物的来历》，四川教育出版社，1998，第23页。
④ （春秋）左丘明撰，焦杰校点《国语》卷四《周语下》，辽宁教育出版社，1997，第20页。
⑤ （汉）郑玄笺，（唐）孔颖达疏《隰桑》，《毛诗注疏》卷二二，《景印文渊阁四库全书》，台湾商务印书馆，1986年影印本，经部，第69册，第669页。
⑥ （北魏）郦道元撰，（清）戴震校《水经注》卷六《晋水》，武英殿聚珍版，第29页。

引漳水灌溉右岸土地，《史记·滑稽列传》记载："西门豹即发民凿十二渠，引河水灌民田。"①灌田十万亩。后曹操以邺为根据地，改为天井堰，"二十里中作十二墱，墱相去三百步，令互相灌注。一源分为十二流，皆悬水门"②。

随着黄河中下游地区水利灌溉事业的发展，水利技术也有进步。《管子》中论及许多水利技术，比如渠道设计，兴建水利的程序，水利工程的管理维修，地下水埋深，土壤种类辨别，水的物理性质以及水对矿物、动植物的作用等。

运河是人类对自然河流的开发和利用，不仅是交通的渠道，也是经济文化传播的通道，比如战国时著名的鸿沟水系。公元前361年，魏惠王迁都大梁，并于今荥阳的黄河南岸开凿大沟，引黄河水南流，入于郑州圃田泽，即文献所载"入河水于圃田，又为大沟，而引圃田者也"，一方面可运输粮食等物资，另一方面也可灌溉沿岸田地。魏惠王三十一年（前339），又引圃田泽水向东至大梁城北，绕大梁城南行入沙水至陈（今周口淮阳），又向南开凿至颍水，由颍水入淮水。鸿沟水系在大梁城东南有支流睢水（又称汴水）和涡水，向东南分流与淮、泗相通。

利用天然河道进行航运在远古时期就已经出现，《禹贡》描述了以山西南部为中心的全国水运通道，至西周时已经有了较大规模的水运。据《左传》记载，春秋前期的黄河干流上就曾有过一次大船队运输，被称为"泛舟之役"③。说的是当时晋国饥荒，秦国船运大批粮食至晋国救灾。从当时秦国的都城雍附近走渭水，顺流至黄河，再逆流北上至汾水口入汾水，再逆流至晋国的都城绛附近。

总之，先秦时期的人们能够在治理黄河的前提下，利用黄河及其支流建水利灌溉工程，发展农业，既解除了水患，又保护了水环境；运河的开凿既沟通南北，又疏导黄河之水，客观上均有利于水环境的优化。

---

① （汉）司马迁：《史记》卷一二六《滑稽列传》，中华书局，1959，第3213页。
② （北魏）郦道元撰，（清）戴震校《水经注》卷一〇《浊漳水》，武英殿聚珍版，第7页。
③ 左丘明传《僖公十三年》，《春秋左传注疏》卷一二，《景印文渊阁四库全书》，台湾商务印书馆，1986年影印本，经部，第143册，第284页。

第二节　秦汉时期社会生产的发展与生态环境的退化

秦汉时期，黄河中下游地区是国都所在地，既是政治中心也是经济重心。人口增长，土地垦殖既有深度又有广度，自然河流得以充分开发利用，相应地，植被在减少，野生动物的生存空间在压缩，很多地方被人类活动所挤占。

一　人口增加与农业技术的提高

秦汉时期，随着生产力的发展，黄河中下游地区的人口数量占全国的半数之多。西汉元始二年（2），关中平原人口数为 211.9 万，占西汉全国人口总数的 3.7%；山西高原人口数为 258.9 万，占西汉全国人口总数的 4.5%；黄淮海平原地区人口 3294 万，"占西汉全国人口总数 57.1%"[①]。黄河中下游地区人口分布主要集中在关中平原、太原河谷平原、临汾和运城河谷盆地、豫西山区的涧水（当时的谷水）河谷及黄河南岸一线以及关东地区，其中以关东地区人口最为稠密。关东地区的范围大致是，北边自渤海湾沿燕山山脉，西边以太行山、中条山为界，南边自豫西山区循淮水，东抵海滨，在此范围内，人口主要集中在黄河及其支流流经的今河南、河北、山东三省的部分地区，主要有三个区域：一是伊洛平原及其以东的黄河南岸、泰山山脉西南地区，包括河南、颍川、陈留、东郡、济阴郡和东平、鲁二国，其中济阴郡的人口密度以郡国为单位计算是全国最高的；二是鲁西北平原，包括齐郡、千乘郡、菑川国；三是太行山以东至黄河西北岸之间的平原，包括真定、广平、信都、河间四国和巨鹿、清河二郡，以及河内郡、魏郡、赵国的大部分。人口密度较低的地区有渤海郡的北端、沛郡南部、临淮郡北部，这些郡处于黄河中下游地区的边缘地带。西汉末年，黄河中下游地区是战乱的中心，人口锐减，特别是关中平原由于都城东迁洛阳，人口减少更为

[①]　邹逸麟主编《黄淮海平原历史地理》，安徽教育出版社，1997，第 207 页。

明显。据程有为先生统计，东汉顺帝永和五年（140），关中平原人口数为46万，占东汉全国人口总数的1%；山西高原人口数为123.2万，占东汉全国人口总数的2.7%；地跨黄河下游地区的关东平原，因是都城所在地，人口恢复较快，人口数为2525.7万，占当时全国人口总数的52.6%，仍超过全国人口总数的一半。[①]

造成黄河中下游地区人口数量居多的原因是自然条件优越，适合人类居住，自古以来就是"都国诸侯所聚会"，"建国各数千百岁"，生齿日繁，以致"土地小民人众"，非努力农业生产不足以维持生存。生存是人类第一要务，如何提高农业生产技术，在已有的土地上养活更多的人成为人们的首要任务。随着冶铁技术的提高，尤其到汉代，公私冶铁业都很发达。便利的铁制农具提高了农业生产率，"器用便利，则用力少而得作多，农夫乐事劝力；用不具，则田畴荒，谷不殖，用力鲜，功自半，器便与不便，其功相什而倍也"[②]。

铁制工具的不断改进，使土地利用发生了前所未有的变化，西汉赵过的代田法和氾胜之的区田法是其明证。汉武帝"以赵过为搜粟都尉。过能为代田，一亩三圳。岁代处，故曰代田。古法也。后稷始圳田，以二耜为耦，广尺深尺曰圳，长终亩。一亩三圳，一夫三百圳，而播种于圳中。苗生叶以上，稍耨陇草，因隤其土以附苗根"[③]。由此可见，代田法应是从先秦时期的轮休耕作法发展而来的。其变化一是由以前的三年一轮休改为两年一轮休，二是实行轮休耕作的同时，改散播法为深耕（即圳种）。其具体耕作过程，是把每亩土地分为圳与陇，作物种在广一尺深一尺的圳里，待苗长出叶子后，用陇土培其根，"言苗稍壮，每耨辄附根，比盛暑，陇尽而根深，能风与旱，故拟拟而盛也"。赵过又用牛引犁耦耕代替以前的耜耦耕的方法，以适应深耕细作的需要，亩产量明显提高，"用耦犁，二牛三人，一岁之收常过缦田亩一斛以上，善者倍之"，便是例证。由于代田法效果明显，武帝

———————

① 程有为主编《黄河中下游地区水利史》，河南人民出版社，2007，第63页。

② （汉）桓宽撰，徐南村释《盐铁论集释》卷六《水旱》，广文书局，1975，第22页。

③ （汉）班固：《汉书》卷二四上《食货上》，中华书局，1962，第1138~1139页。

令赵过"教田太常、三辅，大农置工巧奴与从事，为作田器。二千石遣令长、三老、力田及里父老善田者受田器，学耕种养苗状"；对于缺少耕牛之民，"亡以趋泽"的地区，则采用"故平都令光"的以人挽犁之法，收到"率多人者田日三十亩，少者十三亩，以故田多垦辟"的效果。赵过尝试以"离宫卒"用代田法耕作离宫周围的荒地，在取得"课得谷皆多其旁田亩一斛以上"的成效后，官府大力推广代田法，除在京畿的三辅地区实行外，"又教边郡及居延城。是后边城、河东、弘农、三辅、太常民皆便代田，用力少而得谷多"①。至昭帝时，"流民稍还，田野益辟，颇有畜积"。宣帝时"百姓安土，岁数丰穰，谷至石五钱"②。总之，代田法的采用与推广，是农业耕作技术的一个重大变革，改变了以前不合理的休耕制度和粗放的缦田耕作方法，确保黄河中下游地区旱田区的稳产高产，相应也减少了对山地林地的垦辟。

在赵过改进农耕技术 60 年后的西汉成帝时，又出现了一位著名的农学家氾胜之，他在以往农业生产经验的基础上，取消了土地轮休制，总结出了"区田法"，并加以推广。区田法首先根据具体情况将土地分为长方形或者方块形，充分利用土地。农作物的种植方法，依其种类之不同，栽种的距离及覆土厚薄亦各不相同，并且能够在天旱时得到灌溉，以确保产量。区田法还能应用到山地、丘陵的开垦上，秦汉史专家高敏先生总结道："氾胜之区种法的另一个特点，在于它是专门为山区发展农业生产而总结的耕作方法。"③ 这在于氾胜之的区田法对土地肥沃贫瘠没有要求，"区田以粪为美，非必须良田也。诸山、陵、近邑高危倾阪及丘城上，皆可为区田，区田不耕旁地，庶尽地"，并且"凡区田，不先治地，使荒地为之"④。高敏先生说："区田法的总结，是专门为了在山岭、丘陵、原地、坡地等荒废硗瘠之地发

---

① （汉）班固：《汉书》卷二四上《食货上》，中华书局，1962，第 1139 页。
② （汉）班固：《汉书》卷二四上《食货上》，中华书局，1962，第 1141 页。
③ 高敏：《秦汉史探讨》，中州古籍出版社，1998，第 58 页。
④ 缪启愉校释《齐民要术校释》卷一《种谷》，农业出版社，1982，第 49 页。

展农业生产使用的。"①

然而，氾胜之总结的区田法在成帝时似乎并未得到推广。到东汉，区田法的作用才显现出来，明帝曾正式以诏令形式强行推广区种法。《后汉书》载："又郡国以牛疫、水旱，垦田多减，故诏敕区种，增进顷亩，以为民也。"② 至三国曹魏时区种法推广到黄河中下游地区的边缘地带，晋武帝泰始三年（267），议郎段灼上疏理艾曰："昔姜维有断陇右之志，艾修治备守，积谷强兵。值岁凶旱，艾为区种，身被乌衣，手执耒耜，以率将士。上下相感，莫不尽力。"③ 虽然区田法扩大耕地面积，但无疑会引发山地、丘陵地区生态环境的变化。

二 土地垦殖

秦汉时期，统治者开疆拓土，移民垦殖。黄河中下游地区人口增长较快，农业生产技术不断提高。人们在国家政策的引领下，利用区域内的土地、草木植被以及水资源发展生产，这同时引发了区域生态环境的变化。

秦汉时期，黄河上中游地区的边远地带逐渐纳入中央王朝的管理，许多传统的牧区也逐渐为农耕地所替代，一些不宜种植粮食的地区也发展成为农耕区。秦始皇二十九年（前218），蒙恬率30万大军北击匈奴，三十二年（前215）一举攻占河南地（今河套地区），次年在河套地置44县，人口有10万人左右。同年渡过黄河，攻占北假（今内蒙古河套以北、阴山以南的夹山带河地区），在此开辟土地，设九原郡，并迁3万户居民来此垦田生产，这一新开垦的地区被人们称为"新秦中"。

西汉都城长安附近，自然环境优美，然而一旦遇到粮食紧张问题，优美的自然环境也要给粮食生产让位。长安附近的上林苑是秦朝的王家圃苑，地处关中平原中部，北临渭河，南靠秦岭，苑中湖沼密布，草木茂盛，野生动

---

① 高敏：《秦汉史探讨》，中州古籍出版社，1998，第59页。
② （南朝宋）范晔：《后汉书》卷三九《刘般传》，中华书局，1965，第1305页。
③ （晋）陈寿：《三国志·魏书》卷二八《邓艾传》，中华书局，1964，第782页。

物栖息繁衍。班固《两京赋》、张衡《西京赋》都有详尽的记述。另据《三辅黄图》记载，上林苑有严格的管理制度，但到西汉末年，由于关中粮食紧张和失去土地的人口不断增加，皇帝不得不下令开垦上林苑地①。由于人口的大幅增加，西汉开垦土地的数量增长迅速。这些新垦地主要分布在黄河中下游地区的关中平原、华北平原、汾河平原以及局部小平原与黄土高原部分地区。早在武帝时汉王朝即开始向西北方大量移民，有文献可考的迁往北边河套、西北河西地区的有 80 余万人，至汉末达 120 万人。《汉书·地理志》载，西汉末年山陕峡谷、泾、渭、北洛河上游，晋北高原以至河套地区，人口竟然达 310 万。这些内地迁去的移民主要从事农耕业，必然开垦相当数量的土地。武帝元封时农垦区向北推进，"北益广田，至眩雷为塞"②。眩雷塞在今内蒙古鄂尔多斯市杭锦旗东部。河西、河套地区为匈奴游牧之地，部分地区分布森林，大部分地区为草地，原是可耕可牧地区。但这里日照强烈，气候干燥，降水极少，多风，发展畜牧业有利于保护环境。土地经过大规模农田的开辟，地表原始植被消失殆尽，代之以人工植被。一旦耕地废弃，就容易起沙，形成荒漠。正如吴松弟先生所说："在传统社会，任一地区人口的发展，几乎都受到资源、环境和生产力发展水平的制约。对外移民无疑是人口稠密地区争夺资源的表现方式，……环境不仅包括区域内部的生态环境，也包括周边环境和区域内部的社会环境。如果生态环境朝着不利于人类生产生活的方向发展，势必要不同程度地抵消生产力所取得的进步，成为制约人口发展的因素。社会环境主要指王朝政治经济政策的变化，在以农业为国民经济基本部门的传统社会，任何王朝都不可能不重视农业，区别仅仅在于对待工商业尤其民间工商业的政策。……一定的生产力水平，决定着人类对自然资源的开发利用程度，因此，统一地区在不同的生产力水平下，当地资源可以供养的人口数量有所不同。"③ 秦汉以长安为中心的关中

---

① 邹逸麟：《我国古代的环境意识与环境行为——以先秦秦汉为例》，邹逸麟：《椿庐史地论稿》，天津古籍出版社，2005，第 331~332 页。
② （汉）班固：《汉书》卷九四《匈奴传》，中华书局，1962，第 3773 页。
③ 吴松弟：《中国人口史》（第三卷），复旦大学出版社，2000，第 655 页。

平原承载着超负荷的人口，为缓解京城地区的压力和满足开疆拓土的需要而实施的向黄河中上游地区移民的政策，没有遵循因地制宜的原则，在不宜种植的地区发展农业，导致生态环境朝着不利于人类生产生活的方向发展。

三　畜牧业发展不平衡

秦汉时期，由于黄河中游地区的移民垦殖以及黄河下游地区农业挤压畜牧业，可耕地不断增加，畜牧业用地不断减少，尤其在黄河下游地区形成单一的农耕经济，再加上黄河中下游地区处于干旱半干旱地区，生态环境的脆弱性进一步显现。

秦朝时期，陕西、山西中部以及甘肃东部畜牧业较为发达，《史记·货殖列传》称"龙门、碣石北多马、牛、羊、旃裘、筋角"以及"天水、陇西、北地、上郡……畜牧为天下饶"。秦在统一六国前就有官营牧马场，统一六国后，在西北边郡设置了"六牧师令"[1]。国家重视西北地区的官营畜牧业，但此时这一地区的私营畜牧业也很发达。安定郡的乌氏县（今甘肃平凉北）有个名叫倮的人，是当时的大畜牧业主，"畜至用谷量马牛"，受到秦始皇的嘉奖器重，"令倮比封君，以时与列臣朝请"[2]。皇帝将其树立为因畜牧业而致富贵的典型人物，给予极高的政治待遇，反映了秦朝对私营畜牧业的高度重视和推崇。班固的祖先原是楚国人，秦灭楚后，被迁到太行山区的晋、代间，秦始皇末期在楼烦（今山西神池东北）从事畜牧业，"致马、牛、羊数千群"，规模相当大。持续至汉代吕后时期，"以财雄边"，为一方富豪[3]。

西汉初年，在继承秦代畜牧业发展的基础上，拓展了畜牧业的地盘。到汉武帝时，对匈奴用兵的胜利，扩大了西部与北部的畜牧业基地，关中盆地

---

① （清）张英、王士禛：《设官部·太仆卿官属》，《御定渊鉴类函》卷九三，《景印文渊阁四库全书》，台湾商务印书馆，1986年影印本，子部，第984册，第438页。

② （汉）司马迁：《史记》卷一二九《货殖列传》，中华书局，1959，第3260页。

③ （汉）班固：《汉书》卷一〇〇《叙传》，中华书局，1962，第4198页。

以北至黄河以南地区的"新秦中"成了畜牧业经济区①，呈现"长城以南，滨塞之郡，马牛放纵，蓄积布野"的局面②。《汉仪注》记载："太仆帅诸苑三十六所，分布北边，以郎为苑监，官奴婢三万人，分养马三十万头。"③在北方、西北草原，朝廷以3万人之众专业牧马，马匹多达30万，极大地增强了军事力量和畜牧业经济实力。即使在农业发达的关中地区，因京城马匹需求量大，京城附近设置了"天子六厩"，即未央厩、承华厩、骑马厩、骑验厩、路軨厩、大厩，每厩"马皆万匹"④。京城长安厩马这么多，供应马的草料必须跟上，需要附近有一定量的草地存在。西汉政府在西北地区和内地大力发展官营畜牧业的同时，还发展民间畜牧业。特别是在内地，民间畜牧业占有主要地位。除家庭圈养之外，也有不少专业牧养人员。扬雄说："燕、齐之间，养马者谓之娠。"⑤由此可知河北、山东有不少养马的专业人员，并有固定的名称。最有成就的要数河南（今河南洛阳东）人卜式。他出身于一个半农半牧的世家，兄弟分家后，卜式以100余只羊为起点，入山放牧10余年，繁殖至1000余只。以后越来越富，曾捐20万钱给河南尹以救济贫民。汉武帝召拜中郎，让他专职在上林苑为皇家牧羊。

东汉建武帝时，黄河中游地区的畜牧业仍比较发达，仅一次就在河东地区转调"牛羊三万六千头以赡给"匈奴⑥。但官营畜牧业的规模远不及西汉。和帝时，诏减内外厩及凉州诸苑马⑦。民间畜牧业则仍有发展，如汉明帝时，温县（今河南温县）民"皆放牛于野"⑧。东汉末年，中山（今河北

① （汉）司马迁：《史记》卷三〇《平准书》，中华书局，1959，第1420页。
② （汉）桓宽撰，徐南村释《盐铁论集释》卷八《西域》，广文书局，1975，第225页。
③ （汉）卫宏：《汉官旧仪补遗》，《景印文渊阁四库全书》，台湾商务印书馆，1986年影印本，史部，第646册，第18页。
④ （汉）卫宏：《汉官旧仪补遗》卷下，《景印文渊阁四库全书》，台湾商务印书馆，1986年影印本，史部，第646册，第12页。
⑤ （汉）扬雄：《方言》卷三，《景印文渊阁四库全书》，台湾商务印书馆，1986年影印本，经部，第221册，第298页。
⑥ （南朝宋）范晔：《后汉书》卷八九《匈奴传》，中华书局，1965，第2944页。
⑦ （南朝宋）范晔：《后汉书》卷四《和帝纪》，中华书局，1965，第175页。
⑧ （清）姚之骃：《后汉书补逸》卷二〇《司马彪续后汉书第三》，《景印文渊阁四库全书》，台湾商务印书馆，1986年影印本，史部，第402册，第580页。

定州）大商人张世平、苏双等"贩马周旋"与涿郡（今河北涿州）[1]，反映了河北养马业的兴盛。

黄河下游地区处于平原地带，有发展农业的先天优势，农业开发较早。汉代，畜牧业经济逐渐淡出该区域，该区域发展成为单一的农耕经济区。秦统一六国后，在黄河下游地区布设国有牧场，如沛县有"厩司御"[2]，高敏先生说："如无官厩，何来'厩司御'？"[3] 尉氏陵树乡有"乐厩"之名[4]，其实早在战国时的魏国，境内已是"庐田庑舍，曾无所刍牧牛马之地"，农耕地挤占了"刍牧牛马之地"。自西汉始，国家政策导向开始弱化畜牧业，文帝时把粮食不足以供应官民之需的原因之一归到畜牧业上，认为"六畜之食焉者众欤？"[5] 西汉昭帝时代，牲畜的生存空间要让与人，"内郡人众，水泉荐草，不能相赡，地势温湿，不宜牛马，民蹠耒而耕，负担而行，劳罢而寡功"[6]，同时由于粮食紧张，"一豕之肉，得中年之收"[7]，于是"六畜不育于家"[8]。经过战国至汉初的农业开发，黄河中下游地区至汉武帝后从农主畜副的经济格局发展为单一的农耕经济。单一的农耕经济意味着原有的林地、草地已成为可耕地。畜牧业由此在黄河下游地区变成仅是农业的辅助部分。生态环境在这种经济转型中随之发生变化。

四 森林资源减少

秦汉时期，黄河中游地区的林木情况尚好，有松、柏、桑、榆、梅、杉、檀等多类树种，还有秦岭和崤山的楠、棕等热带品种[9]。洛阳一带因都城所在，上林苑、甘泉苑、广成苑等皇家园林内有丰茂的林木，如上林苑内

---

① （晋）陈寿：《三国志》卷三二《先主传》，中华书局，1959，第 872 页。
② （汉）司马迁：《史记》卷九五《夏侯婴列传》，中华书局，1959，第 2663 页。
③ 高敏：《秦汉史探讨》，中州古籍出版社，1998，第 104 页。
④ （南朝宋）范晔：《后汉书》志二五《百官二》，中华书局，1965，第 3581 页。
⑤ （汉）班固：《汉书》卷四《文帝纪》，中华书局，1962，第 128 页。
⑥ （汉）桓宽撰，徐南村释《盐铁论集释》卷三《未通》，广文书局，1975，第 74 页。
⑦ （汉）桓宽撰，徐南村释《盐铁论集释》卷六《散不足》，广文书局，1975，第 161 页。
⑧ （汉）桓宽撰，徐南村释《盐铁论集释》卷三《未通》，广文书局，1975，第 75 页。
⑨ 蓝勇：《中国历史地理学》，高等教育出版社，2002，第 67 页。

"林麓薮泽，陂池连乎蜀、汉。缭以周墙，四百余里……茂树荫蔚，芳草被堤。兰茝发色，晔晔猗猗……林麓之饶，于何不有？"①

但是，秦汉立都关中，开直道、建筑宫殿等，对森林资源破坏明显。秦始皇三十三年（前214）"除道，道九原，抵云阳，堑山堙谷，直通之"②，即建筑直达九原（今内蒙古包头市西）的直道，披荆斩棘，"堑山堙谷"约1800里，其间必定要砍去大量森林。据史念海先生实地考察，这条直道至今尚有部分遗迹可寻，大致南起陕西云阳，向北经子午岭、横山山脉，越过鄂尔多斯高原，北至河套北岸的九原郡，刚好经过黄河中游的黄土高原、鄂尔多斯高原，该直道分布着相当面积的森林。史先生考察后说："单说在遍地森林的子午岭端剪除丛生在路基上的树木，也非易事！"③ 秦始皇都咸阳，以"先王之宫廷小"，"乃营作朝宫渭南上林苑中。先作前殿阿房，东西五百步，南北五十丈，上可以坐万人，下可以建五丈旗。周驰为阁道，自殿下直抵南山。表南山之颠以为阙。为复道，自阿房渡渭，属之咸阳，以象天极阁道绝汉抵营室也"。时发徒刑70余万人，除筑阿旁宫外，还修骊山墓，都需要大量木材，"发北山石椁，乃写蜀、荆地材皆至。关中计宫三百，关外四百余"④。既然下"蜀、荆地材皆至"，说明关中秦岭一带适合修建宫殿的柱梁大木已经砍伐殆尽，否则不会舍近求远。汉初刘邦都关中，因秦宫室已经遭战火毁废，再次兴建宫室仍需耗掉大量森林资源。黄河下游平原地区，自战国开始农耕地日益扩大，宋国境内已"无长木"⑤，到汉代则"曹、卫、梁、宋采棺转尸"⑥，这是因为"田中不得有树，用妨五谷"⑦。

① （汉）班固：《西都赋》，（南朝宋）范晔：《后汉书》卷四〇上《班彪列传》，中华书局，1965，第1338、1348页。
② （汉）司马迁：《史记》卷六《秦始皇本纪》，中华书局，1959，第256页。
③ 史念海：《秦始皇直道遗迹的探索》，《河山集》（四集），陕西师范大学出版社，1991，第453页。
④ （汉）司马迁：《史记》卷六《秦始皇本纪》，中华书局，1959，第256页。
⑤ 何建章注释《战国策》卷三二《宋卫策》，中华书局，1990，第1211页。
⑥ （汉）桓宽撰，徐南村释《盐铁论集释》卷一《通有》，广文书局，1975，第18页。
⑦ （汉）班固：《汉书》卷二四《食货志》，中华书局，1962，第1120页。

冀、鲁、豫三省交界地区在汉代前期已缺乏薪材①。还有开山取铜铸钱，对林木砍伐也引起时人关注，"凿地数百丈……斩伐林木亡有时禁，水旱之灾未必不由此也"②。秦汉时期，整个黄河流域乃至邻近地区森林资源都在减少。

总之，秦汉大规模修建宫室，砍伐大片林木，加重水土流失，导致气候失调、水旱灾害发生。与此同时，秦汉朝廷也采取了一些环境保护措施，如在驰道两边植树，营造园囿苑林，由少府管理山泽园池，禁止百姓乱采乱伐等。这些措施一定程度上也促进了黄河中下游地区的生态环境建设。

五　黄河支流的开发与利用

秦汉时期国家统一，黄河中下游地区的关中经济区和关东经济区成为一体，黄河及其各支流的水资源得到有效开发与利用，农田灌溉在发展社会经济及改善生态环境方面都发挥了重要作用。

关中平原是秦、西汉都城所在地，为满足京城庞大人口的衣食之需，在深度利用关中平原土地资源的同时，秦汉朝廷在京城周围以泾水、渭水为中心，先后兴建了一些灌溉工程。"河水重浊，号为一石水而六斗泥。今西方诸郡，以至京师东行，民皆引河渭山川水溉田。"③由于黄河及其支流多泥沙的特点，以其灌溉农田缓解旱情的同时，也有肥田和改良土壤之功效。汉武帝时，关中开始大力兴修水利。龙首渠是在汉武帝元狩年间兴修的著名引洛淤灌水利工程，渠通水之后没有收到预期的灌溉效益，"作之十余岁，渠颇通，犹未得其饶"④，但引来的洛河水，一定程度上改善了水资源的区域分布。六辅渠是在汉武帝元鼎六年（前111）开凿的，为左内史儿宽奏请开挖的人工渠，汉武帝对此渠给予高度肯定："农，天下之本也。泉流灌浸，

---

①　（汉）司马迁：《史记》卷二九《河渠书》，中华书局，1959，第1413页。

②　（汉）班固：《汉书》卷七二《贡禹传》，中华书局，1962，第3075页。

③　（汉）班固：《汉书》卷二九《沟洫志》，中华书局，1962，第1697页。

④　（汉）班固：《史记》卷二九《河渠书》，中华书局，1962，第1412页。

所以育五谷也。左、右内史地，名山川原甚众，细民未知其利，故为通沟浍，畜陂泽，所以备旱也。"① 所谓左、右内史地是指关中渭河以北、北山以南的广大地区，该区域有广阔的平原和众多的河流，通过开挖人工渠，充分利用黄河及其支流发展灌溉农业。著名的白渠兴修于汉武帝太始二年（前95），赵中大夫白公奏请开挖此渠，"引泾水，首起谷口，尾入栎阳，注渭中，袤二百里，溉田四千五百余顷"，当地因此富饶，百姓歌曰："田于何所？池阳、谷口。郑国在前，白渠起后。举臿为云，决渠为雨。泾水一石，其泥数斗。且溉且粪，长我禾黍。衣食京师，亿万之口。"②

除龙首渠、六辅渠、白渠这些大型水利工程外，还有关中西部的成国渠、灵轵渠、蒙笼渠等条引渭河水等灌田的中型水利工程，其中成国渠与蒙笼渠贯通，还是上林苑生态用水，"成国渠首受渭，东北至上林入蒙笼渠"③。由此可知，汉武帝开凿的成国渠从渭河引水，始自郿县，东北流至上林苑，与蒙笼渠衔接，灌溉今眉县、武功、兴平、扶风一带田地。

秦汉时期，漕运不断发展，运河得到不断开凿和维护。秦时期的运河仍以鸿沟为主。西汉时期，大司农郑当时提出开直渠通漕的建议，被汉武帝采纳。郑当时欲开的漕渠是自长安引渭水，经渭河南岸的秦岭北麓向东，到潼关附近汇入黄河。漕渠开凿三年竣工，使漕运避开了渭河的迂曲险阻，便利了关东至长安的漕粮运转。东汉建都洛阳，黄河漕运的中枢也随之东迁，汴渠和阳渠作用凸显。汴渠即西汉时的荥阳漕渠。西汉后期，黄河南侵，该渠曾长期遭到破坏。东汉统治者特别注意汴渠的维护。顺帝阳嘉中，大举动工，由汴口一直至淮口，沿岸积石为堤。灵帝建宁中，又在汴口增修石门，限制河水大量流入④。石门的使用使汴渠的水门由土木结构变为砌石工程，更加经久耐冲。光武帝建武二十四年（48），大司农张纯整理洛水的水道，

① （汉）班固：《汉书》卷二九《沟洫志》，中华书局，1962，第1685页。
② （汉）班固：《汉书》卷二九《沟洫志》，中华书局，1962，第1685页。
③ （汉）班固：《汉书》卷二八《地理志》右扶风郿县条，中华书局，1962，第1547页。
④ （北魏）郦道元撰，（清）戴震校《水经注》卷五《河水注》，武英殿聚珍版，第9页。

在洛阳城西南开渠，引洛水入渠，东至偃师县，再注入洛水，称为阳渠，"引洛水为漕，百姓得其利"①。

第三节　汉末魏晋南北朝时期社会动荡与生态环境的好转

汉末魏晋南北朝时期，国家处于分裂割据状态，战乱不断，人口锐减，社会生产遭到破坏，自然资源的开发利用大大减少，生态环境向良性方面发展。

一　人口锐减

这一时期，黄河中下游地区处于战乱的中心地带，天灾人祸造成该区域人口锐减，人们或死于战乱，或大批南迁。以下主要依据葛剑雄的研究成果对此问题进行概述。②

1. 战乱与自然灾害造成该区域人口大量死亡

战乱是黄河中下游地区尤其关中、关东两地人口大减的一个主要原因，战乱中死亡人口的具体数量很难找到准确记载，只能从概括性描述中管窥一二。东汉末年的战乱，是人口减少的开始。初平元年（190），董卓无法长时间抵挡关东反抗力量的进攻，又想继续控制朝廷，即采取强制迁都的举措，"于是尽徙洛阳人数百万口于长安，步骑驱蹙，更相蹈藉，饥饿寇掠，积尸盈路。卓自屯留毕圭苑中，悉烧宫庙官府居家，二百里内无复孑遗"③。到建安元年（196）汉献帝回到洛阳时，"宫室烧尽，百官披荆棘，依墙壁间。州郡各拥强兵，而委输不至，群僚饥乏，尚书郎以下自出采稆，或饥死墙壁间，或为兵士所杀"④。由此可见董卓之乱造成的洛阳官民死亡之惨状。与人员伤亡相反的是，在董卓迁都30年后的魏黄初元年（220），曹丕决定

---

① （南朝宋）范晔：《后汉书》卷三五《张曹郑列传》，中华书局，1965，第1195页。
② 葛剑雄：《中国人口史》（第一卷），复旦大学出版社，2002，第436~475页。
③ （南朝宋）范晔：《后汉书》卷七二《董卓传》，中华书局，1965，第2327页。
④ （南朝宋）范晔：《后汉书》卷九《孝献帝纪》，中华书局，1965，第379页。

迁都洛阳，此时的洛阳已是"都畿树木成林"。这不是说人员伤亡有利于生态环境的好转，而是生态环境不再承载都城时代超负荷的人口数量，树木成长有了客观有利的条件。洛阳作为都城，是战乱时代各路势力觊觎之地，受破坏最为严重。与洛阳毗邻的长安因董卓迁都至此，战火延及此地，发生的人吃人现象也是令人惨不忍睹。董卓西迁长安后，京兆尹、右扶风、左冯翊所在的三辅地区，"民尚数十万户"，而经过李傕、郭汜之乱的破坏，"人民饥困，二年间相啖食略尽"①。至汉献帝逃离长安后，"长安城空四十余日，强者四散，羸者相食，二三年间，关中无复人迹"②。其他地区也受到战争的破坏，董卓的部将还曾"掠陈留、颍川诸县，杀掠男女，所过无复遗类"③。徐州刺史陶谦的部下曾杀曹操之父，初平四年（193）曹操攻陶谦，"过拔取虑、睢陵、夏丘，皆屠之。凡杀男女数十万人，鸡犬无余，泗水为之不流，自是五县城保，无复行迹。初三辅遭李傕乱，百姓流移依谦者皆歼"④。发生于公元200年的官渡（今河南中牟）之战，曹操大破袁绍军主力，"凡斩首七万余级"。次年曹操自己也承认："旧土（谯县一带）人民，死丧略尽，国中终日行，不见所识，使吾凄怆伤怀。"⑤

西晋末年的"八王之乱"发生于惠帝永平元年（291），战火从洛阳迅速燃遍黄河南北，这场战争长达16年之久，再加上天灾不断发生，瘟疫流行，死亡人口也不在少数。继之，内迁匈奴贵族刘渊于晋惠帝永兴元年（304）在汾河流域起兵，自称汉王。晋怀帝永嘉二年（308），刘渊称帝，建都平阳（今山西临汾），国号汉。汉将刘曜于311年攻入洛阳，俘晋怀帝，杀晋官民3万余人，洛阳化为灰烬。晋建兴四年（316），刘曜兵临长安时，"京师饥甚，米斗金二两，人相食，死者太半"⑥。刘渊称汉王时，后赵的建立者羯人石勒与同族汲桑等率领百余骑逃奔司马颖故将公师籓。公师

---

① （晋）陈寿：《三国志》卷六《魏书·董卓传》，中华书局，1959，第182页。
② （南朝宋）范晔：《后汉书》卷七二《董卓传》，中华书局，1965，第2341页。
③ （南朝宋）范晔：《后汉书》卷七二《董卓传》，中华书局，1965，第2332页。
④ （南朝宋）范晔：《后汉书》卷七三《陶谦传》，中华书局，1965，第2367页。
⑤ （晋）陈寿：《三国志》卷一《魏书·武帝纪》，中华书局，1959，第22页。
⑥ （唐）房玄龄等：《晋书》卷五《愍帝纪》，中华书局，1974，第130页。

藩死后，他们在河北攻打郡县，招集亡命，攻下邺城，杀司马腾及晋军万余人；永嘉五年（311）四月，石勒在苦县（今河南鹿邑）宁平消灭王衍率领的晋军10万余人。石勒死后，其侄子石虎在争夺后赵政权中，几乎杀光了石勒妻儿亲信，其中包括太子及其主要大臣。石虎对汉族人民更是疯狂屠杀，在战争中，"降城陷垒，坑斩士女，鲜有遗类"①。各种原因死亡的，常以万数。其南下进攻东晋时，出征民人因不能自行备齐用品而被迫自杀的也不在少数。他又在各郡县选美女3万人，置于后宫，其中有夫之妇9000余人，杀人之夫或妇女自杀者极多。后赵末年发生内乱，晋永和五年（349）石虎死后，其养孙石（冉）闵杀赵主，并在邺城境内屠杀一切羯人和胡人。350年，冉闵自立为帝，改国号为魏，仍都邺城，史称冉魏。在349~350年的混战中，冉闵大杀胡人20余万。后赵的石祇与前燕慕容儁、羌族姚弋仲联合，打败冉闵，杀冉魏大臣和将士10余万人。前秦苻坚于太元八年（383）率领步兵骑兵共计80多万人，从长安出发，攻打偏安于江南的东晋，淝水之战前秦兵败，到洛阳检点余众，不过10余万人，人员伤亡极其惨重。自316年西晋灭亡到439年北魏统一北方的120多年中，黄河中下游地区一直是战乱纷争，无有宁日。其间的战乱规模、持续时间和激烈程度都是罕见的，由此造成的人口损失毫无疑问是巨大的。北魏末年的各族人民大起义使其走向分裂，形成东魏、西魏对峙的局面。控制东魏政权的高欢试图消灭长安的西魏政权，与控制西魏政权的宇文泰于渭曲沙苑（今陕西大荔南）一战，高欢军队大败，被俘杀者达8万余人。总之，东魏、西魏的分裂以及北齐、北周的对峙造成的战乱，再次导致人口大量减少。

自然灾害也加剧了人口的损失。兴平元年（194）夏，大蝗②。三辅大旱，自四月至七月无雨，"是时谷一斛五十万，豆麦一斛二十万，人相食啖，白骨委积"③。建安二十二年（217）大疫，曹植对当时的情况有描述，

---

① （宋）李昉等：《太平御览》卷一二〇引《十六国春秋·后赵录》，《景印文渊阁四库全书》，台湾商务印书馆，1986年影印本，子部，第894册，第246页。
② （南朝宋）范晔：《后汉书》卷一〇《五行三》，中华书局，1965，第3320页。
③ （南朝宋）范晔：《后汉书》卷九《孝献帝纪》，中华书局，1965，第376页。

"家家有僵尸之痛，室室有号泣之哀，或阖门而殪，或覆族而丧者"①。战乱年代，普通百姓的生存本就举步维艰，再逢自然灾害，更是雪上加霜，而朝廷名存实亡，割据势力各霸一方，以邻为壑，欲置对方于死地，不可能互相协助救灾。加上大批人被征入军伍，投入战争，导致田园荒芜，粮食生产减少，遇到自然灾害，老百姓几乎只有死路一条。"自遭慌乱，率乏粮谷。诸军并起，无终岁之计，饥则寇掠，饱则弃余，瓦解流离，无敌自破者不可胜数。袁绍之在河北，军人仰食桑葚。袁术在江、淮，取给蒲蠃。民人相食，州里萧条。"② 东汉末年的天灾人祸持续二三十年，覆盖人口稠密的黄河中下游地区，造成人口锐减，尽管在文献中找不到确切数据，但这些史实足以为证。此外，《三国志》卷一六《魏书·杜畿传附子恕》载，杜恕于太和年间上疏称："今大魏奄有十州之地，而承丧乱之弊，计其户口不如往昔一州之民。"③ 同书卷二二《陈群传》载其青龙年间疏："今丧乱之后，人民至少，比汉文、景之时，不过一大郡。"④ 同书卷一四《蒋济传》载其景初年间疏："今虽有十二州，至于民数，不过汉时一大郡。"⑤ 这些说法未必准确，但从一个侧面反映了东汉末年人口锐减的真实情况。

2. 人口外迁

人口外迁也是黄河中下游地区人口锐减的一个主要原因。为避战乱，处于战乱中心的黄河中下游地区的官民纷纷外迁他地。

汉献帝初平元年（190），关中州郡起兵讨伐董卓，董卓挟持献帝迁都长安，将洛阳数百万人强行西迁⑥，引发第一次由都城地区向周边的大迁移。时人以汉室为正统，多前往周边刘氏统治区域，"青、徐士庶避黄巾之

① （明）张溥：《魏曹植集·说疫气》，《汉魏六朝百三家集》卷二六，《景印文渊阁四库全书》，台湾商务印书馆，1986 年影印本，集部，第 1412 册，第 679 页。
② （晋）陈寿：《三国志》卷一《魏书·武帝纪》，中华书局，1959，第 14 页。
③ （晋）陈寿：《三国志》卷一六《魏书·杜畿传附子恕》，中华书局，1959，第 499 页。
④ （晋）陈寿：《三国志》卷二二《魏书·陈群传》，中华书局，1959，第 636 页。
⑤ （晋）陈寿：《三国志》卷一四《魏书·蒋济传》，中华书局，1959，第 453 页。
⑥ （南朝宋）范晔：《后汉书》卷七二《董卓传》，中华书局，1965，第 2327 页。

难归虞者百万余口"①，即青、徐（辖境约今山东和江苏北部）二州有百万余人逃亡至幽州刺史刘虞所辖的今河北北部、北京市和辽宁西部。第二次人口大迁移发生在初平三年（192），王允杀董卓后，董卓的部将李傕、郭汜等攻入长安，相互残杀，关中大乱。关中难民数十万人迁至今江苏徐州一带投奔徐州刺史陶谦②。另有数万户进入今四川境内投奔益州刺史刘焉。一部分向南出武关（今陕西商洛市商州区西南丹江口北岸），经南阳盆地继续迁往荆州。建安十六年（211），屯兵关中的马腾、韩遂等十部起兵攻打曹操，关中再次大乱，引发人口第三次大迁移，刚恢复的人口中又有数万户越过秦岭迁入汉中盆地，投奔张鲁政权。③

西晋永嘉年间，匈奴贵族刘渊遣刘聪、石勒等分兵南下，在这一过程中，黄河中下游地区普遍陷于战乱，大部分人逃亡南方。311年，刘曜攻下洛阳，纵兵大肆屠杀烧掠，"洛阳倾覆，中州士女避乱江左者十六七"④，这就是历史上有名的"永嘉南渡"。北方许多士族、大地主携眷南逃，随同南逃的还有他们的宗族、部曲、宾客及乡里之人。随从一户大地主南逃的往往有千余家，人口达数万之多。东晋在淮河以南设置侨州、侨郡和侨县，以安置北方迁移过去的官民，诸如在徐州置司州。到晋建兴四年（316），河东大蝗，平阳一带发生饥荒，在石勒部将招引下，有20万户奔往冀州（今河北中部）。前秦建元十二年（376）后，苻坚将"中州之人田畴不辟者"7000余户迁至敦煌（今甘肃敦煌市西南）⑤。建元十八年（382），苻坚遣吕光率领7万余军队平定西域叛乱，东归时，苻坚已经兵败淝水，吕光及其部下7万余人留在姑臧（今甘肃武威市），这是一次规模不小的迁移。由于东晋的正统地位，北方籍人士以东晋为避乱之地。此后晋军多次北伐无功而返时，往往将北方人迁至南方。义熙十二年（416），刘裕北伐至长安、洛阳

① （南朝宋）范晔：《后汉书》卷七三《刘虞传》，中华书局，1965，第2354页。
② （南朝宋）范晔：《后汉书》卷七三《陶谦传》，中华书局，1965，第2367页。
③ （南朝宋）范晔：《后汉书》卷七五《刘焉传》，中华书局，1965，第2433、2436页。
④ （唐）房玄龄等：《晋书》卷六五《王导传》，中华书局，1974，第1746页。
⑤ （唐）房玄龄等：《晋书》卷八七《李玄盛传》，中华书局，1974，第2263页。

大败而撤退时，不少北方官员、大族、士人随同南迁。永初三年（422），"秦雍流户"还在源源不断"南入梁州"①。义熙十四年（418），晋军自关中撤退时，大败于夏主赫连勃勃，一些晋人被俘，被迁至夏都统万城（今山西靖边县北），元嘉元年（424）又被迁至北魏的平城（今山西大同市）。

综上所述，魏晋南北朝时期，黄河中下游地区处于长期战乱中，造成"名都空而不居，百里绝而无民者，不可胜数"②的残破局面。

二　土地荒芜

自曹魏统一北方建国开始，陕西的中北部已经为"羌胡"所有，西晋短暂的统一也没能改变这种疆域格局。之后，随着匈奴、鲜卑、羌、氐等北方少数民族的大量内迁，黄河中下游地区为少数民族政权交替控制。

东汉都城洛阳，相对西汉都城长安已东移，反映了国家政权对黄土高原地区控制的削弱。东汉后期，随着中央集权的不断弱化及地方割据势力的形成，黄河中下游地区成为各路势力争夺国家统治权的战场，社会动荡不安，战争频仍不止。以袁绍为首的关东军讨伐董卓，到处烧杀抢掠，自洛阳至陈留，南至颍川，"数百里无烟火"。关东军又因内部矛盾自相残杀，所谓"山东大者连郡国，中者婴城邑，小者聚阡陌，以还相吞灭"③。袁绍和公孙瓒在冀、并、青州的连年混战，使"百姓疲敝，仓库无积"，也反映了当时土地荒芜的状况。袁术和陶谦分别窃据淮南与徐州，跟曹操、刘备、吕布等不断混战，淮泗流域也是残破不堪，就像曹操《蒿里行》所言："白骨露于野，千里无鸡鸣。"曹植《送应氏二首》："中野何萧条，千里无人烟。"曹魏统一北方后，黄河中下游地区的农业生产有所恢复，西至上邽（今甘肃天水），东抵青、徐，北至幽、冀，南及淮河以南的地区实行屯田，兴修水

---

① （南朝梁）沈约：《宋书》卷三《武帝纪下》，中华书局，1974，第59页。
② （南朝宋）范晔：《后汉书》卷四九《仲长统传》，中华书局，1965，第1649页。
③ 佚名：《序》，《三国志文类》卷五五，《景印文渊阁四库全书》，台湾商务印书馆，1986年影印本，集部，第1361册，第760页。

利，"自寿春至京都，农官田兵，鸡犬之声，阡陌相属"①。曹魏的都城洛阳成了政治、经济中心，西域商人远道而来洛阳贸易；邺城是曹魏的五都之一，也成了比较繁华的城市。黄河中下游地区经济的恢复与发展，为此后的西晋统一全国奠定了物质基础。然而，西晋的统一是短暂的，因争夺皇权而爆发的"八王之乱"，长达16年之久，战场从洛阳、长安延展至黄河南北。诸王军队到处烧杀抢掠。幽州刺史王浚率乌桓、鲜卑军队先后攻进邺城和洛阳，抢夺财物，屠杀人民，黄河南北一片萧条，如关中人民大量逃亡避难，导致关中残破，土地荒芜。曹魏时稍有复苏的黄河中下游地区的经济又遭破坏。

匈奴族自永嘉年间不断南下，刘曜在长安建立前赵后，黄河中下游地区进入五胡十六国统治时期，各国相互兼并，战乱长达120多年。战场广布于黄河中下游地区，如永嘉之乱，关中、河南等地破坏严重。百姓不是死于战乱，就是流徙到江南或者避乱他方。"千里无烟"成为黄河中下游的普遍现象。十六国中的多数统治者在稍事安定之后，也是重视农业生产的，后赵石勒派官"循行州郡"，"劝课农桑"，赏赐"力田者"②；前秦苻坚在关中"开泾水上源，凿山起堤，通渠引渎，以溉冈卤之田"，发展农业③。这些恢复和发展农业生产的措施，在当时政局变化无常的情况下，也只能是昙花一现，收效于一时而已。

三　畜牧业地域范围扩大

东汉末年和魏晋南北朝时期，黄河中下游地区以农为本的汉族人口急剧减少，相应地以畜牧为生的游牧民族人口迅速增加，反映在土地利用上，是可耕地在缩减，牧场在增加。

东汉政权自汉顺帝以后对黄土高原地区的控制力减弱，西汉在此设置的

---

① （唐）房玄龄等：《晋书》卷二六《食货志》，中华书局，1974，第785页。
② （唐）房玄龄等：《晋书》卷一〇五《石勒载记下》，中华书局，1974，第2735页。
③ （唐）房玄龄等：《晋书》卷一一三《苻坚载记上》，中华书局，1974，第2899页。

上郡、北地、安定等黄河中游地区的边缘地带，先后为羌胡控制①。这一带"水草丰美，土宜产牧，牛马衔尾，群羊塞道"，西汉武帝时实行"移民实边"政策，内地汉人移居此地从事农垦，此地变成亦农亦牧之地。而此时，羌胡完全控制了这一区域，汉人被迁回扶风、冯翊等地，农业生产毫无疑问缩减，牧业生产范围扩大。自此以后，黄河中游地区的农牧业分界线大致即"东以云中山、吕梁山，南以陕北高原南缘山脉与泾水为界，形成两个不同区域。此线以东、以南，基本上是农区；此线以西、以北，基本上是牧区"②。正如朱士光先生所说："东汉时期黄河中游地区汉族居民锐减，北方游牧民族势力增强，因而农业开垦范围缩小，畜牧业又占据主导地位。至东汉末，农牧分界线又恢复到战国前的状况，而且一直延续到北魏政权统一了黄河流域之后。"③ 另外，魏晋为加强对边境少数民族的控制，利用他们充当兵丁或者补充内地劳动力的不足，经常招引和强制他们移居内地，黄河中游地区的北面和西面成为游牧部族内迁之地。如曹操安置并州匈奴五部于太行山西至汾河流域。西晋武帝时，迁"杂胡"20余万于今晋陕甘三省境内；鲜卑族中的一部分被迁到雍、凉二州及陇西一带；氐、羌族被迁到关中的泾渭流域。这些迁入内地的少数民族多以其游牧经济代替当地的农业经济，农业生产日趋凋敝。尤其十六国时期，整个黄河中下游地区成为少数民族政权控制的区域，游牧民族从事游牧的习惯在黄河中下游地区延伸，致使黄河中下游其他地区原来的农耕区也为牧业所代替，即使大力实行汉化的北魏政权也不例外。如魏明元帝曾下诏："六部民有羊百口者，调戎马一匹。"即使放弃自己民族旧俗而进行汉化改革的孝文帝，也仍然在中原地区设置规模巨大的牧场，从事养马。他在太行山东南的河阳（今河南孟州）设置的牧场，范围东到石济水（今河南延津县），西到河内（今河南沁阳），南濒临黄河，这里原本是发达的农业区。

总之，从东汉灵帝中平年间的黄巾大起义至北魏统一黄河流域（439年），

---

① （南朝宋）范晔：《后汉书》卷八七《西羌传》，中华书局，1965，第2893~2898页。
② 程有为主编《黄河中下游地区水利史》，河南人民出版社，2007，第90页。
③ 朱士光：《黄土高原地区环境变迁及其治理》，黄河水利出版社，1990，第45页。

黄河中下游地区在长达 250 多年的时间里畜牧业范围扩大，该区域植被尤其黄土高原的植被得以恢复，生态环境向良性方向发展。

四　林木和野生动物获得新生

东汉末年和魏晋南北朝时期的战乱使人口锐减，"千里无烟"的普遍现象给黄河中下游地区植被的恢复和野生动物的栖息繁衍提供了时间和空间。

东汉末年，军阀混战，再加上旱灾、蝗灾等自然灾害，大量农田荒芜，草木丛生。如魏明帝时，荥阳附近百余里内因人口耗散，土地荒芜，林木获得发展，野生动物如狼、虎、麋、鹿等在此栖息①。西晋末年的永嘉之乱和十六国的长期战乱使黄河下游地区"人口一再锐减，大片农田荒芜，转变成为次生的草地和灌木丛。不少农田在这个时期曾成为牧地"②。

不过，平原地区的林木因战争受损严重，已无林可伐。北魏太和间，洛阳的建筑材木"尽出西河"（吕梁山一带）③。函谷关一带曾有大片森林，至南北朝时已不再是"桃林之塞"，森林破坏严重④。

五　黄河及其支流的开发与利用

魏晋南北朝时期，由于社会动荡不安和长期分裂割据，黄河及其支流的水资源开发与利用整体上处于衰退态势，但也不排除在某个时段某个区域统治者兴修一些水利工程，毕竟这是民生最基本的需要，也是稳定一方百姓最重要的举措。

关中地区对自然河流的开发与利用在魏晋南北朝时期，总体上讲是低谷期，尽管前秦、西魏、北周等政权建都长安，为恢复关中农田水利建设，也

---

① （晋）陈寿：《三国志》卷二四《高柔传》，中华书局，1959，第689页。

② 邹逸麟主编《黄淮海平原历史地理》，安徽教育出版社，1997，第50页。

③ （唐）令狐德棻等：《周书》卷一八《王罴传》，中华书局，1971，第291页。

④ 史念海：《历史时期黄河中游的森林》，《河山集》（二集），读书·生活·新知三联书店，1981，第260页。

兴修过一些水利工程。以下以李令福《关中水利开发与环境》为主概述关中水利建设。曹魏政权对关中水利的修复见于文献记载的是魏明帝青龙元年（233），"开成国渠自陈仓至槐里；筑临晋陂，引汧洛溉泻卤之地三千余顷，国以充实焉"①。可见，魏明帝时在关中兴修成国渠和临晋陂两个水利工程，成国渠引的是汧水灌溉陈仓至槐里（今陕西兴平）之间的田地，临晋陂引的是洛河水，灌溉的是当时临晋县（今陕西大荔县）周边的田地。前秦都长安，加强关中经济实力是前秦强大的需要。国主苻坚于建元七年（371）大规模修复白渠，"（苻）坚以关中水旱不时，议依郑白故事，发其王侯已下及豪望富室僮隶三万人，开泾水上源，凿山起堤，通渠引渎，以溉冈卤之田。及春而成，百姓赖其利"②。"依郑白故事"，说明苻坚此次水利建设主要是修浚秦汉时期的郑国渠、白渠。北魏在统一北方后，积极修复各地水利。早在太平真君元年（440）二月，即统一北方的第二年，"发长安五千人浚昆明池"③。据《魏书·地形志》，京兆郡长安县"有昆明池……滮池、滤池水"；京兆郡霸城县"有……温泉、安昌陂"；北地郡云阳县有"有蒲池水"。可以看出北魏对关中水道及湖陂修浚过。孝文帝太和十二年（488），"五月丁酉，诏六镇、云中、河西及关内六郡，各修水田，通渠溉灌"。于次年朝廷派水利技术员到各地进行指导。太和十三年秋七月，"戊子，诏诸州镇有水田之处，各通灌溉，遣匠者所在指授"④。《魏书·地形志》咸阳郡县条下记"有郑白渠"，结合前文诏修水利措施，可知郑白渠在北魏也得到修复。北魏郦道元所著《水经注》明确记载郑白渠渠系路线，多是"今无水"，反映了北魏重修郑白渠没有特别显著的成效，或者发挥作用时间不长即湮废。定都长安的西魏在关中水利建设方面也是卓有成效的。大统十三年（547）正月，"开白渠以溉田"⑤。"成国渠，见《汉

---

① （唐）房玄龄等：《晋书》卷二四《食货志》，中华书局，1974，第785页。

② （唐）房玄龄等：《晋书》卷一一三《苻坚载记上》，中华书局，1974，第2899页。

③ （北齐）魏收：《魏书》卷四下《世祖纪》，中华书局，1974，第93页。

④ （北齐）魏收：《魏书》卷七《高祖纪》，中华书局，1974，第164页。

⑤ （唐）李延寿：《北史》卷五《魏本纪·文皇帝》，中华书局，1974，第180页。

书·地理志》，魏时仆射卫臻征蜀复开以溉田，大统十三年，魏始筑堰，置六斗门以节水。"① 因置六斗门，故称六门堰。大统十六年（550），西魏筑富平堰，《北史》载："（大统）十六年，拜大将军。周文以泾渭溉灌之处，渠堰废毁，乃令（贺兰）详修造富平堰，开渠引水，东注于洛。功用既毕，人获其利。"② 取代西魏的北周，仍定都长安，有史记载的水利建设工程是关中同州龙首渠的修建。保定二年（562），"同州开龙首渠，以广灌溉"③。同州即今山西大荔县，同州龙首渠是导引洛河的灌溉工程，在今大荔县东部。从以上可以看出，魏晋南北朝时期关中主要是对原有水利工程进行重修或改建，新修水利工程只有临晋陂，反映了魏晋南北朝时期关中水利的衰落。由于长期战乱和政权更替频繁，各个水利工程无论是在灌溉田地还是在改善生态环境方面，发挥的作用都是很有限的。

关东地区对黄河支流水资源的开发与利用，相对关中而言要充分些。因关中在战国、秦汉时期对河流的开发利用达到鼎盛，水利基础设施好，即使在朝代更替过程中遭到破坏，修复也较为容易。都城洛阳所在的伊洛地区，于曹魏明帝太和五年（231）在洛阳谷水修千金堨，同时开五龙渠。"河南县城东十五里有千金堨。《洛阳记》曰：千金堨旧堰谷水，魏时更修此堰，谓之千金堨。积石为堨而开沟渠五所，谓之五龙渠。渠上立堨，堨之东首，立一石人，石人腹上刻勒云：太和五年二月八日庚戌造筑此堨，更开沟渠。"此堨是都水使者陈协所造。西晋泰始七年（271），千金堨和五龙渠被洪水冲毁，"太始七年六月二十三日，大水迸瀑，出长流上三丈，荡坏二堨，五龙泄水，南注泻下，加岁久漱啮，每涝即坏，历载捐弃大功，故为今堨，更于西开泄，名曰代龙渠。……今增高千金于旧一丈四尺，五龙自然必历世无患"④。但是其在"八王之乱"中遭到人为破坏，伊阙石壁有石铭云：

① 雍正《陕西通志》卷四〇《水利二》，《景印文渊阁四库全书》，台湾商务印书馆，1986年影印本，史部，第553册，第352页。
② （唐）李延寿：《北史》卷六一《贺兰祥传》，中华书局，1974，第2180页。
③ （唐）令狐德棻等：《周书》卷五《武帝纪》，中华书局，1971，第66页。
④ （北魏）郦道元撰，（清）戴震校《水经注》卷一六《谷水》，武英殿聚珍版，第8页。

"元康五年，河南府君循大禹之轨，部督邮辛曜、新城令王琨、部监作掾董猗、李褒，斩岸开石，平通伊阙，石文尚存也。"① 北魏孝文帝迁都洛阳后，又"修复故埓"②，将洛水与谷水贯通，发展近郊水利。

与洛阳比邻的河内地区，开发利用的主要是沁水、丹水。曹魏黄初六年（225）前后，野王（今河南沁阳）典农中郎将司马孚上表说："（沁水）自太行以西，曾岩高峻，天时霖雨，众谷走水，小石漂迸，木门朽坏，稻田泛滥，岁功不成。""去堰五里之外，方石可得数万枚。臣以为方石为门，若天亢旱，增堰进水，若天霖雨，陂泽充溢，则闭防断水，空渠衍涝，足以成河。"如此可收"暂劳永逸""云雨由人"之效③。魏文帝采纳了司马孚的建议，在今济源东北三十里的枋口，取附近的方石在夹渠岸垒砌石门，代替以往的木枋门。石门建成后，发洪水时，利用入渠之水灌溉；枯水时开门引沁水，并增高拦河溢水堰，逼水入渠，充分发挥沁河在当地灌溉与生活中的用水效能。据《水经注》记述，沁口灌区系统大概利用朱沟水。朱沟水从枋口东南流，分出奉沟水，又向东南西边分出沙沟水，又东南流至野王县（今河南沁阳）城西，东边分出一条支渠，绕城南至城东，折向北复入沁水，灌溉县城附近土地。朱沟干流东南流至近黄河处，汇入一连串湖泊。沙沟水从朱沟分出为南支，小雨也汇入湖泊。奉沟在最西边，下游入济水旧道，南入黄河。北魏孝文帝时，沈文秀任怀州刺史时，于原沁河口灌区大兴水利。沁水支流丹水出太行山数十里即在野王入沁水，滋润着今河南沁阳、温县、博爱、武陟、济源等县市相当一部分土地，养育着这里的人。

新兴的都城邺城所处区域河流众多，重要的河流有漳河、黄河和洹水新河以及白沟、利漕渠等人工渠，其中对邺城影响最大的河流应是漳河。漳河是邺城的母亲河，古称漳水，发源于山西境内，有清漳水和浊漳水之分，二水异源分流，在邺城汇合。曹魏时，漳水除供应城市居民生活用水和农业灌

---

① （北魏）郦道元撰，（清）戴震校《水经注》卷一五《伊水》，武英殿聚珍版，第25页。
② （北魏）郦道元撰，（清）戴震校《水经注》卷一六《谷水》，武英殿聚珍版，第8页。
③ （北魏）郦道元撰，（清）戴震校《水经注》卷九《沁水》，武英殿聚珍版，第12页。

溉外，还是供应苑囿的主要水源。曹操修建的铜雀园位于邺城西北隅，濒临漳水，站在铜雀台上俯视铜雀园，"（台）临漳水之长流兮，望园果之滋荣"①，诗中之"园"即铜雀园，引漳水入城的长明沟穿园而过，园内生态环境宜人，"右则疏圃曲池，下畹高堂，兰渚莓莓，石濑汤汤，弱葼系实，轻叶振芳，奔龟跃鱼"②。后赵石虎曾于园中建九华宫。北齐文宣帝时又对该园加以修建。曹魏、后赵依漳水建的园林还有灵芝园、芳林苑（后赵改为华林园）、桑梓园等。此外，引漳水入邺城的长明沟，在城内分出若干支流，"枝流引灌，所在通溉"，使水流穿街过巷，"疏通沟以滨路，罗青槐以荫涂"，郁树成荫③。邺城南距洹水五十里。洹水新河南支仅次于漳水，是邺城的重要水源。《水经注》载，洹水"东过隆虑县（今河南林州市）北，又东北出山，过邺县南。洹水出山，东迳殷墟北。……洹水又东，枝津出焉，东北流径邺城南，谓之新河。又东，分为二水，一水北径东明观下。……又北径建春门，石梁不高大，治石工密，旧桥首夹建两石柱，……其水西迳魏武玄武故苑，苑旧有玄武池以肆舟楫，有鱼梁、钓台、竹木、灌丛，……其水西流注于漳"④。东明观位于邺城东侧，建春门是邺城东门，玄武苑在邺城北。由此可见，洹水新河应是人工开凿的，其中北流建春门的一水是洹水新河南支中的一支，该支是邺城东、北两边的护城河，是玄武苑中玄武池的主要水源，并且沟通洹水与漳水。至于开凿时间无明文记载，郭黎安推测当在曹操克邺之后。⑤

　　邺城境内还有沟通自然水域的人工渠，在其周围形成一个四通八达的水运网。自曹操封魏王都邺之后，曹氏集团开始大力凿渠修河，发展与邺城相

---

① 佚名：《诗赋》，《三国志文类》卷五八，《景印文渊阁四库全书》，台湾商务印书馆，1986年影印本，集部，第1361册，第772页。

② （南朝梁）萧统编，（唐）李善注《魏都赋》，《文选》卷六，《景印文渊阁四库全书》，台湾商务印书馆，1986年影印本，集部，第1329页，第106页。

③ （南朝梁）萧统编，（唐）李善注《魏都赋》，《文选》卷六，《景印文渊阁四库全书》，台湾商务印书馆，1986年影印本，集部，第1329页，第109页。

④ （北魏）郦道元撰，（清）戴震校《水经注》卷九《洹水》，武英殿聚珍版，第36~37页。

⑤ 郭黎安：《魏晋北朝邺都兴废的地理原因述论》，《史林》1989年第4期。

连的水运。建安九年（204）正月，曹操"遏淇水入白沟以通粮道"①。自建安九年至十八年，曹魏先后修筑白沟、平虏渠、泉州渠、新河等水道及邺城周围的洹水新河和玄武池，形成了以邺城为中心，以白沟为主航道的航运体系，沟通了漳水、清水、黄河、淇水、荡水、洹水、白沟、滹沱河、泒水等河流，构成了邺城所在的华北平原优越的水环境，为邺城发展为国都奠定了丰厚的水资源基础。

第四节　唐宋时期社会高度发展与生态环境的退化

唐宋时期社会高度发展，人口激增，土地垦殖不断拓展，由此造成畜牧业用地、林地减少。与之相应的是，生态环境退化。

一　人口增加与农业生产技术的提高

隋朝结束了魏晋南北朝 300 多年的战乱，重新实现了统一。至唐宋时期，社会得到高度发展。虽然经历过隋末唐初的战乱、唐中期的安史之乱、唐末的战乱以及宋金大战，累计战乱时间有 80 余年，但相对这一时期 546 年而言，社会稳定发展的时间较长，这有利于人口的增长和农业生产技术的提高。

唐宋时期黄河中下游地区人口发展是不平衡的，不同历史时期人口增减不一，区域之间存在差异，统计人口的标准也不尽相同。具体而言，隋炀帝大业五年（609），关中平原民户数为 44.1 万，占当时全国总户数的 4.2%；山西高原民户数为 93.6 万，占当时全国民户总数的 8.9%，而黄淮海平原地区民户数为 517.2 万，占当时全国民户总数的 49.3%。唐初武德年间关中仅约有 161 万人口。然而自唐太宗贞观年间至唐玄宗天宝十四载（627~755）社会安定，经济繁荣，人口又出现大幅度的增长。天宝元年（742）关中平原民户数为 47.6 万，占当时全国民户总数的 5.3%；山西高原民户数为

---

① （晋）陈寿：《三国志》卷一《魏书·武帝纪》，中华书局，1959，第 25 页。

63.1 万，占当时全国民户总数的 7%；黄淮海平原民户数为 336.3 万户，占当时全国民户总数的 37.5%。但除关中民户超过隋大业年间外，山西高原和黄淮海平原地区的民户约相当于大业年间的 2/3①。黄河中游的陕西省到天宝元年（742）人口增长到 316.5 万；黄河下游的山东省到天宝元年约为 590.5 万，虽不及隋大业五年约 750 万的数量，却也增长不少。唐玄宗天宝十四载（755）以前，唐代人口增长最快的地区是黄河下游的河南道和河北道。密度最大的是都畿道（今河南洛阳周围地区），其次是河北道，分别为每平方公里 58.7 人和 56.76 人②。天宝十四载黄河中下游地区发生"安史之乱"，人口又大量减少。其后的藩镇割据和五代政权的频繁更迭，又使人口数量继续下降。据统计，唐开元二十八年（740），河南地区人口将近690.1 万，山西地区 372.3 万，陕西地区 428.3 万。到北宋初期的太平兴国年间陕西地区人口约为 188 万，中期的元丰年间将近 338 万，后期的崇宁元年（1102）增加到 550 余万。北宋中期的元丰年间，河南地区人口为 298.4万，山西地区将近 134.1 万。可见，北宋中期河南、山西地区的人口比唐开元年间减少大半，陕西地区减少了 1/4。

北宋政权稳定后，黄河中下游地区再次迎来人口的急剧增长期。陕西至北宋后期人口已经超过了盛唐时期。山东在太平兴国五年（980）居民有 74万余户，在整个中国北方居首位，到元丰年间发展到 176 万余户，崇宁年间也有 170 万户。河南因是北宋京畿地区，北宋初年曾组织移民填充河南，人口密度处中等地位。③ 太平兴国年间，关中平原民户数为 14.5 万，山西高原民户数为 34.5 万，黄淮海平原地区民户数为 217.4 万；崇宁元年关中平原民户数为 59.7 万，山西高原民户数为 82.6 万，黄淮海平原民户数为414.1 万，人口成倍增长④。这一增长趋势在金兵南下、北宋灭亡以后被打

①　邹逸麟主编《黄淮海平原历史地理》，安徽教育出版社，1997，第 233~235 页。

②　袁行霈等主编《中华文明史》（第三卷），北京大学出版社，2006，第 85 页。

③　吴松弟：《中国人口史》（第三卷），复旦大学出版社，2000，第 122~126 页。

④　邹逸麟主编《黄淮海平原历史地理》，安徽教育出版社，1997，第 237 页。

破，黄河中下游地区人口再度大规模减少，至有元一代也没有恢复。①

由上可知，在唐宋时期，黄河中下游地区从长时段看人口发展趋势是增加的，但不排除战乱期间的人口减少。

宋以前，黄河流域一直是我国经济重心之所在，北方的经济比南方进步，尤其是农业经济和生产技术比较先进。隋唐和宋代更是我国古代社会经济发展的鼎盛时期，农业方面有了较大发展，除劳动力增加外，生产工具、生产技术、耕作方式等方面也有所进步。唐朝出现了曲辕犁，较之旧的直辕犁的犁辕长度缩短，犁架变小变轻，容易控制，省时省力，一牛即可牵引，大幅提高了耕作效率。连筒、筒车和水轮等新式灌溉工具也陆续出现，灌溉效率得以提高。北宋在唐朝的基础上不断发展。在北宋的墓葬中，常见成组的铁制农具，有犁、耧、镰、耙、锄等，其中耙、锄等生产工具较多，表明农民对精耕细作的重视和耕作程序的增加。北宋农民注意积肥和施肥，在长期生产实践中认识到土壤的性质不同，应施用不同的粪肥。陈旉《农书》记载，当时的农民称粪肥为"粪药"，认为"用粪如用药"。农民对作物栽种的深浅疏密与产量高低的关系，也有所认识。禾谱、农器谱、农书、蚕书等总结农业生产知识的专著纷纷出现，反映了农业生产技术的提高。龙骨车在北宋已经普遍使用，主要使用于山高水急之地，为山区的开发利用做出了重大贡献。北宋的耕作栽培技术也有所改进，增加复种，扩大高产作物种植面积，重视选苗育苗及积肥，加强田间管理，注意保持地力常新。

总之，唐宋时期，黄河中下游地区人口增多，农业技术提高，社会经济快速发展，出现了有史以来难得见到的繁荣局面。唐玄宗曾在所颁发的诏书中慨叹："大河南北，人口殷繁，衣食之源，租赋尤广。"② 大河南北指的是河北道的南部和中部，折射出黄河中下游地区经济社会的高度发展。

---

① 吴松弟：《中国人口史》（第三卷），复旦大学出版社，2000，第292~309页。
② （唐）玄宗：《谕河南河北租米折留本州诏》，（清）董诰等编《全唐文》卷三一《玄宗十二》，中华书局，1983，第346页。

二　土地垦殖

唐宋时期黄河中下游地区人口的急剧增加，需要更多土地给养。鉴于此，统治者鼓励开垦。唐高宗于显庆二年（657）至许州、汝州，看到这一地区人口并不算多，还存在不少荒地，就对中书令杜正伦说："此间田地极宽，百姓太少。"[①] 遂诏令向这一地区移民垦荒。武则天天授年间也大力鼓励垦田。娄师德在丰州开展屯田，"积谷数百万，兵以饶给，无转饷和籴之费"，武则天对其取得的卓越成绩给予赞赏和嘉奖。[②] 唐末，统治者仍重视土地的开垦，黄土高原垦田尤盛。由于最高统治者的支持，当地官吏以及驻军将帅皆积极推广。如毕诚在邠州[③]、李元谅[④]、杨元卿[⑤]、裴识[⑥]、周宝[⑦]等在泾州，皆有相当的功绩。唐代土地开垦兴盛的另一原因是贫苦农民为逃避官府的苛捐杂税逃到山区开垦荒地。这一现象在安史之乱以后尤为明显。安史之乱后，统治阶级政治上日益腐败，经济上对农民剥削加剧，大批贫苦农民为逃避苛繁的捐赋，逃到陕北，依靠开垦"荒闲陂泽山原"维持生活。唐代后期大量不宜耕种的丘陵、山地被开垦出来[⑧]。

北宋政府也鼓励开垦土地，出台了一些政策，如土地开垦后，只按一定比例征税。在政府的优惠政策下，北宋垦田数量以相当高的速度增加。据《文献通考》和《宋史》统计，北宋开宝九年（976）全国垦田295332060亩；天禧五年（1021）全国垦田524758432亩。其中，黄河中下游地区垦田数目占全国总数的绝对优势。陇东、陕北地区土地开垦盛极一时，农业发

① （唐）杜佑：《食货》，《通典》卷七，《景印文渊阁四库全书》，台湾商务印书馆，1986年影印本，史部，第603册，第74页。

② （宋）欧阳修、宋祁：《新唐书》卷一〇八《娄师德传》，中华书局，1975，第4092页。

③ （宋）欧阳修、宋祁：《新唐书》卷一八三《毕诚传》，中华书局，1975，第5380页。

④ （宋）欧阳修、宋祁：《新唐书》卷一五六《李元谅传》，中华书局，1975，第4901～4902页。

⑤ （宋）欧阳修、宋祁：《新唐书》卷一七一《杨元卿传》，中华书局，1975，第5191页。

⑥ （宋）欧阳修、宋祁：《新唐书》卷一七三《裴度传附裴识传》，中华书局，1975，第5219页。

⑦ （宋）欧阳修、宋祁：《新唐书》卷一八六《周宝传》，中华书局，1975，第5416页。

⑧ 程有为主编《黄河中下游地区水利史》，河南人民出版社，2007，第113页。

展迅速。由于这一地区为宋夏边界地带，保寨多布，驻兵繁多，战事不断。宋时陕西路禁军 12.6 万多人，后增加到 16 万人，其中 80% 以上分布在陇东、陕北，加上厢军，陕西鄜延、环庆、泾原、秦凤路四路兵在 20 万~30 万人①。政府令这些军士屯田，因此边隙地不断被开垦②，甚至连山坡荒地也多被开垦。

唐宋时期，土地开垦一片兴旺，农业用地快速增加，社会经济迅速发展。然而，农业用地增加必然导致其他用地减少，林地、山地、牧地相应萎缩。关中地区经过开垦，农田面积增加，森林锐减，可以说整个关中已无森林可言。唐中期以后，黄土丘陵山原地区土地开垦更盛，滥垦严重。贫苦农民采取耕而复弃、弃而复耕的生产方式，扩大开垦范围，形成广种薄收的陋习。当时贫苦农民维持生存最方便、最简单、最有效的手段就是毁林开荒。许多草场被开垦为耕地，原来的牧场规模大为减少。"从此以后，陕北黄土高原基本上已变成一个单纯的农业区。"③ 唐代在黄河中游地区屯田，中后期屯田又被废弃。这种弃而复垦、垦而复弃的生产方式进一步加剧了该地区植被的破坏程度，特别是安史之乱以后，这一地区的天然植被遭到了长期持续不断的、大规模的甚至是毁灭性的破坏，以致后来除一小部分山地尚有森林、草原残存外，其余大部分地区已被破坏殆尽，甚至出现沙漠。平原地区基本上已无天然林存在。著名的毛乌素沙漠就被学界认定为该时期森林减少的结果。侯仁之教授依据考古及文献资料，指出地处毛乌素沙漠腹地的统万城（今陕北靖边县白城子）附近，到公元 9 世纪唐代后期才见有遭到流沙侵袭的文字记录；唐代的夏州（今陕北靖边县白城子一带）已是"飞沙为堆，高及城堞"④，因而论定这一沙漠是最近一千年来的产物。

北宋时期，陕北鄜延坊州得到大规模开垦。横山一带又为边防要地，驻

---

① （宋）李焘：《续资治通鉴长编》卷一二九，康定元年十二月，中华书局，1979，第 2173 页。
② （清）徐松辑《宋会要辑稿·食货》，中华书局，1957，第 4847 页。
③ 程有为主编《黄河中下游地区水利史》，河南人民出版社，2007，第 113 页。
④ （宋）欧阳修、宋祁：《新唐书》卷三五《五行二》，中华书局，1975，第 901 页。

军颇多，鄜延路的土地更易得到最大限度的开垦。当时在这里，尽力开垦"土山柏林"，农业经济迅速发展①。大量的开垦使林木减少，"椽子、材植，元不出产"②。森林大面积减少，土地荒瘠，河中泥沙增多，在黄河下游河道淤积，这也是宋金时期黄河大规模泛滥的重要原因之一。

土地的垦殖不仅破坏森林植被，而且加剧了黄河的泛滥。黄河中游垦田兴盛，森林受到摧毁性破坏。人们对新开垦的土地大多不会精耕细作，而是采取耕而复弃、弃而复耕的生产方式。这种耕作方法只能够取得薄收，得不偿失，使黄土高原上沟壑密度迅速增加，导致黄河下游频繁决溢③。同时，人为地破坏原生植被，开荒垦田，土质渐变疏松，稍遇狂风暴雨，就易出现尘暴和雨土现象④，河流泥沙含量高，从而抬高下游河床。这正是唐末黄河下游较东汉以后五百年间河患增多的原因所在。12 世纪，黄河南泛导致黄淮平原湖沼开始发生巨大变迁。豫东、豫东南、鲁西南西部以及淮北平原北部的湖沼，大都被黄河的泥沙所填平，一部分原因是土地开垦加速了河道的淤废。

垦田加速了土地的盐碱化进程。安史之乱后，陇东地区唐蕃战事不断，人们居无定所，四处逃亡。新垦土地易被撂荒，时垦时荒，加速了土壤侵蚀，使黄河中游地区难以恢复昔日生态环境优越的局面。自太行山东到渤海之滨的下游平原，有不少地区土地盐碱化十分严重。从总体上说，"唐代中叶以前，盐碱土面积较小，为害较轻。安史之乱后，盐碱土显著扩大。当时漳河北流入滏阳河，'相、魏、磁、洺'濒临漳河地区，盐碱土的面积发展较大"⑤。这四个州位于今河北省南部和河南省北部地区。黄河中下游地区土地盐碱化日益严重，导致某些县城不得不另觅治所。清阳县（今河北清

---

① （元）脱脱等：《宋史》卷二六四《宋琪传》，中华书局，1977，第 9129 页。
② （宋）李焘：《续资治通鉴长编》卷四九二，绍圣四年十月丙戌，中华书局，1979，第 4590 页。
③ 史念海：《河山集》（三集），人民出版社，1988，第 140~141 页。
④ 王元林：《唐代关中的"雨土"》，《中国历史地理论丛》1997 年第 1 期。
⑤ 邹逸麟主编《黄淮海平原历史地理》，安徽教育出版社，1997，第 61~62 页。

河县东）即因县城"久积咸卤"①，先后两次迁徙。北宋时期，黄河中下游地区土地盐碱化程度进一步加深，尤其是黄河下游平原北部，盐碱土分布较广。史称："河北为天下根本，其民俭啬勤苦，地方数千里，古号丰实。……唐至德后，渠废，而相、魏、磁、洺之地濒临漳水者屡遭决溢，今皆斥卤不可耕。"②"大名、澶渊、安阳、临洺、汲郡之地，颇杂斥卤，宜于畜牧。"③ 当时盐碱地的中心仍在今河北南部和河南北部地区。虽然熙宁年间曾在此进行大规模的放淤，但直至元代，此地仍有盐碱地分布。宋、金战争也使大量人民逃亡，抛荒了许多新开垦的田地，土壤进一步盐碱化。

三　畜牧业

唐宋时期是社会经济高度发展的时期，畜牧业作为社会经济的重要组成部分也在同步发展。如果说南北朝少数民族统治期，畜牧业的发展特点是异常迅速，那么，这一时期畜牧业的发展是在正常历史条件下进行的。

隋唐官营牧马业发展兴盛，西北地区尤其如此。隋朝在陇右地区设置陇右牧，置总监、副监、丞，以统诸牧，其中包括骓𫘧牧及二十四军马牧。④ 政府的重视促进了牧马业的兴盛，许多有关马的著作的编纂就是最好的明证，如《治马经》3卷、《治马经目》1卷、《治马经图》2卷、《治马牛驼骡等经》3卷⑤。唐朝牧马业发展更迅速。官营牧马业初创时仅有突厥马2000匹和隋朝官马3000匹，集中到陇右地区牧养，设八坊监，"监牧之制始于此"。其牧地最初在岐（今陕西宝鸡市凤翔区）、豳（今陕西咸阳彬州）、泾（今甘肃泾川）、宁（今甘肃宁县）等处。随着马群的扩大，又先后在盐州（今陕西定边）、岚州（今山西岚县北）、夏州（今内蒙古乌审旗）及秦（今甘肃秦安）、兰（今甘肃兰州）、原（今宁夏固原）、渭（今

---

① （宋）乐史：《太平寰宇记》卷五八《河北道七》，中华书局，2007，第1200页。
② （宋）李焘：《续资治通鉴长编》卷一〇四，天圣四年七月辛巳，中华书局，1979，第928页。
③ （元）脱脱等：《宋史》卷八六《地理志》，中华书局，1977，第2131页。
④ （唐）魏征、令狐德棻：《隋书》卷二八《百官志下》，中华书局，1973，第784页。
⑤ （唐）魏征、令狐德棻：《隋书》卷三四《经籍志》，中华书局，1973，第1048页。

甘肃陇西）、银（今陕西榆林）、绥（今陕西绥德）等州设牧监或机构，原州是中心①。选择这里的主要原因是"岐山近甸，邠土晚寒，宁州壤甘，泾水流恶，泽茂丰草，地平鲜原"②。唐朝统治者重视牧马业，贞观二十年（646），太宗从泾州西行越陇山关，"次瓦亭，观马牧"③，一整套养马机构和制度日趋完善。官马数量持续增长，自唐太宗贞观至唐高宗麟德的40年间，繁衍至70.6万匹，是为唐朝官马的峰值，远远超过了西汉最盛时30万匹的规模。安史之乱爆发后，陇右丧失，官营牧马业失去了主要牧地，走向衰败，一蹶不振。八马坊"国马尽散"，牧地给贫民、军吏开垦，又赐给寺观千余顷④。安史之乱后的统治者不得不向境内外买马，并在内地开辟牧地，试图振兴牧马业。贞元中，临泾一带"其川饶衍，利畜牧"，建临泾城，置行原州⑤，直至五代仍毫无起色。

除了牧马业，牛羊牧养也较为普遍，也有官营、私养之别。官营牧牛羊主要是为了供应生活资料。隋朝设有驼牛署，下属典驼、特牛、牸牛三局；司羊署，下属特羊、牸羊局⑥。唐政府在西北的牧监大都包括牛羊，天宝十三载（754），据陇右群牧使报告，有牛75115头，羊204134只⑦。民间牛羊饲养更为普遍。如武则天末年，凉州（今甘肃武威）地区"牛羊被野"⑧。牛是主要的生产工具，即便位于毛乌素沙漠南缘的夏州（今陕西横山西北），唐高宗末期也曾因发生牛疫而"民废田作"⑨。祁连山一带水美草丰，冬暖夏凉，是天然的优质牧场，因之"牛羊充肥"，邠州（今陕西咸阳

① （唐）李吉甫撰，贺次君点校《元和郡县图志》卷三《关内道·原州》，中华书局，1983，第59页。
② （唐）郄昂：《岐邠泾宁四州八马坊颂碑》，（清）董诰等编《全唐文》卷三六一，中华书局，1983，第3671页。
③ （宋）欧阳修、宋祁：《新唐书》卷二《高祖本纪》，中华书局，1975，第45页。
④ （后晋）刘昫等：《旧唐书》卷一四一《张茂宗传》，中华书局，1975，第3861页。
⑤ （宋）欧阳修、宋祁：《新唐书》卷一七〇《郝玼传》，中华书局，1975，第5181页。
⑥ （唐）魏征、令狐德棻：《隋书》卷二七《百官中》，中华书局，1973，第756页。
⑦ （宋）王钦若等编纂《册府元龟》卷六二一《卿监部·监牧》，凤凰出版社，1966，第7479页。
⑧ （宋）欧阳修、宋祁：《新唐书》卷一二二《郭元振传》，中华书局，1975，第4362页。
⑨ （宋）欧阳修、宋祁：《新唐书》卷一一一《王方翼传》，中华书局，1975，第4135页。

彬州）、宁州（今甘肃宁县）也是重要的产羊地区，有专业羊贩子从这里将羊群贩运到洛阳谋利①。王维在关中看到"斜光照墟落，穷巷牛羊归"②。李德裕说洛阳"牛羊平野外，桑柘夕烟间"③。李白言洺州清漳（今河北邯郸市肥乡区东）"牛羊散阡陌，夜寝不扃户"④。

北宋统治者也十分重视马政，设牧马监管理马政，牧马业得到发展。牧马监基本上散布于黄河中下游地区。宋仁宗时，有牧马监 19 所：京西 4 监，即洛阳（今河南洛阳）监、管城（今河南郑州）原武监、白马（今河南滑县）灵昌监、许州（今河南许昌）单镇监；京东 1 监，即郓州（今山东东平）东平监；河北 10 监，即大名（今河北大名）3 监、洺州（今河北永年东）广平 2 监、卫州（今河南卫辉）淇水 2 监、安阳（今河南安阳）监、邢州（今河北邢台）安国监、澶州（今河南濮阳）镇宁监；陕西 3 监，即同州（今陕西大荔）沙苑 2 监、同州病马监；开封府 1 监，即中牟（今河南中牟）淳泽监⑤。此外，宋真宗大中祥符初年，内外场监及诸军马，凡 20 余万匹，宋神宗熙宁二年（1069），全国"应在马"153600 余匹⑥，远不如唐朝高峰期的数量。从牧马草地的数量方面也可窥测一二。宋真宗时，内外坊监牧地为 6.8 万顷，诸军班牧地有 3.09 万顷⑦，共 9.89 万顷。宋神宗初，秘书丞侯叔献言："汴岸沃壤千里，而夹河公私废田，略计二万余顷，多用牧马。计马而牧，不过用地之半，则是万有余顷常为不耕之地。"⑧ 可见，北宋统治者对牧马业高度重视。

---

① （宋）李昉等编《朱化》，《太平广记》卷一三三，《景印文渊阁四库全书》，台湾商务印书馆，1986 年影印本，子部，第 1043 册，第 731 页。

② （唐）王维：《渭川田家》，《王右丞集笺注》卷三，《景印文渊阁四库全书》，台湾商务印书馆，1986 年影印本，集部，第 1071 册，第 38 页。

③ （唐）李德裕：《忆晚眺》，《会昌一品集·别集》卷一〇，《景印文渊阁四库全书》，台湾商务印书馆，1986 年影印本，集部，第 1079 册，第 303 页。

④ （唐）李白：《赠清漳明府姪》，《李太白文集》卷七，《景印文渊阁四库全书》，台湾商务印书馆，1986 年影印本，集部，第 1066 册，第 271 页。

⑤ （清）徐松辑《宋会要辑稿·兵》，中华书局，1957，第 7126~4127 页。

⑥ （元）脱脱等：《宋史》卷一九八《兵二》，中华书局，1977，第 4940 页。

⑦ （元）脱脱等：《宋史》卷一九八《兵二》，中华书局，1977，第 4936 页。

⑧ （元）脱脱等：《宋史》卷九五《河渠五》，中华书局，1977，第 2367 页。

官营畜牧业也具有一定规模，仅京师开封"掌养饲驴、牛、驾车给内外之役"的车营务就有监牧卒4400余人，"掌养饲骡以供载乘舆行幸什器及边防军资之用"的致远坊也有兵校1600余人[①]。牲畜数量相当可观。官方还有专门饲养骆驼的机构，在京师、陕西、河东都有牧地[②]。另外，利用西北地宜畜牧的优势，朝廷在陕西永兴军（今陕西西安）、德顺军（今宁夏隆德）、秦州（今甘肃天水）、阶州（今甘肃武都）、原州（今甘肃镇原）五地设置以"司牧"为军号的厢军[③]，乃是专业畜牧部队。黄河中下游地区畜牧业的地位得以加强。

民间牧马业也取得长足发展，尤其西北三路，是少数民族集聚地，养马业最为发达。宋祁说："河北、陕西、河东出马之地，民间皆宜蓄马。"[④] 各少数民族除少部分农耕外，大量民众仍以畜牧为主。环州马岭镇以北，"四望族落"。庆州胡家门、野鸡等族时常冠掠[⑤]。乾德时通远军（治今环县）使董遵诲安抚诸族，后数族叛乱，从"获牛马数万"来看[⑥]，这里诸族多以畜牧为业。泾原的康奴、灭藏、大虫等也时常叛乱，陈兴、秦翰等率兵平叛，"获器畜甚众"[⑦]。北宋时，渭州垦田之外，"谓其宜于畜牧"，牛马繁多，民谚曰："郎枢女枢，十马九驹；安阳大角，十牛九犊。"[⑧] 泾、邠、宁也多产牛马，庆州的牛酥也为一方土产[⑨]。可见，宋时畜牧业在陇东也有发展，养马业尤其如此。

民间牛羊业发展也很快，特别是西北地区，牛羊成群。文彦博上书指

---

① （清）徐松辑《宋会要辑稿·食货》，中华书局，1957，第5757~5758页。

② （清）徐松辑《宋会要辑稿·食货》，中华书局，1957，第5566页。

③ （元）脱脱等：《宋史》卷一八九《兵志三》，中华书局，1977，第4663页。

④ （宋）宋祁：《又论京西淮北州军民间养马法》，《景文集》卷二九，《景印文渊阁四库全书》，台湾商务印书馆，1986年影印本，集部，第1088册，第249页。

⑤ （元）脱脱等：《宋史》卷二七九《张凝传》，中华书局，1977，第9480页。

⑥ （元）脱脱等：《宋史》卷二五七《继龙传》，中华书局，1977，第8968页。

⑦ （元）脱脱等：《宋史》卷二七九《陈兴传》，中华书局，1977，第9484页。

⑧ （宋）乐史：《太平寰宇记》卷一五一《陇右道二》，中华书局，2007，第2919页。

⑨ （宋）乐史：《太平寰宇记》卷三二、三三、三四《泾州》《庆州》《邠州》《宁州》，中华书局，2007，第692、708、720、726页。

出，秦凤、泾原沿边少数民族地区，"牛羊满野，以致饵寇诲盗"。① 陕西路曾因加强兵器建设，需要数十万张牛皮，向所属州军征调，急迫之中，"民多屠杀以输"②。这反映了陕西广大内地人民普遍养牛。

金统治时期，大批游牧民族涌入中原并成为统治阶层，畜牧业得到了极大发展。金代官营牧马业空前发展。金初设置 5 群牧所，金世宗扩展为 7 所，所牧牲畜有马、牛、羊、骆驼。马作军用，"牛或以借民耕"③。大定二十八年（1188），官营牧场拥有马 47 万匹，牛 13 万头，羊 87 万只，骆驼 4000 峰。此后仍有发展。金章宗明昌五年（1194）又将一批马分散于中都路、西京路、河北东路、河北西路民间牧养④，仍属官营牧马业的一部分。当时在内地也设置了牧场，明昌三年（1192）的统计数字表明，南京路（今河南开封）有牧地 63520 余顷，陕西路有牧地 35680 余顷⑤。陕西地处边防，原本即有牧地，但南京路地处中原腹地，原为人口密集的农区，此时牧地多出陕西 2 万余顷，畜牧业发展可谓迅速。金世宗时，河南、陕西两地仍然"人稀地广，藁莱满野"，这主要是因为有大面积的牧地。民间畜牧业也有相当规模。如养马业，相州（今河南安阳）人户"家家有马"⑥。海陵王正隆年间欲南侵攻宋，便在民间大括马匹，共征调马 56 万余匹，"仍令户自养饲以俟"⑦。民间养马总数大约超过百万匹，足见当时畜牧业之盛。

畜牧业与土地开垦一样，在它的发展过程中，也会导致森林面积减少。唐宋时期黄河中下游地区畜牧业用地挤占了森林用地，如在鄂尔多斯高原开辟大规模的草场牧地，使该地区的森林用地骤减，造成了土地沙漠化不断加

---

① （宋）文彦博：《乞令团结秦凤泾原番部》，《潞公文集》卷一七，《景印文渊阁四库全书》，台湾商务印书馆，1986 年影印本，集部，第 1100 册，第 686 页。

② （宋）吕陶：《大中大夫武昌程公墓志铭》，《净德集》卷二一，《景印文渊阁四库全书》，台湾商务印书馆，1986 年影印本，集部，第 1098 册，第 177 页。

③ （明）宋濂等：《金史》卷四四《兵》，中华书局，1975，第 1005 页。

④ （明）宋濂等：《金史》卷四四《兵》，中华书局，1975，第 1005 页。

⑤ （明）宋濂等：《金史》卷四七《食货志》，中华书局，1975，第 1050 页。

⑥ （宋）楼钥：《北行日录下》，《攻媿集》卷一一二，《景印文渊阁四库全书》，台湾商务印书馆，1986 年影印本，集部，第 1153 册，第 705 页。

⑦ （明）宋濂等：《金史》卷五《海陵纪》，中华书局，1975，第 110 页。

剧，反过来又极大限制了畜牧业的发展，并导致了严重的后果。本来黄河中游西北部边缘地区畜牧业发达，所需牧地不断增加，畜牧业向山区和坡地发展，过度放牧导致水土流失加剧，造成山地沟壑纵横，如陇东、陕北和晋西北地区。

四　森林资源减少

唐宋社会生产力高度发展，人口不断增加，土地垦殖扩大，畜牧业发达，牧地挤占林地，造成林地不断减少。另外，城市建设以及城市生活所需的薪炭都要消耗大量木材，加剧森林资源的减少。有研究称，唐末全国的森林覆盖率约为33%，从秦汉时算起，平均每100年约减少1.15%[①]。

隋朝至唐朝中期，气候较为暖热湿润，到唐代后期，天气逐渐转寒，春秋霜雪害稼的情况多有出现。朱士光先生说："隋与唐前、中期为接近亚热带的暖润气候，年平均温度高于现代1℃左右，年均降水量也略多于现在；唐后期及五代时期，气候又转向凉干。"[②] 不同的气候条件直接影响森林植被的覆盖面积，唐中期以前适宜的气候条件为森林植被的生长提供了良好的环境。黄河中游的崤山、熊耳山苍松翠柏茂密，伊河、洛水清澈见底，两岸竹树交映，环境宜人。初唐著名诗人宋之问"南登滑台长，却望河淇间，竹树夹流水，孤城对远山"的诗句，描写了黄河、淇水间竹、树密布的景色。陕北南部宜君的玉华山，为子午岭余脉。唐建玉华宫时，就近借山林之胜取材选景，当时这里"丹溪缭绕，璇树玲珑"，"沈沈松嶝，萋萋兰幕"，"月对林垂"，"交藤散绿"[③]。陕北鄜州、三川一带，"恐泥窜蛟龙，登危聚麋鹿"，"漂沙坼岸去，漱壑松柏秃"，"枯查卷拔树，磊块共充塞"，沿途所经，目力所见，松柏多布，麋鹿成群[④]，森林植被覆盖率较高。平日"水会

---

① 樊宝敏、董源：《中国历代森林覆盖率的探讨》，《北京林业大学学报》2001年第4期。

② 朱士光：《黄土高原地区环境变迁及其治理》，黄河水利出版社，1999，第162页。

③ （唐）高宗：《玉华宫山铭》，（清）董诰等编《全唐文》卷一五《高宗》，中华书局，1983，第178页。

④ （唐）杜甫：《三川观水涨二十韵》，《御定全唐诗》卷二一六，《景印文渊阁四库全书》，台湾商务印书馆，1986年影印本，集部，第1425册，第14~15页。

三川漾碧波，雕阴人唱采花歌"[①]。唐中期以后，气候渐趋转冷，一些树木无法生长，森林植被覆盖率下降。唐初陕北绿树成荫的玉华宫到至德二载（757），仅有"溪回松风长，苍鼠窜古瓦"，一片荒草断壁而已[②]。中游地区的关中平原、汾涑平原"森林已彻底破坏，了无存余了"[③]。相比气候变化，人为开发对森林植被的破坏更为严重。人为破坏的原因多种多样，包括垦田、圈占牧地、城市建设、城市生活所需的薪炭增加等。

唐代随着人口的大量增加，垦田活动一片兴旺。陇东"原地"的林地也逐渐被开垦为农田。良原县所在的良原"平林荐草"，榛莽成片，贞元时李元谅率士兵于此"辟美田数十里"[④]。其北泾州城外，"绿杨枝外尽汀洲"[⑤]，也难见次生林木。黄河中下游的泾洛地区在隋代以前，一些山地和原地还存在不少森林草原植被，唐中期以后，大量军队和普通民众涌向该地，使这一地区田地得到大规模开垦。相应地，森林草原面积进一步缩小。此外，牧地的扩大也促使森林草原减少。马政发达，畜牧业繁荣，需增辟一些山地林地为牧地，八马坊监就设在良原西平凉一带及六盘山东西两侧，此地"边草青青战马肥"[⑥]，草地不少。

唐宋是社会经济高度发展的时期，人口激增，城市繁荣。人口日常所需与城市建设所用木材大幅增多。唐长安城、洛阳城是当时著名的大都市，也是都城所在地。二城的修建及城内宫室、官署、民舍的营建耗材甚巨。附近的树木被砍伐一空，又进行远程采伐，许多山区的森林被采空。长安周边在开元时也因为过度伐木，近山无有巨木，不得不求之于华北北部的岚（今

---

① （唐）郑玉：《苹谷》，《御定全唐诗》卷七七二，《景印文渊阁四库全书》，台湾商务印书馆，1986 年影印本，集部，第 1430 册，第 554 页。

② （唐）杜甫：《玉华宫》，《御定全唐诗》卷二一七，《景印文渊阁四库全书》，台湾商务印书馆，1986 年影印本，集部，第 1425 册，第 22 页。

③ 史念海等：《黄土高原森林与草原的变迁》，陕西人民出版社，1985，第 151 页。

④ （宋）欧阳修、宋祁：《新唐书》卷一五六《李元谅传》，中华书局，1975，第 4902 页。

⑤ （唐）李商隐：《安定城楼》，《李义山诗集》卷中，《景印文渊阁四库全书》，台湾商务印书馆，1986 年影印本，集部，第 1082 册，第 34 页。

⑥ （唐）李频：《黎岳集·赠泾州王侍御》，《景印文渊阁四库全书》，台湾商务印书馆，1986 年影印本，集部，第 1083 册，第 44 页。

山西岚县）、胜（今内蒙古准格尔旗）二州①。关中等平原地带几乎没有什么森林可言了。

北宋的人口数量与城市建设不输唐代，薪炭和城市建设所需木材数量也很庞大。五代至北宋初，黄土高原东缘的"火山（保德）、宁化（宁武）之间，山林富饶，财用之薮也，自荷叶坪、芦牙山、雪山一带，直走瓦窑坞，南北百余里、东西五十里，材木薪炭足以供一路"②。宋代中期，中游地区的森林砍伐更为严峻，"（高舜臣兄）祥符中为衙校，董卒数百人，伐木于西山"③；陕府、虢解等州"每年差夫共约二万人，至西京等处采黄河梢木，令人夫于山中寻逐采斫，多为本处居民于人夫未到之先收采已尽，却致人夫贵价于居民处买纳"④。北宋时另一个重要的森林地区，是关中西部的陇山以及陇山以西的渭河上游地区。经北宋一代，渭河上游的采伐地区已逐渐向西经过天水、甘谷等地，最西达到落门镇。⑤ 北宋曾通过黄河支流渭水把陇东山区的木材运往都城开封。过度采伐造成森林锐减。单是都城开封每年就需柴薪一二千万公斤，木炭近 2000 万公斤。据此估算，每年消耗森林近万亩。北宋定都开封 160 余年间，砍伐林木在 160 万亩以上，数字相当惊人。五代至北宋时的太行山区，仅林县（今河南林州）就设有两个伐木场，每场有 600 人，所伐木材用来冶铁烧瓷，使太行山区"松木大半皆童"⑥。沈括亦载："今齐鲁间松林尽矣，渐至太行、京山、江南、松山大半皆童矣。"⑦ 黄河下游平原周边地区因采伐过度，木材蓄积量明显减少。城市建设对木材的需求量也较巨大。这就刺激了木材的交易，加剧了乱砍滥伐的局

---

① （宋）欧阳修、宋祁：《新唐书》卷一六七《裴延龄传》，中华书局，1975，第 5107 页。
② （宋）苏辙：《乞责降韩缜第七状》，《栾城集》卷三七，《景印文渊阁四库全书》，台湾商务印书馆，1986 年影印本，集部，第 1112 册，第 419 页。
③ （宋）张师正：《括异志》卷八《高舜臣》，中华书局，1996，第 86 页。
④ （宋）范纯仁：《条例陕西利害》，《范忠宣集·奏议》卷上，《景印文渊阁四库全书》，台湾商务印书馆，1986 年影印本，集部，第 1104 册，第 750~751 页。
⑤ 史念海：《河山集》（三集），人民出版社，1988，第 138 页。
⑥ 程有为主编《黄河中下游地区水利史》，河南人民出版社，2007，第 141 页。
⑦ （宋）沈括：《杂志一》，《梦溪笔谈》卷二四，《景印文渊阁四库全书》，台湾商务印书馆，1986 年影印本，子部，第 862 册，第 836 页。

面，整个黄河中下游地区森林植被大面积遭破坏。

此外，北宋畜牧业所需牧地也在一定程度上侵占了林地，加之引泾口的不断维修，年需"梢木树百万"以壅堰水，雷简夫虽减少用木 2/3，但仍需数十万根①，致使北山林木减少。天圣六年（1028）三月，澶州（治今河南濮阳）修河桥，却要远用"秦、陇、同州出产松材"②，足见当时森林破坏之广。

金代畜牧业异常发达，这加剧了对林地的破坏。关中蒿莱等草生植被较宋代增加，整个关中"人稀地广，蒿莱满野"③。朝邑县南"林木蓊郁，小径萦纡"④。而乾县梁山之阳，金代还是巡猎之地⑤，灌草复生。

唐宋时期，出于土地开垦、畜牧、薪炭、城市建设、贩售营利及战争等的需要，大肆伐木，森林植被遭到大面积破坏。毁林不但造成巨大的经济损失，更使人类赖以生存的生态环境饱受摧残，如水土流失加重，河流泥沙增多，淤积决口不断，水旱灾害频繁，土地沙化严重，等等。

黄河中下游地区森林屡遭破坏后，沟壑增多，水土流失加剧。据有关调查和推算，在有森林植被的前提下，黄土高原土壤年侵蚀模数很小，只有100~200 吨/平方公里，而毁林开荒，其年侵蚀模数可达 10000~20000 吨/平方公里，增加近百倍。陇东庆阳、平凉，再加上陇西的定西地区，有面积约 7 万平方公里以梁状为主的黄土丘陵沟壑区，一般年侵蚀模数在 8000 吨/平方公里左右⑥。泾水上游森林破坏面积较大，侵蚀模数最强烈，年侵蚀模数可达 10000 吨/平方公里左右。环县北部丘陵沟壑区年侵蚀模数为 7769 吨/平方公里，庆阳北部丘陵沟壑区为 7412 吨/平方公里，陇东黄土高原沟

---

① 嘉靖《耀州志》卷五《官师志》，嘉靖三十六年刻本，第 8 页。
② （清）徐松辑《宋会要辑稿·方域》，中华书局，1957，第 7540 页。
③ （宋）赵秉文：《保大军节度使梁公墓铭》，（清）张金吾编纂《金文最》卷八八《墓碑》，中华书局，1990，第 1280 页。
④ 正德《朝邑县志》卷一《总志第一》引金代赵抃记，清康熙刻正德十四年本，第 3 页。
⑤ 民国《乾县新志》卷八《事类志》引《大金皇弟经略郎君行记》，1941 年铅印本，第 2 页。
⑥ 山西大学黄土高原地理研究所：《黄土高原整治研究——黄土高原环境问题与定位试验研究》，科学出版社，1992，第 13~14、18 页。

垦区为 5746 吨/平方公里。而黄龙山、子午岭、关山（六盘山脉）土石山地森林区年侵蚀模数分别是 238 吨/平方公里、500 吨/平方公里、800 吨/平方公里。[1] 森林覆盖率的多少直接影响侵蚀程度，森林的作用可谓巨大。森林的减少不仅造成水土流失加剧，而且后续影响严重。水土流失造成大量的泥沙淤积河道，河患频增。今黄河下游成为"悬河"，正是历史上包括唐宋时期泥沙淤积所造成的。"流经黄土高原的黄河，由于沿流落差较大，水流湍急，这样多的泥沙还不至于显出问题，等到流至下游，水流渐缓，泥沙随处沉淀，河床不断抬高，形成悬河，一遇大水，就容易决口泛滥，造成更大的危害，千百年来黄河灾难时有所闻，其主要原因实在于此。"[2] 河水含沙量大，暴涨暴落，泛滥不断。河流泥沙较多，还使众多湖泽面积缩小或消失。泾洛下游的阳华（华泽、赤岸泽等）及其他诸湖的湮废就是如此。宋金时期黄河中游植被遭到比隋唐时期更剧烈的破坏，深刻影响了社会经济的持续发展，给后代留下了难以逆转的隐患。

黄河泥沙增多对下游造成的危害极大，使黄河下游洪水灾害不断，"甚至黄河下游的大野等大湖泽的消失，也是包括泾洛流域在内黄土高原水土流失、河道变迁、泥沙淤积的结果"[3]。唐宋较先秦、秦汉河患大为频繁，先秦时仅发生过 7 次满溢、1 次改道。西汉时，黄河下游发生 3 次满溢、7 次决口、2 次改道，共发生 12 次河患。东汉至隋的 500 多年间，黄河出现了相对安流的局面。唐宋时期，河患远超以前各代，平均每 10 年发生 5 次以上。[4] 唐时洛水、华池水等流域经过农业开垦而林木减少，洪水时"漂沙圻岸去，漱垫松柏秃"。由于森林被覆减少，河流形成冬枯夏涨、暴涨暴落的特点。甘泉境内的洛水支流，"春夏盈而秋冬涸"。洛水冬春时仅"水深二三尺，面阔七八丈"，可涉足而过，而夏季暴涨时，河川"一望无涯，浪高

---

① 中国科学院黄土高原综合科学考察队编《黄土高原地区综合治理开发分区研究》，中国经济出版社，1990，第 87 页。
② 史念海：《河山集》（三集），人民出版社，1988，第 152~153 页。
③ 王元林：《泾洛流域自然环境变迁研究》，中华书局，2005，第 445 页。
④ 王元林：《泾洛流域自然环境变迁研究》，中华书局，2005，第 442 页。

一二丈"。泾水经过的崇信县各河"旱则河水清盈，汗下欲涓滴"，"潦则汹涌奔腾"，水势浩大，汹涌澎湃，"漫无抑制"，洪涝特征十分明显。暴涨暴落，河患日益增加。平凉、泾川、灵台、镇原、庆阳、环县、宁州、正宁、合水、邠州等县城旁都发生过河患。而且，河道泛滥愈甚。洛水流域的保安、鄜州、黄陵、同州发生过多次河水侵城的事件。洛水频繁泛滥使鄜州城不断内缩。① 森林的减少还使各种自然灾害日益增多。除上文所述洪灾外，旱灾、雹灾、霜冻、风沙、蝗灾等灾害并发。唐宋时期是各种灾害的多发期。唐代旱灾年达110次，涝灾65次（其中旱涝同年22次），雹灾30次，霜雪冻48次，蝗灾（包括五代）21次。北宋初期，不足五六十年，却发生旱灾20次，雨涝12次，蝗灾9次，雹灾霜冻也发生不少。② 森林缩减，水土流失加剧，自然灾害增多，生态环境更加脆弱。

森林资源的日益减少带来的另一个危害是土地沙化严重，黄土高原是最好的例证。黄土高原生态平衡失调促成其北部沙漠逐渐扩大，并向南侵移。现在陕西靖边县北的白城子，于唐时为夏州治所③，这里本是十六国时郝连勃勃所建立的夏国都城。郝连勃勃之所以选择在这里建都，主要是因为当地附近有森林葱郁的青山和清澈的河流，可算山清水秀④。唐朝末年，沙漠已见于记载。长庆二年（822）十月，"夏州大风，飞沙为堆，高及城堞"⑤。唐朝以后，这里的森林植被并没有恢复，沙漠逐渐扩大，进而淹没附近的草原。这对后世的影响极其不利。

五　黄河及其支流的开发与利用

唐宋时期，黄河及其支流得到了充分的开发与利用，黄河中下游地区再

---

① 王元林：《泾洛流域自然环境变迁研究》，中华书局，2005，第444~445页。

② 王元林：《泾洛流域自然环境变迁研究》，中华书局，2005，第444页。

③ （唐）李吉甫撰，贺次君点校《元和郡县图志》卷四《关内道·夏州》，中华书局，1983，第99页。

④ （唐）李吉甫撰，贺次君点校《元和郡县图志》卷四《关内道·夏州》，中华书局，1983，第100~101页。

⑤ （宋）欧阳修、宋祁：《新唐书》卷三五《五行二》，中华书局，1975，第901页。

次出现了兴修水利工程的高潮，农田水利事业得到发展，隋唐贯通南北的大运河促进了经济的繁荣发展。

隋朝十分重视自然河流的开发和利用，水利事业相当发达。黄河中下游地区河流众多，统治者利用这些河流大兴水利工程，发展农业。这些工程大多集中在关中地区。如在冯翊郡下邽县（今陕西渭南北）有金氏陂，京兆郡的泾阳县有茂农渠，华阴县有白渠，武功县有水丰渠和普济渠①。尚书元晖又在武功县境内"决杜阳水灌三畤原，溉舄卤之地数千顷"②。在河东的蒲州（今山西永济），刺史卢贲"决沁水东注"，兴修了利民渠和温润渠，"以溉舄卤，民赖其利"③。隋文帝仁寿三年（603），于河南府济源（今河南济源）引济水灌溉而成白丈沟。这些水利工程均有利于当地农业生产的发展。

唐朝统治者对自然河流的开发和利用非常重视，水利事业一度兴旺。在尚书省之下专门设置水部，职"掌天下川渎陂泽之政令，以导达沟洫，堰决河渠，凡舟楫灌溉之利，咸总而举之"。又有都水监，执"掌川泽津梁之政令，总舟楫、河渠二署之官属，凡虞衡之采捕，渠堰陂池之坏决，水田斗门灌溉，皆行其政令"④。对京畿地区的河渠，如泾水、渭水和白渠，规定由"京兆少尹一人督视"，各渠设"渠长、斗门长"，"兴成、五门、六门、龙首、泾堰、滋堤，凡六堰，皆有丞一人"⑤，负责渠堰的管理与维修。由此可见，唐朝形成了一整套管理水利的职官队伍。由于唐朝对水利事业的重视，黄河中下游地区的一些水利工程兴建起来。据《新唐书·地理志》记载，关内道的水利工程有 25 处，其中 13 处是天宝十三载以前修建的；河东道有 17 处水利工程，其中 16 处也为这一时期所兴修；都畿道及河南道黄河水系的水利工程共 11 处，其中 10 处是天宝十三载以前兴建的。安史之乱

① （唐）魏征、令狐德棻：《隋书》卷二九《地理上》，中华书局，1973，第 808~809 页。
② （唐）魏征、令狐德棻：《隋书》卷四六《元晖传》，中华书局，1973，第 1256 页。
③ （唐）魏征、令狐德棻：《隋书》卷三八《卢贲传》，中华书局，1973，第 1143 页。
④ （后晋）刘昫等：《旧唐书》卷四四《职官志》，中华书局，1975，第 1897 页。
⑤ （宋）欧阳修、宋祁：《新唐书》卷四八《百官三》，中华书局，1975，第 1277 页。

后，黄河中下游地区的水利事业走向衰落。

黄河中下游地区利用自然河流兴修的水利较多，上文所述的关内道、都畿道、河南道、河东道均是如此。关内道是黄河中下游地区水利最兴盛的地区，京兆府（今陕西西安）、华州（今陕西渭南市华州区）、同州（今陕西大荔县）、坊州（今陕西黄陵县西南）、凤翔府（今陕西宝鸡凤翔区）、陇州（今陕西陇县）、夏州（今陕西靖边县白城子）等地，均兴办有水利工程。黄河及其支流渭水、泾水、北洛水以及长安附近的沣、镐、灞、浐、涝诸水，几乎都进行了水利开发。以都城长安为中心，周围附近地区已形成了水利网络。关内道大型水利工程就有很多：京兆府的水利工程有郑白渠（即战国至汉代已经存在的郑国渠和白渠）和六门堰。开元七年（719），同州刺史姜师度又于朝邑（今陕西大荔东南）、河西（今陕西合阳东南）两县界，就古通灵陂，择地因洛水及堰黄河灌之，以种稻田，凡 2000 余顷。这是利用黄河与北洛水而兴建的农田水利工程。在夏州的朔方（今陕西榆林横山区西）境内，"贞元七年（791），开延化渠，引乌水入库狄泽，溉田二百顷"[1]。

都畿道和河南道的水利工程也较发达。在安史之乱平定不久的广德元年（763），怀州刺史杨承仙即"浚决古沟，引丹水以溉田"[2]。宝历元年（825）前后，河阳节度使崔弘礼"治河内秦渠，溉田千顷，岁收入八万斛"[3]。

河东道（今山西省）也是唐代的重要农业区。由于太原是李渊的起家之地，唐朝建立后以此为北都，因而河东地区的农田水利很发达。据《新唐书》卷三九《地理三》记载，太原府的太原县、文水县，河中府的龙门县、虞乡县，绛州的曲沃县、闻喜县，晋州的临汾县和泽州的高平县，都兴修有水利工程。武德二年（619），汾州刺史萧颋开常渠，引文水南流如汾

----

① （宋）欧阳修、宋祁：《新唐书》卷三七《地理一》，中华书局，1975，第 973 页。
② （唐）独孤及：《唐故开府仪同三司试太常卿怀州刺史赠太子少傅杨公遗爱碑颂》，《毗陵集》卷八，《景印文渊阁四库全书》，台湾商务印书馆，1986 年影印本，集部，第 1072 册，第 218 页。
③ （宋）欧阳修、宋祁：《新唐书》卷一六四《崔弘礼传》，中华书局，1975，第 5051 页。

州（今山西汾阳）。在文水县西北 10 公里处开凿有栅城渠。开元二年（714），县令戴谦又开凿甘泉渠、荡沙渠、灵长渠、千亩渠等，"溉田数千顷"①。其他还有虞乡县（今山西永济市）的涑水渠，龙门县（今山西河津东南）的瓜谷山堰、十石垆渠和马鞍坞渠，临汾县（今山西临汾市西南）的高梁渠、夏柴堰和百金泊，曲沃县的新绛渠，等等。

　　北宋立国，结束了唐末五代的动乱分裂局面。统治者致力于恢复和发展社会经济，黄河中下游地区再次出现了一个兴修水利的高潮。在黄河下游地区，人们利用黄河的水沙资源，实行了大规模的引黄放淤。北宋时期黄河中游地区最著名的水利工程是关中的引泾灌渠整修。熙宁五年（1072），宋神宗曾对王安石说："三白渠为利尤大，兼有旧迹，自可极力兴修。"② 陕西提举常平杨蟠和泾阳知县侯可提出开石方案，都水监丞周良孺进行了实地考察，同意"自石门创口至三限口合入白渠"。这项工程得到王安石和宋神宗的重视，同意"捐常平息钱助民兴作"③。这次改建"自仲山旁凿石渠，引泾水东南与小郑泉会，下流合白渠。鸠工自熙宁七年秋，至次年春，渠之已凿者十之三"④，未能完工。大观间，三白渠"堰与堤防圮坏，溉田之利名存而实废者十之八九"。秦凤路经略使穆京奏请开修洪口石渠。朝廷委派永兴军提举常平使者赵仵主持三白渠改建工程⑤。工程规模宏大。此外，大中祥符七年（1014），泾原都钤辖曹玮就渭北古池"竣为渠，令民导以溉田"。熙宁五年，提举陕西常平沈披"乞复京兆府武功县古迹六门堰，于石渠南二百步傍为土洞，以木为门，回改河流，溉田三百四十里"⑥。

---

① （宋）欧阳修、宋祁：《新唐书》卷三九《地理三》，中华书局，1975，第 1004 页。

② （宋）李焘：《续资治通鉴长编》卷二三七，熙宁五年八月丁酉，中华书局，1979，第 2281 页。

③ （宋）李焘：《续资治通鉴长编》卷二四〇，熙宁五年十一月壬戌，中华书局，1979，第 2243 页。

④ （宋）佚名：《丰利渠开渠记略碑》，左慧元编《黄河金石录》，黄河水利出版社，1999，第 13 页。

⑤ （宋）蔡溥：《开修洪口石渠题名碑》，左慧元编《黄河金石录》，黄河水利出版社，1999，第 15~16 页。

⑥ （元）脱脱等：《宋史》卷九五《河渠五》，中华书局，1977，第 2369~2370 页。

金代统治者也曾兴修水利。丹沁灌区在金末元初的战乱中受到严重破坏。中统元年（1260），在怀孟路（治今河南沁阳）地方官谭澄主持下，开始重建引沁灌区的唐温渠①。次年，元世祖忽必烈下诏，继续在沁水下游修建广济渠。这项工程由提举王允中、大使杨端仁督修，募丁1651人，从太行山南麓引沁水入河。

大运河的开凿是这一时期对黄河及其支流开发与利用的主要体现。隋炀帝开凿了沟通南北的大运河，其通济渠段下接邗沟和江南运河，构成了一个系统。永济渠则是单独通到涿郡（今北京）。通济渠是隋炀帝开凿最早的运河，即位的第一年就动工，当年通航。通济渠由洛阳西苑引谷、洛水入河，又由板渚（今河南荥阳市境）分河东南行，逶迤入淮②。通济渠在唐宋时期称为汴渠或汴河，是当时交通的命脉。永济渠开凿于大业四年（608），在河南境内引沁水入河，北通于涿郡③。这条渠道是在曹魏旧渠的基础上并利用部分天然河道建成的，它南引沁水通于河，北分沁水一部分与前代的清河、白沟相接，经过汲黎阳（今浚县境）、临河（今浚县东）、内黄、魏（今大名西）、馆陶、临清、清河、武城、长河（今德州）、东光、南皮、清池（今沧州东南）等地，至今天津附近，再西北行，最后到达涿郡所在地蓟城。永济渠长约2000里，和通济渠相差无几，能通大型龙舟，通航能力相当可观。通济渠和永济渠的通航，对南北交通起了重要作用。江淮地区的大批粮食和财货，经过山阳渎、通济渠进入黄河，再溯河西上，源源不断地运至洛阳和长安一带。同时，从通济渠口渡过黄河，沿着永济渠可达北方重镇涿郡。

第五节　元明清时期社会生产的发展
与生态环境持续退化

元明清时期是中国古代社会的后期发展阶段，也是中国古代社会发展最

---

① （明）宋濂等：《元史》卷一九一《谭澄传》，中华书局，1976，第4356页。
② （唐）魏征、令狐德棻：《隋书》卷三《炀帝纪》，中华书局，1973，第63页。
③ （唐）魏征、令狐德棻：《隋书》卷三《炀帝纪》，中华书局，1973，第70页。

为繁荣的时期。这一时期，人口持续增长，农业技术不断提高，土地垦殖继续发展，畜牧业平稳发展，玉米、番薯、马铃薯等高产农作物被引进。然而，与此同时，随着社会生产力的日益提高，生态环境也在逐渐变化，土地沙化，森林资源持续减少，黄河及其支流的开发与利用弱化，生态环境持续退化。

一　人口激增与农业生产技术的提高

1. 人口激增

从总体趋势而言，元明清时期人口快速增加。至元二十八年（1291），全国有1343万余户，近5985万口，两年后增至1400万余户[①]。当代学者认为："元代人口最多的年代在元顺帝初期，当超过八千万以上，与金和南宋最高数字的总和差不多。"[②] 明初，朱元璋为恢复生产，鼓励人口生育，据《明太祖实录》记载，洪武二十六年（1393）的户口数与国初相比，大幅增加，黄河中下游地区增幅相当明显。明朝中后期持续增加。何炳棣根据资料，就洪武二十六年和嘉靖二十一年（1542）两个户口数字加以对比，发现北方人口有较大增长。他计算出北方5省的人口年均增长率是3.4‰，进而推测万历二十八年（1600）总人口数约为1.5亿。赵冈赞认为何炳棣估计得过于保守，指出明代人口年增长率不会低于6‰，万历十八年（1590）达到人口高峰时有2亿左右。高寿仙等对明代人口增长率重新作了全面考察，综合南北各地区的情况，总结出明代人口平均增长率约为4.1‰，到崇祯三年（1630）约有人口1.92亿，并认为南方人口增长率低于北方[③]，也就是说，北方的人口年平均增长率高于4.1‰，增长速度更快。

清代人口增长迅速，原因是多方面的。清前期较为稳定清明的国内环境为经济发展和人口增长提供了机遇；中国传统的多育观念和家庭结构也是人口激增的重要因素。清前期的两个重要制度更为人口增加创造了条件。一是

---

① （明）宋濂等：《元史》卷一六、一七《世祖本纪》，中华书局，1976，第354、376页。
② 韩儒林主编《元朝史》上册，人民出版社，1986，第382页。
③ 高寿仙：《明代农业经济与农村社会》，黄山书社，2006，第39~40页。

康熙时的"盛世滋生人丁，永不加赋"；二是雍正时的"摊丁入亩"，彻底废除人头税，消除了多生人口多纳税的惯例，为清代人口的激增奠定了制度基础。乾隆六年（1741）全国共有 1.4 亿多人①，乾隆二十七年（1762）人口突破 2 亿，乾隆五十五年（1790）人口突破 3 亿，至道光十四年（1834）人口达到 4 亿。每 30 余年新增近 1 亿人口，增速惊人。其中，黄河中下游地区是增速过快的典型地区。河南省乾隆年间人口约为 347 万，嘉庆年间达到 2400 多万口；山东省乾隆十四年（1749）人口数为 2400 余万，道光二十年（1840）将近 3241 万；陕西省清初人口不足 200 万，至道光二十年达到 1197 万；山西省乾隆四十一年（1776）人口数大约 1226 万，至嘉庆二十五年（1820）近 1434 万。由于人口增长过快，有些学者认为当时人口已经过剩。"人口过剩的恶果，就社会而言，导致人口的流迁和社会矛盾的加剧，就人与自然的关系而言，导致土地资源的过量开发和生态环境的恶化。"②

2.农业生产技术的提高

元统治者窝阔台接受耶律楚材的建议，大力发展农业生产。忽必烈即位后大力鼓励开荒，发展农业。这一时期，农具也有所创新。麦钐、麦绰、麦笼等收麦工具的出现，使人们收获麦子省时省力。耘耙、跖铧等翻土农具，进一步提高了耕作效率。

明代农业技术缺乏突破性革新，但仍有发展。与前代相比，明代农业经营和生产技术取得明显进步。在农具方面，锄、镰等小农具陆续采用了"生铁淋口"的制作方法，即利用熔化的生铁作熟铁的渗碳剂，使熟铁农具的刃口表面蒙上一定厚度的生铁熔复层和渗碳层③。用这种方法制造农具，既方便、省时、成本低，又韧性好、锋刃快、经久耐用。明代后期还出现了一些新的农具。宋应星在《天工开物》中曾言："若耕后牛穷，制成磨耙，

---

① 《清高宗实录》卷一五七，中华书局，1985，第 1256 页。
② 程有为主编《黄河中下游地区水利史》，河南人民出版社，2007，第 235 页。
③ （明）宋应星：《天工开物》卷中《吹锻第十·锄镈·鎈·锥》，商务印书馆，1933，第 188 页。

两人肩手磨轧，则一日敌三牛之力也。"[1] 成化时期，陕西总督李衍经反复钻研，制成"木牛"五种，分别称为坐犁、推犁、抬犁、抗犁、肩犁，每犁使用两三个人，每天可耕地三四亩，而且可以适应山丘、平地和水田等不同的耕作条件[2]。农业技术的提高还体现在土壤改良方面。明代中后期，北直隶、山东等地在治碱、土壤改良方面积累了丰富的经验。如万历时期，山东等地农民利用换土掘沟的方法治碱。吕坤说："沙薄者，一尺之下常湿；斥卤者，一尺之下不碱……山东之民掘碱地一方，径尺深尺，换以好土，种以瓜瓠，往往收成，明年再换。"[3]

　　明代中后期，人们注重培育和选用良种，这是提高作物产量的重要途径之一。宋代传入中国的占城稻粒大味甘，是早稻中的佳品，到了明代，这一品种的播种地域大为扩展，甚至北方也"种者甚多"。对于作物与土壤之间的关系，明代有了更加明确的了解。马一龙《农说》指出"常治者气必衰，再易者功必倍"，也就是说，常种一种作物会影响地力，降低收成，与其他作物轮种，则有利于保持地力，增加产量。[4] 该书还记载有防治病虫害的新技术，即通过灌溉来解决田间湿热郁闷的状态，调节田间温度湿度，来抑制虫害的发生。

　　清代在农业技术方面相较于明代没有明显突破，在农具和耕作方法上仍有改进和提高。如《马首农言》曰："然也有特用深犁者，地力不齐也。"[5]说明当时已有深耕犁。深耕犁的出现，反映了耕作技术的进步。清代出现了漏锄，这是适应北方地区的中耕除草工具，可以锄地不翻土，锄过之后土地平整，且使用方便，关中地区使用尤多。新式农具的出现和耕作技术的进步促进了农业的发展，为荒地、林地、山地的开垦创造了条件。

---

① （明）宋应星：《天工开物》卷上《乃粒第一·稻工》，商务印书馆，1933，第3页。

② 高寿仙：《明代农业经济与农村社会》，黄山书社，2006，第66页。

③ 道光《观城县志》卷一〇《杂事志·治碱》，清抄本，第11页。

④ 转引自高寿仙《明代农业经济与农村社会》，黄山书社，2006，第68页。

⑤ （清）祁寯藻著，高恩广、胡辅华注释《马首农言注释·种植》，农业出版社，1999，第18页。

二 土地垦殖

元明清时期，人口快速增长，不得不寻找新的土地以解决吃饭问题，于是人们不断开垦荒地、山地、林地，政府也制定相应的政策鼓励垦殖。《明律》规定：无主荒地可听民开垦，以为永业；凡还乡复业者，可免税三年。甚至还规定，对新开荒地，"祖宗朝听民尽力开耕，永不起科，若有占夺投献者，悉照前例问发"①。以永远免税的优待条件鼓励民人开垦土地。在优惠政策的鼓励下，大量流民、贫民纷纷开垦山地、林地，种植粮食作物。

在国家鼓励垦殖政策的支持下，出现了土地开垦的高潮，大量的牧场被开垦为农田，陕西延绥、榆林尤其如此。明朝在与蒙古的较量中放弃河套，此后，陕北成为防御蒙古诸部入侵的唯一一道防线，其军事地位迅速提高，大兴屯田。蒙古又屡屡犯边，明政府大修九边和长城，大量军民来到陕北一带，生计所需，大量开垦土地，屯兵每人应垦田有百亩之多。② 明代还推行"开中法"，大批商贾为了得到盐引，来到陕北等地开垦土地。据嘉靖年间统计，延安卫有屯地 3053 顷 83 亩，绥德卫有屯地 6698 顷 40 亩，榆林卫有屯地 27965 顷，三卫屯地共计 37717 顷 23 亩，已超过延安府民地 37563 顷 57 亩的数额。③ 万历年间，三卫尤其是榆林卫和绥德卫的屯地进步一增加。据万历《延绥镇志》卷二载，榆林卫的额设屯田数为 34640 顷，绥德卫为 34200 顷。这一带的土地开垦既深且广，达到了"即山之悬崖峭壁，无尺寸不耕"④ 的程度。由于陕北黄土高原缺水，树木一旦被砍伐，就很难恢复，也并不适合农耕，所以垦田的结果，既破坏了原有的森林和草地，也很难达到理想的农耕效果，进而造成生态环境的恶化。譬如明代中期，延绥镇

---

① 怀效锋点校《大明律》附录《真犯死罪充军为民例》，法律出版社，1998，第 200 页。
② （明）潘潢：《议处全陕屯田以足兵食事》，（明）陈子龙等选辑《明经世文编》卷一九九，中华书局，1962，第 2084～2085 页。
③ 嘉靖《陕西通志》卷三四《民物二·田赋·附屯田》，三秦出版社，2006，第 1875、1878、1879 页。
④ （明）庞尚鹏：《清理山西三关屯田疏》，（明）陈子龙等选辑《明经世文编》卷三五九，中华书局，1962，第 3870 页。

"镇城一望黄沙，弥漫无际，寸草不生，猝遇大风，即有一二可耕之地，曾不终朝，尽为沙碛，疆界茫然。至于河水横流，东西冲陷者，亦往往有之"①。延安府，弘治年间林业也被砍伐殆尽，"峰头辟土耕成地，崖畔剜窑住作家。濯濯万山无草木，萧萧千里少禽鸦"②。

伴随着屯田活动，出现了大面积荒废土地的现象。明孝宗弘治年间，固原东北花马池附近撂荒不下万顷。③ 明穆宗隆庆年间延绥沿边的膏腴之地，"无虑者数万顷"④。由于滥垦和撂荒，长城以内的草原几乎被破坏殆尽，致使毛乌素沙漠不断向南推进，宁夏河东地区在明代中叶已沦为沙地。⑤ 陕北屯田活动持续到明末。明清之际，原来苑马寺所在的宗水、临川、西宁、巴川、暖川等地，"枣梨成林，膏腴相望""高屋、庄田、水磨、斗车，种麦、豆、青稞"⑥，已是另一番景象，固原、花马池、定边及延绥、榆林等地原有的草地也被开垦为农田。清朝也是如此，特别是康熙以后，农业垦殖规模又逐渐扩大，农区再次向北扩展，牧区退缩，畜牧业比重进一步降低。很多天然草场的被毁，进一步破坏了生态平衡。明嘉靖年间，陕西省韩城县对田赋进行了调整，"壤溉者，剜赋上，坦者中，颇者下，濒之颇者为下下"⑦。但韩城县山多地少，1100多平方公里山区的面积约占总面积的69%，且分布了453个村落，其密度为每平方公里0.41个，几乎接近了川塬地区村庄的密度。在地狭人稠的情况下，竞争变得越发激烈，在土地价格及农业耕作成本上升之后，川塬地区的家族或宗族不得不向土地价格更加低廉、地理位

① （明）庞尚鹏：《清理延绥屯田疏》，（明）陈子龙等选辑《明经世文编》卷三五九，中华书局，1962，第3875页。

② （明）李延寿：《初入郡境延绥道中》，弘治《延安府志》卷一《诗文》，陕西省图书馆西安市古旧书店，1962年影印本。

③ （明）秦纮：《论固原边事疏》，（明）陈子龙等选辑《明经世文编》卷六八，中华书局，1962，第576页。

④ （明）庞尚鹏：《清理延绥屯田疏》，（明）陈子龙等选辑《明经世文编》卷三五九，中华书局，1962，第3875页。

⑤ 李润乾：《古代西北地区生态环境变化及其原因分析》，《西安财经学院学报》2005年第4期。

⑥ （清）梁份著，赵盛世等校注《秦边纪略》卷一，青海人民出版社，1987，第59、69页。

⑦ 万历《韩城县志》卷二《赋役》，万历三十五年刻本，第19页。

置更加偏远的山区转移部分劳动力。官方法令出于安置人口的需要开放入山垦荒的制度限制，但这并未起到持续地安置人口的作用，反倒引起人口的过度剩余，陷入相互竞争之中，自然资源一次性开发之后，山川颓败。特别是韩城地区北部山区的土壤以紫色土为主，质地轻，孔隙大，漏水漏肥，生态环境极易受到破坏。官方管理缺位和法令的简单化，成为持续推动民众探求廉价的自然资源的内在动力之一，山区发展陷入低水平开发的恶性循环，混乱开发，民力滥用造成生态环境恶化[1]。

清代土地开垦的力度较之元明有过之而无不及。随着人口的陡增，人地矛盾日趋尖锐。河南省人均地亩从顺治十八年（1661）的 41.76 亩骤降至嘉庆十七年（1812）的 3.13 亩[2]。在人口与人均地亩的反向消长的情况下，政府鼓励民人开荒垦种。顺治六年（1649），"定州县以劝垦之多寡为优劣，道府以督摧之勤惰为殿最，每岁终载入考成"。康熙三年（1664），题准同知、通判"劝民开垦者，照州县例议叙。署印官亦一例议叙"。又放宽起科年限，清初对新垦土地采取次年回收给拨牛种之半三年起科的办法，后逐渐放宽。雍正元年（1723）下令"开垦水田，以六年起科；旱田以十年起科，永著为令"[3]。雍正又谕户部令民间自行垦种："膏腴荒弃，岂不可惜？嗣后凡有可垦之处，听民相度自垦，地方官不得勒索，胥吏不得阻挠，百姓开垦多者准令议叙。此成宪也。"这就将百姓随意开垦以法定的形式固定下来[4]。乾隆二年（1737），清廷再次申令各地，开垦荒土，免其升科。乾隆五年又谕："山多田少之区，其山头地角闲土尚多……凡边省内地零星地土可以开垦者，悉听本地民夷垦种，免其升科。"[5] 川陕总督鄂海在康熙支持下"招募客民于各边邑开荒种山，邑多设有招徕馆"[6]。陕西省在乾隆二年鼓励开

---

① 黄德海、刘亚娟：《明清时期韩城地区山庄子的历史变迁——以党家村为例》，《西北大学学报》（哲学社会科学版）2006 年第 3 期。

② 梁方仲：《中国历代户口、田地、田赋统计》，上海人民出版社，1980，第 391、400 页。

③ 光绪《钦定大清会典事例》卷三五《户部·田赋二·开垦》，光绪二十五年石印本。

④ （清）张鹏飞：《关中水利议》，关中丛书本，第 12 页。

⑤ 光绪《钦定大清会典事例》卷一六四《户部·田赋二·免课田地》，光绪二十五年石印本。

⑥ （清）严如煜：《三省山内风土杂识》，《中国风土志丛刊》，中华书局，1985，第 30 页。

荒的政策出台后，也题明：五亩以下永不升科，五亩以上如系瘠土，二三亩折算一亩，十年之后方纳钱粮。在具体的实施中，巡抚陈弘谋又多次申饬地方各属开垦山地，"凡尔士民当以食指繁多，得业艰难之时，正可以于无主间空山地，端力开种，以广生计，垦得一亩，既有一亩之收，可以养活家口"，日久成熟便成为世业。陈弘谋还安慰垦民道："如一二年后无收，仍可歇耕，另垦另处。"① 并声称："倘有阻挠不许开垦，或开垦后方出占多及胥吏棍勒报需索者，许其赴官告究。"农业社会，纳赋升科是国家财政收入的主要来源之一，也是农民最大的经济负担。开垦地亩不予升科，会极大调动农民的开垦积极性，尤其是"零星地亩概不升科，报告给照，永为己业"的政策规定，更推动了山地垦殖。

随着垦殖深入推进，陕西榆林地区本不适宜垦殖的土地也被大量开垦。顺治十年（1653），为加强长城沿边的屯垦，三边总督孟乔芳下令增调步兵及大批牛犋、籽种、银两，在延绥镇、榆林道属、神木道属、靖边道属展开屯垦。据《陕西省民赋役全书》载，自顺治七年至十一年的四年中，共垦田11171顷，这在全国也是数一数二的②。再据雍正《陕西通志》卷三七《屯运一》保存的记录，榆林府属原额屯地43261.457顷，除荒外，实熟地为3491.693顷。无论是屯地还是熟地，数量都很庞大。

康熙年间，取消了清初规定鄂尔多斯南面长城边墙外五十里为禁留地的禁令，榆林地区由前代的边地变为内地。康熙三十六年（1697）三月，准贝勒松拉普等人面奏"愿与内地民人合伙种地，两有裨益等情"，谕令："有百姓愿出口耕种田，准其出口同种，勿令争斗，倘有争斗之事，或蒙古欺压民人之处，即行停止。"此禁一开，大批汉民到长城以北同蒙古牧民合伙垦种"伙盘地"③。据清道光二十一年（1841）编修的《榆林府志》统计，长城沿线的府谷、神木、榆林、怀远四县当时在长城内的村庄有2500

① （清）陈弘谋：《陕抚陈公申饬官箴言》，乾隆《镇安县志》卷一〇《艺文》，《中国方志丛书》，成文出版社，1969年影印本，第371~372页。

② 郭松义、张泽咸：《中国屯垦史》，台北：文津出版社，1997，第307页。

③ 榆林市志编纂委员会编《榆林市志》卷一《大事记》，三秦出版社，1996，第17页。

个，而长城外的"伙盘"亦有 1515 个。

此外，诸如甘薯、马铃薯、玉米等外来农作物的引种也加剧了对山地的垦殖。乾隆十年（1745）十二月陕西巡抚陈宏谋发布《劝民领种甘薯谕》称："前曾刊发告示劝种甘薯，并令各官就便寻觅薯种试种，……其榆林、延安、绥德……或边地严寒，或隔省较远，俟近各处种成，由近及远，再为推广。"① 自此以后许多地方官都大力劝民种薯，道光以后，陕南山区种植尤多。② 之所以推广，主要在于它们的耐旱、耐寒、易种的特性，对土质要求不高，玉米传入后，在高岗山坡、深山老林等地方都能种植。清人包世臣在《齐民四术》中曾言："玉黍，生地、瓦砾、山场皆可植。其嵌石罅，尤耐旱。宜勤锄，不须厚粪，旱甚亦宜溉，……收成至盛，工本轻，为旱种之最。"③ 较之玉米，番薯、马铃薯对土壤条件的要求更低，适应能力更强，山地、丘陵、沙地皆可种植。那些土壤贫瘠、气温低下、连玉米都不易生长的高寒山区，可种植洋芋、玉黍，"（山）地极高寒，不产稻麦，居民种洋芋、玉黍为生"④。由于玉米、番薯等作物的易种性，许多山林、冷寒地带的荒地得到垦殖，人们甚至不惜烧山毁林。陕西《洵阳县志》记述，江楚居民从土人租荒山，烧山播种玉米⑤。在此条件下，国家耕地面积大大增加，"从雍正二年到光绪十三年的一百五十余间耕地面积增加了 26.03%，计 1.883437 亿亩，而这段时间正是美洲新作物的快速推广种植期，因之而新开垦的土地必占有相当大的份额"⑥。也正是在这一时段，玉米、番薯等外来农作物在黄河中下游地区得到普遍推广和种植。

---

① 耿占军：《清代陕西农业地理研究》，西北大学出版社，1996，第 89~90 页。
② 王社教：《明清时期西北地区环境变化与农业结构调整》，《陕西师范大学学报》（哲学社会科学版）2006 年第 1 期。
③ （清）包世臣：《齐民四术》卷一《农政·辨谷》，中华书局，2001，第 6 页。
④ 同治《宜都县志》卷一《山川》，同治五年刻本，第 5 页。
⑤ 乾隆《洵阳县志》卷一一《物产》，乾隆四十八年刻本，第 13~14 页。
⑥ 郑南：《美洲原产作物的传入及其对中国社会影响问题的研究》，博士学位论文，浙江大学，2009，第 144 页。

　　明清时期对陕北地区的过度开垦，使这一地区沙漠化程度加深。从明代修长城至万历朝的 130 多年间，长城沿线屡屡发生建筑物为沙所埋的现象就是最好的证明。陕北宁夏东南的长城沿线，在明成化、嘉靖年间曾记载一些地方的自然环境呈草原特色，其后由于屯垦和战争等，植被大量被破坏，出现沙化。庞尚鹏《清理延绥屯田疏》云，榆林镇"东西延袤一千五百里，其间筑土墙勘护耕者仅十之三四，……其镇城一望黄沙，弥漫无际，寸草不生，岁遇大风，即有一二可耕之地，曾不终朝，尽为沙碛，疆界茫然"①。说明在明代后期榆林地区已经发生了严重的土地沙化现象。嘉靖时，杨守谦在论及修复长城时说："夫使边垣可驻而扎可守也，奈何龙沙漠漠，亘千余里，筑之难成。大风扬沙，瞬息寻丈。"② 而长城所经过的榆林镇当时也已身处沙漠中了，所谓"四望黄沙，不产五谷"③。这些都是明代后期土地已出现严重沙化的力证。清代对这一地区采取封闭政策，以长城为界，限制蒙汉两个民族的农牧活动，政府一再发布禁令，禁止开荒，特别是长城外 50 公里以内不能开荒，也不允许蒙人放牧，时称"黑界地"。这一时期界内沙篙、柠条、红柳、沙柳丛生，植被得以复苏。18 世纪中叶开放蒙垦后，大规模移民开垦使生态平衡又遭破坏，特别是 19 世纪末天主教会的招民开垦，更加速了这一地区的沙漠化。黄土高原实行屯田，使夏州一带的黄沙迅速扩张至榆林等地④。当社会以发展为要务时，政策往往鼓励人们开垦土地，大面积的天然草地被垦殖成农田，但当土地的承载能力达到极限时，大批移民便迁往其他地方，农田随之弃耕，反复迁移的结果破坏了山地和草场，水土流失、土壤沙化随之而来。

①　（明）庞尚鹏：《清理延绥屯田疏》，（明）陈子龙等选辑《明经世文编》卷三五九，中华书局，1962，第 3875 页。
②　（明）：曾铣《总题该官条议疏》，（明）陈子龙等选辑《明经世文编》卷二三八，中华书局，1962，第 2488 页。
③　（明）许论：《许恭襄公边镇论》，（明）陈子龙等选辑《明经世文编》卷二三二，中华书局，1962，第 2437 页。
④　张洪生：《明清时期陕北的农业经济开发与环境变迁》，硕士学位论文，西北大学，2002，第 31 页。

清代大力鼓励的垦荒政策产生的负面影响是多方面的。清顺治时汾河上游在册耕地已增至28829.8顷，较之明初增加6倍多①。上游90%以上为山地，这些耕地基本是"锄山为田"②，加之属粗放式农业生产，水土流失加剧成为必然结局。这不仅使上游原本瘠硗的土地肥力进一步下降，对整个流域的生态环境、社会生产也都产生了极其恶劣的影响，流域内部各种灾害明显增多。有清一代，流域内各县更累计有354年受到了洪灾威胁③。

随着开垦程度的逐渐加深，不仅许多草地、森林被垦为田地，甚至黄河两旁的滩地也被开垦，更甚者，河堤也为民所用。道光十四年（1834）六月，东河总督吴邦庆就曾奏请查禁沿黄居民于黄河官堤民堰"偷种麦菜"一事④。有些沿河居民为了利用黄河水，故意扒开大堤，造成河决。如道光二年（1822），武陟县马营坝民人放淤，造成"内塘二十余里均成平摊"。道光六年（1826），拦黄堰放淤，东唐郭等处被灾⑤。因此，过度开垦的后果，就是生态环境日益被破坏，黄河决溢日渐增多。这不能不说是人口增加带来的环境效应。

土地的开垦对生态环境的破坏还体现在森林资源的减少上。明清时期黄河岸边的韩城县境内多山，西北部山区仍有较多森林。万历《韩城县志》中的一些诗文可为明证："不见三光，惟有乔木，倚塔高张"；"仙境茫茫，有如横山，苍柏万行"；"自巅至麓，红翠斑斓，世称姚黄"；"求牧有草，彼山中人，从容就老"⑥。至清初，韩城境内山区的森林依旧存在，如苏山"老柏三百余棵，棵皆南向，麓多柿树，霜后满山皆红"；巍山"前后山椒无数"；五池山"山多松，中池尤胜，自麓及颠青葱夹路，幽绝人寰"；三

---

① 按：据成化《山西通志》卷六《户口》《田赋》，光绪《山西通志》卷六五《田赋略》八附户口、卷五八《田赋》等材料统计。

② （明）庞尚鹏：《清理山西三关屯田疏》，（明）陈子龙等选辑《明经世文编》卷三五九，中华书局，1962，第3870~3871页。

③ 水利电力部、科技司水利水电科学研究院：《清代黄河流域洪涝档案史料》，中华书局，1993，第34~36页。

④ 《清宣宗实录》卷二五三，道光十四年六月丁酉，中华书局，1986，第834页。

⑤ 民国《续武陟县志》卷二《沿革表》，1931年刊本，第42、45页。

⑥ 万历《韩城县志》卷八《艺文·括薄彼诗二十三章》，万历三十五年刻本，第81~82页。

峡山"三峰积翠，罗纶留烟"；天蹲头"中山富松，尤称葱蔚"；远望韩城县城，则"西枕梁麓，千岩竞秀，登高而望之，如织如绿，郁郁葱葱"[①]。至乾隆时，韩城西北山区的森林景观已经基本消失了。地方志记载"山多虎，有豹，有麝鹿"，但很难见到，皆因"耕者众而山童，熊罴用是他徙尔"[②]。正是因为大量森林被砍伐，虎、豹、熊才无法容身，寻常难见。韩城林地的衰退和消失是与人口的增长而开垦土地相同步的。韩城一向以地狭人稠著称，所谓"不山之方无几"，平原可垦之地有限，而人口日增，进山开发适宜荒地为势所必然。

清代的农垦，在不同时期和不同地区也各有差异，但耕地面积持续上升，森林遭到严重破坏，草原基本消失，环境开始恶化则是共同的趋势。清代超乎前代的农垦是以森林草原的严重破坏为代价的。黄土高原生态整体恶化，人类开发自然的行为与自然环境的矛盾日趋激化，二者相互作用，相互制约，形成低水平均衡的状态而无法跳出。

三 畜牧业

元代是游牧民族建立的，畜牧业是其主业，"周回万里，无非牧地"[③]。势家豪族争相占田作为牧场，世祖第三子安西王忙哥剌侵占民田达 30 万顷[④]。元初占民田为牧地的现象很严重，以致忽必烈即位后，多次下诏禁止占民田为牧地，并派官员清理被各级官员和"权豪势要"等侵占为牧地的民田。凭政治权势夺民田的情况，一直延续到元末。过度开发草场牧地势必对生态环境产生不良影响。

明代最高统治者仍然重视马政。洪武八年（1375），朱元璋命刑部尚书刘惟谦申明马政。谕之曰："马政国之所重，近命设太仆寺俾畿甸之民养

---

① 康熙《韩城县续志》卷一《星野志》，清钞本，第 5~7、12 页。
② 乾隆《韩城县志》卷二《物产》，乾隆四十九年刻本，第 19~25 页。
③ （明）宋濂等：《元史》卷一〇〇《兵志三》，中华书局，1976，第 2553 页。
④ （元）袁桷：《郑制宜行状》，《清容居士集》卷三二，《景印文渊阁四库全书》，台湾商务印书馆，1986 年影印本，集部，第 1203 册，第 435 页。

马，期于蕃息，恐所司因循牧养失宜，或巡视之时，扰善养马之民。此皆当告戒之。"① 成祖登基后即问马政："今天下畜马几何？"兵部尚书何俊对曰："比年以兵兴耗损，所存者二万三千七百余匹。"成祖曰："古者掌兵政谓之司马，问国君之富，数马以对，是马于国为重。"② 君主认识到马政的重要性，极为重视，设专官管理，《大明会典》明确规定：马政由太仆苑马寺专理，而统于兵部。明政府重视马政主要是因为马的军事用途，可用来巩固边防，认为"边守之务，西北为重，而陕居其半，三边之用，兵马为急，马居其半"③。因此，陕西马政就成为重中之重的急务。洪武三十年（1397），设北平、辽东、山西、陕西、甘肃行太仆寺，行太仆寺"掌各边卫所营堡之马政，以听于兵部"④。永乐四年（1406），设立甘肃、陕西二苑马寺，"每寺先设二监：曰祁连，曰甘泉，隶甘肃苑马寺；曰长乐，曰灵武，隶陕西苑马寺。监统四苑，每寺先设二苑"⑤。永乐六年（1408）八月，明政府在上述二监四苑的基础上，进一步扩大草场牧地，"增设甘肃苑马地所属武威、安定（在河西镇番卫河永昌卫之间）、临川、宗水四监，并前祁连、甘泉为六监"⑥。同年十二月，又"增设陕西苑马寺威远、同川、熙春、顺宁四监，并前长乐、灵武为六监"⑦，形成十二监四十八苑的格局，可见草场牧地规模之大。养马业达到了极为繁荣的局面，也标志着明代畜牧业发展的高度。

---

① 《明太祖实录》卷九七，洪武八年二月庚申，"中央研究院"历史语言研究所，1962年影印本，第1666页。

② 《明太宗实录》卷一五，洪武三十五年十二月丁卯，"中央研究院"历史语言研究所，1962年影印本，第280页。

③ （明）杨廷和：《赠都御使邃庵杨公序》，（明）陈子龙等选辑《明经世文编》卷一二一，中华书局，1962，第1168页。

④ （清）张廷玉等：《明史》卷七五《职官四》，中华书局，1974，第1845页。

⑤ 《明太宗实录》卷五九，永乐四年九月壬戌，"中央研究院"历史语言研究所，1962年影印本，第857页。

⑥ 《明太宗实录》卷八二，永乐六年八月丙申，"中央研究院"历史语言研究所，1962年影印本，第1107页。

⑦ 《明太宗实录》卷八六，永乐六年十二月戊戌，"中央研究院"历史语言研究所，1962年影印本，第1146页。

　　明代前期，西北地区的马政制度由于机构齐全，制度缜密，官得其人，故而牧场丰美，马匹蕃息。明中期以后马政日衰，"盖明自宣德以后，祖制渐废，军旅特甚，而马政其一"①。明廷最重视的陕西马政日益废弛。官军、豪强大量侵占各苑牧场而用于垦殖。明代在西北边地有许多宗室藩王的大片牧场属地，这些王府牧场多与内苑监所属草地"咸错壤焉"，宗室藩王侵吞国家草场更加便利。弘治初"香河诸县地占于势家，霸州等处俱有仁寿宫皇庄"②。万历《明会典》也指出："南北两太仆寺及京营，各边挈牧马匹，皆有草场，其后场地多为豪强所侵。"③ 陕西苑马寺二监六苑，从弘治四年（1491）到十三年（1500），草场被侵占达 2500 余顷④。到十六年（1503），草场由原 13 万多顷，减少到 6 万多顷，缩小一半。对此，杨一清感慨道："马政之废，至此极矣。"⑤ 同时，这也造成了畜牧业的衰退。明中期苑马寺的作用逐渐减弱，后来被废置。这一举措彻底结束了河西地区以及长城以南黄土高原地区牧场广置的局面，确立了农业的主导地位，加剧了水土的流失，使原本脆弱的生态环境进一步恶化。

　　清代的农业开发越过长城，向北扩展，逐渐占据了原来的牧场，《神木乡土志》记载："自光绪三十年，山陕之界既定，则因垦之无可垦者，虽边外而俨若内地矣。"⑥ 历史上"水草肥美"的广大牧场，在明清兵民的开垦之下，遭到了毁灭性的破坏，传统的畜牧业降到历史最低水平。同时，草原植被的破坏，又加剧了长城沿线土壤的沙化。

---

① （清）张廷玉等：《明史》卷九二《兵志四》，中华书局，1974，第 2277 页。

② （清）张廷玉等：《明史》卷九二《兵志四》，中华书局，1974，第 2275 页。

③ 万历《大明会典》卷一五一《兵部三四·马政·牧马草场》，上海古籍出版社，2010，第 552 页。

④ 《明孝宗实录》卷一六八，弘治十三年十一月戊辰，"中央研究院"历史语言研究所，1962 年影印本，第 3052~3053 页。

⑤ （明）杨一清：《为修举马政事》，（明）陈子龙等选辑《明经世文编》卷一一四，中华书局，1962，第 1057 页。

⑥ 民国《神木乡土志》卷一《山川·边外属地疆域》，《中国方志丛书》，成文出版社，1970 年影印本，第 14 页。

四　森林资源减少

元明清时期黄河中下游地区植被变迁最为剧烈，森林面积大幅下降。据樊宝敏、董源研究，中国的森林覆盖率到了明初仅为 26%，明末清初下降至 21%[1]。就黄河中游的森林覆盖率而言，数字更为触目惊心，由唐宋时期的 32% 下降至明清时期的 4%[2]。西周时期黄土高原的森林覆盖率为 53%，到了唐宋时期为 33%，而到了明清时期只有 15%[3]。造成森林资源持续减少的原因有气候、垦殖、砍伐等。

元明清时期是气候史上的"小冰期"，中原地区处于寒流的笼罩之下。数百年的寒冷气候使中原地区木种稀少，林木锐减，森林覆盖率降低。许多喜好温暖湿润的树木迫于严寒，在这里无法生存，山区种属的垂直生长线也随之下降，草、灌之属逐步取代昔日生长繁茂的林木，森林面积大为缩减。元朝是游牧民族建立的政权，统治者重视畜牧业，广建牧场，而牧场的建设是以烧山毁林为代价的，如在豫西、豫南地区多次毁林烧山，改作牧场。明清两代是土地开垦的高峰期，大量山地、林地、牧地被垦为农田，森林资源进一步减少。又因奢靡之风的盛行和经济利益的驱使，达官显贵、商贩富贾等乱砍滥伐，森林资源遭到摧毁性破坏，影响了生态环境的可持续发展。

明代初年，为防止蒙古兵袭击，严禁砍伐陕北地区的林木，故从神木、榆林、绥德到延安一带，能见到成片的林木[4]，其被视为北部边防的第二道藩篱。后来由于蒙古屡屡犯边，明政府大修九边和长城，大量军民来到陕北一带，开垦了大量土地，且明代黄河中游是兵屯之区，屯兵每人应垦田有百亩之多[5]，加之"开中法"的推行，使毁林造田勃兴。晋西北和陕北一带达

① 樊宝敏、董源：《中国历代森林覆盖率的探讨》，《北京林业大学学报》2001 年第 4 期。
② 桑广书：《黄土高原历史时期植被变化》，《干旱区资源与环境》2005 年第 4 期。
③ 王力、李裕元、李秧秧：《黄土高原生态环境的恶化及其对策》，《自然资源学报》2004 年第 2 期。
④ 田培栋：《明清时代陕西社会经济史》，首都师范大学出版社，2000，第 31 页。
⑤ （明）潘潢：《议处全陕屯田以足兵食事》，（明）陈子龙等选辑《明经世文编》卷一九九，中华书局，1962，第 2084~2085 页。

到了"即山之悬崖峭壁，无尺寸不耕"①的程度。此外，明代各种建筑的修建使林木需求增加，人们趋利伐木相当严重。永乐四年（1406）开始，为迁都北京，对京城进行了重新布局，修建皇城宫殿和内外城楼及坛、圜、府、庙等建筑群，达14年之久，所用木材很多采自山西的繁峙、代县、五台、原平等地，不少林区在这一时期消亡殆尽。官民之宅第的修建也耗用大量木材，对森林的破坏再次加剧。尤其是成化以后，"在京风俗奢侈，官民之家，争起第宅，木植价贵，所以大同宣府规利之徒、官员之家，专贩筏木，往往雇觅彼处军民，纠众入山，将应禁树木，任意砍伐。中间镇守、分守等官，或徼福而起盖淫祠，或贻后而修造私宅，或修盖不急衙门，或馈送亲戚势要。动辄私役官军，入山砍木，牛拖人拽，艰苦万状，其本处取用者，不知其几何，贩运来京者，一年之间，岂止百十余万？且大木一株必数十年方可长成，今以数十年生成之木，供官私砍伐之用，即今伐之十去其六七，再待数十年，山林必为之一空矣"②。由此可见，经京师的官员、居民、军队入山任意砍伐，贩运至北京城的木材，一年之间数量达百余万株，经过百余年时间，山西雁门附近原本一望无际的林木被砍伐殆尽③。到弘治年间，延安府的林木也被砍光，"峰头辟土耕成地，崖畔剜窑住作家。濯濯万山无草木，萧萧千里少禽鸦"④。更为荒谬的是，明中期以后，为了对付蒙古部落的入侵，曾实行烧边的愚昧政策，使沿边一带的森林草原遭到毁灭性破坏。时人描述其状为"村区被延烧者一望成灰，砍伐者数里如扫"⑤，原茂密的森林被焚烧砍伐殆尽，了无余迹。以上森林遭到破坏的地区都属于缺

---

① （明）庞尚鹏：《清理山西三关屯田疏》，（明）陈子龙等选辑《明经世文编》卷三五九，中华书局，1962，第3870页。

② （明）马文升：《为禁伐边山林木以资保障事疏》，（明）陈子龙等选辑《明经世文编》卷六三，中华书局，1962，第528页。

③ （明）张四维：《复胡顺庵》，（明）陈子龙等选辑《明经世文编》卷三七三，中华书局，1962，第4042页。

④ （明）李延寿：《初入郡境延绥道中》，弘治《延安府志》卷一《诗文》，陕西省图书馆西安市古旧书店，1962年影印本。

⑤ （明）吕坤：《摘陈边计民艰疏》，（明）陈子龙等选辑《明经世文编》卷四一六，中华书局，1962，第4513页。

水的黄土高原地带，树木一旦被砍伐，恢复起来是非常难的，正如史念海先生所言："明代中叶以后，黄土高原森林受到摧毁性的破坏，除了少数几处深山，一般说来，各处都已达到难以恢复的地步。"① 这是对黄土高原植被资源被破坏境况的生动写照，盲目开垦和滥伐既破坏了原有的森林和草地，也很难达到理想的农耕效果，进而加剧生态环境的恶化。如明代中期，延绥镇"其镇城一望黄沙，弥漫无际，寸草不生，猝遇大风，即有一二可耕之地，曾不终朝，尽为沙碛，疆界茫然。至于河水横流，东西冲陷者，亦往往有之"②。再加之黄土高原地区的居民烧柴做饭也消耗大量树木，史念海先生感叹说："据常情而论，以树木当柴烧，说起来不过是日常生活中的一种琐事，可是日积月累，永无止期，森林地区即使再为广大，也禁不住这样消耗的。"③ 在消耗掉的森林地带未能有意识地重新种植，森林只会越砍越少。

清初的黄土高原尚有一定数量的天然次生林，如陕北黄土高原上的洛川县黄龙山、鄜县子午岭及神木县柏林山等。但是，由于人口的急剧增加，粮食需求量陡增，大规模的开垦再次进行，这里的丘陵和山区之森林遭到砍伐④。清代中期，诏令百姓开垦山头地角的畸零土地，使山石顷林"尽辟为田"⑤。乾隆皇帝还鼓励农民开垦山头土角或河滨溪畔，"但可以开垦者，悉听民人垦种，并严禁豪强争夺"⑥。嘉庆四年（1799），皇帝亲自谕令砍伐关中老林，"朕意南山既有可耕之地，莫若将山内老林量加砍伐，其地亩既可拨给流民自行垦种，而所伐材木，即可作为建盖庐舍之用"⑦。这一诏令使黄河中游黄土高原的秦岭、陇山、子午岭、黄龙山、吕梁山、太行山等山地的森林及关中地区的林木普遍遭到惨重的破坏⑧。如清前期阳城县西南的析

---

① 史念海：《黄土高原历史地理研究》，黄河水利出版社，2002，第299页。
② （明）庞尚鹏：《清理山西三关屯田疏》，（明）陈子龙等选辑《明经世文编》卷三五九，中华书局，1962，第3870页。
③ 史念海《黄土高原历史地理研究》，黄河水利出版社，2001，第500~502页。
④ 朱士光：《清代黄河流域生态环境变化及其影响》，《黄河科技大学学报》2011年第2期。
⑤ 民国《林县志》卷一〇《风俗》，1932年石印本，第2页。
⑥ 清高宗饬撰《清朝通志》卷八一《食货略》，浙江古籍出版社，1988，第7235页。
⑦ 《清仁宗实录》卷五三，中华书局，1986，第684页。
⑧ 史念海：《河山集》（二集），生活·读书·新知三联书店，1981，第279~302页。

城山"多生细竹";盘亭山上有"千峰寺","林壑幽邃","灌莽丛生,蓬蒿艾藿如林"①;云濛山"峭壁危崖,林木荟密";北方的崦山"松柏参天",东南的隐谷"林木蓊郁"②。清代后期,林木遭到严重破坏。同治《阳城县志》载,"境内柏多松少,富人大贾时来购采"③,"析城乔木为八景之一,今乔木已无";县西北的卧虎山"松林叠遭斧斤"④,致使无大面积像样山林。迄清末,"全县栎杂残林约共三十多万亩,主要散布于西南至南部高山,算是山西省南端残林最多且稍好之县,但极少栋梁之材"⑤。屯留的田石山"松林茂密,绵亘十余里",南屏山"松林耸秀",等等⑥。清代晚期,林木"随即大遭破坏,清后期仅留下些枝桠横生、歪扭弯曲的残松,其他更加残破,有的消亡。清末该县也几无天然松杂残林"⑦。沁州的情形相似。州南万安山"山势深秀,丽迤西峙";西南龙门山柏林寺"周围松林茂美,……沁之名景,牛山而外,以此最矣"⑧。清末时,"沁县松杂残林约三四万亩,成材者少,几乎都在西北缘接沁源、漳沁分水岭东侧陡峻高山"⑨。此种掠夺性的开垦,致使黄河中游地区生态环境急剧恶化。清初淮海平原周边山地的森林资源也已非常少,只有在冀北山地、太行山区、豫西山区等山区还保存有部分温带落叶阔叶林,其他平原和丘陵区"山石尽辟

---

① 雍正《泽州府志》卷四六《杂著·重修千峰寺碑记》,《中国地方志集成·山西府县志辑》,凤凰出版社,2005,第32册,第589页。

② 乾隆《阳城县志》卷二《山川》,《中国地方志集成·山西府县志辑》,凤凰出版社,2005,第38册,第25~30页。

③ 同治《阳城县志》卷五《物产》,《中国地方志集成·山西府县志辑》,凤凰出版社,2005,第38册,第265页。

④ 同治《阳城县志》卷二《山川》,《中国地方志集成·山西府县志辑》,凤凰出版社,2005,第38册,第235、239页。

⑤ 翟旺、米文精:《山西森林与生态史》,中国林业出版社,2009,第238页。

⑥ 光绪《屯留县志》卷一《山川》,《中国地方志集成·山西府县志辑》,凤凰出版社,2005,第43册,第346、347页。

⑦ 翟旺、米文精:《山西森林与生态史》,中国林业出版社,2009,第241页。

⑧ 《乾隆沁州志》卷一《山川》,《中国地方志集成·山西府县志辑》,凤凰出版社,2005,第39册,第35页。

⑨ 翟旺、米文精:《山西森林与生态史》,中国林业出版社,2009,第241页。

为田"①。唐宋时期豫东平原的人工栽培林木损失殆尽。至今在不少地方，还能发现当初被黄沙淤埋的古树枯梢"②。植被生态受损非常严重。据凌大燮先生研究，1700~1937年，河南省的森林覆盖率从6.3%下降至0.6%，安徽省的森林覆盖率由30.8%骤降至5.0%，江苏省由4.6%下降至2.6%，山东省由1.3%下降至0.7%③，从中可以想见，黄河下游地区森林骤减的情况。

经过明清两代的开垦和破坏，黄河中下游地区的植被大部分被毁坏，尤其是黄土高原地势高，土质疏松，在无植被保护的情况下，遇水即崩解散离，没有任何抗冲性，水土流失严重。千百年来不断的水蚀使这一原本富饶的地区变成了荒山秃岭，在没有山的高原上则是沟壑纵横。黄土高原已经成为中国乃至世界上水土流失最严重的地区④。水土流失的结果增加了黄河下游河道泥沙的沉积量，使河床变高，这样极易溃决成灾。黄河决溢泛滥，致使黄水荡涤了今洪汝河以北、京广线以东的广大平原和冈丘，数万平方公里地域普遍淤厚4米左右，个别地带淤厚达10米以上。豫东、鲁西南和西北、苏北等地区受河决危害最重。黄河决溢直接导致土壤盐碱化、沙化和土质疏松。如崇祯十五年（1642）河决开封后，"浊流汹涌，由杞东下，幅员百里，一望浩渺，其后水涸沙淤，昔之饶腴咸成碛卤，尽杞之地皆为石田"⑤。道光二十二年（1842），河决杨桥，黄水漫淹通许等县，水后"膏腴之地尽成沙卤，飞沙滚滚，东作难望西成"⑥。河南境内土质因河决疏松，史载"其地沙壅土疏"⑦；自阌乡至虞城，"（黄河）流日久，土日松；土愈松，

---

① 邹逸麟主编《黄淮海平原历史地理》，安徽教育出版社，1997，第51页。

② 卢勇：《明清时期淮河水患与生态、社会关系研究》，博士学位论文，南京农业大学，2008，第40页。

③ 凌大燮：《我国森林资源的变迁》，《中国农史》1983年第2期。

④ 黄志霖、傅伯杰、陈利顶：《恢复生态学与黄土高原生态系统的恢复与重建问题》，《水土保持学报》2002年第3期。

⑤ 乾隆《杞县志》卷七《田赋志·地亩》，《中国方志丛书》，成文出版社，1976年影印本，第476页。

⑥ 民国《通许县新志》卷五《官师志》，《中国方志丛书》，成文出版社，1976年影印本，第191页。

⑦ （清）傅泽洪：《河水》，《行水金鉴》卷三二，《景印文渊阁四库全书》，台湾商务印书馆，1986年影印本，史部，第580册，第11页。

水愈浊"①。清人靳辅曾说过："黄河之易决莫如中州，其地土松而沙多，每一坍陷，辄至数百丈。"② 今人也指出，黄河最根本的问题在于泥沙含量过高，致使水少沙多，水沙失衡。大量泥沙沉淀在河道中，日积月累，河槽就会越淤越浅，大堤也越修越高。同时，河槽越浅，排洪能力越低；大堤越高，防洪难度越大，形成了恶性循环。而且，这些泥沙"疏导实难奏效，分流则两河俱淤，筑堤束水则堤防溃决，只着眼于下游的'排'，是不能解决根本问题的"③。水土流失日益加剧，黄河之水愈发浑浊，泥沙含量也因之与日俱增。这样就形成了河决造成土质疏松、土质疏松反过来又促进河决的恶性循环。如此地质使林木结构发生了根本性变化，原有植被几乎破坏殆尽。至清末，郑州、武陟、考城、滑县、封丘等地因为土壤盐碱化、沙化和土质疏松严重，人工种植的大面积桑田再不复见，生态环境遭到严重破坏。

五 黄河及其支流的开发与利用

元明清时期，黄河中游地区继续开发利用黄河及其支流灌溉农田，充分发挥河流作用。黄河下游地区因黄河频繁决溢，其重心在于治黄保漕。

元朝统治者重视农田水利建设，利用自然河流为其服务。金末元初的战争使丹沁灌区受到严重破坏。中统元年（1260），怀孟路（治今河南沁阳）地方官谭澄主持重建引沁灌区的唐温渠④。中统三年（1262），郭守敬向世祖面陈水利六事，建议在怀孟路一带兴建两项工程。一是扩大引沁灌区。这样可以发挥其更大的效益。当时引沁灌区尚有漏堰余水，若东与丹河余水相合，开引东流至武陟县一带，可扩大灌田2000余顷。二是在黄河北岸孟州城西黄河向南弯曲处，开渠引黄河水，东经温县南，再流入向北流的黄河，

① 乾隆《祥符县志》卷三《河渠·黄河》，乾隆四年刻本，第20~21页。

② （清）靳辅：《黄河·防守险工》，《治河奏绩书》卷四，《景印文渊阁四库全书》，台湾商务印书馆，1986年影印本，史部，第579册，第720页。

③ 开封市郊区黄河志编纂领导组：《开封市郊区黄河志》，黄河水利委员会印刷厂印，1994，第2~3页。

④ （明）宋濂等：《元史》卷一九一《谭澄传》，中华书局，1976，第4356页。

可再增加灌田 2000 余顷。① 之后元政府有关水利建设的制度更加完善。至元七年（1270），"改司农司为大司农司，添设巡行劝农使、副各四员"，管理农田水利②。

明政府也重视农田水利建设。至正十八年（1358），兼并战争尚在进行，朱元璋就设立了营田使"以修筑堤防，专掌水利"③。立国之初，"诏所在有司，民以水利条上者，即陈奏"④。洪武二十七年（1394），明太祖特谕工部，"陂塘湖堰可蓄泄以备旱潦者，皆因其地势修治之"。至第二年冬，各地方上奏，"凡开塘堰四万九百八十七处"⑤，水利事业得到较大发展。黄河中下游地区水利建设规模也比较大。人们充分利用自然河流为农田灌溉服务。洪武八年（1375），明太祖命长兴侯耿炳文修复陕西泾阳洪渠堰。洪渠堰是引泾河水灌溉的人工渠，因年久失修引起朱元璋重视。修复后可灌溉泾阳、三原、醴泉、高陵、临潼诸处方圆 200 余里的土地。后又命耿炳文修治该渠，"且浚渠十万三千余丈"⑥。洪武二十八年（1395）底统计，全国共缮治塘堰 40987 处、河 4162 处、陂渠堤岸 5048 处⑦。其中，黄河中下游地区占据多数。据冀朝鼎对各省地方志的统计，中国水利工程建设，从宋朝开始进入快速发展期，明代与宋代相比，又有大幅度的提高。明代治水活动的地区分布：陕西 48 处，河南 24 处，山西 97 处，直隶（今河北）228 处，安徽 30 处，湖北 143 处。黄河中下游地区的水利建设或利用泾河，或利用汾河，或利用沁河。

明代水利建设的最大特点，是向小型化发展。有明一代，各地官民因地制宜，兴修了许多中小型水利工程。北方地区广泛利用河水和泉水灌溉，"山下之

---

① （元）苏天爵辑撰《元朝名臣事略》卷九《太史郭公传》，中华书局，1996，第 185 页。

② （明）宋濂等：《元史》卷七《世祖本纪》，中华书局，1976，第 132 页。

③ 《明太祖实录》卷六，戊戌年二月乙亥，"中央研究院"历史语言研究所，1962 年影印本，第 63 页。

④ （清）张廷玉等：《明史》卷八八《河渠六》，中华书局，1974，第 2145 页。

⑤ （清）张廷玉等：《明史》卷八八《河渠六》，中华书局，1974，第 2145 页。

⑥ （清）张廷玉等：《明史》卷八八《河渠六》，中华书局，1974，第 2146 页。

⑦ 《明太祖实录》卷二四三，洪武二十八年十二月己未，"中央研究院"历史语言研究所，1962 年影印本，第 3535 页。

泉，地中之水，所在而有，咸得引以溉田"。① 北方早就采用井灌技术，明代后期河南及北直隶真定诸府"大作井以灌田，旱年甚获其利"，"井有石井、砖井、木井、柳井、苇井、竹井、土井，则视土坊之虚实纵横及地产所有也"②。

清代水利工程主要为治理黄河保证漕运服务，农田水利事业逐渐衰退。统治者在一定程度维修前代所造各渠的基础上，零星有小规模农田水利建设。豫东的中牟县，在明万历中期，全县疏河 57 次，浚渠 139 次，把淤积之水排入小清河，使 20 余里的积潦变成良田③。康熙年间，知县韩荩光又对原有渠道一一进行修浚④。然至乾隆年间，多处淤塞，不堪使用。乾隆十二年（1747），孙和相任中牟县令后，"躬履四境，相度地势，或创或因，乘农隙募民修凿，计开渠四十七道，一律深通，民享其利"⑤。清初较前代实施了开创性的"拒泾引泉"策略，又因为"水资源紧缺，各渠引水量有限，总灌溉面积比起前代来不仅没有扩大，反而有所缩小"⑥。

清代农田水利工程不能满足田地灌溉的需要，为此，人们开始寻找解决之道，或维持原有的引水量，或开辟新的灌溉田地，不惜在毛坊、杨杜一带以及清峪河中游的一些地方改造水利工程，导致栽培景观完全取代了原有的自然植被，破坏了林木资源。至清后期，杨杜、毛坊一带就基本没有自然植被了。

黄河是中华民族的母亲河之一，两岸人民经其孕育繁衍发展。然而，黄河又是一条善淤、善决、善徙的河流，诚如元人王恽所言："河为中国经渎，迁徙不常，自古为患，非小川细流可比。"⑦ 两岸人民又饱受河患之苦，

---

① （清）张廷玉等：《明史》卷二四一《汪应蛟传》，中华书局，1974，第 6266 页。

② 石声汉校注《农政全书校注》卷一六《水利疏》，上海古籍出版社，1979，第 405 页。

③ （明）张廷玉等：《明史》卷二八一《韩荩光传》，中华书局，1974，第 7217 页。

④ 民国《中牟县志》卷三《人事志》，《中国方志丛书》，成文出版社，1968 年影印本，第 245 页。

⑤ 民国《中牟县志》卷三《人事志》，《中国方志丛书》，成文出版社，1968 年影印本，第 248 页。

⑥ 萧正洪：《传统农民与环境理性——以黄土高原地区传统农民与环境之间的关系为例》，《陕西师范大学学报》（哲学社会科学版）2000 年第 4 期。

⑦ （元）王恽：《论黄河利害事状》，《秋涧集》卷九一，《景印文渊阁四库全书》，台湾商务印书馆，1986 年影印本，集部，第 1201 册，第 320 页。

尤其是黄河中下游地区。因此，自古人们就治理黄河为其所用。明清时期，黄河中下游地区河水泛滥成灾，严重威胁人们的生命财产安全，且影响关乎统治者命脉的漕运畅通。明政府较为重视黄河的治理，主要措施有筑堤和开发新河。

明前期黄河水患以决口漫溢为主，河南受灾最为严重。筑堤是该时期治理黄河常用之法。永乐年间就开始自河南府黄河北岸的孟县沿黄河向东大修堤防，在黄河南岸疏浚颍河、贾鲁河等河道，分流黄河水势。永乐二年（1404），修河南府孟津县河堤①、河南武陟县马由堤岸②；永乐三年，"河南温县水决驮坞村堤堰四十余丈，……命修筑堤防"③；永乐四年，修河南阳武县黄河堤岸及中牟县汴河北堤④；永乐十一年，修河南荥泽县大滨河堤⑤；永乐十二年，修河南开封府土城堤岸 160 余丈⑥。此后，修堤至沙湾。景泰三年（1452）五月，黄河北流的一支"河渐微细，沙湾堤始成"。然而在一年多的时间里，沙湾北岸决口四次，"掣运河水入盐河，漕舟尽阻"⑦。为此，景泰四年十月，朝廷命谕德徐有贞为金都御史，专治沙湾。徐有贞至沙湾实地勘察后，上治河三策：一置水闸门，二开分水河，三挑深运河，辅之以堤。这一治河工程至景泰六年七月竣工，"沙湾之决垂十年，至是始塞"⑧。徐有贞并未根治沙湾的河患，弘治二年（1489）、弘治五年、弘治六年的黄河决口北流冲入张秋运河即为明证。朝廷先后派户部侍郎白昂、副都

---

① 《明太宗实录》卷三二，永乐二年夏六月癸酉，"中央研究院"历史语言研究所，1962 年影印本，第 566 页。

② 《明太宗实录》卷三四，永乐二年九月己酉，"中央研究院"历史语言研究所，1962 年影印本，第 600 页

③ 《明太宗实录》卷四〇，永乐三年三月戊午，"中央研究院"历史语言研究所，1962 年影印本，第 667 页。

④ 《明太宗实录》卷五八，永乐四年八月癸巳，"中央研究院"历史语言研究所，1962 年影印本，第 847 页。

⑤ 《明太宗实录》卷一四五，永乐十一年十一月戊寅，"中央研究院"历史语言研究所，1962 年影印本，第 1713 页。

⑥ 《明太宗实录》卷一五六，永乐十二年闰九月甲子，"中央研究院"历史语言研究所，1962 年影印本，第 1796 页

⑦ （清）张廷玉等：《明史》卷八三《河渠一》，中华书局，1974，第 2016~2017 页。

⑧ （清）张廷玉等：《明史》卷八三《河渠一》，中华书局，1974，第 2018~2019 页。

御使刘大夏，负责治理张秋河决。他们二人治河的共同点在于就黄河南岸疏浚故道、支河，以减弱黄河水势；在黄河北流所经州县筑长堤以保证张秋运河畅通。经白昂、刘大夏治理后，张秋决口和黄陵冈、荆龙口等口门得以筑塞，堵住了黄河北流之路，并在北岸修起了数百里的长堤。其中大名府长堤"起胙城，历滑县、长垣、东明、曹州、曹县抵虞城，凡三百六十里"，名太行堤。在太行堤之南、黄河之北岸荆龙口等口又筑新堤，"起于家店，历铜瓦厢、东桥抵小宋集，凡百六十里"。大小二堤相翼，加之永乐年间在二堤之西修筑的河南府孟津县河堤、武陟县马由堤岸、阳武县黄河堤岸及荥泽县大宾河堤等，筑起了阻挡黄河北流的屏障，大河"复归兰阳、考城，分流径徐州、归德、宿迁，南入运河，会淮水，东注于海，南流故道以复"①。

明后期黄河水患的重灾区转移到河南东部、山东西南部与南直隶北部的交界之地。该时期治理河患筑堤和开挖新河两途并用。明代后期借鉴前期治河得失，治河思想从"北岸筑堤、南岸分流"转向"筑堤束水，以水攻沙"。嘉靖时的总理河道刘天和，是"北岸筑堤、南岸分流"的继承者，尤其重视筑堤，主张"上自河南之原武，下迄曹、单、沛上，于河北岸七八百里间，择诸堤最远且大者及去河稍远者各一道，内缺者补完，薄者帮厚，低者增高，断绝者连接创筑，务俾七八百里间有坚厚大堤二重"②。隆庆时的总理河道万恭主张"筑堤合流"，认为"水专则急，分则缓，河急则通，缓则淤，……今治河者，第幸其合，势急如奔马，吾从而顺其势，堤防之，约束之，范我驰驱，以入于海，淤安可得停？淤不得停则河深，河深则水不溢，亦不舍其下而趋其高，河乃不决。故曰黄河合流，国家之福也"③。万历时的总理河道潘季驯践行了万恭"筑堤合流"的思想，于万历七年（1579）"筑高家堰堤六十余里，归仁集堤四十余里，柳浦湾堤东西七十余里，塞崔镇等决口百三十，筑徐、睢、邳、宿、桃、清两岸遥堤五万六千余

① （清）张廷玉等：《明史》卷八三《河渠一》，中华书局，1974，第2024页。
② （明）刘天和：《堤防之制》，《问水集》卷一，《四库全书存目丛书》，齐鲁书社，1996，史部，第221册，第254页。
③ （明）万恭著，朱更翎整编《治水筌蹄》（下），水利电力出版社，1985，第53页。

丈，砀、丰大坝各一道，徐、沛、丰、砀缕堤百四十余里，建崔镇、徐昇、季泰、三义减水石坝四座，迁通济闸于甘罗城南，淮、扬间堤坝无不修筑"。经过此次治理，"流连数年，河道无大患"①。到万历十五年（1587），潘季驯鉴于以往所修堤防因"车马之蹂躏，风雨之剥蚀"，大部分已经"高者日卑，厚者日薄"②，对南直隶、山东、河南等地堤防闸坝进行一次全面整修加固。潘季驯《河防一览》卷一二《恭报三省直堤防告成疏》记载，在徐州、灵璧、睢宁、邳州、宿迁、桃园、清河、沛县、丰县、砀山、曹县、单县等 12 州县，加帮创筑的遥堤、缕堤、格堤、太行堤、土坝等工程共长 15 万多丈。在河南荥泽、原武、中牟、郑州、阳武、封丘、祥符、陈留、兰阳、仪封、睢州、考城、商丘、虞城、河内、武陟等 16 州县中，帮筑创筑的遥、月、缕、格等堤和新旧大坝共长达 14 万多丈，进一步巩固了黄河堤防，对控制河道、束水攻沙起到一定的作用，扭转了弘治以来河道"南北滚动、忽东忽西"的混乱局面③。

明代后期在黄河两岸筑堤的主要作用是"束水攻沙"，与前期"杜绝北流"是不同的。明后期开创性保漕措施是开挖新运河以避黄河水患。自嘉靖五年（1526）黄河决溢漫入昭阳湖，左都御史胡世宁就河水"漫入昭阳湖，以致流缓沙壅"，建议于"湖东滕、沛、鱼台、邹县间独山、新安社地别凿一渠，南接留城，北接沙河，不过百余里。厚筑西岸以为湖障，令水不得漫，而以一湖为河流散漫之区"④。次年正月，总河盛应期将胡世宁的建议付诸实践，在昭阳湖东另开一新运河。新运河位于湖东丘陵边缘，地势较高，可避免黄河的冲淤，但工程中途夭折。直到嘉靖四十四年（1565）七月，黄河决于沛县，再次"漫昭阳湖，由沙河至二洪，浩渺无际，运道淤

① （清）张廷玉等：《明史》卷八四《河渠二》，中华书局，1974，第 2053~2054 页。

② （明）潘季驯：《恭报三省直堤防告成疏》，《河防一览》卷一二，《景印文渊阁四库全书》，台湾商务印书馆，1986 年影印本，史部，第 576 册，第 400 页。

③ （明）潘季驯：《恭报三省直堤防告成疏》，《河防一览》卷一二，《景印文渊阁四库全书》，台湾商务印书馆，1986 年影印本，史部，第 576 册，第 399 页。

④ （清）张廷玉等：《明史》卷八三《河渠一》，中华书局，1974，第 2030 页。

塞百余里"①。总理河道朱衡循着当年盛应期所开的新河基址复兴工程,于隆庆元年(1567)五月新河成。新河自"鱼台南阳抵沛县留城百四十余里,而浚旧河自留城以下,抵境山、茶城五十余里,由此与黄河会。又筑马家桥堤三万五千二百八十丈,石堤三十里,遏河之出飞云桥者,趋秦沟以入洪。于是黄水不东侵,漕道通而沛流断矣"②。这段运道后来称作"南阳新河"或"夏镇新河"。

筑堤和开挖新河在明清两代是治理黄河的主要措施,但都是为了漕运畅通。明前期河南决溢严重,张秋运河航运受阻,治黄的重心是解除黄河水患对张秋运河乃至整个运河航运的威胁。明后期黄河水患表现为河道在归德与徐州间南北滚动,忽东忽西,形成十多支岔流,河道乱到极点,决口漫溢频发,此决彼淤,济宁至徐州段运道也随之时通时塞,到万历五年(1577),黄河水患有时影响到淮河南北的运道。上述治河措施均服务于漕运,治黄是为保漕。因此,黄河的治理就有局限性。明前期为使张秋运河畅通,筑塞了张秋决口和黄陵冈、荆龙口等口门,堵住了黄河北流之路,并在北岸修起了数百里的长堤。河水无法北流,只能南流。这就导致位于其下游的河南、山东、南直隶三省的交界之地归德与徐州间的河道泥沙大量淤积,经常决口,远比明前期遭遇的水患严重,一定程度上破坏了生态环境。有清一代也是以保证漕运为治理黄河的最终依归,或多或少地增加了泥沙量和决口次数,对生态环境产生不利影响。

---

① (清)张廷玉等:《明史》卷八三《河渠一》,中华书局,1974,第2087页。

② (清)张廷玉等:《明史》卷八三《河渠一》,中华书局,1974,第2039页。

第四章
古代黄河中下游地区生态环境
变迁对城镇兴衰的影响

内涵丰富的生态环境如同傅崇兰等先生笔下的地理条件，是"构成人类生存的物质基石、创造文化的自然前提"[①]。水资源的丰歉、气候的冷暖波动、地貌和土壤的优劣，在深度和广度上全面影响着一个区域的发展，而农业经济的兴衰又在很大程度上左右了区域城镇的发展水平，故农业、水文、气候、地貌和土壤等生态因素对城镇兴衰都有十分重要的影响。

第一节　农业开发对城镇发展繁荣的重要作用

在人类文明早期，原始聚落是人们协作生存的外在表现形态。随着时间的推移，适宜耕作之地诞生了原始农业，一些聚落不仅得以稳固生存，更是随着规模的逐步扩大而发展为后世的城邑。可以说，农业奠定了城市诞生和发展的物质基础。傅筑夫先生曾指出："许多重要的商业城市，特别是著名的大都会，即散居在这些经济区之内，因为这些区域大都是农业比较发达的精耕区，随着各该区农业经济的发展，商品经济亦都比较发达，因而一些位于水陆交通孔道上的城市，遂都发展成为工商业繁荣、人烟会萃的大都会，

[①]　傅崇兰等：《中国城市发展史》，社会科学文献出版社，2009，第3页。

并成为各该区的政治经济中心。"[①] 传统时期，农业的优劣对于城镇兴衰的影响是巨大的。

一 农业开发促进城镇的发展繁荣

先秦时期，我国最早的都城和一般城邑相对集中于黄河中下游一带，并成为此后很长历史时期内城市地理的基本格局。其成因即如韩茂莉在论及商代都城时所言，与农业的发展有着直接关系[②]。

夏代建立时，黄河中下游地区已是我国农业经济的核心区，尤其晋南、豫西和豫东地区[③]。当时，我国境内共有地名、部族名和二里头文化遗址等40处，多数分布于晋豫一带。在河南洛阳市的关林皂角树遗址，考古人员发现了二里头时期的小麦、粟、黍、豆、高粱、水稻等几种炭化粮食遗存[④]。这反映了这一地区粮食种类的多样性和农业的初期发展状况，也体现出农业经济在城市萌芽期的作用。

商代的农业取得了更大发展，农田水利建设已成为国家行为。甲骨文的"田"字表明，"当时广阔平坦的原野上是整齐规划、大片相连的方块熟田，并有灌溉的沟渠纵横交错"[⑤]。商代建立前，滹沱河和漳河流域"西倚太行余脉，东属华北平原，是原始农业得以繁荣的理想区域，也是殷人最早开发的原始农业繁荣区"。商汤时代，殷人控制了济水流域，农业得到进一步发展，"冀中南地区、鲁西地区、晋南地区、豫西、豫北、豫东地区连成一片，原始农业在我国中原地区最早全面繁荣起来"[⑥]。这为商代的城市如郑州商城、安阳殷墟的发展带来了契机。

---

① 傅筑夫：《中国封建社会经济史》（第四卷），人民出版社，1986，第5页。
② 韩茂莉：《中国历史农业地理》，北京大学出版社，2012，第84页。
③ 吴存浩：《中国农业史》，警官教育出版社，1996，第130页。
④ 张剑、孙新科：《试论夏代农业和手工业的发展》，中国先秦史学会、洛阳市第二文物工作队编《夏文化研究论集》，中华书局，1996，第245页。
⑤ 程民生：《中国北方经济史》，人民出版社，2004，第36页。
⑥ 吴存浩：《中国农业史》，警官教育出版社，1996，第134、137页。

西周时期，农业技术取得较大进步，耕地采用"十千维耦"① 的集体耕作法，这无疑能够提高劳动效率，增加粮食产量，"丰年多黍多稌，亦有高廪，万亿及秭"②。春秋时代，铁器的推广给农业生产带来了革命性变革。如郑国，将新郑一带的"蓬蒿藜藋"开发成了"庸次比耦"③ 的农业繁荣之区。战国时，严酷的生存环境促使各诸侯国把富国强民放在国家战略的首要地位，农业也在变法运动中得以迅速发展。秦之商鞅变法，废井田、开阡陌，奖励农耕，使秦国的农业经济迅猛发展，为秦国雄踞六国之首奠定了扎实的基础。魏之李悝变法，"尽地力之教"，使魏国成为战国初期最强大的诸侯国④。魏襄王时，"田舍庐庑之数，曾无所刍牧。人民之众，车马之多，日夜行不绝，輷輷殷殷，若有三军之众"⑤。在农业发展的基础上，各诸侯国的都城率先发展起来。其中，处于黄河中下游地区的有魏都安邑（今山西夏县境）和大梁（今河南开封市），赵都晋阳（今山西太原）、中牟（今河南鹤壁）和邯郸（今河北邯郸），韩都平阳（今山西临汾）、宜阳（今河南宜阳）、阳翟（今河南禹州）、郑（今河南新郑），齐都临淄（今山东淄博），秦都雍（今陕西宝鸡市凤翔区）、泾阳（今陕西泾阳）、栎阳（今陕西富平）和咸阳（今陕西咸阳）⑥。尤其是大梁，居民达 30 万人，成为享誉海内的都城⑦。

秦汉时期，华北、华南、西南等地的农业均有很大的发展，经济重心依然处于黄河中下游地区。

西汉立都关中，为确保都城及其他大小城市的粮食供应和经济发展，统治者尤为重视作为农业基础的水利建设。据马正林先生研究，汉武帝时关中

---

① （清）阮元校刻《十三经注疏·毛诗正义·周颂·噫嘻》，中华书局，1980，第 592 页。
② （清）阮元校刻《十三经注疏·毛诗正义·周颂·丰年》，中华书局，1980，第 594 页。
③ （清）阮元校刻《十三经注疏·春秋左传正义·昭公十六年》，中华书局，1980，第 2080 页。
④ （汉）班固：《汉书》卷二四《食货上》，中华书局，1962，第 1124 页。
⑤ （汉）司马迁：《史记》卷六九《苏秦传》，中华书局，1959，第 2254 页。
⑥ 程民生：《中国北方经济史》，人民出版社，2004，第 39 页。
⑦ 开封市郊区黄河志编纂领导组：《开封市郊区黄河志》，黄河水利委员会印刷厂，1994，第 1 页。

几条大型渠道的总灌溉面积为 6 万顷左右，占关中耕地总面积的 10.8%[①]。由此，关中地区"沃野千里，原隰弥望。保殖五谷，桑麻条畅。滨据南山，带以泾、渭，号曰陆海，蠢生万类。梗楠檀柘，蔬果成实。畎渎润淤，水泉灌溉，渐泽成川，粳稻陶遂。厥土之膏，亩价一金。田田相如，镅镶株林。火耕流种，功浅得深。既有蓄积，陇塞四临"[②]。发达的农业经济，奠定了关中诸城繁盛的物质基础。

关东地区的农业和城市则先衰后兴。秦代，沉重的徭役和反复的农民战争对关东地区造成巨大打击。西汉建都长安，"发展战略在一定程度上因循秦朝，重点恢复建设关中地区，巩固其经济重心地位，同时有意削弱关东经济实力"[③]。国家政策限制了关东地区的发展。西汉中期，经济逐步恢复，"魏之温（今河南温县）、轵（今河南济源），韩之荥阳（今河南荥阳），三川之二周（今河南洛阳、巩义一带），富冠海内，皆为天下名都"。尽管桓宽认为"非有助之耕其野而田其地者也，居五诸侯之衢、跨街冲之路也"，但仍在随后指出，"宋、卫、韩、梁，好本稼穑，编户齐民，无不家衍人给"[④]。农业推动了这些位居冲要的城市的发展。东汉立都洛阳后，关东地区的经济迎来发展良机。豫东地区的睢阳因"居天下膏腴地"而"四十余城，皆多大县"[⑤]。山东地区亦因农而兴城。汉武帝曾指出："关东之国无大于齐者。齐东负海而城郭大，古时独临淄中十万户，天下膏腴地莫盛于齐者矣。"[⑥]

魏晋南北朝时期，黄河中下游地区的农业生产遇到危机，但局部地区还是取得了较好的发展。如西晋灭亡后，洛阳一带经过于栗䃅的"刊辟榛荒，劳来安集"[⑦]，稳定了农业，繁荣了城市，奠定了孝文帝迁都于此的基础。

---

① 马正林：《秦皇汉武和关中农田水利》，《地理知识》1975 年第 2 期。

② （南朝宋）范晔：《后汉书》卷八〇上《杜笃传》，中华书局，1965，第 2603 页。

③ 程民生：《中国北方经济史》，人民出版社，2004，第 68 页。

④ （汉）桓宽撰，徐南村释《盐铁论集释》卷一《通有》，广文书局，1975，第 16~17 页。

⑤ （汉）司马迁：《史记》卷五八《梁孝王世家》，中华书局，1959，第 2082~2083 页。

⑥ （汉）司马迁：《史记》卷六〇《三王世家》，中华书局，1959，第 2115 页。

⑦ （北齐）魏收：《魏书》卷三一《于栗䃅传》，中华书局，1974，第 736 页。

而此时的河北邺城，农业发达，城市繁荣，据左思言："腜腜坰野，奕奕菑亩。甘荼伊蠢，芒种斯阜。西门溉其前，史起灌其后。澄流十二，同源异口。畜为屯云，泄为行雨。水澍粳稌，陆莳稷黍。黝黝桑柘，油油麻纻。均田画畴，蕃庐错列。姜芋充茂，桃李荫翳。家安其所，而服美自悦。邑屋相望，而隔逾奕世。……廓三市而开廛，籍平逵而九达。班列肆以兼罗，设阓阛以襟带。济有无之常偏，距日中而毕会。抗旗亭之嶤薛，侈所眺之博大。百隧毂击，连轸万贯，凭轼捶马，袖幕纷半。壹八方而混同，极风采之异观。质剂平而交易，刀布贸而无算。财以工化，贿以商通。难得之货，此则弗容。器周用而长务，物背窳而就攻。不鬻邪而豫贾，著驯风之醇酖。"① 左思在描绘邺城发达的商贸往来之前，以极尽奢华的辞藻描述了城市所处区域的农业经济，充分体现出时人对于农业和城市发展相互关系的认识。

唐代亦注重水利。例如，华州下邽（今陕西富平），武德二年（619）引白渠水注金氏二陂；同州韩城，武德七年（624）自龙门引黄河水溉田6000余顷②；等等。农业得到了快速发展。但是，唐代关中地区的农业还无法与汉代相比。程民生言道："唐代关中农业未能恢复到汉代的水平，难以充分保障京师的粮食供应。遇到自然灾害，皇帝仍需带领群众到洛阳就食，即使在开元盛世也是如此。"③ 安史之乱后，藩镇割据，战乱不断，农业发展再遇困境，直至唐末五代。我国的政治中心也以此为界，自关中转移到了河南。

与关中不同，今河南地区的农田水利建设取得了较好的成绩，并带动了农业的发展。开皇年间的怀州（今河南沁阳），卢贲"决沁水东注，名曰利民渠，又派入温县，名曰温润渠，以溉舄卤，民赖其利"④。贞观时的汴州

---

① （南朝梁）萧统编，（唐）李善注《魏都赋》，《文选》卷六，《景印文渊阁四库全书》，台湾商务印书馆，1986 年影印本，集部，第 1329 页，第 108～110 页。
② （宋）欧阳修、宋祁：《新唐书》卷三七《地理一》，中华书局，1975，第 964～965 页。
③ 程民生：《中国北方经济史》，人民出版社，2004，第 177 页。
④ （唐）魏征、令狐德棻：《隋书》卷三八《卢贲传》，中华书局，1973，第 1143 页。

陈留，刘雅重新利用观省陂，灌田百顷①。农业经济的发展为城市繁荣奠定了物质基础。唐代前期，东都洛阳"有河朔之饶，食江淮之利，九年之储已积，四方之赋攸均"②，继隋末动乱之后再次迎来繁荣的局面。安史之乱后，洛阳受到冲击，"东都凋破，百户无一存"，宜阳、熊耳、虎牢、成皋五百里"见户才千余，居无尺椽，爨无盛烟，兽游鬼哭"③。唐末农民起义后，洛阳更是"白骨蔽地，荆棘弥望，居民不满百户，……四野俱无耕者"。经张全义数年的治理，"都城坊曲，渐复旧制，诸县户口，率皆归复，桑麻蔚然，野无旷土"，"故比户皆有蓄积，凶年不饥，遂成富庶焉"④。洛阳城在农业发展和社会稳定的基础上重获新生。

隋唐之际的鲁南、苏北地区也获得了一定的发展，农业和城市均呈现出繁荣的局面。史载："自蛇丘、肥成，南届巨野，东达梁父，循岱岳众山之阳，以负东海。又滨泗水，经方舆、沛、留、彭城，东至于吕梁，乃东南抵淮，并淮水而东，尽徐夷之地，得汉东平、鲁国、琅邪、东海、泗水、城阳、古鲁、薛、郑、莒、小郑、徐、郯、鄫、鄟、邳、邾、任、宿、须句、颛臾、牟、遂、铸夷、介、根牟及大庭氏之国。奎为大泽，在陬訾下流，当巨野之东阳，至于淮、泗。娄、胃之墟，东北负山，盖中国膏腴地，百谷之所阜也。"⑤ 任城（今山东济宁）"地博厚，川疏明"，"城池爽垲，邑屋丰润。香阁倚日，凌丹霄而欲飞；石桥横波，惊彩虹而不去。其雄丽块圠有如此焉。故万商往来，四海绵历，实泉货之聚窬，为英髦之咽喉"⑥。百谷所阜和地博川明的农业基础推动了城市的繁荣。

宋金时期，农业和城镇发展的关系更为紧密。山西境内的汾州（今汾

---

① （宋）欧阳修、宋祁：《新唐书》卷三八《地理二》，中华书局，1975，第989页。

② （唐）宋之问：《为东都僧等请留驾表》，（清）董诰等编《全唐文》卷二四〇，中华书局，1983，第2431~2432页。

③ （宋）欧阳修、宋祁：《新唐书》卷一四九《刘晏传》，中华书局，1975，第4794页。

④ （宋）司马光：《资治通鉴》卷二五七，光启三年六月，中华书局，1956，第8359~8360页。

⑤ （宋）欧阳修、宋祁：《新唐书》卷三一《天文志一》，中华书局，1975，第821页。

⑥ （唐）李白撰，瞿蜕园、朱金城校注《李白集校注》卷二八《任城县厅壁记》，上海古籍出版社，1980，第1595~1601页。

阳）："地高气爽，土厚水深，其民淳且重。桑麻之沃，粳稻之富，流衍四境，汾之盛也。"① 蒲州（今山西永济）："地沃人富，自汉唐至今，为秦晋之都会。"② 而作为内陆城市，开封的发展也植根于腹地的农业。宋神宗时，曾引水溉畿内瘠卤，"成淤田四十万顷以给京师"③。陈留（今开封市境）地方政府也募民开垦碱卤之地，2000 顷瘠地"尽为膏壤"④。可见，宋都开封的繁华仍然是建立在农业基础之上的。

今河北地区的情况更彰显出农业的重要作用。深州"奥润衍沃，秭麦、茧丝之饶，足赡四方之求。野有楼居，行有衢饮，虚市之繁如通都，豪右之养如贵室。栎栌丹垩之饰荡摇心目，歌讴趻踔之戏阗噎闾巷，则虽郡不能比也"⑤。农业发达，即便是"虚市"也繁华如大都会。宋徽宗政和二年（1112），秦坦指出："北都畿邑，出其东者，桑麻没野，人物富盛，皆大邑也；其西则被河之隈，洑流漂荡，地多瘠卤，而俗亦凋敝，才得东十一。"⑥这充分表明了农业对于东部城邑发展的强大推动力。

元明清是连续的三个统治稳定的王朝，这为农业和城镇的发展提供了良好的政治环境和社会环境。加之国家重视农业生产，这一时期的农业生产取得了很大的成就，进而推动了城镇的发展与繁荣。

元代山陕一带一些城市在农业发展的基础上，迎来了繁华的局面。意大利人马可波罗言，山西沿黄河与陕西接壤处的一些城镇，"商贾甚夥，河上商业繁盛；缘其地出产生姜及丝不少，禽鸟众至不可思议，河中府（今山

① （宋）谢悰：《汾州平遥县清虚观记》，（清）胡聘之：《山右石刻丛编》卷一五，光绪二十七年刻本，第 40 页。

② （宋）范纯仁：《薛氏乐安庄园亭记》，《范忠宣集》卷一〇，《景印文渊阁四库全书》，台湾商务印书馆，1986 年影印本，集部，第 1104 册，第 641 页。

③ （宋）黄震：《书侯水监行状》，《黄氏日抄》卷九一，《景印文渊阁四库全书》，台湾商务印书馆，1986 年影印本，子部，第 708 册，第 986 页。

④ （宋）李弥逊：《墓志铭》，《筠溪集》卷二四，《景印文渊阁四库全书》，台湾商务印书馆，1986 年影印本，集部，第 1130 册，第 819 页。

⑤ （宋）王安石：《北京深州安平县真府灵应真君庙碑记》，《临寮集》卷六，《景印文渊阁四库全书》，台湾商务印书馆，1986 年影印本，集部，第 1127 册，第 118 页。

⑥ 嘉靖《广平府志》卷五《学校志·（宋）秦坦记》，《天一阁藏明代方志选刊》，上海古籍书店，1981 年影印本，第 16 页。

西永济）商业茂盛，织造种种金锦不少"①。这些商品正来自腹地的农田。明代晋南仍很发达，"三晋富家，藏粟数百万石，皆窖而封之。及开，则市者纷至，如赶集然。常有藏十数年不腐者"②。大量各异的农产品为城市提供了源源不断的商品。

元代豫东的开封一带农业发展良好。武宗时任命韩冲为"汴梁稻田总管"③。至正十二年（1352），顺帝在开封添立都水庸田使司，"掌种植稻田之事"④。水稻的种植规模很大。明代延续了繁荣局面，万历年间的张翰指出："河南当天下之中，开封其都会也。北下卫（今河南卫辉）、彰（今河南安阳），达京圻，东沿汴、泗，转江、汉，车马之交，达于四方，商贾乐聚。地饶漆绨枲绖纤纩锡蜡皮张。昔周建都于此，土地平广，人民富庶。其俗纤俭习事，故东贾齐、鲁，南贾梁、楚，皆周人也。彰德控赵魏，走晋冀，亦当河洛之分。"⑤ 明末犹不减繁华："开封周邸图书文物之盛甲他藩，士大夫垫富，蓄积充牣。"⑥ 明代的杞县，"地饶沃，一亩价值数金，产有恒殖，是以其县富庶，独甲他县"⑦。太康"又河南之最饶者，……物产之丰，甲于诸郡"⑧。

元代的鲁西南地区也发展较好，如章丘以农业发达著称，"土沃而物饶"⑨，"厥土旷衍，原泽相错，有麻麦、桑果、稻鱼之饶，薪蔬、材木、冶

① 〔意〕马可波罗：《马可波罗游记》，冯承钧译，中国文史出版社，1998，第110、113章。
② （明）谢肇淛：《五杂俎》卷四《地部二》，上海书店出版社，2001，第71页。
③ （元）苏天爵：《元故奉元路总管致仕工部尚书韩公神道碑铭》，《滋溪文稿》卷一二，《景印文渊阁四库全书》，台湾商务印书馆，1986年影印本，集部，第1214册，第139页。
④ （明）宋濂等：《元史》卷九二《百官八》，中华书局，1976，第2335页。
⑤ （明）张翰：《松窗梦语》卷四《商贾纪》，中华书局，1985，第82页。
⑥ （清）张廷玉等：《明史》卷二六七《高名衡传》，中华书局，1974，第6884页。
⑦ （明）颜御史：《杞考一地二粮文》，民国《考城县志》卷一《舆图志》，1941年铅印本，第69页。
⑧ 嘉靖《太康县志》，《天一阁藏明代方志选刊续编》，上海书店，1990年影印本，"后叙"第235页。
⑨ （清）刘敏中：《章丘重修大成殿记》，《中庵集》卷一一，《景印文渊阁四库全书》，台湾商务印书馆，1986年影印本，集部，第1206册，第90页。

石之美"①。明代时，章丘继续发展，"其土田肥饶，其山水清美，……其民务耕织而能给租庸"②；"虽平衍居多，而三面带水，一面阻山，鱼鳖、材木之利，不力而获，是其丰饶充给，甲于济南之诸县者，盖非无所由然也，水陆之产实有资焉。故于沃野事耕，以夷途道旅，取材于山，求鲜于水，而章丘之人所以养其生者，不可胜用矣"③。明代鲁西南的兖州农业也很发达，"其地厚衍，其民逊让，其利丝矿，其谷宜四种"④。丰富的物产、丰足的收成推动了章丘、兖州等城市的经济发展，奠定了"甲于他邑"的物质基础。

明代其他地区的农业和城镇也表现出良好的互动。河北南部的顺德府（今河北邢台）经济较好，"商旅之所辏集，衣冠士夫之所游处，民繁物富，地广务殷"，邢州"素号烦剧之郡，龙冈鸳水，地望甚雄，文物风流，若一都会"⑤。山陕地区，翼城的富庶完全来自农业："县土颇美，即筑垣作台，百余年不坏也。故所产五谷皆美，而瓜果、蔬菜亦嘉，枣、梨、柿、李尤多，邑民咸仰为衣食、租税之资。木宜桑柘……浍水、滦池之间，鸳鸯、鹭鸶百十成群，鹳、鹊、鸠、隼、鹑、雁、燕、雀、獐、狍、狐、兔颇多，然与他处无异也。东北地饶宜麦，东南地润宜桑与木绵。"⑥ 陕西朝邑县城（今陕西大荔境）的繁荣之源也明显在于农业：

　　　　五谷六畜，所在相若，置不论。论其多且旨者：千树杏，万树桃，桑枣无虑以亿计，葱茄千畦，菜菔瓜田百亩。秋夏之交，肩任背负，襁

---

① （清）刘敏中：《送曹君干臣之阳丘序》，《中庵集》卷八，《景印文渊阁四库全书》，台湾商务印书馆，1986 年影印本，集部，第 1206 册，第 66 页。

② 嘉靖《章丘县志·序》，《天一阁藏明代方志选刊续编》，上海书店，1990 年影印本，第 1 页。

③ 嘉靖《章丘县志》卷一《建制总论》，《天一阁藏明代方志选刊续编》，上海书店，1990 年影印本，第 26~27 页。

④ 嘉靖《山东通志》卷一《图考》，《天一阁藏明代方志选刊续编》，上海书店，1990 年影印本，第 61 页。

⑤ 雍正《畿辅通志》卷五五《风俗》引明王云凤《邢台谯楼记》、明郑昕《重修邢州庙学记》，雍正十三年刻本，第 12 页。

⑥ 嘉靖《翼城县志》卷一《物产》，《天一阁藏明代方志选刊续编》，上海书店，1990 年影印本，第 647 页。

属辐辏，达于四境，交易而退，得谷百钟，因之衣食滋殖。语云"一亩园，十亩田"，非虚言也。王谦饶于梨，沙底美葱蒜，瓜最甘，泊里韭，南阳、北阳多桃李，滨河壖而上，桃花三十里不绝。此其人各任其能，毕其力，不待督责而竞劝，植果倍于树谷。任地之宜，因天之时，上输租税，下而富家安其业。①

清代，推动河南省会开封经济发展的重要因素之一乃是小麦丰收，如雍正十年（1732）小麦丰收，"四方辐辏，商贩群集，甫得收获之时，即络绎贩运他往……他省客商来豫籴麦者，陆则车运，水则船装，往来如织，不绝于道"②。位于陕西境内的同州府韩城，在乾隆年间非常繁盛，有"小江南"之称，其成因恰是"以饶水故裕稻，而土门口以内西山下为尤盛"③。水稻的作用不言而喻。

在黄河中下游地区广袤的土地上，城镇犹如星辰，点状分布于农田、森林、草原、河流之间，其发展繁荣离不开所在地区自然环境和农业经济所提供的有利条件。城区琳琅满目的商品大都源自手足胼胝的农业劳动者的双手。所以，农业的发展能够在很大程度上推动城镇的繁荣。由夏迄清，我们可以在历代城镇的发展脉络中找到农业发挥作用的影子。

二 农业衰退对城镇发展的制约

历史上，农业衰退对城镇的负面影响也是巨大的，因而从反面进一步证实了农业对于城镇发展的基础性作用。

西汉末期，王莽擅政，境内动乱。建武二年（26），关中"人相食，城郭皆空，白骨蔽野"④。经历两汉间的社会动荡，农业经济受到极大破坏，

---

① 万历《续朝邑县志》卷四《物产》，清康熙五十年刻本，第13页。
② 《世宗宪皇帝朱批谕旨》卷一二六之二四《朱批田文镜奏折》，《景印文渊阁四库全书》，台湾商务印书馆，1986年影印本，史部，第421册，第713页。
③ 乾隆《韩城县志》卷二《物产》，乾隆四十九年刻本，第17页。
④ （南朝宋）范晔：《后汉书》卷一一《刘盆子传》，中华书局，1965，第484页。

京都长安失去了作为都城的基本条件，洛阳成为东汉之帝都。一直到东汉灵帝光和五年（182），樊陵在阳陵（今陕西泾阳境）修建樊惠渠，"昔日卤田，化为甘壤，秔黍稼穑之所入，不可胜算"①，关中才重新有了起色，"是时三辅民庶炽盛，兵谷富实"②。东汉末，董卓挟持汉献帝迁都长安，其肇因之一正是关中地区农业有所恢复。

三国以降，无月不战，"诸夏纷乱，无复农者"③。战争本身及其所造成的一系列负面影响，给农业与城市的发展带来很大的羁绊，关中地区非常凋敝。西晋末年，"长安城中户不盈百，墙宇颓毁，蒿棘成林"④。西晋灭亡后，洛阳城萧条不堪，"城阙萧条，野无烟火"⑤。农村的情况更为糟糕。东晋人孙绰曾描述了其在洛阳一带的所见所闻："自丧乱以来六十余年，苍生殄灭，百不遗一，河洛丘虚，函夏萧条，井堙木刊，阡陌夷灭，生理茫茫，永无依归。"⑥农业如此，更遑论城市的发展了。尽管有局部稳定的政权，并带来农业和城市的发展，但是战争的多发使政权频繁更替，城市大多处于间续发展的状态。

宋金时期，黄河中下游地区生态环境退化，这直接影响到农业生产，进而影响到城镇的发展。故史载河东"地多山瘠"⑦，保州（今保定）"土狭而田硗，民贫而俗朴……土产无甚奇货，商贾舟楫罕至"⑧。作为政治中心的开封府，由于黄河南移于此，并多次决溢，滞留大量泥沙，土地多沙碱，

① （汉）蔡邕：《京兆樊惠渠颂》，《蔡中郎集》卷六，《景印文渊阁四库全书》，台湾商务印书馆，1986年影印本，集部，第1063册，第223页。
② （南朝宋）范晔：《后汉书》卷六六《王允传》，中华书局，1965，第2177页。
③ （唐）房玄龄等：《晋书》卷一〇七《石季龙下》，中华书局，1974，第2795页。
④ （唐）房玄龄等：《晋书》卷五《孝愍帝纪》，中华书局，1974，第132页。
⑤ （北齐）魏收：《魏书》卷三一《于栗磾传》，中华书局，1974，第736页。
⑥ （唐）房玄龄等：《晋书》卷五六《孙绰传》，中华书局，1974，第1545页。
⑦ （宋）范纯仁：《行状》，《范忠宣集》卷一六，《景印文渊阁四库全书》，台湾商务印书馆，1986年影印本，集部，第1104册，第713页。
⑧ 弘治《保定府志》卷一《风俗·（宋）刘涣记》，《天一阁藏明代方志选刊》，上海古籍书店，1981年影印本，第19页。

"都城土薄水浅，城南穿土尺余已沙湿"①。所幸有四大漕河贯入城中，水陆交通极为发达，故程民生先生说："这种自然环境，经济地理位置十分优越，经济发展有着广阔的区域基础，极有利于商业和手工业，而粮食种植业则没有优势。"② 这样的生态环境不利于农业的发展，也自然影响到城镇发展的基础，我国的经济重心正是在这一时期完成南移的，这一经济地理格局至今没有改变。

明代，黄河中下游地区的城乡经济进一步下滑。苏北地区，嘉靖年间已呈现出明显的衰败景象："山鲜树艺，地不畎沟，农甿习佚，而赤旱霪潦无所于备。比岁复有河虞，率致为壑，故财力俱凋，而休养之道浸诎。薛虎子所称'水陆肥沃'，苏轼所称'一熟而饱数岁'，要亦未必然。"③ 徐州长期以来都是重要码头，"徐州之车骡"也曾与"临清之货"齐名④。但据万历年间沈德符记载，"徐州卑湿，自堤上视之，如居釜底，与汴梁相似，而堤之坚厚重复，十不得汴二三……又城下洪河，为古今孔道。自通洳后，军民二运，俱不复经。商贾散徙，井邑萧条，全不似一都会"⑤。高大的黄河大堤造就了徐州"卑湿"的严峻现实，且由于运道改徙，徐州不再是物资集散地，经济萧条，与徐州都会地位很不相称。

同样是嘉靖年间，鲁西南地区的经济也开始衰落，其原因亦多来自黄河决溢后带来的土壤盐碱化、水路交通停滞等⑥。如东昌府：

> 郡至嘉、隆之际，阖境被累。俗所称"金濮、银范"者，今靡蔽不昔若矣。濮故河濡弃地，岁穰亩收一钟，独不失为乐土。馆陶、博平

---

① （宋）江少虞：《土厚水深无病》，《事实类苑》卷六三，《景印文渊阁四库全书》，台湾商务印书馆，1986 年影印本，子部，第 874 册，第 540 页。
② 程民生：《中国北方经济史》，人民出版社，2004，第 272 页。
③ 嘉靖《徐州志》卷五《地理志下·物产》，台湾学生书局，1987 年影印本，第 368～369 页。
④ （明）王士性：《广志绎》卷一《方舆崖略》，中华书局，1981，第 5 页。
⑤ （明）沈德符：《万历野获编》卷一二《徐州》，中华书局，1959，第 329 页。
⑥ 程民生：《中国北方经济史》，人民出版社，2004，第 497 页。

地僻，民勤稼穑，善营殖。恩县、武城舟车之会，田平衍，仅足自给。堂邑、朝城、莘县、冠县、夏津，地肥硗相间，赋不甚上下。独聊城以附郭更称困敝。丘县古名斥丘，以地多斥卤，风景萧然。清平飞沙弥漫，邑迤西北，民饶桑麻之利。最下为高唐，弥望瓯脱，土旷人稀。茌平地薄，旁午冲。观城蕞尔小区，如蜗濡不能自润。①

至清代，生态破坏更为严重，城乡经济持续下滑。陕西境内，康熙帝西巡时曾亲眼看到："地皆沙碛，难事耕耘，人多穴居，类鲜恒业。其土壤硗瘠，固已生计维艰，而地方辽远，疾苦无由上闻，大小官吏不能子爱小民，更恣横索，遂使里井日渐虚耗。"② 山西南部，孙嘉淦载曰，平阳（今山西临汾）、汾州（今山西汾阳）、蒲州（今山西永济）、解州（今山西运城）等府州"人稠地狭，本地所出之粟，不足供居民之用，必仰给河南、陕西二省"③。乾隆帝也言，交城等40州县"商贩稀少，本地产谷，仅供民食"④。很明显，落后的原因之一是农业衰颓。自身的日常所需已难以满足，城镇发展更是奢望。

河南境内，康熙四十二年（1703），帝西巡返京，经过河南，深以为忧："自入潼关，见阌乡以及河南府民生甚艰，而怀庆少裕。至卫辉府则又艰苦，赖薄有秋成，尚能糊口，倘遇歉岁，必至流亡。"⑤ 顺治《封丘县志》载："封土无他奇产，即篇中所载，多昔有今无者。旧西南陡门多茧丝，临清（今山东临清）客来贸易，今屡被河灾，萧索殊甚。"⑥ 农业、商业全面同步下滑。其成因多来自多发的黄河水患，沙化和盐碱化成为土质的新特

---

① （清）顾炎武：《天下郡国利病书》卷四一《山东七》，光绪二十七年二林斋藏本，第6页。

② （清）温达等：《圣祖仁皇帝御制亲征平定朔漠方略》卷四四，《景印文渊阁四库全书》，台湾商务印书馆，1986年影印本，史部，第355册，第587页。

③ （清）孙嘉淦：《孙文定公奏疏》卷三《请开籴禁疏》，《近代中国史料丛刊》，文海出版社，1966，第54辑，第213页。

④ （清）高宗敕撰《清朝文献通考》卷四五《国用考七》，《万有文库》，商务印书馆，1936，第5285页。

⑤ （清）高宗敕撰《清朝文献通考》卷一三六《王礼考十二》，《万有文库》，商务印书馆，1936，第6040页。

⑥ 顺治《封丘县志》卷三《土产》，民国铅印本，第27页。

点。乾隆二年（1737），河南巡抚尹会一奏称："开、归、陈、汝四府滨河斥卤之地，不生五谷，出产硝斤，贫民借以煎熬，易米度日。"[1] 严重的沙化损害了农业经济，也削弱了开封城经济发展的内生力量。今人李润田言，黄河下游河道南移和不断泛滥，造成开封城市周围自然地理环境日趋恶化，自然灾害加剧，农业生产水平越来越低，从而"大大削弱了开封城市存在和发展的最起码的经济基础"[2]。

因此，在影响我国古代城市发展的诸因素中，农业兴衰的影响至为重大，"如果农业落后，生产水平很低，要想出现城市繁荣的局面，则是不可想像的"[3]。

第二节　水文及河道变迁对城镇发展的影响

水文的影响同样重要，傅崇兰等将其视为影响城镇发展的首要因素："黄河的迁徙及大运河的开凿对中国城市发展史的影响之巨大，是中国农业文明时代其他因素不可比拟的。"[4] 总体来看，水文条件的优劣是影响城镇兴衰的重要因素。

一　优越的水环境对城镇发展的推动

先秦时期，黄河中下游地区"川原以百数"[5]，是一个河湖广布的地方。史念海先生指出："由太行山到淮河以北，到处都有湖泊，大小相杂，数以百计。"[6] 由此可见，当时该地区的水环境并不逊于现在的长江下游地区。这为城市的诞生提供了充足的水资源。早期城市如夏代之斟鄩、扈、安邑、

---

① （清）尹会一：《尹少宰奏议》卷二《河南疏一》，中华书局，1985，第14页。
② 李润田：《黄河对开封城市历史发展的影响》，《历史地理》第6辑，上海人民出版社，1988，第53页。
③ 韩大成：《明代城市研究》，中国人民大学出版社，1991，第1页。
④ 傅崇兰等：《中国城市发展史》，社会科学文献出版社，2009，第23页。
⑤ （汉）班固：《汉书》卷二九《沟洫志》，中华书局，1962，第1698页。
⑥ 史念海：《河山集》（二集），生活·读书·新知三联书店，1981，第358页。

晋阳、平阳、原、阳城、老丘、西河、帝丘、昆吾等，商代之殷、共、密、周、程、鬃、唐、甫、虞、箕、黎、霍、历等，周代之丰、镐、洛、杞等大都坐落在黄河干流及其支流上。

春秋战国时期，城市的数量和规模取得了较大发展。齐国都城临淄（今山东淄博）“甚富而实，其民无不吹竽鼓瑟，弹琴击筑，斗鸡走狗，六博蹋鞠者。临淄之涂，车毂击，人肩摩，连衽成帷，举袂成幕，挥汗成雨，家殷人足，志高气扬”[①]。陶（今山东菏泽定陶区）为水陆枢纽，“诸侯四通，货物所交易也”[②]，相当富庶。魏国在惠王十年（前360）和三十一年（前339）以大梁城（今河南开封）为中心开鸿沟[③]，首次实现了黄河、淮河间的直通，大梁成为中原地区的水陆交通枢纽：“于楚，西方则通渠汉水、云梦之野，东方则通沟江淮之间。于吴，则通渠三江、五湖。于齐，则通菑济之间。……此渠皆可行舟，有余则用溉浸，百姓飨其利。至于所过，往往引其水益用溉田畴之渠，以万亿计，然莫足数也。”[④] 沿岸的农业、商贸得以迅速发展。《史记·河渠书》载，大梁城“人民之众，车马之多，日夜行不绝，輷輷殷殷，若有三军之众”[⑤]。

秦汉时期，黄河中下游呈现出两个趋势：一是动荡和决溢，西汉中后期和东汉初期尤为明显，这冲击了流域内的城市；二是安流，东汉王景治理黄河后，出现了史家乐道的相对稳定的水环境。

汉代的黄河是“沟通关东、关中两大经济区域的唯一水运通道”。由于水路畅行，洛阳西达长安，东通东郡、济南、东莱，水陆无阻；洛阳往南，一路经水路由沛、九江（今安徽寿县）、豫章越大庾岭至南海，一路经陆路至南阳再转水路可达广西[⑥]。畅通的水运交通极大推动了洛阳的发展。东汉

① （汉）司马迁：《史记》卷六九《苏秦传》，中华书局，1959，第2257页。
② （汉）司马迁：《史记》卷一二九《货殖列传》，中华书局，1959，第3257页。
③ 开封市郊区黄河志编纂领导组：《开封市郊区黄河志》，黄河水利委员会印刷厂，1994，第7页。
④ （汉）司马迁：《史记》卷二九《河渠书》，中华书局，1959，第1407页。
⑤ （汉）司马迁：《史记》卷六九《苏秦列传》，中华书局，1959，第2254页。
⑥ 河南省交通厅交通史志编审委员会：《河南航运史》，人民交通出版社，1989，第23、39页。

立都于此，固因长安所受之深重的破坏，但洛阳水运的发达亦是缘由之一。

　　而作为黄河最大的支流，渭河水系的通塞、水运的兴废对于关中地区的城市发展影响甚巨，司马迁谓之漕粮"挽天下，西给京师"①。范晔言之"鸿、渭之流，径入于河；大船万艘，转漕相过；东综沧海，西纲流沙"②。今人王子今先生也充分肯定渭河的航运功能，认为其"在黄河水系航运中居于突出地位"③。加上众多人工漕渠的修建，关中地区形成了水运网，沿岸城市相继兴起和繁荣（见图4-1）。

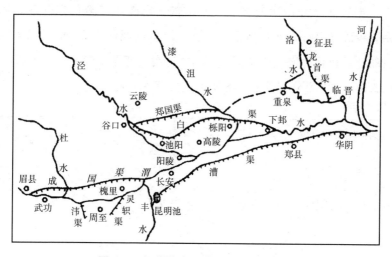

图4-1　汉代关中河道和沿岸部分城市

　　资料来源：程有为主编《黄河中下游地区水利史》，河南人民出版社，2007，第75页。

　　魏晋南北朝时期，黄河中下游地区政权更迭频繁，民族政权林立，游牧民族依赖牧业的生活方式随之被带到了中原，大片农田成为牧场，这在一定程度上改善了生态环境，利于黄河的安澜，大小河道也能少受泥沙沉淀之扰，既保全了流域内的城市，也保障了航运的畅通。

---

① （汉）司马迁：《史记》卷五五《留侯世家》，中华书局，1959，第2044页。
② （南朝宋）范晔：《后汉书》卷八〇上《杜笃传》，中华书局，1965，第2603页。
③ 王子今：《秦汉时期的内河航运》，《历史研究》1990年第2期。

北魏时，晋中一带的生态较好。静乐县温溪水流经地"杂树交荫，云垂烟接"；太原悬瓮山一带"杂树交荫，希见曦景"①。在时人薛钦的努力下，汾水河道得到了有效的疏治，沿岸城市得享航运之利②。同时，北魏在静乐县的羊肠坂建粮仓，"由汾水漕太原"。太原等城市迎来了发展良机。

据《水经注》记载，济水注入荥泽后，复由荥泽东出，并分为两支，即南济与北济。南济流经地为：阳武县故城南，封丘县南，大梁城北，小黄县故城北，东昏县（今河南兰考县境）故城北，济阳县（今河南兰考县境）故城南，冤句县（今山东曹县境）故城南，定陶县（今山东菏泽定陶区）故城南，乘氏县（今山东巨野县境）西。北济流经地为：今河南原阳县南，封丘县北，长垣市西南，山东菏泽市吕陵店南，菏泽定陶区北，至郓城县南入于巨野泽③。沿岸分布着大量的城市（见图4-2）。

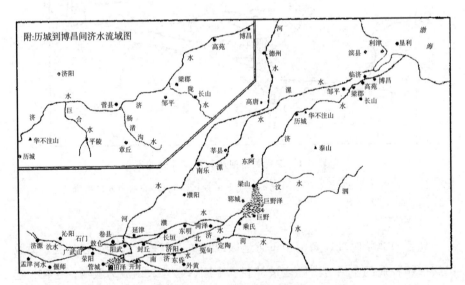

图4-2　济水与部分沿岸城市

资料来源：史念海：《河山集》（三集），生活·读书·新知三联书店，1988，第314~315之间插页。

---

① （北魏）郦道元撰，（清）戴震校《水经注》卷六《汾水》，武英殿聚珍版，第1、29页。
② 吕荣民、石凌虚：《山西航运史》，人民交通出版社，1998，第50页。
③ （北魏）郦道元撰，（清）戴震校《水经注》卷八《济水》，武英殿聚珍版，第1~27页。

　　同处于黄河下游的漳水和洹水对于邺城的发展至为重要。三国时期，曹魏修治了漳水，"竭漳水回流东注，号天井堰，二十里中作十二墱，墱相去三百步，令互相灌注，一源分为十二流，皆悬水门"①。这给邺城提供了充足的水源。同时，曹操引洹水北流，绕邺城西、北两面与漳水相通，进一步便利了邺城的航运②。

　　自唐后期始，黄河水患逐渐增多③。后周显德初，河决东平，"不复故道，离而为赤河"④。黄河下游渐趋动荡，决溢漫流日益增多，宋金黄河改道南流，水灾成为流域内城市面临的重大问题。

　　汾水处于中游，受灾较小。隋开皇三年（583），京城仓储空虚，"漕汾、晋之粟，以给长安。漕舟由渭入河，由河入汾，以漕汾、晋"⑤。唐咸亨三年（672），关中饥荒，监察御史王师顺"奏请运晋、绛州仓粟以赡之，上委以运职"。河、汾之间，舟楫相继，趋向长安⑥。汾水对于长安的作用不言而喻。

　　洛水对于洛阳的作用更加明显。洛水南岸的丰都市，"周八里，通门十二。其内一百二十行，三千余肆。……通渠相注，四壁有四百余店，重楼延阁，互相临映，招致商旅，珍奇山积"。洛水北的通远市，"东合漕渠，市周六里，其内郡国舟船舳舻万计"⑦。洛阳因洛水而成了国际性的大都市。唐大足元年（701），洛阳立德坊处因开河溢出新潭后，"天下之舟船所集常万余艘，填满河路，商旅贸易车马填塞，若西京之崇仁坊"⑧。开元十四年

① （北魏）郦道元撰，（清）戴震校《水经注》卷一〇《浊漳水注》，武英殿聚珍版，第7~8页。
② （北魏）郦道元撰，（清）戴震校《水经注》卷九《洹水注》，武英殿聚珍版，第37页。
③ 水利部黄河水利委员会《黄河水利史述要》编写组编《黄河水利史述要》，水利出版社，1984，第125页。
④ （元）脱脱：《宋史》卷九一《河渠一·黄河上》，中华书局，1977，第2256~2257页。
⑤ （清）康基田著，郭春梅等校《晋乘蒐略》卷一四，山西古籍出版社，2006，第994页。
⑥ （后晋）刘昫等：《旧唐书》卷四九《食货下》，中华书局，1975，第2113页。
⑦ （元）陶宗仪：《大业杂记》，《说郛》卷一一〇上，《景印文渊阁四库全书》，台湾商务印书馆，1986年影印本，子部，第882册，第363页。
⑧ 《元河南志》卷四，《宋元方志丛刊》，中华书局，1990，第8386页。

（726）秋，"瀍水暴涨入漕，漂没诸州租船数百艘，溺者甚众"[1]。可见停靠在洛阳的舟船之多。

隋唐时期，最为重要的漕河是名闻于史的大运河（见图4-3），以东都洛阳为中心，北至涿郡（今北京市），南达余杭（今杭州市），"发江、淮以南民夫及船运黎阳及洛口诸仓米至涿郡，舳舻相次千余里"[2]。大运河不但自身拥有优越的航运能力，还连接了海河、黄河、淮河、长江、钱塘江五大水系，组成了一个巨大的水运网，"如天下诸津，舟航所聚，旁通巴、汉，前指闽、越，七泽十薮，三江五湖，控引河洛，兼包淮海。弘舸巨舰，千轴

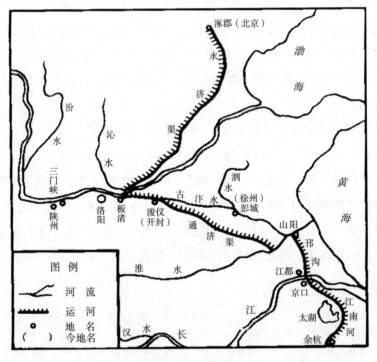

图4-3　隋唐大运河

资料来源：河南省交通厅交通史志编审委员会：《河南航运史》，人民交通出版社，1989，第62页。

---

① （后晋）刘昫等：《旧唐书》卷八《玄宗上》，中华书局，1975，第190页。

② （宋）司马光：《资治通鉴》卷一八一《隋纪五》，中华书局，1956，第5654页。

万艘，交贸往还，昧旦永日"①。一批交通贸易型河港城市先后形成。如河南睢县州，"界梁宋之中，据汴河之会，土地平衍，舟船络绎"②。河南开封，"北据燕赵，南通江淮，水陆都会，形势富饶"③。发达的水运推动了黄河中下游地区大批城市的形成和繁盛。

值得一提的是，自唐代开始，草市逐步发展，且大多分布在水陆交通发达之所，尤其是水运码头，从而引发了宋代市镇的兴盛和明清市镇群体的崛起。

宋金时期，黄河决溢改徙频率开始超越前代，"河道变迁十分剧烈，决、溢、徙都创造了有史以来的新纪录"④。河患不仅表现为决溢漫流，频繁改道于华北，还数次南侵，夺淮入海，最终于南宋建炎二年（1128）"自泗入淮"⑤，开启了由东北流转为东南流的历史。豫东、淮北、苏北城镇不得不面临频发的黄河水患。

最明显的例子是开封城与诸河道的关系。一是汴水。宋代是汴水航运最为繁忙的时段，"唯汴水横亘中国，首承大河，漕引江、湖，利尽南海，半天下之财赋，并山泽之百货，悉由此路而进"⑥。而汴水对于京都开封的意义更为关键，"有食则京师可立，汴河废则大众不可聚，汴河之于京城，乃是建国之本，非可与区区沟洫水利同言也"⑦。二是蔡水。流经祥符县东南，通许县西、尉氏县、扶沟县之东境、太康县之西境、鹿邑县之南境，合于颍河，再由颍河通往江南地区。同时，蔡水自开封西南戴楼门入城，绕至东南陈州门出，也是宋代开封漕运四河之一。三是五丈河（广济河）。导菏水，自开封北，流经陈留、曹州、济州、郓城，其广五丈，故名此⑧。宋开宝六

① （后晋）刘昫等：《旧唐书》卷九四《崔融传》，中华书局，1975，第2998页。
② （清）顾祖禹：《读史方舆纪要》卷五〇《河南五》，中华书局，2005，第2353页。
③ （清）顾祖禹：《读史方舆纪要》卷四七《河南二》，中华书局，2005，第2137页。
④ 水利部黄河水利委员会《黄河水利史述要》编写组编《黄河水利史述要》，水利电力出版社，1982，第162页。
⑤ （元）脱脱：《宋史》卷二五《高宗二》，中华书局，1977，第459页。
⑥ （元）脱脱等：《宋史》卷九三《河渠三·汴河上》，中华书局，1977，第2321页。
⑦ （宋）张方平：《论汴河利害事》，《乐全集》卷二七，《景印文渊阁四库全书》，台湾商务印书馆，1986年影印本，集部，第1104册，第280页。
⑧ （元）脱脱：《宋史》卷九四《河渠四·广济河》，中华书局，1977，第2338页。

年（973），赐名广济河，为漕运四河之一。北宋初年，太祖赵匡胤诏左监门卫将军陈承昭于京城之西，夹汴水造斗门（水闸），引京、索、蔡诸水通于城濠，入于斗门，"俾架流汴水之上，东进于五丈河，以便东北漕运，公私咸利"。四是金水河。太祖建隆二年（961）春，命陈承昭率水工凿渠，引水过中牟，约百余里，名金水河，抵开封城西，设斗门，通城濠，东汇于五丈。乾德三年（965），又"引贯皇城，历后苑，内庭池沼，水皆至焉"，成为皇宫内部的水源。真宗大中祥符二年（1009）九月，诏谢德权决金水，"自天波门并皇城至乾元门，历天街东转，缭太庙入后庙，皆甃以礲甓，植以芳木，车马所经，又累石为间梁。作方井，官寺、民舍皆得汲用。复引东，由城下水窦入于濠，京师便之"①。此举又使金水河成为城内居民的用水来源之一。

汴河、五丈河、蔡河、金水河均通入城中，形成了京师发达的水系网，"自淮而南，邦国之所仰，百姓之所输，金谷财帛，岁时常调，舳舻相衔，千里不绝，越舲吴艚，官艘贾舶，闽讴楚语，风帆雨楫，联翩方载，钲鼓镗铪，人安以舒，国赋应节"②。水运的发达使开封城达到了历史的辉煌顶点。

元明清三朝，贾鲁河（见图4-4）开浚通流③，流经郑州、中牟、开封、尉氏、扶沟、周家口，入颍入淮，沿岸的朱仙镇和开封城得以迅速发展。

据史书记载，清康熙年间，朱仙镇已是"商贾贸易最盛"④。乾隆年间，朱仙镇商贸繁富无比，"食货富于南而输于北，由广东佛山镇至湖广汉口镇，则不止广东一路矣；由湖广汉口镇至河南朱仙镇，则又不止湖广一路矣。朱仙镇最为繁夥"⑤。嘉庆年间，朱仙镇更是"商务之盛，甲于全省"⑥。贾鲁河的畅通和朱仙镇的繁荣，也推动了开封城市经济的发展。史

---

① （元）脱脱：《宋史》卷九四《河渠四·广济河》，中华书局，1977，第2340~2341页。
② （宋）周邦彦：《汴都赋》，《丛书集成续编》，上海书店，1994，史部，第54册，第27页。
③ 开封教育实验区教材部编《岳飞与朱仙镇》，1934年铅印本，第169页。
④ 康熙《开封府志》卷九《城池》，康熙三十四年刻本，第6页。
⑤ 光绪《祥符县志》卷九《市集》，光绪二十四年刻本，第59页。
⑥ （清）龚柴：《河南考略》，《小方壶斋舆地丛抄》，杭州古籍书店发行，1985，第1秩，第162页。

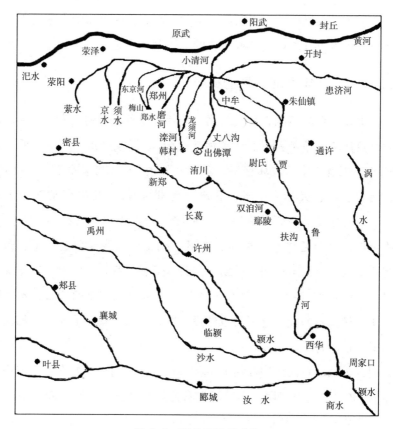

图 4-4 贾鲁河及其支流

资料来源：开封教育实验区教材部编《岳飞与朱仙镇》，1934 年铅印本，
第 211 页。笔者作了修改。

载"朱仙镇百货充斥，会城因之，号繁富焉"①；周家口及江南的商货皆由
贾鲁河、朱仙镇通往开封②。

水是万物生发之本，没有充分的水资源，城镇的生产和居民的生活难以
为继，城镇的发展繁荣便无从谈起。在水运占据主要地位的传统社会，是否
拥有发达的水运交通也在很大程度上左右了城镇经济的发展高度。黄河及其

---

① 开封教育实验区教材部编《岳飞与朱仙镇》，1934 年铅印本，第 159 页。
② 光绪《扶沟县志》卷三《河渠·惠民河》，光绪十九年大程书院刻本，第 2 页。

支流孕育了大量的城市，也为它们后来的发展、繁荣提供了丰富的水源和便利的交通，成为流域内城镇经济发展的重要助推力之一。

二 水文恶化对城镇发展的羁绊

关注水环境自然不能忽视其恶化后的状态及负面影响。先看黄河。西汉成帝时，黄河决于馆陶和东郡（今河南濮阳），泛溢今山东、河南两省，淹4郡32县，深者3丈，破坏官亭、室庐4万余所[①]。北宋熙宁十年（1077）七月，河决卫州、汲县、怀州、滑州、澶州等地，"凡灌郡县四十五，而濮、齐、郓、徐尤甚，坏田逾三十万顷"[②]。元至正四年（1344）六月，黄河北决金堤，沿河之济宁、单州、虞城、砀山、金乡、鱼台、丰、沛、定陶、楚丘、武城，以至曹州、东明、巨野、郓城、嘉祥、汶上、任城等处皆罹水患[③]。每次大的决溢，所造成的均是城乡大面积被淹的情景，不仅毁坏了农田这一最基本的社会财富，也冲没了财富、人口集中的城镇，给城镇发展带来毁灭性的打击。

以明代为例，黄河决溢灌城的事例多次发生，前期主要发生在河南。洪武元年（1368），河决河阴，不得不把县治从广武山北迁到广武山南（今荥阳市东北广武镇)[④]。洪武二十二年（1389），河没仪封，徙其治于白楼村。洪武二十四年河决改道，经过项城，至洪武三十一年，黄河南徙，旧城圮于水，民庐冲没殆尽，知县彭冲恭徙建城东。成化十四年（1478），巡抚河南都御使李衍为抵制河患，行疏浚之法。第二年正月河决荥泽，可见其法效果不大，以至河患再次到来时，被迫把县治从广武山北迁到山南（今郑州市北郊古荥镇）以避水[⑤]。就黄河决溢所淹的城镇中，受灾最重的是开封城。

---

① （汉）班固：《汉书》卷二九《沟洫志》，中华书局，1962，第1688页。
② （元）脱脱等：《宋史》卷九二《河渠二》，中华书局，1977，第2284页。
③ （明）宋濂等：《元史》卷六六《河渠三》，中华书局，1976，第1645页。
④ 康熙《河阴县志》卷一《灾异》，乾隆十三年刻本。
⑤ （清）张廷玉等：《明史》卷八三《河渠一》，中华书局，1974，第2020~2021页。

自宋金以后，黄河南徙至开封附近，城外自此"皆为浸淫沮洳之场"①。到明代，开封境内的黄河已经形成"地上悬河"，明人吕原对开封所处的地理位置及地势有深刻的认识："筑堤护城，其来盖已久矣。夫土疏固易迁徙，而流杂泥沙，又易淤淀。以其故水载高地，堤日增，而城以下也。"②这样，久而久之，开封城区周边因大量泥沙沉积而日高，城市本身就宛若一个"盆地"，一旦遇到大的洪涝灾害，城市内部就难以逃脱被淹浸的噩运。有明一代，黄河决溢直接冲击开封城达 10 余次，以天顺五年、崇祯十五年最为严重。

天顺五年（1461）七月，河水至开封城，"土城既决，砖城随崩，公私庐舍尽没。男妇溺死不可胜计，数十年官民资畜漂失无遗"。更为严重的是，"七郡财力所筑之堤俱委为无用之地矣"③。截止到六年（1462）十二月，黄河对开封城及其所辖州县的危害丝毫未减，以致内阁大臣感慨道："河南乃中原重地，近年以来水患相仍，军民饥窘，况黄河泛涨，冲开城堤，淹没人民，至今水患未息。"④ 崇祯十五年（1642）九月，开封城再遭河决之患。据参与守城的李光壂描述，九月十六日，"南门先坏，北门冲开，至夜曹门、东门相继沦没，一夜水声如数万钟齐鸣"，十七日黎明，"满城俱成河洪，止存钟鼓两楼及各王府屋脊、相国寺寺顶，周府紫金城惟堞"⑤。同时参与守城的白愚也说："及至夜半，水深数丈，浮尸如鱼。……举目汪洋，抬头触浪。其仅存者，钟鼓二楼、周府紫禁城、郡王假山、延庆观，大城止存半耳，至宫殿、衙门、民舍、高楼略露屋脊。"⑥ 这次河决对开封城造成的破坏是空前的，也进一步缩短了黄河与开封的距离。如张琦之《吹

① （清）顾祖禹：《读史方舆纪要》卷一二六《川渎三》，中华书局，2005，第 5408 页。
② （明）吕原：《扬州门新造石闸记》，（明）李濂：《汴京遗迹志》卷一五《艺文二》，中华书局，1999，第 283 页。
③ 《明英宗实录》卷三四九，天顺七年二月庚辰，台北"中央研究院"历史语言研究所，1962 年影印本，第 7028 页。
④ 《明英宗实录》卷三四七，天顺六年十二月戊辰，台北"中央研究院"历史语言研究所，1962 年影印本，第 6994 页。
⑤ （明）李光壂撰，王兴亚点校《守汴日志》，中州古籍出版社，1987，第 33 页。
⑥ 刘益安：《汴围湿襟录校注》，中州书画社，1982，第 57 页。

台》："扶竹登高回首望，黄河一线响如雷。"① 出生于顺治三年（1646）的蒋景祁曾描述过开封城的境况："隋堤何在，见晴云夕草，苍茫无际，皂帽蹇驴凭吊罢，闲忆汴京遗事。花竹梁园，烟霞艮岳，何处寻荒址，繁华消歇，断肠戌鼓声里。堪叹蛾贼纷纷，洪涛昏垫，一夕漂朱邸。只有金梁桥上月，曾照歌楼灯市。楚汉荥阳，袁曹官渡，懒去评青史。黄沙古堞，暮鸦落日飞起。"② 清朝初期，开封城仍然破败不堪。

明后期河决主要发生在南直隶的徐州、淮安府境内，徐州、淮安所属州县城池多遭淹没。如嘉靖五年（1526）六月，河决仪封（今河南兰考境），漫溢而北，淤数十里，丰县淹没水中，不得已徙县治以避洪水③。万历二十一年（1593）五月，河决山东单县境内黄堌口，徐州、邳州及其丰县、沛县、睢宁、宿迁等属县皆遭水灾，邳州城陷水中④。天启二年（1622）七月，河决徐州东南五十里吕梁洪附近小店村，"围绕睢城，庐舍漂没"⑤。其中，徐州城是淮北地区受黄河决溢影响最为严重的城市。

隆庆五年（1571）秋，黄河决溢，冲毁徐州城西门，溺死许多人口；万历十八年（1590），黄河泛滥，大水冲进徐州城，房屋被毁，积水经年不消。隆庆五年、万历十八年这两次"河大溢徐州"，"溺死人民甚多"。⑥ 大水多年不退，官民甚至有迁城之议，足见水患危害之烈。天启四年（1624），黄河第三次灌城，也是最严重的一次，更是造成徐州城叠城的直接原因。是年，河水暴涨，自奎山决口，洪水奔腾狂泻从奎河水门处涌入徐州城中，击垮东南城墙，徐州城瞬间水深丈余。顺治《徐州志》记载："天启四年六月二日，奎山决堤，是夜由东南水门陷城，顷刻丈余，官廨民舍尽

---

① 雍正《河南通志》卷七四《艺文三》，张琦《吹台》，《景印文渊阁四库全书》，台湾商务印书馆，1986 年影印本，史部，第 538 册，第 468 页。
② （清）蒋景祁：《瑶华集》卷一二，董俞《汴京怀古》，《四库禁毁书丛刊》，北京出版社，1997，集部，第 37 册，第 215 页。
③ （清）张廷玉等：《明史》卷八三《河渠一》，中华书局，1974，第 2028 页。
④ （清）张廷玉等：《明史》卷八四《河渠二》，中华书局，1974，第 2058 页。
⑤ （清）傅泽洪：《河水》，《行水金鉴》卷四四，《景印文渊阁四库全书》，台湾商务印书馆，1986 年影印本，史部，第 580 册，第 603 页。
⑥ 赵明奇：《徐州自然灾害史》，气象出版社，1994，第 157~158 页、168 页。

没漂，百姓溺死无算，六、七年城中皆水，渐次沙淤。"① 这次大水将徐州城全部吞没，三年不退。至此，建于洪武年间的徐州城全部被黄沙掩埋。"徐民苦淹溺"，又有了迁城之议，给事中陆文献上徐州不可迁六议，"遂迁州治于云龙，河事置不讲矣"②。按照原洪武城的规模与布局，各官署衙门均在旧址上重建。

此外，明代的定陶（今山东菏泽定陶区境）、濮州（今河南范县境）、洧川（今河南尉氏境）、仪封（今河南兰考境）、荥泽（今河南郑州境）、商丘等，都曾因黄河泛滥，城为洪水所坏，大部分被迫移治③。总之，地处黄河下游两岸的城镇由于河床不断升高、堤防不断加高，河决灌城实属常事，"年来堤上加堤，水高凌空，不啻过颡。滨河城郭，决河可灌"④，处于地势较低的黄淮平原上的大小城市几乎都遭受过黄河决溢的危害，河患阻碍了这一区域城市经济的发展，最终使黄河下游地区的城市发展日益落后于江南一带。

除了黄河干道，其支流也曾多次带给城镇以巨大的冲击。如汾水：宋神宗熙宁年间，汾水决溢，势迫太原，知府王素命太原地区百姓利用小木船运输土石，建堤筑坝，堵截洪水，保住了府城⑤。明万历三十五年（1607），"汾水环抱省城"。清康熙年间，山西巡抚奏称，汾水自河津县至绛州（今山西新绛县），可行载重量为100石的舟船；由绛州至平阳府城（今山西临汾市）及洪洞县，可以航行载重量为五六十石的舟船；唯介休县的义堂桥河段滩多水急，不利航行；自介休至太原，河道多泥沙淤积，河水较浅，必须用小船方可通过⑥。水运价值也大不如前。

① 顺治《徐州志》卷二《河防》，顺治十一年刻本，第2页。
② （清）张廷玉等：《明史》卷八四《河渠二》，中华书局，1974，第2071页。
③ （清）张廷玉等：《明史》卷四一《地理二》，中华书局，1974，第944页；卷四二《地理三》，第981、984页。
④ （清）张廷玉等：《明史》卷八四《河渠二》，中华书局，1974，第2054页。
⑤ （元）脱脱等：《宋史》卷三二〇《王素传》，中华书局，1977，第10404页。
⑥ （清）康基田：《河渠纪闻》卷一七，《四库未收书辑刊》，北京出版社，1997，第1辑，第29册，第21~24页。

渭水：清代其中下游"水宽浅可行中等之船"，可载重几万斤至 10 万斤①。眉县至宝鸡河段，水大时始可行舟。如岐山县，"行境内约二十六里，境内惟渭水为大水，皆平流，可通舟楫，然冬春之交沙多水浅，则不可行大船矣"②。航运价值萎缩严重。

汴水：通入开封城内之河道，其安澜与否影响甚巨。宋太宗淳化二年（991）六月，汴水决，太宗亲自参与堵口，众多臣僚皆泥泞沾衣③。太宗也全身泥淖，他见臣僚皆恐，宽慰说："东京养甲兵数十万，居人百万家，转漕仰给在此一渠水，朕安得不顾！"④ 但是，汴水的水源来自黄河，这就难免受到黄河泥沙的影响，虽然宋代非常重视汴河的治理，但这一问题还是随着时间的推移越来越明显了。时人沈括对此有较为详细的记载："国朝汴渠，发京畿辅郡三十余县夫岁一浚。祥符中，阁门祗候使臣谢德权领治京畿沟洫，权借浚汴夫，自尔后三岁一浚，始令京畿民官皆兼沟洫河道，以为常职。久之，治沟洫之工渐弛，邑官徒带空名，而汴渠有二十年不浚，岁岁堙淀。异时京师沟渠之水皆入汴，旧尚书省都堂壁记云'疏治八渠，南入汴水'是也。自汴流堙淀，京城东水门，下至雍丘、襄邑，河底皆高出堤外平地一丈二尺余，自汴堤下瞰民居，如在深谷。"⑤

湖泊对于城镇的作用尽管不如河道那么明显，但其重要性也不容低估。放眼任一城镇，几乎都能见到大小不一的湖或池。城内之湖可以调节用水、美化环境，城外之湖的作用一般更大，如供给城内用水、接收城内的外排水、供城外农田用水等。在今天的豫东、皖北、苏北、鲁西南地区，历史时期曾经湖沼众多，是典型的水乡之区，尤其是郑州、商丘、徐州一线以南，更是湖沼密集、星罗棋布。黄河夺淮后，黄河决水遍及整个

---

① 民国《朝邑县乡土志·水》，1915 年铅印本，第 38 页。
② 《岐山县乡土志》卷三《水》，《中国方志丛书》，成文出版社，1969 年影印本，第 9 页。
③ （元）脱脱等：《宋史》卷九三《河渠三》，中华书局，1977，第 2317~2318 页。
④ （宋）李焘：《续资治通鉴长编》卷三二，太宗淳化二年，中华书局，1979，第 275 页。
⑤ （宋）沈括著，胡道静校证《梦溪笔谈》卷二五《杂志二》，上海古籍出版社，1987，第 795~796 页。

淮北平原，曾经的大小湖沼，几乎全部被黄河泥沙所淤没[①]。譬如宿迁，"（昔日）水则南控清淮，北引沂泗。又骆马湖移交脉注，蓄泄有资，农田赖之。自浊河南徙，陵谷变迁，境内诸湖，强半淤垫"[②]。苏北地区的硕项湖，一度东西四十里，南北八十里，是一个烟波浩渺的大湖，但在黄河夺淮以后，不断受到泥沙淤灌，康熙十七年（1678）后"陆续升科，变为腴田"[③]。河道的变迁与泥沙含量的增加，给流域内带来了灾难。据乾隆《汾阳县志》载，金大定以前，文湖"常盈不涸……旱则蓄之，涝则泄之……虽有凶灾而民不困"[④]。文湖消失后，"山潦时涨，冲突不常，……决而南，则滨湖诸村悉成泽国，疾苦垫隘，无岁不闻"[⑤]。泛滥的洪水往往使太原盆地一片汪洋，以致危及太原城的安全。失去湖泊的蓄水功能，城镇的水灾指数逐渐上升。

因此，优越的水环境能够极大地推动城镇的发展繁盛，反之则会成为城镇发展的桎梏，甚至带来毁灭性冲击。这是水环境和城镇之间呈现出来的互动关系。

第三节 气候、土壤等自然条件的变化
对城镇发展的影响

自然环境对城镇发展的影响同样非常大。在众多自然因素中，气候的冷暖波动、地貌和土壤的优劣与城镇的关系至为密切，其既是城镇诞生的基本条件，也关乎到城镇日后繁荣与否及城内经济发展的高度。

---

① 邹逸麟主编《黄淮海平原历史地理》，安徽教育出版社，1997，第181、115页。
② 民国《宿迁县志》卷三《山川志》，1935年宿迁会文斋印刷局承印本，第1页。
③ 嘉庆《海州直隶州志》卷一二《山川》，嘉庆十六年刻本，第26页。
④ 乾隆《汾阳县志》，转引自张荷、李乾太《试论历史时期汾河中游地区的水文变迁及其原因》，中国水利学会水利史研究会编《黄河水利史论丛》，陕西科学技术出版社，1987，第253页；光绪《山西通志》卷四一，光绪十八年刻本，第17页。
⑤ 乾隆《汾州府志》卷四《山川》，乾隆三十六年刻本，第38页。

一　气候

历史时期，我国的气候呈现出"波浪形"波动状态。竺可桢先生的《中国近五千年来气候变迁的初步研究》可视为发轫之作，他将近五千年的时间分为四个时期，即考古时期、物候时期、方志时期、仪器观测时期。远古时期，文字资料甚少，只有考古信息才能提供较为可信的证据。而元代之前的文献又不足以证明气候的概貌，物候成为重要之参考。明清之际方志大量涌现，比较详细地记载了各地的气候信息。到了近代，科技的进步使通过更为精确的科学手段研究气候成为可能。尽管学界目前对气候的研究超越了竺先生的成就，但其论断并未过时。就黄河中下游地区而言，由于河道的变迁，下游地区的位置南北摆动，故气候状态比中游更为复杂。大体上看，黄河河道处于冀鲁时，气候与中游相差无几，都处于温带或暖温带；而河道南摆至苏皖时，则与中游表现出一定的差异，成为亚热带气候类型。

1. 夏商西周时期的暖中有寒

竺可桢先生称，从仰韶文化到安阳殷墟时代，年均气温高于现在2℃左右[1]。葛全胜等也指出，夏商周气候总体上暖湿，但逐渐变冷，且冷暖波动幅度大[2]。近数十年来，安阳殷墟出土了大量动物遗骸，其中有如今生活在亚热带地区的獐、竹鼠，生活在热带的犀牛，以及仅生活在东南亚低地森林的圣水牛[3]。喜暖的梅也在考古中被发现，而现代野生梅树主要分布在具有亚热带条件的西南地区[4]。这就说明，夏商时期的亚热带北界约在今河南安阳一带。

西周是个相对寒冷的时期。在西周早期的河南淅川县下王岗文化遗址第一层中，未见喜暖动物的遗骸。据此推断，在其北面的黄河中下游地区更难

---

① 竺可桢：《中国近五千年来气候变迁的初步研究》，《考古学报》1972年第1期。
② 葛全胜等：《中国历朝气候变化》，科学出版社，2011，第23页。
③ 陈梦家：《殷虚卜辞综述》，中华书局，1988，第555页。
④ 满志敏：《中国历史时期气候变化研究》，山东教育出版社，2009，第129页。按：葛全胜等认为，中商时曾有过200余年的低温期，至都城迁至殷墟时，气温回暖，称为"殷墟暖期"。参见葛全胜等《中国历朝气候变化》，科学出版社，2011，第27页。

见到喜暖的动物。又据文献载，周孝王时期"大雨雹，牛马死，江汉俱冻"①，周夷王时"冬雨雹，大如砺"②。最突出的是，《吕氏春秋》等文献所载的周武王驱虎、豹、犀、象等南下的传说，恰恰反映了这一时期这些动物是因气温降低而群体退出黄河流域的。

适宜的气候对于黄河中下游地区文明的诞生和经济社会的发展非常重要。如夏朝何以在中原地区建立，说法纷纭，葛全胜等认为，夏代之前的降温"通过影响东南季风强度，而使得中国出现一种传统意义上的南涝北旱的环境格局。甘青和内蒙古岱海地区农业生产系统因气候持续冷干而彻底崩溃，良渚和龙山文化则因雨涝不断而逐渐衰落，而中原地区则有可能是当时人类最适宜的避难场所。中原地区位于中国地貌二级阶梯和三级阶梯之间的过渡带，海拔较高，与东南部地势较低的冲积平原地区相比，这里的居民不至于遭受洪涝灾害的毁灭性打击。降温虽可导致中原地区农作物减产，但不至于像北部和西北部生态脆弱地区一样农业系统受到摧毁。在自身人口不断增长和避灾而来的外地移民日益增多的双重压力下，中原地区土地资源日益枯竭，人地关系越来越紧张，为获得基本的生存，部落间的战争也随之而来，并因之促进了夏朝的形成和中国古代文明社会的诞生"③。

进入商代，社会稳定发展，郑州商城、偃师商城等一系列城市相继在黄河中下游地区建立。百余年后，商代陷入不稳定的状态，多次迁徙，唐际根称之为"中商期"，这也影响到农业和城市的稳定发展。中商期，中国气候转冷，并持续了约 150 年。当时，东南夏季风显著减弱，季风锋面雨带南移，黄河流域多雨，极端气候事件频次增加，气候状况与尧舜禹大洪水时代相仿，从而导致殷人频繁迁都。长时间的气候灾害极大地破坏了商代经济基础，并驱使北方生态脆弱地区的游牧民族不断南侵，给商朝带来了巨大的军

---

① （宋）刘恕：《资治通鉴外纪》卷三《周纪一》，《景印文渊阁四库全书》，台湾商务印书馆，1986 年影印本，史部，第 312 册，第 709 页。

② （南朝梁）沈约：《竹书纪年》卷下，《景印文渊阁四库全书》，台湾商务印书馆，1986 年影印本，史部，第 303 册，第 28 页。

③ 葛全胜等：《中国历朝气候变化》，科学出版社，2011，第 41 页。

事压力，在王室内部不稳定的情况下，内忧外患的殷王朝在迁居新都后也无力精心营造，不得不频繁迁都。[①] 盘庚迁殷后，气候恢复稳定，都城再无迁徙。

2. 春秋至秦汉时期的暖中有凉

春秋时期气候相对温暖。《春秋左传》载，桓公十四年（前698）、成公元年（前590）、襄公二十八年（前545）等年份鲁国冬天或初春无冰[②]。今天我国中东部地区河流稳定冻结的南界大致东起连云港，经商丘附近北跨黄河，沿黄河、渭河向西，当时河流稳定冻结的南界比现在北移约1个纬度[③]。而且，梅树、橘树分布的位置也比现在偏北。《诗经·陈风·墓门》云："墓门有梅，有鸮萃止。"[④]《诗经·曹风·鸤鸠》云："鸤鸠在桑，其子在梅。"[⑤] 陈、曹两国大体位于今鲁西、豫东和皖北地区。今天这一带已无大面积梅树的生长。战国时期气温有所回落，葛全胜等以"温凉"形容之。管子言："以春日至始，数九十二日谓之夏至，而麦熟，天子祀于太宗。"[⑥] 孟子云："今夫麰麦，播而耰之，其地同，树之时又同，浡然而生，至于日至（夏至）之时皆熟矣。"[⑦] 可见，战国中期黄河中下游的小麦收获期在夏至前后，与现代相比，收获期推迟了半个月左右，故战国中期的气候比现今寒冷[⑧]。两汉间，气候回暖。氾胜之载："春候地气始通，……立春后，土块散。"[⑨] 立春后，西安一带的土壤即已解冻，并可进行耕作。司马迁云"陈夏千亩

① 葛全胜等：《中国历朝气候变化》，科学出版社，2011，第43页。
② （晋）杜预注，（唐）孔颖达疏《春秋左传注疏》，《景印文渊阁四库全书》，台湾商务印书馆，1986年影印本，经部，第143册，卷六，桓公十四年，第160页；卷二五，成公元年，第529页；第144册，卷三八，襄公二十八年，第190页。
③ 邹逸麟编著《中国历史地理概述》，上海教育出版社，2007，第14页。
④ （清）阮元校刻《十三经注疏·毛诗正义》卷七一，中华书局，1980，第378页。
⑤ （清）阮元校刻《十三经注疏·毛诗正义》卷七三，中华书局，1980，第385页。
⑥ （唐）房玄龄注《管子》卷二四《轻重己》，《景印文渊阁四库全书》，台湾商务印书馆，1986年影印本，子部，第729册，第273页。
⑦ （汉）赵氏注，（宋）孙奭音义并疏《孟子》卷一一上《告子》，《景印文渊阁四库全书》，台湾商务印书馆，1986年影印本，经部，第195册，第246页。
⑧ 满志敏：《中国历史时期气候变化研究》，山东教育出版社，2007，第141页。
⑨ 万国鼎辑释《氾胜之书辑释》，农业出版社，1980，第24页。

漆，……齐鲁千亩桑麻，渭川千亩竹"①，这些经济作物的分布均较今偏北
一些。

气候转暖对黄河中下游地区影响很大。春秋战国时，群雄并起，我国政
治、经济、文化等进入一个生机勃勃、富有创造性的时代②。我国早期城市
的"第一个发展阶段"也同步出现于这一时代。秦汉时期，我国迎来城市
发展的第一个高峰期，"地方城市体系逐步确立，形成了全国统一的郡县城
市网络"③。

3.魏晋南北朝时期的寒冷

这是一个气候相对寒冷的时段。《三国志·魏志》载，黄初六年（225），
"大寒，水道冰，舟不得入江，乃引还"④。曹丕的军队因河道结冰，没能驶
入长江。《晋书·慕容皝载记》载，成帝司马衍咸和八年至咸康二年
（333~336），辽东湾西北岸至东南岸沿海"冻合者三矣"，可"践凌而
进"⑤。《晋书·五行志》《魏书·灵征志》里异常霜雪事件频繁出现，也证
明了当时为寒冷期。

在这一气候背景下，北方游牧民族纷纷南下，出现了名闻于史的
"五胡乱华"现象。北魏孝文帝将都城从平城迁往洛阳的时间点正处于北
方气温降低的前夜⑥。同时，在北方战乱不已的形势下，汉民也大量南
迁，开启了经济重心南移的序幕。这对城市的区域分布和发展产生了深
远影响。

4.唐宋金元时期的暖寒相间

隋至盛唐时期，一般认为处于温暖期。唐中后期，气候转寒。如贞元十

---

① （汉）司马迁：《史记》卷一二九《货殖列传》，中华书局，1959，第3272页。
② 葛全胜等：《中国历朝气候变化》，科学出版社，2011，第48页。
③ 李孝聪：《历史城市地理》，山东教育出版社，2007，第100、91页。
④ （晋）陈寿：《三国志》卷二《文帝纪》，中华书局，1959，第85页。
⑤ （唐）房玄龄等：《晋书》卷一〇九《慕容皝载记》，中华书局，1974，第2817页。
⑥ 满志敏等：《气候变化对历史上农牧过渡带影响的个例研究》，《地理研究》2000年
　　第2期。

二年（796），"大雪平地二尺，竹柏多死"，到翌年四月仍有大雪，历时很久①。元和十年（815），白居易提到九江一带的严寒："九江十年冬大雪，江水生冰树枝折"②"腊后冰生复溢水，夜来云暗失庐山"③。满志敏整理了唐代的霜雪极端记录和唐代大寒的年份和事件④，认为此时异常寒冷。五代、宋元时期，气候的寒暖相间更为明显。《文献通考》载，后唐长兴四年（933），征收夏税小麦、大麦、豌豆等谷物的最靠北的州军有庆州（今甘肃庆阳）、威塞军（今河北涿鹿）、大同军、振武军（今山西朔州）等⑤，说明这些地区已有冬小麦的种植。但随后严寒接踵而至。如宋太宗雍熙二年（985），九江一带"大江冰合，可胜重载"⑥。真宗天禧二年（1018）冬，湖南永州"大雪，六昼夜方止，江、溪鱼皆冻死"。宋徽宗政和三年（1113），"大雨雪连十余日不止，平地八尺余，……飞鸟多死"。宋钦宗赵桓靖康元年（1126）闰十一月，"大雪盈三尺不止"，次年正月"大雪，天寒甚，地冰如镜，行者不能定立"，又"大雪数尺，人多死"⑦。笔者以为，大量反映这一时期气候温暖或寒冷的史料共存于史册之中，充分说明了气候的复杂性和多变性。但是，考虑到气象的"瞬时性"，多数寒冷气候的记载或可视为某个年份或某段连续年份的"暂时性"寒冷，其所带给社会经济的影响并不深远。加上这一时期生产力的提高和经济的迅速发展，城市迎来又一次发展的高峰，而镇也于此时登上历史舞台。

5. 明清时期的"小冰期"

明清两朝是气候史上的"小冰期"，气温也达到历史时期的最低值。据满志敏先生研究，"在公元1400年~1900年间，世界上许多地区再次出现

---

① （后晋）刘昫等：《旧唐书》卷一三《德宗下》，中华书局，1975，第385页。

② （清）汪立名编《长庆集》，《白香山诗集》卷一二，《景印文渊阁四库全书》，台湾商务印书馆，1986年影印本，集部，第1081册，第173页。

③ （清）汪立名编《长庆集》，《白香山诗集》卷一六，《景印文渊阁四库全书》，台湾商务印书馆，1986年影印本，集部，第1081册，第230页。

④ 满志敏：《中国历史时期气候变化研究》，山东教育出版社，2009，第178、179页。

⑤ （元）马端临：《文献通考》卷三《田赋三》，浙江古籍出版社，2007，第52~53页。

⑥ （元）脱脱等：《宋史》卷五《太宗二》，中华书局，1977，第77页。

⑦ （元）马端临：《文献通考》卷三〇五《物异十一》，浙江古籍出版社，2007，第2400页。

气候寒冷，亚欧大陆以及世界上绝大多数地区的积雪和冰冻的范围都达到
2000 年以来的最大值"。不过，在"小冰期"之下，也出现了冷暖交替的情
况。为此，满先生又指出："明清时期的气候基本特征是寒冷的，但并不是
说这个时期的气候都处在同样的寒冷阶段，期间也有偏暖的阶段。"① 另外，
他在气候专家张丕远的基础上②，依据大量史料建立了 1500 年以来冷暖变
化的序列（见图 4-5）。

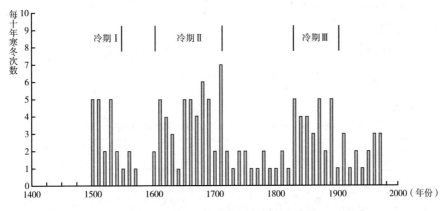

图 4-5　1500 年以来每十年寒冬次数

資料来源：满志敏：《中国历史时期气候变化研究》，山东教育出版社，2007，第
272 页。

　　就我国而言，明清时期也是近 5000 年来四个低温期持续时间最长、气温
最低的时期，至 17 世纪下半叶达到了最低点。长江以南河流冻结的南界大为
南移。明景泰五年（1454）正月，"江南诸府大雪连四旬，苏、常冻死者无
算。是春，罗山大寒，竹树鱼蚌皆死。衡州雨雪连绵，伤人甚多，牛畜冻死
三万六千蹄"③。浙江的杭州、嘉兴、湖州等地正月"雨雪相继，二麦冻死"④。

---

① 满志敏：《中国历史时期气候变化研究》，山东教育出版社，2007，第 255、267 页。
② 张丕远、龚高法：《十六世纪以来中国气候变化的若干特征》，《地理学报》1979 年第
3 期。
③ （清）张廷玉等：《明史》卷二八《五行一》，中华书局，1974，第 426 页。
④ 《明英宗实录》卷二四二，景泰五年六月己酉，台北"中央研究院"历史语言研究所，
1962 年影印本，第 5275 页。

弘治六年（1493），湖南益阳、浏阳等处"大雪，冻几三月，水（冰）坚厚数尺如石，路平坦，无复江河沟壑之阻"①。同年九月，安徽六安大雪，"至次年三月，积深丈余，……兽畜枕藉而死"②。翌年，监察御史史瑛言："安庆、太平等府，自去年十一月初以来，霪雨大雪，连月倾降，冰雪堆集，树木倒折，屋墙颓坏，……寒冷异常，民多冻死。"③ 清代康熙九年（1670），淮河于十一月初即出现了冰冻的情况，"大雨雪，淮河冰坚，轮蹄往来，至明年二月冰始解"④。这样的史料在明清典籍中并不鲜见，足以证明冰冻寒冷气候之多。

而黄河中下游地区同样寒冷，笔者整理了明清时期皖北气象寒冷的资料，现将气象寒冷的时空分布情况列入表4-1中。

表4-1　明清时期皖北气象寒冷的时空分布

年份	地点	气象记录	出处
弘治二年(1489)	安徽霍邱	大雪，平地三尺	乾隆《颍州府志》卷一〇《杂志》，第8页
弘治六年 （1493）	安徽阜阳	九月二十五日大雪，道路不通，村落不辨，河冰坚合，禽鸟绝飞，至次年二月终始霁	道光《阜阳县志》卷二三《杂志》，第4页
	安徽蒙城	大雪三月	同治《蒙城县志》卷一〇《杂类志》，第62页
	安徽宿州	大雨雪，自九月至次年二月，民毁庐舍以供爨燎	光绪《宿州志》卷三六《祥异》，第3页
	安徽颍上	九月二十五日大雪，至次年二月终始霁	道光《颍上县志》卷一三《杂志》，第5页

① 乾隆《长沙府志》卷三七《灾祥》，《中国地方志集成·湖南府县志辑》，江苏古籍出版社，2002，第2册，第268页。

② 同治《六安州志》卷五五《祥异》，《中国地方志集成·安徽府县志辑》，江苏古籍出版社，1998，第19册，第558页。

③ 《明孝宗实录》卷八四，弘治七年正月丁巳，台北"中央研究院"历史语言研究所，1962年影印本，第1582页。

④ 乾隆《泗州志》卷四《祥异》，《中国地方志集成·安徽府县志辑》，江苏古籍出版社，1998，第30册，第214页。

续表

年份	地点	气象记录	出处
正德四年（1509）	安徽霍邱	冬大雪，树多死	乾隆《颍州府志》卷一〇《杂志》，第9页
嘉靖二年（1523）	安徽颍上	冬积雪，六畜毙殆尽	道光《颍上县志》卷一三《杂志》，第6页
嘉靖十五年（1536）	安徽宿州	冬十二月至明年春二月，雨雪交作	光绪《宿州志》卷三六《祥异》，第4页
嘉靖四十五年（1566）	安徽砀山	大雪伤禾	乾隆《砀山县志》卷一《祥异》，第11页
隆庆二年（1568）	安徽阜阳	冬大雪，深丈许，鸟兽绝迹	道光《阜阳县志》卷二三《杂志》，第5页
万历三十年（1602）	安徽阜阳	正月，雪深五尺许	道光《阜阳县志》卷二三《杂志》，第6页
天启元年（1621）	安徽亳州	正月，雪深丈余，人不能行	光绪《亳州志》卷一九《祥异》，第7页
	安徽阜阳	春大雪，深丈许	道光《阜阳县志》卷二三《杂志》，第7页
	安徽蒙城	大雨雪	同治《蒙城县志》卷一〇《杂类志》，第63页
	安徽颍上	春大雪，苦寒，人多冻死	道光《颍上县志》卷一三《杂志》，第7页
顺治十年（1653）	安徽蒙城	大雪	同治《蒙城县志》卷一〇《杂类志》，第64页
康熙九年（1670）	安徽蒙城	大雪连旬	同治《蒙城县志》卷一〇《杂类志》，第64页
	安徽宿州	冬，大雪积月，人畜多冻死	光绪《宿州志》卷三六《祥异》，第6页
康熙二十九年（1690）	安徽阜阳	冬大雪，果木冻死，自十一月二十九日，江河冰合，南北舟楫不通，至次年正月二十日冰始开	道光《阜阳县志》卷二三《杂志》，第9页
康熙三十五年（1696）	安徽宿州	冬，大雪奇寒	光绪《宿州志》卷三六《祥异》，第7页
康熙四十四年（1705）	安徽砀山	三月，大雪	乾隆《砀山县志》卷一《祥异》，第14页
康熙四十六年（1707）	安徽宿州	春，大雪	光绪《宿州志》卷三六《祥异》，第7页

续表

年份	地点	气象记录	出处
康熙五十九年（1720）	安徽宿州	春,大雪	光绪《宿州志》卷三六《祥异》,第8页
乾隆五十五年（1790）	安徽宿州	冬,大雪奇寒	光绪《宿州志》卷三六《祥异》,第10页
嘉庆十九年（1814）	安徽宿州	冬,大雪,树木冻萎	光绪《宿州志》卷三六《祥异》,第12页
嘉庆二十一年（1816）	安徽亳州	冬大寒	光绪《亳州志》卷一九《祥异》,第9页

然而，黄河中下游地区也多次出现冬季没有冰雪的记载，甚至在最为寒冷的十二月，也可以看到桃、李、杏开花结果的自然现象。笔者整理了明清时期皖北气象温暖的资料，现将气象温暖的时空分布情况列入表4-2中。

表4-2　明清时期皖北气象温暖的时空分布

年份	地点	气象记录	出处
成化十三年(1477)	安徽颍上	桃李花,有实如瓜,体空不堪食	道光《颍上县志》卷一三《杂志》,第5页
嘉靖元年（1522）	安徽阜阳	冬暖如春,果木皆华,间有实	道光《阜阳县志》卷二三《杂志》,第4页
	安徽颍上、霍邱、太和等县	冬气暖如春,果木皆华,间有实	乾隆《颍州府志》卷一○《杂志》,第9页
万历十五年（1587）	安徽阜阳	元旦,雷震,大雨如注	道光《阜阳县志》卷二三《杂志》,第5页
万历三十二年（1604）	安徽阜阳	九月,桃杏华	道光《阜阳县志》卷二三《杂志》,第6页
万历三十四年（1606）	安徽颍上	九月,桃李花,雨雹	道光《颍上县志》卷一三《杂志》,第7页
崇祯十二年（1639）	安徽砀山	冬十二月,桃李华	乾隆《砀山县志》卷一《祥异》,第12页
康熙三年（1664）	安徽阜阳	冬无雪	道光《阜阳县志》卷二三《杂志》,第8页

年份	地点	气象记录	出处
康熙十七年 （1678）	安徽阜阳	冬无雪	道光《阜阳县志》卷二三《杂志》，第9页
咸丰二年 （1852）	安徽宿州	秋，桃李华	光绪《宿州志》卷三六《祥异》，第14页

从表 4-1、表 4-2 中我们可以得出以下认识。

第一，明清时期，黄河中下游地区处于"小冰期"，同一地区关于气候的资料，非常明显地呈现出气候寒冷事件远多于气候温暖的记载。

第二，明清时期，黄河中下游地区虽在"小冰期"的笼罩之下，但还是出现了冷暖交替的现象，尽管不同暖期的总时长要远逊于冷期。而且，在温暖期出现的时候，会表现出非常温暖的状态，甚至呈现出百花争艳的春意。

第三，黄河中下游地区气候最为温暖的年份大约在嘉靖元年（1522），本年度的多份县志均有相关记载，说明温暖的地域比较大。而最冷的年份出现在弘治六年（1493）和天启元年（1621），多份县志普遍登载。此外，康熙三十五年（1696）和乾隆五十五年（1790），史籍中出现了"奇寒"二字，当是气候寒冷的表现。

寒冷的气候，对黄河中下游地区的城镇发展造成了诸多负面影响。

第一，对城市腹地农业经济的影响。如水稻的种植。秦汉气候温暖，水稻在种植区域和种植面积上都有了较大的拓展。魏晋南北朝时期，气候寒冷，引发游牧民族南下和战乱不断，水稻种植显著衰落。明清"小冰期"间，黄河中下游的水稻生产更趋衰落，分布区域和种植面积均大幅缩小。农业产量同样受到了影响。据葛全胜等分析，除明清外，气候寒冷时期中国北方粮食亩产量都有所下降。如魏晋冷期的亩产量较两汉暖期下降了 1.5%，北朝冷期的亩产量在魏晋的基础上大幅下降了 13.3%；气候温暖时期，粮食亩产量则呈上升趋势，如两汉暖期的亩产量比前一朝代上升了 9.7%，隋唐暖期时的亩产量较北朝提高了 10.3%，元朝亩产量比宋时则大幅提高了近 40%①。这是直接关乎经济发展的重要内容，也深刻影响着城市的命运。

第二，对农牧交接带城镇的影响。葛全胜等言："历史上北方农牧交错带是农业文化与牧业文化多次交替的地区，对气候变化极为敏感，是中国北方地区可耕地范围盈缩频繁的地区。研究表明，如平均温度降低 1℃，中国各地气候带相当于向北推移了 20~300km；如降水减少 100mm，中国北方农区将向东南退缩 100km，在山西和河北则为 500km。换言之，气候变暖变湿，意味着中国农区向北扩张，宜农土地增加：反之，使一些地区变得不宜农作物的生长，农区向南退缩，宜农土地减少。秦汉以来，中国东部地区气候经历了多次暖湿、冷干的交替变化，农牧交错带也相应地出现了 6 次明显的北进和南退。"②

秦汉时期，气候温暖，农牧区界线靠北，适宜农业耕种的地方要多，农业区广阔。魏晋南北朝时期，气候寒冷，界线南迁，北方农区大幅度向南退缩，牧业甚至拓展到华北平原。西晋束晳曾言："司州十郡，土狭人繁，三魏尤甚，而猪羊马牧，布其境内，宜悉破废，以供无业。"③《魏书·宇文福传》载："时仍迁洛，枚福检行牧马之所。福规石济（今河南延津县）以西、河内（今河南安阳一带）以东，拒黄河南北千里为牧地。"④ 大片农区转为牧区，城市失去了发展繁荣的内源力。隋至清，气候又经历多次冷暖交替，农牧分界线也多次南迁北移。黄河中游的山西、陕西错壤一带及华北平原的北部多城势必受到不同程度的影响。

第三，气候对城镇社会秩序的影响。葛全胜等将东汉以来我国冬半年气温变化与战争频次波动曲线进行了叠加对比，发现战争频次的波动与气候的周期性变化及其变化程度存在大体同步的共振关系，在 7 个不同时间尺度的

---

① 葛全胜等：《中国历朝气候变化》，科学出版社，2011，第 109~112 页。
② 葛全胜等：《中国历朝气候变化》，科学出版社，2011，第 105 页。
③ （唐）房玄龄等：《晋书》卷五一《束晳传》，中华书局，1974，第 1431 页。
④ （北齐）魏收：《魏书》卷四四《宇文福传》，中华书局，1974，第 1000 页。

相对冷期中，有 6 个对应战事高频期。其中，魏晋南北朝寒冷期和明清"小冰期"构成了两个战争高频期。战争不仅摧毁了城镇的财富、毁坏城池，也破坏了城镇经济发展所需的正常社会秩序，消减了大量人口，经济衰退难以避免。

二 土壤

土壤是地球表面陆地上具有肥力、能生长植物的疏松表层，是由岩石的风化物（成土母质）在生物、气候、地形等因素的作用下形成的。土壤体由矿物质、有机质、水分（土壤溶液）、空气（土壤空气）和包括土壤微生物在内的土壤生物等组成[1]。土壤也是绿色植物的根基和人们赖以生存的基础，如果没有这一薄薄的表层，"地球将同其他许多星球一样难觅生命的踪迹"[2]。

古代早期，先民们就已经意识到土壤的重要性，春秋时代的管仲曾多次言及，如"五谷不宜其地，国之贫也""地者，政之本也"[3]；"辨于地利而民可富"[4]。只有重视土壤，合理利用土壤，因地制宜栽培作物，才能发展农业生产，国富民强。自然，城镇的兴衰也与土壤息息相关。

1. 土壤的分类

先秦时期，我国就有了对土壤分类的认识。约成书于战国的《禹贡》记载了夏代的土壤分类情况（见图 4-6）。

先民根据土壤颜色、土壤肥力、土壤质地、土壤水分和土壤植被等，还规定了不同土壤的税赋等级（见表 4-3）。

---

[1] 张全明：《中国历史地理学导论》，华中师范大学出版社，2006，第 143 页。

[2] 龚子同：《中国土壤地理》，科学出版社，2014，第 1 页。

[3] （唐）房玄龄注《乘马第五》，《管子》卷一，《景印文渊阁四库全书》，台湾商务印书馆，1986 年影印本，子部，第 729 册，第 20、23 页。

[4] （唐）房玄龄注《侈靡》，《管子》卷一二，《景印文渊阁四库全书》，台湾商务印书馆，1986 年影印本，子部，第 729 册，第 133 页。

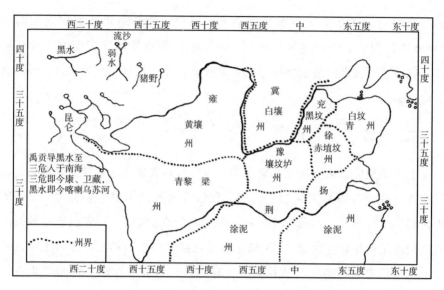

图4-6 禹贡九州土壤分布概况

资料来源：龚子同：《中国土壤地理》，科学出版社，2014，第94页。

表4-3 《禹贡·九州》土壤考证

州名	土类	颜色	质地	植被	水分	肥力	赋税	现今土类
冀州	白壤	白	柔和			中中（第五等）	一等	盐渍土、石灰性冲积土（潮土）
兖州	黑坟	黑	坟起	草木生长均佳		中下（第六等）	二等	砂姜黑壤，亦说为棕壤
青州	白坟、海滨广斥	白	坟起			上下（第三等）	四等	棕壤、海滨盐渍土
徐州	赤埴坟	赤	黏而坟起	草木丛生		上中（第二等）	五等	淋溶褐土
扬州	涂泥		泥泞	草盛木高	很多	下下（第九等）	七等	湿土、水稻土
荆州	涂泥		泥泞	木高	很多	下中（第八等）	三等	湿土、水稻土
豫州	壤、下土坟垆	杂	黏疏适中			中上（第四等）	二或一等	石灰性冲积土（潮土）和砂姜黑土

续表

州名	土类	颜色	质地	植被	水分	肥力	赋税	现今土类
梁州	青黎	灰	疏松			下上（第七等）	七、八、九等	无石灰性冲积土、水稻土
雍州	黄壤	黄	柔和			上上（第一等）	六等	淡栗钙土、黄绵土

资料来源：林蒲田：《中国古代土壤分类和土地利用》，科学出版社，1996，第39页。

　　《周礼》进一步将土壤所处区域分成山林、川泽、丘陵、坟衍、原隰五个类型，并将土壤以颜色和质地来分类，即骍刚、赤缇、坟壤、渴泽、卤泻、勃壤、埴垆、疆㙤、轻㙤等九种。这样一来，人们就可以根据土壤情况来安排农作，不但利于提高作物产量，也可以发展经济，增加社会财富。

　　《管子·地员》篇的土壤分类更为详细，根据土壤性质，包括质地、结构、孔隙、有机质、酸碱性和肥力情况，并密切结合地形、水分、植被等自然条件，将一般地区的土壤分为上、中、下三等十八类，每类又分五个等级，一共九十种土壤，"九州之土，为九十物。每州（土）有常而物有次"。同时注意平原地区土壤的特种类型——盐碱土及丘陵山地土壤的开发利用，又根据地下水位高低和水的酸碱性，采用"相土尝水"的办法，鉴别土壤类型。[①]

　　汉代以后，土壤分类的做法被多个朝代继承。汉代《氾胜之书》中，土壤有缓土、黑垆土、强土、弱土、美田、薄田等。北魏《齐民要术》中，土壤有白土、黑土、白软土、黑软土、刚强土、黄白软土、黑软青沙土、白沙土，还根据地形、土壤水分、温度、肥力情况，分为高田、山田、下田、泽田和温、寒、燥、湿、肥等多种不同类型。一直到清代的《三农记》，多有不同的或详或略的分类[②]。这些详细的分类，不仅反映了人们对土壤性质的认识，也有利于依据土壤的实际情况合理安排农业，提高地区经济整体水

---

①　林蒲田：《中国古代土壤分类和土地利用》，科学出版社，1996，第49页。
②　龚子同：《中国土壤地理》，科学出版社，2014，第95~96页。

平，这对于城镇的发展是很有帮助的。

2.黄河中下游地区土壤的变化

黄河中游地区多山，又有黄土高原，土壤多为黄土。在水土保持良好的情况下，会推动当地的发展；而当水土流失时，就会影响农业和城镇的发展。

秦汉时期，黄河中游所流经的黄土高原地区的植被虽遭到一定的破坏，但还存在不少保持水土的林木，水利发达，土壤肥沃，西安遂为国都，"始皇之初，郑国穿渠，引泾水溉田，沃野千里，民以富饶。汉兴，立都长安"①。魏晋之际，民族政权林立，在关中适宜农业的土地上植草放牧，固然利于生态之改善，但缺失农业支撑的城市难以实现高度的繁荣。隋唐时期，关中地区水利事业的大发展使土地肥沃，农业丰收，包括国都在内的众多城市再次迎来繁荣的局面。宋金以后，林木破坏严重，黄土高原童山濯濯，水土流失加剧。作为城镇经济发展的臂膀，农业丧失了赖以发展的良好的水土条件，日趋落后。而不少城镇在失去农业的支撑后，也置身于逐步退化的生态环境之中，经济重心悄然东移南迁。

下游地区的情况更复杂。早在传说大禹时代，黄河就开始泛滥。战国时期，魏国邺城已出现盐碱的情况。到汉代，"齐地负海舄卤，少五谷而人民寡"②。宋金交战之际，黄河完成南流入海，决溢频繁，沙化、盐碱化的问题日益严重，并影响波及地区的农业和城镇的发展。现代科学证明了大量泥沙的长期沉淀与土壤的盐碱化有着直接的关系，"黄河泛滥期间，在平原上沉积了大量泥砂，这些沉积物系从半干旱地区随水搬运而来，均含有一定数量的可溶性盐类（0.1%左右）。土壤及成土母质中的可溶性盐，经下渗水流渗入地下水中，增加了地下水的矿化度"，"地下水矿化度较高之处，可溶盐也随毛管上升，致使土壤发生盐碱化"③。

---

① （汉）班固：《汉书》卷二八下《地理志下》，中华书局，1962，第1642页。
② （汉）班固：《汉书》卷二八下《地理志下》，中华书局，1962，第1660页。
③ 安徽省水利局勘测设计院、中国科学院南京土壤研究所编著《安徽淮北平原土壤》，上海人民出版社，1976，第103、100页。

明清时期是黄河下游地区土地沙化和盐碱化最为严重的时期。山东境内，盐碱土可分为内陆盐碱土和滨海盐碱土两种，其中内陆盐碱土主要分布于鲁西南与鲁西北黄河冲积平原的洼地边缘、河间洼地及黄运沿岸①。聊城、东平、菏泽三州县因盐碱地广布而成为山东的主要产硝地区②。曹县、濮州、堂邑、冠县③、临清④等地土壤因盐碱化而肥力下降。李令福为此说："土地盐碱化自古就是限制山东农业生产发展的自然因素。"⑤

河南境内沙化、盐碱化主要集中在豫东黄河泛滥区。如祥符县，咸丰以后，"壤地硗瘠，岁即告丰，犹难仰给，其或协自他属，而沿途积沙，驼载维艰，以故民无盖藏，一遇水旱，流徙堪虞"⑥。中牟县明末已"延衺百里而沙碛半之"⑦。道光二十三年（1843）河决于此，"大溜所经，沙深盈丈，县境东北膏壤皆成不毛地，西北地方半变为碱沙"⑧。境内二十六里，肥硗各殊，"大率县南多沙，薄不可耕，沙拥成冈，每风起沙飞，其如粟如半菽者刺面，不能正视。轮蹄所过，十步之外，踪莫可复辨，以之侵移田畴间，无不压没，又或野无坚土，风吹根见，高禾以枯，其卑湿之地，潦则水注成河，碱则地白如霜，民贫多逃，村落为虚"⑨。仪封县在明嘉靖后，境内"每狂风一动，田野飞沙，如黄冈迤东直抵石家楼一带四十余里，尽为斥卤，犁锄罔施"⑩。

城镇也未能幸免，以豫东名城开封为例，在明清之际，城内居然兴起了

① 李令福：《明清山东农业地理》，五南图书出版公司，2000，第54页。
② 《清高宗实录》卷二一九，乾隆九年六月甲戌，中华书局，1985，第821~822页。
③ 宣统《山东通志》卷八〇《田赋志第五·田赋三》，《中国地方志集成·山东府县志辑》，凤凰出版社，2004，第5册，第2544、2547、2548页。
④ 《清高宗实录》卷八九六，乾隆三十六年十一月丁酉，中华书局，1986，第1041页。
⑤ 李令福：《明清山东农业地理》，五南图书出版公司，2000，第53页。
⑥ 民国《开封县志草略·吏治》，1941年开封马集文斋铅印本，第9页。
⑦ （明）张孟男：《陈公劝输粜粟碑记》，同治《中牟县志》卷一〇《艺文中》，同治九年刻本，第19页。
⑧ 民国《中牟县志》二《地理志·山川》，成文出版社，1968年影印本，第60页。
⑨ （清）冉觐祖：《晶泽里折地碑记》，同治《中牟县志》卷一〇《艺文中》，同治九年刻本，第41页。
⑩ 嘉靖《仪封县志·田赋·都御史刘大谟与抚按讲除仪封重差书》，《天一阁藏明代方志选刊续编》，上海书店，1990年影印本，第82页。

制盐业。明代中期，城内居民已开始烧制盐碱。当时开封城北门大街附近多有盐池，周王府萧墙一带居民亦"多业熬盐"，西华门附近"尽是盐池"，甚至修建了盐神庙，祭祀晋代葛洪[①]。到了清代，居民仍然"烧制盐碱硝等"[②]，盐池主要集中在龙亭西北坡一带[③]。城内四周也多有盐碱地，尤以西北部盐碱地面积最广，西南隅、东南隅次之，面积达到全城的 15%，城内约有 800 盐户，年产盐 6 万石，除满足开封城消费外，还外销至直隶（今河北）、山西、江苏等地[④]。

3. 土壤变化对城镇的影响

城镇根植于一定的土壤之上，土壤的状态在很大程度上决定着城镇的发展水平。在历史时期，黄河中下游地区城镇的诞生、发展、兴衰乃至消亡与其所在地区的土壤是分不开的。

在历史上，黄河之所以被称为母亲河，之所以是我国文明的发祥中心，与黄河丰富的水资源带给沿岸良好的土壤生态密切相关。故早期城市多兴起于大河两侧肥沃的土壤之上。但是，黄河的特殊之处在于，其中游流经了世界上最大的黄土高原。而黄土具有两个物理特性：一是湿陷性，当黄土高原黄土的湿度增加到某种程度的时候，在自重力或非自重力的作用下，黄土的结构性质会发生变化，产生整体的或局部的下陷；二是崩解性，黄土入水后整体结构迅速破坏成碎粒状态，而且其崩解率越大，越容易遭受侵蚀，湿陷性也越大。[⑤] 这样一来，如果中游地区水土流失严重，势必导致大量泥沙排入河道，淤塞河床，决溢改道多发，破坏原有的良性土壤，为区域城乡发展带来巨大的羁绊。

以河南胙城为例。隋开皇十八年（598）置县[⑥]，随后其自身地位与隶

---

① 孔宪易校注《如梦录》"街市纪"，中州古籍出版社，1984，第 44、57、70 页。
② 李长傅：《开封历史地理》，商务印书馆，1957，第 39 页。
③ 孔宪易校注《如梦录》"街市纪"，中州古籍出版社，1984，第 70 页。
④ 李长傅：《开封历史地理》，商务印书馆，1957，第 44 页。
⑤ 尤联元、杨景春主编《中国地貌》，科学出版社，2013，第 402 页。
⑥ 乾隆《大清一统志》卷一五八《卫辉府》，《景印文渊阁四库全书》，台湾商务印书馆，1986 年影印本，史部，第 477 册，第 189、178 页。

属关系虽有所变动，但一直存在。明成化年间，县境地土已是"硝咸沙淤"①。清顺治时，"城周围五里有奇，高一丈五尺，广一丈，东南西三面门楼各五间，四隅皆有楼"②，但境内"土硗，歉于获，每亩不过三二斗耳"③。全县开始受到沙化的影响。顺治十五年（1658），因秋雨连绵，城南门倾圮，赖知县修葺，恢复如故。西门更甚，"久为风沙所没"，门楼已依稀难辨④。很明显，造成这一状况的原因之一就是风沙。由于黄河水患多次发生，大量泥沙沉淀于此，当地的自然条件愈来愈恶劣⑤。清康熙年间，自沙门镇至胙城县城，"积沙绵延数十里，皆飞砾走碛之区，胙之土田无几矣"，县城西北的地区已是"一派沙地，并无树木村庄，飞沙成堆，衰草零落"⑥。频发的河患不仅影响人口的稳定和再增殖，还会直接导致土壤沙化和盐碱化，使昔日的良田变成不毛之地。胙城县所在的卫辉府的多个州县都有大量的盐碱地，足资证明。如封丘县，康熙年间，因河患成"飞沙不毛，永不堪种"的田地已有 2000 余顷，该县于家店东西一带，"黄河北侵坍塌并堤压掘坏等地，又有千余顷，此皆封丘原额之地亩也"⑦。这样一来，灾民或被淹毙，或背井离乡，土地不堪耕种，城市发展不得不陷入艰难的困境，原本繁荣的胙城也逐步衰落。清雍正五年（1727），胙城被取消行政编制，并入延津县⑧，胙城县的历史自此结束。

再看榆林。其地处毛乌素沙地之南，明清时期北方气候寒冷，大风扬沙，肆虐不已。史载榆林一带："东西延袤一千五百里，其间筑有边墙，堪

---

① （明）刘玉：《辉县知县奏民情》，《执斋先生文集》卷九，《续修四库全书》，上海古籍出版社，2002，集部，第 1334 册，第 386 页。

② 顺治《胙城县志》卷二《城池》，顺治年间刻本，第 47 页。

③ 顺治《胙城县志》卷上《物产》，顺治年间刻本，第 65 页。

④ 顺治《胙城县志》卷二《城池》，顺治年间刻本，第 48 页。

⑤ 程有为、王天奖主编《河南通史》第三卷，河南人民出版社，2005，第 540 页。

⑥ （清）傅泽洪：《两河总说》，《行水金鉴》卷一六二，《景印文渊阁四库全书》，台湾商务印书馆，1986 年影印本，史部，第 582 册，第 532 页。

⑦ 康熙《封丘县续志·土田条》，康熙十九年刊本。

⑧ 乾隆《大清一统志》卷一五八《卫辉府》，《景印文渊阁四库全书》，台湾商务印书馆，1986 年影印本，史部，第 477 册，第 177 页。

护耕作者，仅十有三四，虏骑抄掠，出没无时，边人不敢远耕。其镇城一望黄沙，弥漫无际，寸草不生，猝遇大风，即有一二可耕之地，曾不终朝，尽为沙碛，疆界茫然。"① 在恶劣的地貌条件下，零星农业的发展非常有限。同时，榆林镇整个边防体系也在承受着自然风沙的侵袭。成化年间，边地城堡频繁移置水泉便利之地与此息息相关②。成化以后，边墙及其附属设施大多建成。原本高出地面的边墙，日积月累，"风壅沙积，日甚一日，高者至于埋没，墩台单者亦如大堤长坂，一望黄沙，漫衍无机，筹边者屡议扒除，以工费浩大，竟尔中止，以致虏骑出入，如履平地"。

万历二十九年（1601），延绥镇巡抚孙维城率领军士清除榆林积沙，"维城见城外积沙及城，命余丁除之"。这是榆林城建城后较早的一次有关流沙侵袭以及治沙的记录③。万历三十八年（1610）夏，榆林镇用"班军二千名及各州县饥民，东自常乐堡起，西至保宁、响水、波罗各堡止，用车五百余辆，尽力扒除内外积沙，边墙复出如旧"。由于"积沙高与墙等，虽时铲削，旋壅如故，盖人力不抵风力也"④。榆林镇周边营堡常年花费大量人力、财力清理积沙，各州县苦不堪言，疲于奔命，这极大地限制了榆林一带各城镇的发展。因此，土壤生态的优劣与城镇的发展休戚相关。

此外，地形地貌也是影响城镇发展繁荣的重要地理条件之一。一般来讲，平原地貌利于城镇的发展，而山区、地表起伏大的高原不是城镇的密集区。植被基础好的地方给城镇提供了较好的发展条件，缺乏植被的地区城镇发展会受到一定程度的不利影响。黄河中下游地区处于我国地势的第二阶梯和第三阶梯，主要由黄土高原及黄淮海平原组成。在宋金以前，黄淮海大平原的自然环境较为优越，这一区域也一直是我国经济的重心区。而黄土高原的植被条件也较之明清时期为好，故关中长期是我国的政治、经济核心区。

---

① （明）庞尚鹏：《清理延绥屯田疏》，（明）陈子龙等选辑《明经世文编》卷三五九，中华书局，1962，第3875页。

② 道光《榆林府志》卷二一《兵志·边防》，道光年间刻本，第2页。

③ （清）张廷玉等：《明史》卷二二七《孙维城传》，中华书局，1974，第5966页。

④ 道光《榆林府志》卷二一《兵志·边防》，道光年间刻本，第25页。

宋金以后，频繁的黄河决溢、过度的垦殖逐渐破坏了原有的生态环境，水土流失，土壤沙碱化，湖泽大批消亡，城镇经济遂逐步下滑，这也是经济重心转移至江南地区的原因之一。

从谭其骧先生主编的《中国历史地图集》看，夏代之前，大量的文化遗址坐落于黄河中下游地区，又以下游为最，体现出地貌因素的重要作用。先秦时期，城市集中位于今天的河南、河北、山东和江苏、安徽北部一带，平原地貌的便利性和生态的优越性仍是最重要的因素，唐宋之前城市密布区也初具雏形。两宋间，经济重心完成南移，南方平缓的地势、丰富的植被和发达的水运网为城镇发展提供了理想的土壤，而北方则在植被大量被破坏的背景下放缓了城镇发展的脚步，并由此拉开了南北经济之间的差距，直至今天。

同时，植被也是地貌的重要组成部分，起着调节地表径流、防止水土流失的重要作用。所以，一旦植被受到破坏，其后果就是气候的变迁、空气质量的恶化、水土流失的加重，进而使相关灾害频繁发生。古代早期，黄河下游地区植被生态非常优越，但是，随着隋唐以后黄河中游植被破坏的加重，下游河患日益增多，下游地区的植被也逐渐遭到破坏。当然，人为破坏也是下游地区林木被破坏的重要原因之一。

关于植被的变迁，前文已有详述。王玉德、张全明先生曾以图例的形式展现了我国历史时期森林资源破坏的时空概况。从中不难看出，黄河中下游地区发展最早，也是森林资源最早受到破坏的地区。隋唐至元代主受毁区域在南方，明清在边疆。但事实上，其所反映的是主受毁区域，并不代表其他区域就没有毁林行为。黄河中下游地区一直处于毁林的过程中，且出现三个高峰期：秦汉、唐宋和明清。

历史时期黄河中下游地区植被生态的优劣与经济发展之间也呈现出较为明显的"共振"关系。总体来看，唐宋之前，该地区的植被尽管不断受到破坏，但仍有不少地区生长着片状森林。宋代以后，尤其是明清两朝，生态破坏处于"高峰期"，北方的经济实力被长三角全面超越。当然，笔者不是有意夸大植被在经济社会发展中的作用，毕竟唐宋之前南方的植被生态更为优良，但是，若一个地区的植被生态受到严重的破坏而无补偿或恢复的机会，其对经济造成损伤则是不可避免的。土地沙化、河道决溢等诸多实例已足以证实这一点。所以，宋代以后黄河中下游地区经济社会发展之所以缓慢，植被生态的劣化当是成因之一。

第四节　黄河中下游地区生态环境演变
与城镇兴衰的关系

历史时期，黄河中下游地区的生态环境历经重大变迁，诸多城镇也表现出与之相应的互动关系。生态条件优越的时期，是城镇发展较好的时段；反之，生态环境退化，城镇失去了可持续发展的保障，堕入发展的困境，甚至衰落或消亡。在黄河中下游地区，各级城镇均受到了不同程度的生态环境演变的影响。

一　都城：以古都邺城为例

邺城之所以自春秋时期的军事堡垒发展至东汉末年的曹魏王都，至后赵、冉魏、前燕、东魏、北齐的国都，其周围优越的自然环境尤其水环境是重要因素之一。邺城西倚太行山，东有黄河（西汉以前的河道），北临漳河、滏阳河，南有洹水和淇水，平原千里，漕运通畅，是古代从山东到西北，从中原到幽燕的必经之地，是北方的咽喉，自古以来就有"天下腰膂"之称。

邺城在地貌上属于太行山东麓的山前平原，巍峨绵延的太行山如一堵巨大的屏障阻隔着河北平原和山西高原，邺北"太行山而北去，不知山所限极处，亦如东海不知所穷尽也"[①]。太行山平均海拔为 1500 米，发源于太行山区的自西向东的河流横切山地而形成的峪谷，是古代沟通冀并二州的重要

①　（晋）张华：《博物志》卷一，《景印文渊阁四库全书》，台湾商务印书馆，1986 年影印本，子部，第 1047 册，第 578 页。

孔道，称为陉。从今河南济源市到北京昌平区，有八陉。其中滏阳陉在邺城西北的鼓山上，距邺城15里的陉口，山岭高深，险扼异常，大有"一夫当关，万夫莫开"之势，军事地理形势极为险要。魏晋南北朝时期，太行山南段仍覆盖着茂密的天然森林植被，《水经注》对此有记载，"高林秀木，翘楚竞茂"①。

　　水是生态之基。邺城所处区域河流众多，水资源相当丰富，重要的河流有漳河、滏阳河、洹水和黄河，其中对邺城影响最大的河流应是漳河。漳河古称漳水，有清漳水和浊漳水之分，二水异源分流，在邺城汇合，"清漳水出上党沾县东北，至阜城县入河。浊漳水出上党长子县东，至邺入清漳也"②。漳水在战国时已经对邺城发挥着重要作用，魏文侯时，西门豹为邺令，当地民人苦于河伯娶妇，纷纷逃亡，造成城空无人。西门豹针对此种情况，彻底整治了河伯娶妇的害民之事，凿渠溉田，"西门豹即发民凿十二渠，引河水灌民田，田皆溉"③。西汉初年，西门豹开凿的十二渠仍发挥着灌溉作用，邺城民人家给人足，这也是西门豹能够泽流后世、名闻天下的重要业绩。漳水在发挥灌溉田地作用的同时，也对邺城周边的盐碱地有所改良。黄河流经土质疏松的黄土高原，长期的泥沙淤积，致使黄河下游经常漫溢泛滥，邺城处在漫溢泛滥区域内，周边的土壤日益盐碱化。魏襄王时任用史起为邺城县令，引漳水改良盐碱地，使魏国的河内之地富裕起来，《汉书》对此有记载："魏文侯时，西门豹为邺令，有令名。至文侯曾孙襄王时，与群臣饮酒，王为群臣祝曰：'令吾臣皆如西门豹之为人臣也！'史起进曰：'魏氏之行田也以百亩，邺独二百亩，是田恶也。漳水在其旁，西门豹不知用，是不智也。知而不兴，是不仁也。仁智豹未之尽，何足法也！'于是以史起为邺令，遂引漳水溉邺，以富魏之河内。民歌之曰：'邺有贤令兮为史公，决漳水兮灌邺旁，终古舄卤兮生稻粱。'"④从整个行文的前后

① （北魏）郦道元撰，（清）戴震校《水经注》卷九《清水》，武英殿聚珍版，第8页。
② （汉）司马迁：《史记》卷二《夏本纪·集解》，中华书局，1959，第53页。
③ （汉）司马迁：《史记》卷一二九《货殖列传》，中华书局，1959，第3213页。
④ （汉）班固：《汉书》卷二九《沟洫志》，中华书局，1962，第1677页。

语气看，其用意主要在于强调邺地是"田恶"（即"舄卤"之地，也就是盐碱地），史起"决漳水兮灌邺旁"，使邺城的盐碱地变成了沃野良田。魏晋北朝时期尤其是都城时代的邺城，漳水主要成为改善邺城生态环境的用水，是苑囿的主要水源。位于邺城西北隅的铜雀园，是曹操建造的。此园的水就是通过引漳水入城的长明沟穿园逶迤而过，园内"右则疏圃曲池，下畹高堂，兰渚莓莓，石濑汤汤，弱菱系实，轻叶振芳，奔龟跃鱼"①。从中可以看到花草、树木与高堂相互掩映，长明沟的水、鱼、龟浑然一体，生态环境宜人。建安十五年（210）建成的铜雀台就在铜雀园旁边，站在此台上能看到园里优美的景色。曹操曾令诸子登台作诗，曹植即赋诗一首曰："临漳水之长流兮，望园果之滋荣"②。诗中之"园"即铜雀园，"临漳水之长流"说明漳水是园中的主水源，铜雀园因漳水而滋荣。后赵时，石虎曾于园中建九华宫。北齐文宣帝时又对该园加以修建。曹魏、后赵以漳水为主水源建的园林还有灵芝园、芳林苑（后赵改为华林园）、桑梓园等，共同造就了邺城优良的生态环境。此外，引漳水入邺城的长明沟，在邺北城内部分出若干支流，"枝流引灌，所在通溉"③，使邺北城"疏通沟以滨路，罗青槐以荫涂"④。北齐高氏增筑的园林有游豫园、清风园、玄洲园（亦即仙都苑）等，其中的仙都苑最为奢华，是北齐武成帝高湛在华林园中建的。在园中封土为五岳，五岳之间，分流四渎为四海，汇为大池，又曰大海，海池之中有水殿，殿与殿之间有长廊相通，整个园内的殿堂、楼阁、长廊饰以金、银、玉、珍珠、彩缎等⑤。

洹河古称洹水，在邺城之南，距离邺城大约 50 里，发源于山西省长子

---

① （南朝梁）萧统编，（唐）李善注《魏都赋》，《文选》卷六，《景印文渊阁四库全书》，台湾商务印书馆，1986 年影印本，集部，第 1329 页，第 106 页。
② 佚名：《诗赋》，《三国志文类》卷五八，《景印文渊阁四库全书》，台湾商务印书馆，1986 年影印本，集部，第 1361 册，第 772 页。
③ （北魏）郦道元撰，（清）戴震校《水经注》卷一〇《浊漳水·清漳水》，武英殿聚珍版，第 8 页。
④ （南朝梁）萧统编，（唐）李善注《魏都赋》，《文选》卷六，《景印文渊阁四库全书》，台湾商务印书馆，1986 年影印本，集部，第 1329 册，第 109 页。
⑤ （清）顾炎武：《历代宅京记》卷一二《邺下》，中华书局，1984，第 174~186 页。

县的洹山，史载“洹水出上党泫氏县，水出洹山，山在长子县也。东过隆虑县北，县北有隆虑山，……又东北出山，过邺县南”，洹水又东流，并且分出的支流向东北方向流经邺城南，称新河。洹水新河又东流，分为二水，其中“一水北迳东明观下。……又北迳建春门，石梁不高大，治石工密，旧桥首夹建两石柱，……其水西迳魏武玄武故苑，苑旧有玄武池以肄舟楫，有鱼梁、钓台、竹木、灌丛，今池林绝灭，略无遗迹矣，其水西流注于漳”①。从中可以看出洹水新河分出的流经东明观、建春门，经过曹操玄武苑的一支，仅次于漳水对邺城生态环境的影响。东明观在邺城东侧，建春门是曹魏邺北城的东门，玄武苑在邺城北。由此可见，北流建春门的洹水新河一支应是人工开凿的，是邺城东、北两边的护城河，是玄武苑中玄武池的主水源，同时也是漳河水源的重要补充。至于开凿时间则无明文记载，郭黎安推测当在曹操克邺之后②。开凿的新河除护卫邺城外，也是保障邺城优良生态环境的重要水源之一。洹水新河哺育下的玄武苑景色宜人，“苑以玄武，陪以幽林。缭垣开囿，观宇相临。硕果灌丛，围木竦寻。篁筱怀风，蒲萄结阴。回渊漼，积水深。兼葭贙，藿蒻森。丹藕凌波而的皪，绿芰泛涛而浸潭”③。从中可见苑中花草、树木倒映在池中的优美景色。

魏晋北朝时期尤其曹魏年间，以邺城为中心，开凿了沟通自然水域的人工河道，形成一个四通八达的水域网。自曹操封魏王后，曹氏开始大力凿渠修河。建安九年（204）正月，曹操“遏淇水入白沟以通粮道”④。同时，白沟沟通了洹、漳、淇、黄四河。建安十一年（206），曹操为沟通滹沱河与泒水而凿平虏渠。七年之后，曹操为通漕运，又凿渠引漳水入白沟，取名

① （北魏）郦道元撰，（清）戴震校《水经注》卷九《洹水》，武英殿聚珍版，第 37 页。

② 郭黎安：《魏晋北朝邺都兴废的地理原因述论》，刘心长、马忠理主编《邺城暨北朝史研究》，河北人民出版社，1991，第 82 页。

③ （南朝梁）萧统编，（唐）李善注《魏都赋》，《文选》卷六，《景印文渊阁四库全书》，台湾商务印书馆，1986 年影印本，集部，第 1329 册，第 107~108 页。

④ （晋）陈寿：《三国志·魏志》卷一《武帝》，中华书局，1959，第 25 页。

利漕渠。① 开凿利漕渠之后，漕运从白沟上游而来，再折入漳水，这就意味着由黄河中下游或河北东北部而来的船只均可由利漕渠折入漳水抵达邺城，或顺流而下直向东北。自建安九年至建安十八年（213），曹魏政权先后开凿了白沟、平虏渠、利漕渠、新河、泉州渠等人工河道；曹魏明帝太和年间，白马王彪开凿了沟通漳水与滹沱河的白马渠；景初二年（238），魏将司马懿开凿了沟通滹沱河与泒水的人工河道。这些人工河道沟通了淇水、白沟、漳水、洹水、荡水、黄河、滹沱河、泒水等自然河流，与清河成为两条纵贯河北平原的南北水道。对邺城而言，在其周围构筑了一个四通八达的水运网，丰富的水资源促进了社会经济的繁荣发展，同时也优化了邺城的生态环境。至东魏，漳水仍是邺城主要的水资源，尚书右仆射高隆之"又凿渠引漳水周流城郭，造治水碾硙，并有利于时"②。从春秋到北朝，漳水和洹水新河南支及周边河流，还有开凿的人工渠道，提升了邺城的水运能力，使邺城处于"山林幽映，川泽回缭"的优美生态环境中。左思在形容邺城时写道："西门溉其前，史起灌其后。墱流十二，同源异口。畜为屯云，泄为行雨，水澍粳稏，陆莳稷黍。黝黝桑柘，油油麻纻，均田画畴，蕃庐错列。"③ 邺城一片生机盎然的景象。

然而，水是"双刃剑"，既可灌溉，又可破坏，是引发生态灾难的主因之一。自然水灾多发，人为水灾也不少，自古都有利用河水灌城的事件。如建安九年（204）五月，曹操为攻下邺城，"决漳水灌城"④。自隋唐以后，邺城周边水环境发生了显著变化。隋朝纵贯河北平原的大运河永济渠段，转运中原和淮南的大量物资至涿郡（今北京），不再转漕邺城。沟通漳水和白沟的利漕渠在《水经注》以后的史籍中不复见载，估计隋时被废。黄河自东汉以后至唐中叶保持相对安流的局面，唐末至五代则不断泛滥、改道。宋

---

① （北魏）郦道元撰，（清）戴震校《水经注》卷一〇《浊漳水·清漳水》，武英殿聚珍版，第14页。

② （唐）李百药：《北齐书》卷一八《高隆之传》，中华书局，1972，第273页。

③ （南朝梁）萧统编，（唐）李善注《魏都赋》，《文选》卷六，《景印文渊阁四库全书》，台湾商务印书馆，1986年影印本，集部，第1329页，第108页。

④ （晋）陈寿：《三国志·魏志》卷一《武帝》，中华书局，1959，第25页。

熙宁年间黄河又一次改道，河道南徙，金代黄河完成改道南流①。宋熙宁中，黄河河道南徙，距离邺城远，其防御地位下降，更重要的是原来的水运网被打破，供给邺城的水资源随之减少。作为生态之基的水，它的变化会使其他生态要素随之改变。隋唐以后邺城降为县级行政单位，宋熙宁中又沦落为北方小镇。黄河改道的时间点与邺城地位骤降的时间点极为同步，这不只是巧合。此外，这一时期，其他运河也遭到毁废。五代以后，漳河水利也日趋被破坏。明清时期，漳河又不断改道，"漳水善徙"②。邺城的农业经济在黄河、漳河、运河的不断毁废、不断改道过程中日趋衰落，再也找不回昔日北方城市中心的地位。

综上所述，邺城自春秋时期兴起，后逐渐发展为县治所、郡治所、州治所，进而升为曹魏王都；到北朝，曲折发展至鼎盛。邺城的兴起发展乃至鼎盛有政治、军事等多方面的因素，其中优越的自然环境尤其是水环境是重要因素。发展起来的邺城在人为因素的干预下，城市及其周边生态环境都得到了优化。然而，丧失都城地位的邺城，在隋唐时降为县级城市，至宋熙宁中又沦为冷清小镇，直至明清都是如此。继之而来的是邺城生态环境尤其是水环境也发生了很大变化，黄河、漳河改道，原有运河被废弃，新的运河偏离邺城东较远，这一切使邺城在隋代以后衰而不兴，其荒凉落寞景象，在各代政客、文人笔下一览无余。

二　省城：以明清开封城为例

春秋时期，开封城开始扩建。战国时期，因鸿沟的开通，开封城成为水利枢纽，日益繁荣。秦王政二十二年（前225），秦将王贲伐魏引黄河水灌城，开封几成废墟③。一直到隋唐，因汴水流经城区，开封再次繁荣。五代至宋，汴水、蔡水、五丈河、金水河先后入城，发达的水运交通为其成为国

---

① （清）张廷玉等：《明史》卷八三《黄河》，中华书局，1974，第2013页。

② 嘉靖《彰德府志》卷二《地理志》，《天一阁藏明代方志选刊》，上海古籍书店，1981年影印本，第8页。

③ （汉）司马迁：《史记》卷六《秦始皇本纪》，中华书局，1959，第234页。

都提供了极大的助益。金朝以降，开封附近战争较多，破坏了原有的水系，也阻碍了社会对于水系的管理。金天兴元年（1232），蒙古军攻南京（开封），"金兵据守，城内大饥，人相食，军民死亡数十万，商业、饮食服务业大损，空前萧条"①。这样，社会的动荡与水运的受阻很快葬送了开封的繁华。元代以降，开封城近郊的黄河决溢日益增多，大量泥沙沉淀，诸多河道相继淤塞或停航，开封逐步丧失了水运枢纽的地位，城市也步入了缓慢发展并最终衰落的时期。

从历史记载看，明清时期可以航运至开封的河道主要有三条。

一是黄河。明代前期，开封段黄河决徙不定，航路也难以保证，"弘治以前，河东下潼关，即分三大支，其二大支俱出汴城以南东行，由泗水经淮入海，维时河南郡县受害为甚。……正德以来，汴城以南二支湮塞，并入以北一支，于是全河东下，至于徐沛，俱入运河"②。弘治以后，开封段黄河航运条件渐有好转，可西通陕西（蒲州），东达徐州。如顾璘诗云："河滨垂柳系行舟，坐对青春未解忧。池草萋萋千里梦，逢人先自问蒲州。"③ 归有光云："余过徐州，问黄河道所自，舟人往往西指溯河入汴梁处。"④ 不过，我们也不能过于乐观地估计明代的黄河航运。弘治、正德年间，罗钦顺曾有"过却黄河走退滩，人烟寥落北风寒。亢村有驿无完榻，聊托羸躯一夜安"的遭遇⑤。嘉靖年间，张元凯遇到的同样是破败景象："杖策渡河来，止舍河堤下。衰柳当其门，荒莽生在瓦。中有少妇能具餐，旧襦掩骭余双

---

① 王命钦：《开封商业志》，中州古籍出版社，1994，第542页。

② （明）陆粲：《明故资善大夫都察院右都御史盛公行状》，《陆子余集》卷四，《景印文渊阁四库全书》，台湾商务印书馆，1986年影印本，集部，第1274册，第627页。

③ （明）顾璘：《汴中逢殷文仪将赴蒲州省乃兄刺史二首》，《顾华玉集·息园存稿诗》卷一四，《景印文渊阁四库全书》，台湾商务印书馆，1986年影印本，集部，第1263册，第450页。

④ （明）归有光：《赠戚汝积分教大梁序》，《震川集》卷一〇，《景印文渊阁四库全书》，台湾商务印书馆，1986年影印本，集部，第1289册，第155页。

⑤ （明）罗钦顺：《次亢村驿》，《整庵存稿》卷二〇，《景印文渊阁四库全书》，台湾商务印书馆，1986年影印本，集部，第1261册，第267页。

鸳。刬草饲我枥上马，牵藤挂我腰下鞭。客舍金钱真自惜，那堪一粲垆头言。"① 明末河决开封，黄河航道遭到破坏，清初未复。时人梁羽明诗云："黄流复故道，舟楫犹未具。隔岸呼长年，津梁不得渡。"② 乾嘉之际，航运条件稍有改观，"乘流坐商舶，三日抵淮壖"③。晚清时，黄河航运又陷入萧条。黎汝谦曾亲睹航运衰败之景象："行近黄河意已愁，黄茅白草气凋飕。荒堤秸店难羁马，近岸垂杨少宿鸥。浅处泥舟深灭顶，风时停棹雨开头（开船）。"④

比航运不佳更糟糕的是破坏力更大的持续决溢，尤以崇祯十五年（1642）之决最为严重。该年九月，河决开封，泛水淹没了整个城区，唯个别高阜得以幸免。水退之后，城内"百廛列隧乘涛入，夹道烟花宁复存"⑤。直至清代，影响依然存在。如清人张九钺曾指出："周王山上沙雨白，周王宫里狐语黑。……三尺崚嶒出殿脊，七尺八尺露柱碱。……自从河灌雄都塞，万户千门压土伯。"⑥ 足见受灾程度之深。

二是贾鲁河。为元代贾鲁疏浚，经郑州、中牟、祥符、朱仙镇、尉氏、扶沟、西华，至商水入颍河。明万历年间，该河开始扬名于史，可从开封城近郊之朱仙镇航行至淮河附近之正阳，且"舟楫通行，略无阻滞"⑦。崇祯十五年（1642），河决开封，贾鲁河遭到重创。经过清初的疏浚，其通航能

---

① （明）张元凯：《黄河客舍歌》，《伐檀斋集》卷三，《景印文渊阁四库全书》，台湾商务印书馆，1986年影印本，集部，第1285册，第698~699页。

② （明）梁羽明：《河干行》，康熙《兰阳县志》卷九《韵诗志》，1935年铅印清康熙三十四年刻本，第13页。

③ （清）王峻：《由黄河至淮》，《王艮斋诗集》卷九，《四库全书存目丛书》，齐鲁书社，1997，集部，第274册，第307页。

④ （清）黎汝谦：《渡黄河》，《夷牢溪庐诗抄》卷一，《续修四库全书》，上海古籍出版社，2002，集部，第1567册，第637页。

⑤ （清）陈轼：《道山堂集·七言古·大梁歌》，《四库全书存目丛书》，齐鲁书社，1997，集部，第201册，第352~353页。

⑥ （清）张九钺：《周宫掘宝行》，《紫岘山人诗集》卷二〇，《续修四库全书》，上海古籍出版社，2002，集部，第1444册，第70页。

⑦ 《明神宗实录》卷四一六，万历十五年十月丙辰，台北"中央研究院"历史语言研究所，1962年影印本，第7855页。

力渐趋恢复。康熙四十三年（1704），据巡抚徐潮奏称，贾鲁河可以通流，"但不甚深广"①。乾隆五十一年（1786），通航情况得到好转，"舟楫通行，民间大有裨益"②。道光二十三年（1843），河决中牟，贾鲁河"河身淤成平陆，河身以上又淤高丈许"③，再次因淤塞而停航。光绪八年（1882），巡抚李鹤年重新疏浚，"河水畅流，舟行无碍，樯帆络绎"④，但很快又因河决沙淤而停航。当代学者程民生指出，贾鲁河停航并最终淤塞后，开封城的水运交通优势从此结束，城市发展亦随之陷入艰难的困境⑤。

三是惠济河。疏浚于乾隆年间，经中牟、祥符、陈留、杞县、睢县、柘城、鹿邑流入安徽境，入涡入淮。惠济河与连通城内的干河相接，舟楫可以直通城内，"商贩由此往来"⑥。但是，惠济河经行地区"大抵土性松，易于壅塞，即无黄河之冲决，亦不能十年不加疏浚"⑦。囿于这种限制，惠济河在开通后即时有淤塞，到嘉庆年间，睢州以西为黄河溢淤，其东至柘城一段仅能断续通航⑧。道光二十一年（1841），河决黑岗口，惠济河再淤。同治七年（1868），复挖惠济河。民国初期，因缺少治理，惠济河最终淤塞不通⑨。

可以看出，明清时期，尽管尚有通往开封城之航道，但除惠济河尚具备通入城内的条件外，其他二河只能到达城南或城北，且黄河有决溢之患、贾鲁河有淤塞之忧，航运能力受到很大限制。开封城因水运而兴，水运优势的

① 《清圣祖实录》卷二一六，康熙四十三年四月庚午，中华书局，1985，第186页。
② 《清高宗实录》卷一二六〇，乾隆五十一年闰七月丙子，中华书局，1986，第946页。
③ （清）潘铎：《奏为敬陈贾鲁河今昔情形并筹议赔修旧河间段改道以复朱仙镇旧规刻日兴工仰祈圣鉴事》，道光二十九年二月十五日，中国第一历史档案馆藏。
④ （清）李鹤年：《挑挖贾鲁河一律深通疏》，（清）葛士濬编《皇朝经世文续编》卷九九《工政十二·直省水利下》，《近代中国史料丛刊》，文海出版社，1966，第741册，第2543~2544页。
⑤ 程民生：《河南经济简史》，中国社会科学出版社，2005，第192页。
⑥ （清）毕沅：《疏汴河》，《灵岩山人诗集》卷三五，《续修四库全书》，上海古籍出版社，2002，集部，第1450册，第341页。
⑦ 王荣搢：《汴河案》，《豫河续志》卷一九，石光明、董光和、杨光辉主编《中华山水志丛刊》，线装书局，2004，第468页。
⑧ 河南省交通厅交通史志编审委员会：《河南航运史》，人民交通出版社，1989，第169页。
⑨ 开封市交通志编纂委员会编《开封市交通志》，人民交通出版社，1994，第126页。

丧失也注定给开封以致命打击。道光以后，开封逐步失去航运之利，没落成为其最终的归宿。

三　府（州）城：以明清泗州城为例

泗州是一座历史悠久的城市，不过其最早称泗州乃在北周朝，这是历史上的第一座泗州城①。隋疏通大运河后，泗水漕运衰落，泗州城失去发展依托，一片萧条。为加强对通济渠和漕运的管理，唐开元二十三年（735），徙泗州城于汴口临淮县，遂改临淮县为泗州城，由此泗州成为唐宋的漕运中心，"北枕清口，南带濠梁，东达维扬，西通宿寿，江淮险扼，徐邳要冲，东南之户枢，黄河下游之要会也"②，公私粮船皆在此中转，"官舻客舳满淮汴，车驰马骤无闲时"③。北宋景德三年（1006），泗州又成为跨汴河两岸的重镇。到了明朝，朱元璋将祖陵修建于此，进一步提升了泗州城的地位，促进了城镇的繁荣，泗州迎来最为鼎盛的时期。清康熙十九年（1680），州城被淹。随后州治一寄于五河，再迁于盱眙，数十年无固定城池。雍正二年（1724）升为直隶州。乾隆四十二年（1777），以虹县入泗，遂建州治于此，士民乐之，呼为新泗州④。

泗州虽非临黄河之城市，但受黄河之影响非常大。明代中期起，黄河水患的主要发生地由开封一带下移至徐州、淮安地区。弘治七年（1494），刘大夏治理黄河，采取了堵塞北流诸口、迫河南行的措施，形成全黄入淮之局面。由于黄河的泥沙含量高，淮河水的泥沙含量迅速增加。隆庆四年（1570），总河潘季驯又提出"筑堤束水，以水攻沙"之法，"挽水归漕之

①　乾隆《泗州志》卷一《舆地志》，《中国地方志集成·安徽府县志辑》，江苏古籍出版社，1998，第30册，第168页。

②　康熙《泗州志》卷四《疆域》，转引自陈琳《明代泗州城之谜新探》，中国明史学会、南大历史系、南京中山陵园管理局主编《第十届明史国际学术讨论会论文集》，人民日报出版社，2005，第490页。

③　（宋）梅尧臣：《泗州郡圃四照堂》，《宛陵集》卷四七，《景印文渊阁四库全书》，台湾商务印书馆，1986年影印本，集部，第1099册，第342页。

④　乾隆《泗州志》卷一《建置志》，《中国地方志集成·安徽府县志辑》，江苏古籍出版社，1998，第30册，第169页。

策，必不可缓，而欲挽水者，非塞决筑堤不可也"①。经过几年的努力，明朝筑起了从河南到苏北云梯关的千里黄河大堤。但是，黄河的泥沙含量没有下降，堤防的修筑恰好提供了泥沙沉淀河底的机遇，而随着泥沙的持续沉淀，黄河河床也越来越高，沿黄两岸反而相对愈来愈低，黄强淮弱的格局得以强化。同时，淮安附近大量泥沙的堆积，致使黄河水与淮水下泄不畅，河水便逐渐汇集于此，淮安城西的洪泽湖湖面日益增宽，存水量越来越大，危及周围的可能性也渐大。

万历六年（1578），潘季驯推行"蓄清刷黄""刷黄济运"的方针，即"筑堤障河，束水归漕。筑堰障淮，逼淮注黄。以清刷浊，沙随水去"②。主张"借淮之清以刷河之浊，筑高堰束淮入清口，以敌河之强，使二水并流，则海口自浚"③。在这一观念的指引下，潘季驯在淮安以西大筑高家堰，淮水益高，泗州城一带从此长期处于洪泽湖水位之下，水患开始愈来愈剧烈④。由于这一措施使泗州城覆亡的可能性陡增，当地人强烈反对。万历八年（1580），常三省言："泗人有冈田、有湖田，冈田硗薄，不足为赖，惟湖田颇肥，豆麦两熟，百姓全借于此。近冈田低处既淊，若湖田则尽委之洪涛，庐舍荡然，一望如海，百姓逃散四方，觅食道路，羸形菜色，无复生气。且近日流往他郡者，彼此不容，殴逐回里，饥寒无聊，间或为非，出无路，归无家，生死莫保，其鬻卖儿女者，率牵连衢路，累日不售，多为外乡人贱价买去，见之惨目，言诚痛心。"⑤可见这一措施给泗州一带带来严重的灾难。万历十九年（1591），水灾再次发生，议论随之再起。潘季驯仍坚持己见，并提出把泗州城迁到盱眙去，结

① 潘季驯：《河议辨惑》，《河防一览》卷二，《景印文渊阁四库全书》，台湾商务印书馆，1986年影印本，集部，第576册，第167~168页。
② （清）张廷玉等：《明史》卷八四《河渠三》，中华书局，1974，第2056页。
③ （清）张廷玉等：《明史》卷二二三《潘季驯传》，中华书局，1974，第5870页。
④ 乾隆《泗州志》卷三《水利上》，《中国地方志集成·安徽府县志辑》，江苏古籍出版社，1998，第30册，第197页。
⑤ （明）常三省：《上北京各衙门水患议》，光绪《泗虹合志》卷一六《艺文》，《中国地方志集成·安徽府县志辑》，江苏古籍出版社，1998，第30册，第601页。

果遭到众议而离职①。同时，泗州一带的水患也越来越多。万历年间的陈应芳云："屈指计之，隆庆五年水矣，万历二年水矣，四年大水，五年又水矣，以至七年、八年、九年、十一年、十四年、十五年、十七年、十九年、二十一年、二十二年、三年，无岁不大水矣。"②另据研究，从唐开元二十三年（735）至金明昌五年（1194），共459年，泗州城被淹29次，平均15年发生一次水灾。从明昌五年到万历六年（1578）洪泽湖水库初步建成以前，共384年，泗州城被淹43次，平均8.9年被淹一次。万历六年到康熙十九年（1680），共102年，淹城事件29次，平均每3.5年就发生一次③。这不能不说是潘季驯措施的负面后果。

　　到了清代，京师漕运依然是国家命脉，所以治黄保运的方针没有变化，靳辅治河时，除继续推行"蓄清刷黄"外，还实施了"减黄助清"的措施，即利用洪泽湖为黄河分洪，反过来再为下游黄河"攻沙"，这样一来，洪泽湖的水位势必不断抬高，泗州城到了被沉没的边缘④。顺治六年（1649）的一次淮河大水，泗州城被淹没，有人即警告说，"盖泗之城郭人民不即陆沉为沼者，仅恃一堤耳。倘修饬少疏，蚁穴一溃，全城鱼矣，不可不刻防也"⑤。康熙十八年（1679）冬，"水势汹涌，州城东北面石堤溃，决口七十余丈，城外居民抱木而浮，城内埋门筑塞，至日暮，城西北隅忽崩数十丈，外水灌注如建瓴，人民多溺死，内外一片汪洋，无复畛域，自是城中为具区矣"⑥。

①　陈琳：《明代泗州城之谜新探》，中国明史学会、南京大学历史系、南京中山陵园管理局主编《第十届明史国际学术讨论会论文集》，人民日报出版社，2005，第493页。

②　（明）陈应芳：《敬止集·论水患疏数》，《景印文渊阁四库全书》，台湾商务印书馆，1986年影印本，史部，第577册，第13页。

③　伍海平、曾素华：《黄淮水灾与泗州城湮没》，《第二届淮河文化研讨会论文集》，2003，第192页。

④　伍海平、曾素华：《黄淮水灾与泗州城湮没》，《第二届淮河文化研讨会论文集》，2003，第192页。

⑤　《古今图书集成》卷八三〇《职方典·凤阳府部汇考四》，中华书局，1985，第15142页。

⑥　康熙《泗州志》卷五《城池》，转引自陈琳《明代泗州城之谜新探》，中国明史学会、南大历史系、南京中山陵园管理局主编《第十届明史国际学术讨论会论文集》，人民日报出版社，2005，第493页。

康熙十九年（1680）六月，连续70天阴雨，"黄淮并涨，有滔天之势"[①]，泗州城最终永沉湖底。可以说，靳辅主持的这次河工是泗州城沉没的直接原因[②]。

四 县（镇）城：以清代清江浦为例

清江浦位于江苏淮安，黄河夺淮后，这里成为黄、淮、运三河的交汇处。永乐年间，陈瑄总督漕运，开凿清江浦河，使运河由此入淮，并修建船闸，清江浦城因而兴起，并有"七省咽喉""九省通衢"之称。明代设有属于户部管理的皇家仓库、隶属于工部的四大漕船厂等；清代南河总督、漕运总督曾先后驻节于此，驻清江浦总督以下的各级衙门曾一度达近30个[③]。地位之重要可见一斑。不过，整个明代，清江浦仅是一座镇城。

清代，清江浦经历了由盛到衰的过程。清初至乾隆年间，随着国家经济社会的快速发展，清江浦逐渐繁荣。康熙皇帝第一次南巡时，目睹清江浦之盛，饶有兴趣地写下《晚经淮阴》一诗："淮水笼烟夜色横，栖鸦不定树头鸣。红灯十里帆樯满，风送前舟奏乐声。"[④] 乾隆时期，因黄河决溢，县治倾圮，原驻淮河北岸的清河县城移于清江浦[⑤]，镇城变成了县城，城市发展更为迅速。乾隆四十年（1775），其人口达到了54万[⑥]，城中"舟车鳞集，冠盖喧阗，两河市肆，栉比数十里不绝"[⑦]，一派繁荣景象。但是到了晚清时期，人口已不及10万[⑧]，经贸规模缩小，"逮海道大通，津浦筑路，舟车

---

① 《江南通志》卷五一《河渠志·黄河三》，《景印文渊阁四库全书》，台湾商务印书馆，1986年影印本，史部，第508册，第551页。

② 马俊亚：《泗州之沉与淮北社会生态衰落》，《中国社会科学报》2010年7月8日，第7版。

③ 金兵、王卫平：《论近代清江浦城市衰落的原因》，《江苏社会科学》2007年第6期。

④ 《圣祖仁皇帝御制文集》卷四〇《古今体诗三十四首》，《景印文渊阁四库全书》，台湾商务印书馆，1986年影印本，集部，第1298册，第315页。

⑤ 咸丰《江苏清河县志》卷三《疆域》，1919年再补咸丰四年刊本，第5~6页。

⑥ 淮阴市地方志编纂委员会编《淮阴市志》（上册），上海社会科学院出版社，1995，第17页。

⑦ 乾隆《淮安府志》卷五《城池》，咸丰二年重刊乾隆刻本，第34页。

⑧ 淮阴市地方志编纂委员会编《淮阴市志》（上册），上海社会科学院出版社，1995，第19页。

辐辏，竟趋捷足，昔之都会遂成下邑"，时人为之发出了"俯仰数十年间，有风景不殊之感焉"① 之慨。

造成清江浦城由盛转衰的历史原因有战乱、交通、国家政策、其自身的经济结构等②，但黄河的影响最为突出。

先看黄河的积极影响。金明昌五年（1194），黄河夺淮入海后，清江浦所在之处成了黄、淮、运三河的交叉处，交通优势日益明显，"若值会试之年，南尽岭外，西则豫章，百道并发，朝于上京，而此为交衢"③。明永乐年间，漕运总督陈瑄为确保漕运的畅通，开凿了清江浦河，使运河由此入淮，并在此修建移风、清江、福兴、新庄四座船闸。同时，陈瑄还推行"支运"制度，即在淮安、徐州、临清等运河重镇兴建中转粮仓，各自接纳指定地区的漕粮，"令江西、湖广、浙江民运百五十万石于淮安仓，苏、松、宁、池、卢、安、广德民运粮二百七十四万石于徐州仓，应天、常、镇、淮、扬、凤、六、滁、和、徐民运粮二百二十万石于临清仓，令官军接运入京、通二仓"。其中，淮安转搬仓——常盈仓宽 139 丈（1 丈 ≈ 3.33米）多，长 249 丈多，有廒 81 座，计 800 间，皆"坚墉广厦，倍于常制"④。转搬仓由户部的派出机关——户部分司监理。徐州仓、临清仓、德州仓的漕粮，尽管不入常盈仓，然而清江浦是必经之途，这里成为全国漕粮转输的中心。再者，这里又创办了全国最大的内河漕船厂——清江督造船厂。船厂在清江浦河南岸，位于山阳、清河二县之间，其中心位置东去山阳县城、西去清河县城各 30 里，由工部的派出机构工部分司监理，清江浦随之成为全国漕船制造中心⑤。清江浦从此获得了难得的发展机遇，并取得了飞速发展，"侨民宿贾，巨室鳞次"。即使是明清战乱之际，清江浦仍然是

① 民国《续纂清河县志》卷一《疆域》，1928 年刻本，第 1 页。

② 金兵、王卫平：《论近代清江浦城市衰落的原因》，《江苏社会科学》2007 年第 6 期。

③ （清）张震南：《王家营志》卷三《职业》，《中国地方志集成·乡镇志专辑》，上海书店出版社，1992，第 17 册，第 70 页。

④ （清）谈迁：《北游录》，中华书局，1960，第 19 页。

⑤ 荀德麟：《一河中枢清江浦 九省通衢石码头》，《江苏地方志》2011 年第 3 期。

"居人数万家，夹河二十里"①。

明清两代，都城北京位于北方，财富出自江南，南北交通主要系于大运河。然而清江浦以北的京杭运河，由于黄河夺淮，迂缓难行，故商旅凡由南而北，一般都到清江浦舍舟登陆，至王家营换乘车马；由北而南，则至王家营弃车马渡黄河，至清江浦石码头登舟，清江浦成为"南船北马"的交会点②。至清代中叶，作为交通要冲的石码头进一步促进了清江浦的繁荣，"北负大河，南临运道，淮南扼塞，以此为最"③。同时，康熙十六年（1677），为了治理频发的黄河水患，朝廷任命靳辅为河道总督，在清江浦设立了总督办公机构，即后来的河道总督署。由此，清江浦成了黄、淮、运三河治理的中心地。由于河道总督属吏众多，幕僚也无数，清江浦的消费能力大为提高，而且河务向来被视为肥缺或"金穴"，清江浦发展迅速而畸形。

由于清江浦为"总河驻节之所，山清两境，犬牙相错，对岸王家营南北冲要，与浦毗连，……今若移清河县于清江浦，隔山阳近浦地归之，清江官商云集，五方杂处，有知县足以镇抚弹压；其驿马置于河北适中，清河无绕道拨马之苦，山阳无隔远往返之烦"，乾隆年间，原驻淮河北岸的清河县治移于此处。从此，"清河县为河督同城官地，地冲务繁屹为壮邑"④。清江浦从没有建置到乾隆年间设县，城市规模逐步扩大，"清江浦为山阳重镇，总河驻节之地，官省吏舍阛阓万家，自割隶以来，户口增十之三，田亩十之二，征科十之二，学额惟旧而士籍增，驿传惟旧而廪粮增，丞簿有增，设营有增，伍关有增口，坛庙有增祀，河防有增工，日益繁侈"⑤。可见，在清代中期，清江浦取得了飞速发展。

---

① （清）谈迁：《北游录》，中华书局，1960，第19、146页。
② 荀德麟：《淮安史略》，中共党史出版社，2002，第66页。
③ 乾隆《淮安府志》卷五《城池》，咸丰二年重刊乾隆刻本，第34页。
④ （清）杨以增：《重修清河县志序》，咸丰《江苏清河县志》，1919年再补咸丰四年刊本，第1页。
⑤ （清）吴棠：《重修清河县志序》，咸丰《江苏清河县志》，1919年再补咸丰四年刊本，第3页。

与此同时，黄河过多的决溢又对清江浦造成严重的负面影响。

首先，黄河水患的发生，一方面破坏了清江浦一带原有的水利系统，很多河道在黄河水的冲击下，要么改道，要么相互窜夺漫流；另一方面，由于黄河泥沙的沉淀，清江浦一带的大片土地被流沙掩埋。尽管咸丰五年（1855）以后黄河北徙，但其所带来的影响远未消除。据统计，解放初仅淮安市就有沙碱地 500 多万亩，约占该市耕地总面积的 40%①。土地沙碱，荆棘丛生，虫灾肆虐，清江浦自然灾害的种类与日俱增。这些都从不同方面制约着清江浦城的发展。

其次，水运优势的丧失。黄河泥沙含量过高，运河及洪泽湖等水体泥沙淤积越来越严重，清江浦一带水运面临严峻的危机。道光末年，太平天国运动爆发，漕路不通，漕运断绝。政府忙于战事，无暇顾及运河之疏浚，淤塞日重。太平天国运动被镇压后，由于河身淤垫过高，"淮徐故道且于漕运无甚裨益"。光绪初期，政府下令实施海运，清江浦的发展受到严重影响，"自黄流北去，淮渎南趋，漕政单微，河防寝息，于是生计索而形势替，重以路线西移，商贩裹足，百业由之耗敝"②。此后，客流量大为减少，商贸日渐衰微，官僚机构相继被裁撤，消费性行业日趋萎缩，政府的重视程度也大为降低，原本漕运、河工、盐务带来的大量工作机会也因此丧失了③。

最后，清江浦畸形经济结构的必然结果。清代清江浦的发展并未根植于腹地经济，而是过度依赖漕运与河工。清江浦是南北交通枢纽，又是漕运、河务重地，庞大的官僚机构与人群，大量的资金投入，全部汇聚于此，"帮工修埽，无事之岁费辄数百万金，有事则动至千万"，加之"榷关居其中，搜刮留滞所在，舟车阗咽利之所在，百族聚焉，第宅服食嬉游歌舞，视徐海特为侈靡"④，这一切刺激了清江浦的畸形繁荣。"维时南河河道总督驻扎清

---

① 淮阴市地方志编纂委员会编《淮阴市志》（上册），上海社会科学院出版社，1995，第 14 页。

② 民国《淮阴志征访稿》卷二下《地理志三》，民国间抄本。

③ 金兵、王卫平：《论近代清江浦城市衰落的原因》，《江苏社会科学》2007 年第 6 期。

④ 光绪《淮安府志》卷二《疆域》，光绪十年刻本，第 4 页。

江浦，道员及厅汛各官环峙而居，物力丰厚。每岁经费银数百万两，实用之工程者十不及一，其余以供文武员弁之挥霍、大小衙门之酬应、过客游士之余润。凡饮食衣服车马玩好之类，莫不斗奇竞巧，务极奢侈。"[1] 此地遍布高档消费品，餐饮业以及烟馆、浴室、妓院等其他服务性行业非常兴盛，清江浦成为典型的消费型城市。清江浦缺乏腹地的支持，自身又缺乏产业基础，生产部门不发达，这种"缺少自身产业基础的繁荣是'粉脂式'的繁荣，一遇风吹雨打，顷刻间铅华洗尽，苍老毕现"[2]。

总之，黄河带来的交通优势及资金投入、工作机遇推动了清江浦的发展繁荣，黄河水患及其次生灾害又极大地阻碍了清江浦的发展。

我们从不同层级的城镇的兴衰历程可以看出，正是黄河中下游地区优越的生态环境为城市的诞生、发展乃至兴旺发达提供了重要的物质基础。而随着人类开发利用自然的深度和广度不断拓展，城镇生态环境又在不同程度上发生了"负变迁"，甚至成为城镇衰落的一个重要因素。生态环境同城镇之间的互动关系复杂而多变。

第一，水环境变迁与城镇的兴衰。

首先，优越的水环境可以推动城市的发展。从水运与陆运的载重量上看。宋代陆路交通以太平车为主[3]，据宋人孟元老描述，太平车"可载数十石"[4]，这应为当时车运的最高载重了。明代的陆路运输，较之宋代变化不大。茅元仪曾总结道："一曰人车，两人牵推，每车运不过四石；一曰牛车，前驾二牛，以二夫御之，运不过十二石；一曰骡车，以十骡驾一车，运可至三十石，然其费亦不赀矣。"[5] 从载重量和运输的速度上看，明清时期

---

① （清）薛福成著，丁凤麟、张道贵点校《庸盦笔记》卷三《河工奢侈之风》，江苏人民出版社，1983，第71页。

② 王汉忠：《灾害、社会与现代化——以苏北民国时期为中心的考察》，社会科学文献出版社，2005，第110页。

③ 李长傅：《开封市历史地理》，商务印书馆，1958，第45页。

④ （宋）孟元老：《东京梦华录》卷三《般载杂卖》，中华书局，1985，第66~67页。

⑤ （明）茅元仪：《河漕》，《石民四十集》卷四四，《四库禁毁书丛刊》，北京出版社，1997，集部，第109册，第364页。

很难进行长距离的陆路运输。

从具体城镇看。黄河中游地区，不少城镇受益于水运的优越条件。如山陕境内，"自京师往河中府有二路，一由陕州浮梁历白径岭，一由三停渡渡河"。大中祥符年间，又开辟第三条水路。"司天保章正贾周，言二路岩险湍迅，不若出潼关，过渭、洛二水趋蒲津，地颇平坦，虽兴工，不过数十里。事下陈尧叟等，请如周所议。"此路在同州地界又分两路："而渭水当同州新市镇，多滩碛，自此稍南而西，纤行十数里，狭处可连舟为桥。又洛河上亦为浮梁直抵河中。"① 新旧水路网络相互交叉，非常方便山陕地区的城镇间及其同京师开封城的经贸往来。

中游一些城镇的建立也缘于河运。如麟州、府州，得益于黄河水道的畅通："初，河东转运使文洎，以麟州饷道回远，军食不足，乃按唐张说尝领并州兵万人，出合河关，掩击党项于银城大破之，遂奏置麟州。此为河外之直道，自折德扆世有府谷，即大河通保德，舟楫邮商，以便府人，遂为麟之别路。故河关路废而弗治，洎将复之，未及就而卒。及洎子彦博为河东转运副使，遂通道银城，而州有积粟可守。"② 水运对于城镇的作用可谓大矣。

便利的河道运输，促进了地方经济的发展和城镇之间的物质流通。景德年间，河中府（今山西永济蒲州镇）的铁器从水路运往附近州县。"诏许河中府民赍铁器过河，于近郡货鬻，其缘边仍旧禁断。"③ 熙宁年间，永宁关水路大大缩短了延州与黄河对岸石州、隰州之间的商贸路程，促进了当地经济的发展。"诏延州永宁关黄河渡口亦置浮梁。永宁关与石、隰州跨河相对，尝以刍粮资延州东路城寨，而津渡阻隔，有十数日不克济者，故又命赵卨营置，以通粮道，兵民便之。"④

① （宋）李焘：《续资治通鉴长编》卷七四，大中祥符三年八月乙亥，中华书局，1979，第654页。

② （宋）李焘：《续资治通鉴长编》卷一三三，庆历元年八月戊子，中华书局，1979，第1209页。

③ （宋）李焘：《续资治通鉴长编》卷六一，景德二年九月丙寅，中华书局，1979，第529页。

④ （宋）李焘：《续资治通鉴长编》卷二四七，熙宁六年十月壬申，中华书局，1979，第2316页。

　　黄河下游地区，开封是一个典型的倚重水运的城市。战国时期，开封城依赖的是鸿沟水系的开通。汉唐之际，开封城依靠的则是汴渠和通济渠的先后流经。北宋时期，汴河、蔡河、五丈河、金水河先后通入城中，开封城成为水运的枢纽，城镇发展达到了历史的巅峰。元代疏通的贾鲁河，又成为明清之际开封城赖以发展经贸的重要水运航道。清代开封赖以开展粮食贸易的水运路线主要有：由"淮河之正阳关以达于陈州府之周家口"，复由贾鲁河北上抵朱仙镇，转运开封；山东、直隶粮食沿运河运至临清，再转卫河，"达于彰、卫二府之楚王、道口等处"，最后陆运开封①。而且，大宗商品确实也多由水路运输。康熙年间，开封城的棉花贸易，"楚豫诸方皆知种艺（棉花），反以其货，连船捆载而下，市于江南"②。

　　徐州亦可称得上一座水运城市，"地处南北要冲，区内河网稠密，交通条件优越，可以说徐州是兴于水，盛于水"③。由于濒临黄河，所以首要的航道便是黄河，明人归有光云："余过徐州，问黄河道所自，舟人往往西指溯河入汴梁处。"④ 泗水是徐州所倚重的第二河道，也是一条历史悠久的河道，在古代早期，泗水河道已然存在，且亦流经徐州城，是徐州历史上最早利用的河道之一。清代泗水虽受黄河水患的影响，存在沙淤等问题，但其仍具有一定的通航价值。

　　其次，城镇自身需水量巨大。

　　城建方面，最为明显的是护城河（城濠），我们查阅任一城镇的史料，几乎都能见到关于城濠的记载。清人蓝鼎元说："有城有池国体也，凿斯筑斯王政也。"⑤ 其"池"指的就是城濠。城濠不但可以增强城市的防御能力，

---

①　（清）尹会一：《尹少宰奏议》卷一《河南疏六》，中华书局，1985，第 67 页。

②　康熙《嘉定县志》卷四《物产》，《中国地方志集成·上海府县志辑》，上海书店，1991，第 7 册，第 513 页。

③　孟凡超：《黄河河道变迁与徐州社会兴衰》，《淮南师范学院学报》2012 年第 5 期。

④　（明）归有光：《赠戚汝积分教大梁序》，《震川集》卷一〇，《景印文渊阁四库全书》，台湾商务印书馆，1986 年影印本，集部，第 1289 册，第 155 页。

⑤　（清）蓝鼎元：《城池小序》，《鹿洲初集》卷六，《景印文渊阁四库全书》，台湾商务印书馆，1986 年影印本，集部，第 1327 册，第 652 页。

还能为城内用水提供便利。此外，城内的城体建设、街衢绿化、园林营建等，每一项工程的开展，没有大量水的供给，是不可能进行的。

民生方面，没有足够的水的存在，群集于城市的官民的用水将是个巨大的问题，城市发展更是无从谈起。历史上，黄河中游城镇为解决自身用水问题往往将城市周围的河水引入城内，如麟、府二州，城内水资源匮乏，这在特殊时期会对城市造成致命打击。麟州城"城险且坚，东南各有水门，崖壁峭绝，下临大河"。故西夏元昊多次攻击麟州，并未攻克。随着麟、府二州城内水源被切断，城市很快陷入混乱。庆历元年（1041）九月，"元昊已破丰州，引兵屯琉璃堡，纵骑钞麟、府间，二州闭壁不出。民乏水饮，黄金一两易水一杯"。府州城依山而建，"州无井，民取河水以饮"①。城内饮水皆仰仗黄河，一旦被围，城内缺水，随时都可能被攻破。下游的开封城，北宋时期成为国都，由于大量的官员、士兵和居民会集，城内的人口规模非常之大，为保障巨大的需水量，政府不得不把水质较清的金水河引入城内，并使其流经皇宫。

当然，一旦水量过大，又会导致水灾的发生，危及城镇的安全。在黄河中游地区，首要的水灾便是河水的泛滥、决溢。如宋代的延州，"有东西两城夹河，秋夏水溢，岸辄圮，役费不可胜纪"②。元代的太原府太谷县，东南有惠安之蒲池，"来年水势不常，渠道壅塞，横流西去，漂没侯城地数十余顷，冲突太谷城池三十余年"③。清代朝邑县的赵渡镇，康熙五十一年（1712）前后，洛河从朝邑南 20 里的地方流过，入黄地点在赵渡镇南④。至乾隆四十五年（1780）前后，洛河已从朝邑南 20 里变为 5 里处流过，仍在

①　（宋）李焘：《续资治通鉴长编》卷一三三，庆历元年九月壬申，中华书局，1979，第1212、1215 页。

②　（清）洪蕙：《延安府志》卷五二《传录·宋·李若谷》，《中国方志丛书》，成文出版社，1970 年影印本，第 1287 页。

③　乾隆《太原府志》卷一〇《水利》，《中国地方志集成·山西府县志辑》，凤凰出版社，2005，第 1 册，第 98 页。

④　康熙《朝邑县后志》卷首《疆域图》，《中国方志丛书》，成文出版社，1969 年影印本，第66～67 页。

赵渡镇南汇入黄河①。道光九年（1829），洛河仍然潆绕朝邑南部，与渭"共东注于河"②。洛河沿岸的赵渡镇原本为本县"庶富之乡"，迨道光十四年（1834），黄河西趋益甚，洛河至赵渡镇东街与黄河合，昔日的商贾云集变成舻唱涛声③。还有迫使城市迁徙的。延安府延长县县城初建于坻头原，迁于信潭原，遭大水移建于此地④。渭南的白市（即伯士）镇，道光十九年（1839）洛水泛滥，"浸伤殊甚"，监生马全奇、例贡生朱作哲等"倡众移镇北原上"⑤。更有毁灭城镇的。陕西眉县槐芽镇柿林村一带曾是历史上柿林县城所在地，后"没于渭水，城址无存"⑥。

黄河下游地区，频繁决溢的黄河给城镇带来了极大的灾难。如顺治九年（1652）邳州河决，"城垣倾圮"⑦。嘉庆十八年（1813），宁陵黄河决溢，水势甚汹，"冲塌护城堤埝，灌注入城，城墙倒塌一面"⑧。中牟县，经嘉庆二十四年（1819）、道光二十三年（1843）黄河两决，县城"几经塌尽"⑨。更为严重的是，黄河水患也造成下游地区间接性的生态变迁，进而影响城镇的发展。以徐州漕运为例。徐州本是漕运重镇，舟车鳞集，贸易兴旺。明人李东阳言："使船来往无虚日，民船、贾舶多不可籍数，率此焉道，此其喉襟最要地也。"⑩但黄河的决溢与改道，严重影响了徐州漕运。为了改变这

---

① 乾隆《朝邑县志》卷一《地形考》，乾隆四十五年刻本，第2、5页。

② 民国《续修陕西通志稿》卷六《建置·张佑〈重修试院〉》，1934年铅印本，第36页。

③ 咸丰《朝邑县志》上卷《河防志》，《中国地方志集成·陕西府县志辑》，凤凰出版社，2007，第21册，第380~381页。

④ 光绪《延安府志》卷一三《建置考二·延长县》，《中国方志丛书》，成文出版社，1970年影印本，第310页。

⑤ 咸丰《朝邑县志》上卷《建置志》，《中国地方志集成·陕西府县志辑》，凤凰出版社，2007，第21册，第372页。

⑥ 眉县地方志编纂委员会：《眉县志》第1编《行政建制》，陕西人民出版社，2000，第15页。

⑦ 同治《徐州府志》卷五上《纪事表》，《中国地方志集成·江苏府县志辑》，凤凰出版社，2008，第61册，第98页。

⑧ （清）方受畴：《抚豫恤灾录》卷七《详禀》，嘉庆年间刻本，第1页。

⑨ 同治《中牟县志》卷二《建置·城池》，同治九年刻本，第2页。

⑩ （明）李东阳：《重修吕梁洪记》，《怀麓堂集》卷三三，《景印文渊阁四库全书》，台湾商务印书馆，1986年影印本，集部，第1250册，第349页。

一状况，万历年间，政府开凿迦河，上自沛县夏镇引水，由邳州入黄河，避开了徐州、吕梁二洪，运道东移。徐州的商品经济因此而迅速衰落，"自通迦后，军民二运，俱不复经。商贾散徙，井邑萧条，全不似一都会"[1]。可见，迦河的开凿成为徐州漕运兴衰的转折点，同时也成为徐州城兴衰的节点。频繁发生的黄河水患成为迦河开凿的原因，而迦河开凿又导致运道的东移和徐州城的衰落，这是黄河水患的间接性影响。邹逸麟先生言："黄河变迁影响城市的兴衰，而受影响最大的地区，是今黄河以南，淮河以北的黄淮平原上的城市。"[2] 可谓切中肯綮、不刊之论。

第二，农业发展与城镇的兴衰。

农业的发展对于所在地区的城镇至关重要，黄河中下游地区的大多数城镇无不是根植于农业经济的基础之上才取得重大发展的。所以，很大程度上来说，古代的城市文明也是农业文明的一个体现。

黄河中游的长安城，坐落于关中平原，此地气候适宜，土地肥沃适耕，水利资源丰裕，有着发展农业的天然优势。早在先秦时期，这里的农业已呈现不错的发展态势，不仅为周朝的兴起提供了巨大的帮助，也为以后西汉、隋、唐等诸朝代定都于此奠定了深厚的农业基础。司马迁曾言："关中自汧、雍以东至河、华，膏壤沃野千里，自虞夏之贡以为上田，而公刘适邠，大王、王季在岐，文王作丰，武王治镐，故其民犹有先王之遗风，好稼穑，殖五谷，地重，重为邪。……故关中之地，于天下三分之一，而人众不过什三；然量其富，什居其六。"[3] 关中之地不过天下一隅，人口仅占全国的3/10，却占据了全国6/10的财富，周族将邠、岐、丰、镐作为都城是不无道理的。

刘邦建立政权后，在立都问题上一度徘徊于长安和洛阳。娄敬为此劝说道："且夫秦地被山带河，四塞以为固，卒然有急，百万之众可具也。因秦之故，资甚美膏腴之地，此所谓天府者也。陛下入关而都之，山东虽乱，秦

---

① （明）沈德符：《万历野获编》卷一二《徐州》，中华书局，1959，第329页。

② 邹逸麟主编《黄淮海平原历史地理》，安徽教育出版社，1997，第347页。

③ （汉）司马迁：《史记》卷一二九《货殖列传》，中华书局，1959，第3261~3262页。

之故地可全而有也。夫与人斗，不搤其亢，拊其背，未能全其胜也。今陛下入关而都，案秦之故地，此亦搤天下之亢而拊其背也。"① 称"甚美膏腴之地"的关中为"天府"之区，乃建都之优势条件之一。谋臣张良亦极赞同娄敬之说，指出："洛阳虽有此固，其中小，不过数百里，田地薄，四面受敌，此非用武之国也。夫关中左殽函，右陇蜀，沃野千里，南有巴蜀之饶，北有胡苑之利，阻三面而守，独以一面东制诸侯。诸侯安定，河渭漕挽天下，西给京师；诸侯有变，顺流而下，足以委输。此所谓金城千里，天府之国也，刘敬说是也。"② 同样强调了"沃野千里"对于立都的重要性。刘邦由此下定决心，立长安为大汉都城。王星光说长安城是建立在富庶的关中农业区中的都城，乃切中肯綮之言。③

另据王锋钧的研究，随着生产力的发展、水利与灌溉技术的提升、粮食加工效率的提高，关中地区的粮食作物品种有所增加，粮食产量及再加工产品产量明显提升，这些为长安城充足的粮食和食品供应提供了可能。西汉时期长安城的数十万人口，赖关中地区的粮食供应而存。魏晋南北朝时期，尽管战争频仍，但立都长安的政权大多注意推广先进的耕作技术，兴修水利，基本确保了农业生产的稳定以及城内人口的粮食供应，这也成为长安都城史延续至隋唐时期的保障。④

清代开封的发展同样得益于农业生产，其大宗商品之一便是小麦。开封腹地是小麦盛产区。明代时，小麦产量占河南粮食作物的一半⑤。清代河南的小麦种植也很普遍。大量的小麦被运往省城开封，吸引各地客商采购。雍正十年（1732），麦子丰收，外地客商云集争购，"四方辐辏，商贩群集，甫得收获之时，即络绎贩运他往，……他省客商来豫籴麦者，陆则车运，水

---

① （汉）司马迁：《史记》卷九九《刘敬叔孙通列传》，中华书局，1959，第 2716 页。
② （汉）司马迁：《史记》卷五五《留侯世家》，中华书局，1959，第 2043～2044 页。
③ 王星光：《汉都长安与农业发展》，《中国农史》2015 年第 4 期。
④ 王锋钧：《汉唐时期关中农业与京都长安》，《农业考古》2011 年第 4 期。
⑤ （明）宋应星《天工开物》卷一《乃粒·麦》，商务印书馆，1933，第 5 页。

则船装，往来如织，不绝于道"①。据此可知，开封城的小麦贸易当颇具规模，其经济兴衰与农业发展建立了紧密的联系。然而，当黄河泛滥成灾，淹没大面积良田，并留下无数沙丘和大片盐碱地后，开封城周围数百里的农业生产和农业经济遭到了较为严重的破坏，城市发展失去了周边农业经济的重要支撑，逐渐衰落②。

第三，气候、地貌、土壤等自然条件与城镇的兴衰。

气候对城镇发展的影响是十分明显的。黄河中下游地区属于大陆性气候，降雨集中于夏秋两季，瞬时的强降雨往往会淹没城镇，造成毁灭性的破坏。如陕西周至县，康熙元年（1662）三月至九月，"雨连绵不止，官民舍多圮，沃壤化为巨浸，漂没城堡二，人畜溺死者甚众"。同治十年（1871）七月中旬，"大雨弗止，渭水南徙县北城下"，八月中旬至九月初，"阴雨连绵，河水暴涨，伤害禾稼，房壁倾倒无数"③。极度严寒的年份也会带给城镇多元"冻疮"。如严寒的天气冻结河道，难通商舟；骤降的天气能大面积冻毁腹地的农作物，使城镇失去商品之源；等等。反之，适宜的气候利于城镇的发展。我国北部边疆和西北地区除了地形、水文因素劣于华中、华东和华南外，气候严寒也应是经济不佳的原因之一。一般来说，黄河中下游地处气候适宜区，但在漫长的历史时期，气候经历了多次寒暖波动，故探究城镇的发展，气候是不能越过的因素。

地貌对于城镇的产生和发展同样重要。黄河中下游城市的诞生地和集中地多位于中游的关中平原和下游的黄淮海平原或丘陵地区。平原地区地面起伏度小，人烟稠密，交通便利，耕地比重大，生产力水平较高，利于农业经济的发展和商贸的往来，能给城镇提供充分的发展条件和保障。而山区是由山岭和山谷组成的地貌形态，具有较大的绝对高度和相对高度差距，地质结

① 《世宗宪皇帝朱批谕旨》卷一二六，雍正十年五月十八日，《景印文渊阁四库全书》，台湾商务印书馆，1986 年影印本，史部，第 421 册，第 713 页。

② 程子良、李清银：《开封城市史》，社会科学文献出版社，1993，第 160、200 页。

③ 民国《盩厔县志》卷八《祥异》，《中国地方志集成·陕西府县志辑》，凤凰出版社，2007，第 9 册，第 354~355、356 页。

构复杂，地表崎岖，生产力水平低，人烟稀少，交通落后。这样的基础条件既阻碍了商业贸易，也难以发展农业经济，更遑论城镇经济了。

土壤的影响更大。以黄土高原为例，河水等侵蚀导致了土壤退化、生物多样性被破坏、水资源减少、河床淤积抬高、干旱与洪水灾害频率增多等一系列生态环境问题。陕西洛川故城的迁移就缘于此。洛川县城在乾隆三十三年（1768）徙至新址，即今洛川县城所在，城周2里7分①。洛川故城在洛川城东北20公里的旧县村，元代以"缘山阻涧"而在此建城。按照史念海先生的说法，"所谓山，不过是城北一个不高的原，所谓涧只是城南一条很浅的溪"。故城中间高起，引发侵蚀，由元代的"缘山"发展到明代的"临壑"，到了清代城迁之后，沟壑侵蚀不仅将阻遏沟头向上侵蚀的长垣冲塌，而且几乎延伸到南侧涧水的崖畔②。同时，沟壑的侧切严重威胁故城的安全，"城垣四面临崖，城根塌陷入沟，基址全颓，难施工力"。正是此种原因，洛川县城不得不迁移。随着榆林镇周围长城沿线各营堡的土壤沙化，镇城时刻受到北边风沙的威胁。竺可桢为此说："清朝乾隆时代，山西和陕西北部农民受清皇朝和当地地主的两重压迫，不胜困苦，大量移民到榆林以北关外开垦。因为地旷人稀，农民种庄稼不打井开渠用水灌溉，不施肥料，几年以后生产减少就把田地抛荒，另辟新地。原有树木也统作燃料烧掉，如此滥砍滥伐，原来草地，统是赤裸裸地露出泥土来，经风吹日晒，沙尘到处飞扬。"③ 交城一带地势相对低下，加上文峪河、磁窑河及其支流的冲积沉淀作用，文峪河东西两侧狭长地带形成了多块洼地。洪水多次泛滥，这些洼地长时间排泄不畅，从而形成严重的涝渍，导致次生盐碱化。清代初期，土地盐碱化已相当严重，当地人戏称"远望之似水，近即之似积雪"④。盐碱地主要集中于夏家营、覃村、义望、广兴、西

① 嘉庆《洛川县志》卷五《城池》，《中国地方志集成·陕西府县志辑》，凤凰出版社，2007，第47册，第390页。
② 史念海：《河山集》（二集），生活·读书·新知三联书店，1981，第13页。
③ 竺可桢：《变沙漠为绿洲》，《竺可桢文集》，科学出版社，1979，第400页。
④ 雍正《山西通志》卷四七《物产》，《景印文渊阁四库全书》，台湾商务印书馆，1986年影印本，第543册，第524页。

营、段村、大营等村（镇）一带，盐碱化面积 516 万亩，而整个交城县盐碱化土壤总计约 716 万亩，居全县各类土壤面积的第二位[①]。

值得一提的是，城镇发展对生态环境也具有重大的反作用。城镇发展植根于所在地区的生态环境，那么为了发展城镇，城中官民自然不会坐视生态环境的变迁而不顾，越是发达和繁荣的城镇，越会投入更多的物力财力去改善生态环境。治理黄河本身就可看作保护沿岸城镇的一种举措。此外，为了改善城镇的水运条件，河道疏浚也频繁兴起。如贾鲁河，朱仙镇因其而兴，开封城亦因其而取得重大发展，它成为开封城的黄金水道。因此，明清之际，对贾鲁河的疏浚也被该时期开封官民甚至是中央政府关注，特别是在清代前期，疏浚行为达 50 余次，贾鲁河因此具备了持续通航的能力，直至道光朝。再者，为了保护城市的生态环境，黄河中下游地区的环境治理工作得以多方面进行，环境法制的拟定、城市的园林建设和绿化工程、城区的水利事业、森林和草原的保护等诸多环保行为反复出现于各个朝代。这些均可看作城市发展对生态环境的反作用。

总体来说，生态环境是由不同要素组成的，生态平衡也是动态性的平衡。若这一平衡得到很好的保持，城镇和生态环境就能处于相辅相成、相互得益的良好状态。若超过生态系统的自我调节能力而不能恢复到原来比较稳定的状态，生态系统的结构和功能就会遭到破坏，造成系统成分缺损、结构变化，从而出现生态失调或生态灾难，置身于其中的城镇就不能不受到影响而陷入发展困境。

[①]　山西省气象局、南京气象学院、交城县气象局普查总结《农业气候资源的利用》，1979 年 5 月，第 3 页。

第五章
古代黄河中下游地区生态环境
灾变与城镇灾害的应对机制

早期的人类在开发和利用自然资源时，尚无是否会对生态环境造成破坏的主观意识，其后果往往是过度或不适宜的开发，从而产生负面的生态效应，影响所在地区的城乡发展。不过，有意或无意的保护生态环境的行为也同步出现于历史舞台。随着利用自然广度和深度的拓展，生态环境的负面效应越来越凸显，人们保护和改善生态环境的意识也一步步增强，这最终表现在许多应对机制中。

第一节　历代对黄河中下游地区
生态环境的保护措施

人类保护和营造自己生存家园的行为是永恒的。人类也能够对自己的行为进行反思，在利用好自然环境的同时，又能保护好环境，使人类社会有一个可持续发展的良性条件。宋代之前，黄河中下游地区一直是我国的政治、经济核心区，社会发展的成就非常显著，同时所承受的代价也很沉重，即生态环境发生了巨大变化，不少地区出现了明显退化。为了营造良好的生存家园，生活在这片土地上的人们对于生态环境的"修缮"行为也持续了数千年，并在不同地区取得了或优或劣的效果。

一　河道的治理——以黄河为例

远在传说时代，我国就开始了对黄河的治理。生活在今河南辉县一带的共工部族因濒临黄河，多遭其害，乃"壅防百川，堕高堙庳"①。尧舜时代，大禹采用疏导之法"尽力乎沟洫"②，又"浚畎浍致之川"③，成功治理了黄河水患。其所开创的疏川导滞的治河方略，为历代沿袭，具有划时代的意义。夏代以后，黄河治理的措施可分为如下几类。

1. 设置专司人员

在传说的舜时代，大禹为司空，负平水土之责。夏商周除设司空外，增设了治水官员并拓展了其职责。《管子》载："请为置水官，令习水者为吏，大夫、大夫佐各一人，率部校长、官佐各财足，乃取水左右各一人，使为都匠水工，令之行水道、城郭、堤川、沟池、官府、寺舍及州中当缮治者，给卒财足。"堤防修成后，"常令水官之吏冬时行堤防，可治者章而上之都，都以春少事作之"④。

两汉沿置司空，掌理水土之事，"凡营城起邑、浚沟洫、修坟防之事，则议其利，建其功。凡四方水土功课，岁尽则奏其殿最而行赏罚"⑤。由于黄河水患开始加重，西汉又设置了"河堤都尉""河堤谒者"等专职人员，各沿河郡县也增设专职防守河堤的人员，一般为数千人，多时在万人以上⑥。东汉"诏滨河郡国置河堤员吏，如西京旧制"⑦，基本沿袭西汉建制。

魏晋南北朝续设"河堤谒者"或"都水使者"，但有时仅设一人。傅玄

---

①　（春秋）左丘明撰，焦杰校点《国语》卷三《周语下》，辽宁教育出版社，1997，第20页。

②　（清）阮元校刻《十三经注疏·论语注疏》卷八《泰伯》，中华书局，1980，第2488页。

③　（汉）司马迁：《史记》卷二《夏本纪》，中华书局，1959，第79页。

④　（唐）房玄龄注《度地》，《管子》卷一八，《景印文渊阁四库全书》，台湾商务印书馆，1986年影印本，子部，第729册，第196~197页。

⑤　（南朝宋）范晔：《后汉书》志二四《百官志》，中华书局，1965，第3561~3562页。

⑥　水利部黄河水利委员会《黄河水利史述要》编写组编《黄河水利史述要》，水利电力出版社，1982，第61页。

⑦　（南朝宋）范晔：《后汉书》卷七六《王景传》，中华书局，1965，第2465页。

言："河堤谒者一人之力，行天下诸水，无时得偏。"① 势单力孤，很难取得显著成效。隋初有都水台及将作寺之设，后改为都水监、使者、令等名，唐代复为监、使者、司津监、水卫都尉等名，"掌川泽津梁之政令，总舟楫、河渠二署之官属，凡虞衡之采捕，渠堰陂池之坏决，水田斗门灌溉，皆行其政令"。河渠署"河堤谒者六人，掌修补堤堰渔钓之事"②。唐代之工部，下有"工部郎中、员外郎，各一人，掌城池土木之工役程式"。下又有"水部郎中、员外郎，各一人，掌津济、船舻、渠梁、堤堰、沟洫、渔捕、运漕、碾硙之事"③。机构和官员设置均走向系统化。

五代时期，为加强堤防管理，进一步完善了河堤管理人员设置。如晋高祖天福二年（937）九月，前汴州阳武县主簿左墀进策："请于黄河夹岸防秋水暴涨，差上户充堤长，一年一替。委本县令十日一巡，如怯弱处不早处治，旋令修补，致临时渝决，有害秋苗，既失王租，俱为坠事。堤长、刺史、县令勒停。"得到了皇帝的肯定。天福七年（942），石敬塘又"令沿河广晋开封府尹，逐处观察。防御使、刺史等，并兼河堤使，名额任便，差选职员，分擘勾当。有堤堰薄怯，水势冲注处，预先计度，不得临时失于防护"④。已经注意到了灾前的预防。

宋承袭前代，继设工部："掌天下城郭、宫室、舟车、器械、符印、钱币、山泽、苑囿、河渠之政。"设尚书，"掌百工水土之政令，稽其功绪以诏赏罚"，并下设"郎中、员外郎：旧制，凡制作、营缮、计置、采伐材物，按程式以授有司，则参掌之"；"水部郎中、员外郎：掌沟洫、津梁、舟楫、漕运之事"⑤。同时，宋代也设立专门的河道管理官员。太祖乾德五年（967），"诏开封、大名府，郓、澶、滑、孟、濮、齐、淄、沧、棣、滨、德、博、怀、卫、郑等州长吏，并兼本州河堤使"。开宝五年（972）

---

① （唐）房玄龄等：《晋书》卷四七《傅玄传》，中华书局，1974，第1321页。
② （后晋）刘昫等：《旧唐书》卷四四《职官志》，中华书局，1975，第1897页。
③ （宋）欧阳修、宋祁：《新唐书》卷四六《百官志一》，中华书局，1975，第1201~1202页。
④ （宋）王钦若等编纂《册府元龟》卷四九七《邦计部·河渠》，凤凰出版社，2006，第5950~5951页。
⑤ （元）脱脱等：《宋史》卷一六三《职官志》，中华书局，1977，第3862~3863页。

三月，又诏上述州府"各置河堤判官一员，以本州通判充；如通判阙员，即以本州判官充"①。至和二年（1055），设"都大管勾应付修河公事""修河钤辖""修河都监""都大提举河渠司"等专官。嘉佑三年（1058）正式设置都水监，"凡内外河渠之事，悉以委之"②。都水监设内外都监丞及主簿、管勾公干多人。

金亦设工部："掌修造营建法式、诸作工匠、屯田、山林川泽之禁、江河堤岸、道路桥梁之事。"③又设都水监，下有街道司，司下设"管勾，正九品，掌洒扫街道、修治沟渠"④。体制较之前代更为完善。此外，金代还设有巡河官六员，分管全河 25 埽，雄武、荥泽等 5 埽的都巡河官兼管汴河事，怀州、孟津等埽的都巡河官兼管沁水事。每埽设置散巡河官一员。全河共设埽兵 12000 名。大定二十七年（1187）又规定：沿河四府（南京、归德、河南、河中）、十六州（怀、同、卫、徐、孟、郑、浚、陕、曹、滑、睢、滕、单、解、开、济）之长贰"皆提举河防事，四十四县之令佐皆管勾河防事"⑤。

元代续设工部，"掌天下营造百工之政令。凡城池之修浚，土木之缮葺，材物之给受，工匠之程式，铨注局院司匠之官，悉以任之"⑥。工部之外，元代官职的设置更加完善。《元史》载："都水监，秩从三品。掌治河渠并堤防水利桥梁闸堰之事。都水监二员，从三品；少监一员，正五品；监丞二员，正六品；经历、知事各一员，令史十人，蒙古必阇赤一人，回回令史一人，通事、知印各一人，奏差十人，壕寨十六人，典吏二人。"⑦ 至元二十八年（1291），世祖忽必烈始置都水监。次年，都水监领河道提举司⑧。

---

① （元）脱脱等：《宋史》卷九一《河渠一》，中华书局，1977，第 2257 页。
② （宋）李焘：《续资治通鉴长编》卷一八八，中华书局，1979，第 1732 页。
③ （元）脱脱等：《金史》卷五五《百官一》，中华书局，1975，第 1237 页。
④ （元）脱脱等：《金史》卷五六《百官二》，中华书局，1975，第 1277 页。
⑤ （元）脱脱等：《金史》卷二七《河渠志》，中华书局，1975，第 669、673 页。
⑥ （明）宋濂等：《元史》卷八五《百官一》，中华书局，1976，第 2143 页。
⑦ （明）宋濂等：《元史》卷九〇《百官六》，中华书局，1976，第 2295~2296 页。
⑧ （明）宋濂等：《元史》卷九〇《百官六》，中华书局，1976，第 2295~2296 页。

泰定二年（1325）二月，河南行省左丞姚炜"以河水屡决，请立行都水监于汴梁，仿古法备捍，仍命濒河州县正官皆兼知河防事"，蒙获旨允①。至正九年（1349），因河水为患，立山东、河南等处行都水监。至正十一年（1351）十二月，"立河防提举司，隶行都水监，掌巡视河道，从五品"。翌年正月，行都水监添设判官二员。至正十六年（1356）又添设少监、监丞、知事各一员②。设置官制，选派廉干、深知水利之人，令其"专职其任，量存员数，频为巡视，谨其防护，可疏者疏之，可堙者堙之，可防者防之"，其成效较之河已决溢方鲁莽修治是不能比拟的③。

明代除工部外，设置都水司，"典川泽、陂池、桥道、舟车、织造、券契、量衡之事"，"岁储其金石、竹木、卷埽，以时修其闸坝、洪浅、堰圩、堤防，谨蓄泄以备旱潦"，同时规定"役民必以农隙"④。永乐九年（1411），遣派尚书治理黄河，自后或遣侍郎，或派都御史，没有定例。成化年间，"始称总督河道"。至正德四年（1509），定设都御史治理黄河。嘉靖二十年（1541），都御史复加工部职衔，提督河南等处河道⑤。

清代的河道总督之设最为显著，"掌治河渠，以时疏浚堤防，综其政令"。康熙年间其衙署先后移驻清江浦和济宁。雍正七年（1729），改总河总督江南河道，驻清江浦，副总河总督河南、山东河道，驻济宁，分管南北两河。雍正九年（1731），置东河副总河，移南河副总河驻徐州。乾隆二年（1737）裁副总河，此后裁设不定。咸丰八年（1858），裁撤南河河道总督。光绪二十四年（1898），裁撤东河河道总督，但很快复置。光绪二十八年（1902）又裁，此后不再有河务专官⑥。在河道总督之下，又有文武两套官职系统，互不统属，互相监督。系统性的官员和机构设置，对于决徙频发的清代黄河治理无疑具有重要意义。

---

① （明）宋濂等：《元史》卷二九《泰定帝一》，中华书局，1976，第655页。
② （明）宋濂等：《元史》卷九二《百官志八》，中华书局，1976，第2335页。
③ （明）宋濂等：《元史》卷六五《河渠二》，中华书局，1976，第1621页。
④ （清）张廷玉等：《明史》卷七二《职官志一》，中华书局，1974，第1761页。
⑤ （清）张廷玉等：《明史》卷七三《职官志二》，中华书局，1974，第1775页。
⑥ 赵尔巽等：《清史稿》卷一一六《职官志三》，中华书局，1976，第3341~3342页。

2. 制定法律法规

黄河治理为历代所重，法律或法规多有涉及，以明清两朝最为完善。明太祖朱元璋深知河政实况，并明白严法对规范河官行为的重要性，即位后曾言："大河之水天泉也，非寻常之水，若所在牧守心仁，吏如律事，则河蜿蜒东注，无摧山裂石之势；若牧守包藏祸心，吏不法以行事，则河流汹涌，驾洪涛于平野，鱼鳖游园林，如此则牧守郡吏将必祸焉。"① 他的重视必然影响相关律章的制定。

据文献记载，在盗掘河防方面，"凡盗掘河防者，杖一百；倒决圩岸陂塘者，杖八十"。"若故决河防者，杖一百，徒三年；故决圩岸陂塘，减二等。""河南等处地方盗掘及故决堤防、毁害人家、漂失财物、淹没田禾，犯该徒罪以上为首者，若系旗舍、余丁、民人，俱发附近充军，系军调发边卫。"② 在失时不修堤防方面，"凡不修河防及修而失时者，提调官吏各笞五十；若毁害人家，漂失财物者，杖六十，因而致伤人命者，杖八十。若不修圩岸及修而失时者，笞三十，因而淹没田禾者，笞五十。其暴水连雨，损坏堤防，非人力所致者勿论"③。

明代颇负盛名的"四防二守"的防汛制度也被奉为了圭臬④。其具体做法如下。

四防。一为昼防，"堤岸每遇黄水大发，急溜扫湾处所未免刷损，若不即行修补，则扫湾之堤愈渐坍塌，必致溃决。宜督守堤人夫，每日卷土牛小埽听用，但有刷损者，随刷随补，毋使崩卸。少暇则督令取土，堆积堤上，若子堤然，以备不时之需"。二为夜防，"守堤人夫每遇水发之时，修补刷损堤工，尽日无暇，夜则劳倦，未免熟睡，若不设法巡视，恐寅夜无防，未免失事。须置立五更牌面，分发南北两岸协守官，并管工委官，照更挨发，

① （明）朱元璋：《明太祖文集》卷八《谕河南布政司及诸府州县官吏》，《景印文渊阁四库全书》，台湾商务印书馆，1986年影印本，集部，第1223册，第18页。
② 怀效锋点校《大明律》卷三〇《工律二·河防》，法律出版社，1991，第229页。
③ 怀效锋点校《大明律》卷三〇《工律二·河防》，法律出版社，1991，第230页。
④ 饶明奇：《清代黄河流域水利法制研究》，黄河水利出版社，2009，第24页。

各铺传递，如天字铺发一更牌，至二更时，前牌未到日字铺，即差人挨查，系何铺稽迟，即时拿究，余铺仿此，堤岸不断人行，庶可无误巡守"。三为风防，"水发之时，多有大风猛浪，堤岸难免撞损，若不防之于微，久则坍薄溃决矣。须督堤夫捆扎龙尾小埽，摆列堤面，如遇风浪大作，将前埽用绳桩悬系附堤，水面纵有风浪，随起随落，足以护卫"。四为雨防，"守堤人夫每遇骤雨淋漓，若无雨具，必难存立，未免各投人家或铺舍暂避，堤岸倘有刷扫，何人看视？须督各铺夫役，每名各置斗笠蓑衣，遇有大雨，各夫穿带，堤面摆立，时时巡视，乃无疎虞"。

二守。一为官守，"黄河盛涨，管河官一人不能周巡两岸，须添委一协守职官分岸巡督，每堤三里原设铺一座，每铺夫三十名，计每夫分守堤一十八丈，宜责每夫二名共一段，于堤面之上共搭一窝铺，仍置灯笼一个，遇夜在彼栖止，以便传递更牌巡视，仍画地分委省义等官，日则督夫修补，夜则稽查更牌，管河官并协守职官时常催督巡视，庶防守无顷刻懈弛，而堤岸可保无事"。二为民守，"每铺三里，虽已派夫三十名，足以修守，恐各夫调用无常，仍须预备。宜照往年旧规，于附近临堤乡村，每铺各添派乡夫十名，水发上堤与同铺夫并力协守，水落即省放回家，量时去留，不妨农业，不惟堤岸有赖，而附堤之民亦得各保田庐矣"①。

清代的河工法规更为系统，基本上涵盖了河工的所有方面。

河工保固。"修筑黄河堤岸，定限保固一年"。如黄河堤岸于半年内冲决者，"将经修防守之同知、通判、州县等官均行革职，道员降四级调用，总河降三级留任"；如黄河堤岸于半年外冲决者，"将经修防守之同知、通判、州县等官全行革职，道员降三级调用，总河降二级留任"；如已过保固年限冲决者，"经修官免议，将管河防守各官俱革职，戴罪修筑，道员降三级调用，留工督修完开复，总河降一级留任"②。

---

① （明）潘季驯：《河防一览》卷四《修守事宜》，《景印文渊阁四库全书》，台湾商务印书馆，1986 年影印本，史部，第 576 册，第 203～204 页。
② （清）清平：《钦定吏部处分则例》卷五一《河工·黄运两河保固》，同治六年金东书行重刻本，第 1～2 页。

工程时间。"凡堤岸工程，俱限半年完工，限满不完，将承修官罚俸一年，督修之道府罚俸六个月，再限三个月完工，如再不完，将承修官降一级调用，督修之道府罚俸一年"；"革职戴罪承修之员半年限内修完，准其开复，逾限不完，降一级调用，另委别官限三个月完工，如不完，罚俸一年"；"道府督修所属工程，该属员不能于一年内完工者，降一级调用"①。

修筑堤埝。"官堤土石各工，经管官预先不行修筑，致有残缺者，降一级调用"；"地方民埝州县官不实力修防，致有残损者，罚俸一年"；"兴举大工，口门将合，复致堤坝冲溃，重糜帑项者，专管官俱革职"②。

料物办理。"河工预备料物，以厅员为专管官，守备为兼管官。修做埽工，以守备为专管官，厅员为兼管官。责令相互稽查，如厅员预备料物，岁内不能依限全到，许守备据实揭报，该厅员降三级调用，守备不揭者降一级留任。如守备修做埽工不能如式，许厅员据实揭报，守备降一级调用，厅员不揭者罚俸一年，仍令该管道员不时亲身赴工查勘"；"河工料垛如有霉烂，不适工用，不及一成及抽称斤重有一处不足者，承办之厅员革去顶带，戴罪赔补，全完开复。一成以上至二成及斤重有二处不足者，承办之厅员降三级调用，仍押令赔补。二成以上至三成以外及斤重有三处不足者，承办之厅员革职赔补，如无力赔补者，责成该管道员照数赔缴，该管道员如先行查出揭报者免议，失察者一并分别议处"③。

购买苇柴秫秸。"河工购买苇柴于四五月间发办，购办秫秸于七八月间发办，均限十二月底全数齐到工次存贮。如遇限不完，将承办之该厅州县降三级调用，该官府道罚俸一年，仍将未办物料查明。"④

---

① （清）清平：《钦定吏部处分则例》卷五一《河工·承修工程定限》，同治六年金东书行重刻本，第 5 页。
② （清）清平：《钦定吏部处分则例》卷五一《河工·修筑堤埝通例》，同治六年金东书行重刻本，第 6 页。
③ （清）清平：《钦定吏部处分则例》卷五一《河工·查勘办料办工》，同治六年金东书行重刻本，第 11 页。
④ （清）清平：《钦定吏部处分则例》卷五一《河工·购办苇柴秫秸》，同治六年金东书行重刻本，第 13 页。

协办大工。"兴举大工，附近地方官不协同设法募夫，或不将急需柳草等项一切物料火速协买，上紧解运，或称地非本汛，心存推卸，以致延误河工者，降三级调用，道府降一级调用"；"黄河两岸堤工内外居民，无论本省、隔省，如有需用修防之处，该厅员即知照地方官一体调拨，傥地方官不行调拨，照协济大工迟误例议处"①。

3.更新治河理念

在黄河治理方法上，最早的最具代表性的理念是汉代贾让提出的治河三策。即上策是开辟今河北西部为蓄滞洪区，能从根本上消除水患；中策是开辟分洪河道入漳河，并开渠建闸，以引黄河水灌溉；下策是加固堤防，维持河道现状，但堤防易坏，是为不足。此外，秦汉时期的河工还有其他治理方法，如冯逡的分疏法、孙禁的改河法、关并的滞洪法、张戎的以水排沙法等，足见秦汉河工治河方法之进步②。

魏晋时期的治河理念有所发展。如宣武帝在位时，崔楷指出"九河通塞，屡有变改，不可一准古法，皆循旧堤"。他认为当时水患的原因在于"水大渠狭，更不开泻，众流壅塞，曲直乘之所致也"。解决办法是："量其逶迤，穿凿涓浍，分立堤堨，所在疏通，预决其路，令无停蹙。随其高下，必得地形，土木参功，务从便省。使地有金堤之坚，水有非常之备。钩连相注，多置水口，从河入海，远迩径通，泻其洃潟，泄此陂泽。"③不泥古法，因地制宜，灵活治理。

隋唐关于黄河水患及其治理的记载相对较少，以黄河命名的第一部专著《吐蕃黄河录》并未涉及中下游地区，亦未流传至今。到宋代，河道的北流与东流之争充斥朝野，这是关于如何更好治河在观念上的突出表现。而不同河工名称的出现则是治河理念更为具体的表现。如洪水顶冲堤岸，造成大堤

① （清）清平：《钦定吏部处分则例》卷五一《河工·协办大工》，同治六年金东书行重刻本，第17页。
② 水利部黄河水利委员会《黄河水利史述要》编写组编《黄河水利史述要》，水利电力出版社，1982，第66~74页。
③ （北齐）魏收：《魏书》卷五六《崔楷传》，中华书局，1974，第1254页。

坍塌，称作"剟岸"；河水漫过堤顶，称作"抹岸"；塌岸腐朽，下部被水掏空，导致堤岸塌陷，称作"塌岸"；水旋浪急，损坏堤岸，称作"沦卷"；河道弯曲处受水顶冲，回流逆水上壅，称作"上展"；顺直河岸受水顶冲，顺流下注，称作"下展"；河水骤落，受河心滩阻遏，形成斜河，横射堤岸，称作"径突"；大水过后，主溜外移，原来的河槽变成沙滩，称作"拽白"或"明滩"①。沈立所撰之《河防通议》在总结历代治河经验的基础上，也提出了一些治河之法及河工技术。元代的《至正河防记》《治河图略》均表现出河工理念的进步。

明清两代是黄河水患最为严重的时段，在治河理念方面也取得了更大的进步。主要表现在如下几方面。第一，注重中上游的治理。前代治河，主要关注下游的筑堤、塞决、分流等，但是，黄河水患的肇因多来自中上游。如清人陈潢指出："中国诸水，惟河源为独远，源远则流长，流长则入河之水遂多。入河之水既多，则其势安得不汹涌而湍急？况西北土性松浮，湍急之水即随波而行，于是河水遂黄也。""若引以灌田，则禾苗必尽被沙压耳。"其又指出黄河"伏秋之涨，尤非尽自塞外来也。类皆秦陇冀豫，深山幽谷，层冰积雪，一经暑雨，融消骤集，无不奔注于河。所以每当伏秋之候，有一日而水暴涨数丈者，一时不能泄泻，遂有溃决之事"②。因此，治河要注意中上游，这成为清代治河理念的一个新发展。

第二，不拘成法，因事制宜。如靳辅言："夫治水非徒法也，因乎地形，察乎水势，而加之以精思神用焉。"③ 徐乾学也认为："古之言治河者众矣，河既善徙，决无常处，治之亦无常法，在因其时，相其地，审其势，以为之便宜，而非可以数见之成言。"④

第三，沟涧筑坝，汰沙澄源。这是乾隆时人胡定的想法。他言道："黄河之沙，多出自三门以上，及山西中条山一带破涧中，请令地方官于涧口筑

① （元）脱脱等：《宋史》卷九一《河渠一》，中华书局，1977，第2265页。
② （清）贺长龄辑《皇朝经世文编》卷九八《工政四·源流第五》，道光年间刻本。
③ （清）贺长龄辑《皇朝经世文编》卷一〇一《工政七·河防六》，道光年间刻本。
④ （清）贺长龄辑《皇朝经世文编》卷九七《工政三·河防二》，道光年间刻本。

坝堰，水发，沙滞涧中，渐为平壤，可种秋麦。"① 在沟壑处建拦水坝堰，水走沙留，既减少了泥沙含量，沉滞的泥沙处又可种田，一举两得，是一个很有见地的想法。

第四，河势利北行。道光朝的魏源认识到了这一问题。道光后期，他通过对豫东和苏北河道的实地勘察发现，黄河由十年前淤垫尚不过安东上下百余里，发展到徐州、归德以上无处不淤，而淤高也由嘉庆前的"丈有三四尺"发展到"两丈以外"，"下游固守，则溃于上，上游固守，则溃于下"。由此，他认为："由今之河，无变今之道，虽神禹复生不能治，断非改道不为功。人力预改之者，上也，否则待天意自改之。"同时，魏源还预测到黄河改道后，下游河道势必归于大清河："然则河之北决，非就下之性乎？每上游豫省北决，必贯张秋运河，趋大清河入海，非天然河槽乎？挽回南道既逆而难，何不因其就下之性，使顺而且易，奈何反难其易而易其难，祸其福而福其祸？"为此，可以乘冬日水弱之机，"筑堤束河，导之东北，计张秋以西，上至阳武，中有沙河、赵王河，经长垣、东明二县，上承延津，下归运河，即汉、唐旧河故道。但创遥堤以节制之，即天然河槽。张秋以东，下至利津，则就大清河两岸展宽，或开创遥堤"②。令人惋惜的是，魏源的提议并未得到当时社会的普遍认可，也未得到统治者的采纳，这使黄河自然改道最终从臆测变为现实。

第五，中游开渠有利于全河的治理。清人沈梦兰在《五省沟洫图则四说》中指出："河自孟津以上，禹迹未改，土厚水深，穿渠引河，有利无害。诚使山、陕一带，遍开支渠，灌溉田亩，兼杀河势，洵数省之利也。"③ 有鉴于此，其主张在黄河中上游开渠兴利，在下游则以防御为主。"水之流盛于东南，而其源皆在西北。用其流者利害常兼，用其源者有利

---

① （清）黎世序等：《续行水金鉴》卷一一《河水》，商务印书馆，1936，第255页。

② （清）魏源：《魏源集·筹河篇中》，中华书局，2018，第377~382页。

③ （清）沈梦兰：《五省沟洫图则四说》，《魏源全集》卷一〇六《工政十二》，岳麓书社，2004，第11页。

而无害。"① 通盘考虑水患，兼顾上下游河道是比较有效的治河举措，符合生态理念。

4. 拓展治河措施

传说时代，鲧因障水无功而被诛，禹因导水成功而名烁古今，这是远古先民留下来的关于黄河治理的宝贵记忆，也是早期黄河治理方法的反映。夏代以降，在广泛运用筑堤的基础上，其他方法也相继出现于治河工程中。

最为常用的方法乃是筑堤，先秦时期广为运用。如春秋时期，齐桓公之"无曲防"②、《管子·霸形》之"毋曲堤"③ 等。同时还对堤防修筑有了一定的认识。如修建时间应在"春三月"，时"天地干燥，水纠裂之时"，"寒暑调，日夜分"，"利以作土功之事"。筑堤施工之法是"令甲士作堤大水之旁，大其下，小其上，随水而行"；"树之以荆棘，以固其地，杂之以柏杨，以备决水"；"春冬取土于中，秋夏取土于外"④。筑堤方法取得了很大的进步。

汉代更为重视堤防的建设。文帝十二年（前168），河决酸枣（今河南延津县境），"东溃金堤"⑤。说明当时已修筑了"金堤"。武帝元光三年（前132），河决濮阳瓠子堤⑥。延津至濮阳，均在当时的黄河河道之南，说明这一带有绵延的黄河大堤。《汉书·沟洫志》又载，成帝"河复北决于馆陶"；元帝永光五年（前39），"河决清河灵鸣犊口""河复决平原"⑦ 等，表明河南至山东黄河北岸也有绵长的堤防。此外，淇水口（今河南滑县境）

---

① （清）许承宣：《西北水利议》，《魏源全集》卷一〇八《工政十四》，岳麓书社，2004，第89页。

② （清）阮元校刻《十三经注疏·孟子注疏》卷一二下《告子下》，中华书局，1980，第2759页。

③ （唐）房玄龄注《霸形》，《管子》卷九，《景印文渊阁四库全书》，台湾商务印书馆，1986年影印本，子部，第729册，第100页。

④ （唐）房玄龄注《度地》，《管子》卷一八，《景印文渊阁四库全书》，台湾商务印书馆，1986年影印本，子部，第729册，第196~198页。

⑤ （明）李濂：《汴京遗迹志》卷五《黄河》，中华书局，1999，第71页。

⑥ （汉）司马迁：《史记》卷二九《河渠书》，中华书局，1959，第1409页。

⑦ （汉）班固：《汉书》卷二九《沟洫志》，中华书局，1962，第1686、1687、1689页。

上下的堤身高四五丈，相当于今天的 9~11 米，几乎同当前的河道堤防同高，规模已相当宏伟①。更为突出的是，东汉永平十二年（69），王景、王吴等治理黄河时，大规模修堤，"自荥阳东至千乘海口千余里"②。黄河河道自此进入相对稳定的时期。

魏晋南北朝时期黄河河道较为稳定，修堤之载鲜见。隋唐五代，黄河进入灾难多发期，堤防之筑又受到重视。《新唐书·裴耀卿传》载，裴任济州刺史时，"大水，河防坏"。尽管"诸州不敢擅兴役"，裴耀卿却率人抢护堤防，并"躬护作役"，直至堤成才接受调任宣州刺史的朝命③。长兴元年（930），"以河水连年溢堤"，滑州节度使张敬询"自酸枣县界至濮州，广堤防一丈五尺，东西二百里"④。后周广顺三年（953）六月，周太祖征发"郑州夫一千五百人修原武河堤"⑤。

值得说明的是，五代时期开始修建遥堤。如曹（今山东曹县境）、濮等州连遭河患，后唐同光二年（924）七月，唐庄宗李存勖令右监门卫上将军娄继英"督汴（今河南开封）、滑兵士修酸枣县堤"。次年正月，又命平卢节度使符习"修酸枣县尧〔遥〕堤"⑥。这是堤防技术的进步。

宋代筑堤技术又有所提高。在大堤上修筑木龙、石岸等护岸工程，尤其是埽工，首次出现在河道治理中。天禧五年（1021）正月，滑州（今河南滑县境）西北城被洪水冲毁，知州陈尧佐率领丁夫"筑大堤，又垒埽于城北，护州中居民；复就凿横木，下垂木数条，置水旁以护岸，谓之'木龙'"⑦。天禧年间，孟州（今河南）至棣州（今山东惠民）的黄河两岸已

① 水利部黄河水利委员会《黄河水利史述要》编写组编《黄河水利史述要》，水利电力出版社，1982，第 62 页。

② （南朝宋）范晔：《后汉书》卷七六《王景传》，中华书局，1965，第 2465 页。

③ （宋）欧阳修、宋祁：《新唐书》卷一二七《裴耀卿传》，中华书局，1975，第 4452 页。

④ （宋）薛居正：《旧五代史》卷六一《张敬询传》，中华书局，1976，第 821 页。

⑤ （宋）王若钦等：《册府元龟》卷四九七《邦计部（十五）·河渠第二》，凤凰出版社，2006，第 5651 页。

⑥ （宋）王若钦等：《册府元龟》卷四九七《邦计部（十五）·河渠第二》，凤凰出版社，2006，第 5650 页。

⑦ （元）脱脱等：《宋史》卷九一《河渠一》，中华书局，1965，第 2264 页。

有 45 埽。

明清时期筑堤技术更为进步。第一，筑堤之法方面，河督徐端提出了"五宜"与"二忌"[1]。其中，"五宜"为勘估宜审势、取土宜远、坯头宜薄、硪工宜密、验收宜严，"二忌"为忌隆冬施工、忌盛夏施工。这些来自实践的可贵认识，为加固河堤提供了有益指导。客观来讲，明清人之治河水平已经达到了时代局限下的最高峰，治河效果更多的是受到当时社会环境及严重雨灾等自然因素的影响。

第二，堤工种类的增多。清人丁恺曾认为，堤共有缕、遥、越、格、戗五种，"临河曰缕，远河曰遥，薄而为重门曰越，越分内外，因时制宜。河有变迁，于遥、越中预筑以捍曰格。溜荡堤基，于后埠附，可卷埽，可防，总谓之戗"[2]。而越堤类同于月堤，"月堤首尾属于大堤，河流逼近堤根者，于大堤之外如式围筑。越堤形式与月堤相仿，堤外围筑，使水绕越而过"[3]。

第三，砖工的推行。这是道光年间河督栗毓美新创之法。道光十五年（1835）七月，原阳三堡支河告险，口宽 120 丈，栗毓美驰至，令迎溜抛砖，"大溜立即外移"。栗毓美又令购砖于民，"筑坝三十余里，而涨势愈缩，口门收至五六丈，拔大柳横塞之，砖如雨下，不逾时而填阕"，既省帑，又高效。同时，考虑到砖工未必随地而宜，栗毓美又试行于黄沁厅之拦黄埝、上南厅之杨桥坝、卫粮祥符二厅，"凡不可厢埽、不能厢埽之处投之以砖，无不应时反壤"[4]，而且，"自试抛砖坝，或用以杜新工，或用以护旧工，无不著有成效"[5]。由于河南境内的黄河水患集中于东部，而石产于西部的济源、巩县，采运维艰，砖工刚好弥补了这一缺陷，因为沿河随处可建窑烧砖，较易获得，而且很省费，"每方砖块直六两，石价则五六两至十余

---

[1]　（清）徐端：《安澜纪要》卷上《创筑堤工》，道光二十四年刻本，第 44 页。

[2]　（清）贺长龄辑《皇朝经世文编》卷一〇一《工政七·河防六》，道光年间刻本。

[3]　《清会典事例》卷九一〇《工部四九·河工》，新文丰出版公司，1992，第16244 页。

[4]　（清）蒋湘南：《七经楼文抄》卷六《砖工记》，同治八年马氏家塾重刻本，第 27 页。

[5]　赵尔巽：《清史稿》卷三八三《栗毓美传》，中华书局，1977，第 11656 页。

两不等"①。

仅次于筑堤之法为堵塞决口，这是黄河治理中临危应急之法。决口如不能紧急堵塞成功，结果自然是滔滔洪水肆意漫流。西汉最为有名的塞决发生在汉武帝时期。元光三年（前132），河决瓠子（今河南濮阳市境），"东南注巨野，通于淮、泗"。武帝听信丞相田蚡"江河之决皆天事，未易以人力为强塞，塞之未必应天"的谬言，未能及时堵合，致使洪水在豫东一带泛滥20余年。元封二年（前109），武帝亲临决口，命汲仁、郭昌发卒数万塞决口，复令群臣从官自将军以下皆负薪塞河，最终成功治理。《史记·河渠书》如淳注曰："树竹塞水决之口，稍稍布插接树之，水稍弱，补令密，谓之楗。以草塞其里，乃以土填之；有石，以石为之。"② 堵口技术有了明显进步。

五代、北宋多有塞决之载。如后晋开运元年（944），河决滑州，"诏大发数道丁夫塞之"③。后周广顺三年（953）九月，"武城节度使白重赞奏塞决河"。周世宗柴荣针对黄河连年溃决，"朝廷屡遣使者不能塞"，于显德元年（954）十一月，命宰相李谷亲自督师夫役6万人塞决，"三十日而毕"④。

元明清时期的塞决之举尤为频繁。如元世祖至元二十三年（1286），河决河南州县15处，役民20余万塞之⑤。洪武八年（1375）正月，河决开封，溃太黄寺堤，诏河南参政安然派夫役3万余人塞之⑥。清顺治二年（1645），河决考城县之流通口，次年塞之。顺治十二年（1655），封丘大王

① 赵尔巽：《清史稿》卷三八三《栗毓美传》，中华书局，1977，第11655页。
② （汉）司马迁：《史记》卷二九《河渠书》，中华书局，1959，第1409、1412、1413页。
③ （宋）司马光：《资治通鉴》卷二八四《后晋纪五》，中华书局，1956，第9273页。
④ （宋）司马光：《资治通鉴》卷二九一、二九二《后周纪二》《后周纪三》，中华书局，1956，第9496、9519页。
⑤ 万历《开封府志》卷三二《河防》，《四库全书存目丛书补编》，齐鲁书社，2001，第835页。
⑥ （明）吴道南：《黄河》，《吴文恪公文集》卷四，《四库禁毁书丛刊》，北京出版社，1997，集部，第31册，第360页。

庙决口堵塞[1]。

值得一提的是，清代已有了系统性的塞决理论。堵口大体分五步。其一，在口门两侧坝头立标杆，架设浮桥，以便河工通行，并减缓流势；其二，在口门的上端下撒星桩，抛树石，进一步减缓流速；其三，在两岸分别进三道草埽、两道土柜，并在中心抛席袋土包；其四，待进至合龙时，鸣锣击鼓，大量抛下土袋土包；其五，闭河后在合龙口前压拦头埽，在埽上修压口堤。如果埽眼出水，再用胶土填塞。堵口即宣告完成。这是立堵与平堵相结合的堵口方法[2]。

其他多样性的方法也相继得到运用。如开河治水。唐元和八年（813）十二月，"以河溢浸滑州（今河南滑县境）羊马城之半，滑州薛平、魏博、田弘正征役万人，于黎阳（今河南浚县境）界开古黄河道，南北长十四里，东西阔六十步，深一丈七尺，决旧河水势，滑人遂无水患"[3]。咸通四年（863），滑州"临黄河，频年水潦，河流泛溢，坏西北堤"。刺史萧倣"移河四里，两月毕工"[4]。明弘治五年（1492），河决封丘荆隆口、仪封黄陵冈。次年，都御史刘大夏乃"浚孙家渡口，开新河七十余里，导水南行，由中牟至颍州东入淮。又浚祥符东南四府营淤河，由陈留至归德，酾为二道。一由符离出宿迁小河口，一由亳州涡河会于淮。又于黄陵冈南浚贾鲁旧河四十里，由曹县出徐州合泗入淮"[5]。

又如筑堰。晋代，傅祗任荥阳太守后，"乃造沈莱堰，至今兖（今山东郓城县西）、豫（今河南周口淮阳）无水患，百姓为立碑颂焉"[6]。五代又采用了筑堰之法。后晋天福七年（942）三月，宋州节度使安彦威堵塞滑州

---

[1]　雍正《河南通志》卷一五《河防考》，《景印文渊阁四库全书》，台湾商务印书馆，1986 年影印本，史部，第 535 册，第 388、391 页。

[2]　程有为主编《黄河中下游地区水利史》，河南人民出版社，2007，第 176 页。

[3]　（后晋）刘昫等：《旧唐书》卷一五《宪宗本纪下》，中华书局，1975，第 448 页。

[4]　（后晋）刘昫等：《旧唐书》卷一七二《萧倣传》，中华书局，1975，第 4482 页。

[5]　（清）顾祖禹：《读史方舆纪要》卷一二六《川渎三·大河下》，中华书局，2005，第 5408 页。

[6]　（唐）房玄龄等：《晋书》卷四七《傅祗传》，中华书局，1974，第 1331 页。

决口，"督诸道军民自豕韦（今河南滑县境）之北筑堰数十里"①。

当然，最为常见的是同时运用多种方法系统治理河道。东汉明帝永平二年（59）四月，对决溢了30余年的黄河进行系统治理，"遣将作谒者王吴修汴渠，自荥阳至于千乘海口"。次年四月，汴渠成，"遂发卒数十万，遣景与王吴修渠筑堤，自荥阳东至千乘海口千余里。景乃商度地势，凿山阜，破砥绩，直截沟涧，防遏冲要，疏决壅积，十里立一水门，令更相回注，无复溃漏之患。景虽简省役费，然犹以百亿计。明年夏，渠成"②。这次施工的工种很多，如凿山阜、疏壅积、立水门等，既说明了本次河患的严重性，也体现了河工技术的进步。

此外，洪水预防也呈现了科学化的一面，尤以洪水预报最为典型。这一技术是在宋代出现并沿用至今的。宋代的预报主要是根据初春的信水来预测伏秋水势，并依物候和时令确定不同时期的黄河水量。"黄河随时涨落，故举物候为水势之名：自立春之后，东风解冻，河边人候水，初至凡一寸，则夏秋当至一尺，颇为信验，故谓之'信水'。二月、三月桃华始开，冰泮雨积，川流猥集，波澜盛长，谓之'桃华水'。春末芜菁华开，谓之'菜华水'。四月末垄麦结秀，擢芒变色，谓之'麦黄水'。五月瓜实延蔓，谓之'瓜蔓水'。朔野之地，深山穷谷，固阴沍寒，冰坚晚泮，逮乎盛夏，消释方尽，而沃荡山石，水带矾腥，并流于河，故六月中旬后，谓之'矾山水'。七月菽豆方秀，谓之'豆华水'。八月荻苇华，谓之'荻苗水'。九月以重阳纪节，谓之'登高水'。十月水落安流，复其故道，谓之'复槽水'。十一月、十二月断冰杂流，乘寒复结，谓之'蹙凌水'。水信有常，率以为准；非时暴涨，谓之'客水'。"③宋人已基本了解河水涨落的规律，能够根据物候和时令确定不同时期的黄河水水势，这在防御洪水方面具有积极意义。

---

① （宋）王若钦等：《册府元龟》卷四九七《邦计部（十五）·河渠第二》，凤凰出版社，2006，第5651页。

② （南朝宋）范晔：《后汉书》卷七六《王景传》，中华书局，1965，第2465页。

③ （元）脱脱等：《宋史》卷九一《河渠一》，中华书局，1977，第2264~2265页。

明万历年间，洪水预报更进一步："凡黄水消长，必有先几。如水先泡，则方盛；泡先水，则将衰。"这是了解短期洪水的预报。"及占初候而知一年之长消，观始势而知全河之高下。"① 这是了解中长期洪水的预报。能分为短期和长期两个类别，这是一个很大的进步。清初沿用，"顺治初年定分汛防守之法，每岁立春后，东风解冻，候水初至，量水一寸，则夏秋当至一尺，颇为信验"②。

清代采用了"水志"的办法，并将其首先运用于观测洪泽湖的水情。康熙五十七年（1718），黄、淮并涨，洪泽湖大水，开放南北中三滚水坝和天然北坝。七月十八日，开放北中滚水坝，"量高堰关帝庙前水深一丈三寸，新石工出水面三尺七寸"，并规定北滚坝开放标准，"以验高堰关帝庙前新石出水三尺七寸为则"。七月二十四日，开放南滚水坝，"量高堰关帝庙前水深一丈八寸，新石工高出水面三尺二寸"，同时规定南坝开放标准，"验高堰关帝庙前新石工，出水三尺二寸为则"。八月十二日，开放天然北坝，"关帝庙前新石工高出水面一尺二寸，湖水盈满，三滚坝宣泄不及"③。这说明当时的洪泽湖已有相对成熟的水位观测办法。乾隆三十年（1765），河南境内也使用了水志。陕州（今河南三门峡）、巩县（今河南巩义）"各立水志，每年桃汛至霜降止，水势涨落尺寸，逐日查记，据实具报"④。这对于水情的监控、预防还是颇有意义的。直到今天，我们沿用着对各条大型河道的水情监控措施，以便做好每年的防汛工作，尽量避免水灾的发生。

清代还出现了羊报制度。所谓羊报，就是指黄河报汛的水卒，其法"以大羊空其腹密缝之，浸以苘油，令水不透。选卒勇壮者缚羊背，食不饥丸，腰系水签数十。至河南境，缘溜掷之。流如飞，瞬息千里。河卒操急舟于大溜候之，拾签知水尺寸，得预备抢护"⑤。这也是一个非常有效的预报方法。

---

① （明）万恭撰，朱更翎整编《治水筌蹄》，水利电力出版社，1985，第42页。
② 《清会典事例》卷九一三《工部·河工》，新文丰出版公司，1992，第16274页。
③ （清）靳辅：《河防志》，转引自水利部淮河水利委员会《淮河水利简史》编写组：《淮河水利简史》，水利电力出版社，1990，第272~273页。
④ （清）黎世序等：《续行水金鉴》卷一五《河水》，商务印书馆，1936，第344、348页。
⑤ （清）张应昌编《清诗铎》卷四《河防》，中华书局，1960，第119页。

二 土地生态的改善

土地是城市发展的根本，没有适宜的土地，城市就不可能诞生、发展和繁荣。同时，土地也是农业的根本，良性的土地能够推动农业的发展，进而实现城市的繁荣。黄河中下游地区从传说时代开始就出现了改善土壤的行为，并在随后历代的土地改良过程中总结出一系列宝贵经验。

1. 农田土壤的改善

《吴越春秋·吴太伯传》载："尧遭洪水，人民泛滥，遂〔逐〕高而居。尧聘弃，使教民山居，随地造区，妍〔研〕营种之术……乃拜弃为农师。"① 这是原始农业在耕种上的一大进步，也是远古时期人们改善土壤的传说。至大禹时，"平洪水，定九州，制土田"②。区种的过程也改良了土壤。

由于资料的匮乏，夏代的情况尚不清楚。商汤为了发展农业，重用伊尹。《氾胜之书》载："汤有旱灾，伊尹作为区田，教民粪种，负水浇稼。区田以粪气为美；非必须良田也，诸山陵近邑高危倾阪及丘城上，皆可为区田。区田不耕旁地，庶尽地力。凡区种，不先治地，便荒地为之。"③ 根据土壤情况实施区种法，并通过施肥、灌溉等方法改良山丘、高危处土壤。

周代设置"草人"一职，负责改良土壤等事宜。《周礼·地官》载："草人，掌土化之法，以物地，相其宜而为之种。"④ 通过"土化"，肥沃土壤；通过识别土壤，种植不同的庄稼。《吕氏春秋》提出，土壤具有"力"和"柔"、"息"和"劳"、"棘"和"肥"、"急"和"缓"、"湿"和"燥"等不同性质，它们可以通过人工的改造实现转化⑤。

汉代对土壤的改良更进一步。《氾胜之书》载："凡耕之本，在于趣时、

---

① （汉）赵晔撰，苗麓校点《吴越春秋》卷一《吴太伯传》，江苏古籍出版社，1999，第2页。
② （汉）班固：《汉书》卷二四《食货志上》，中华书局，1962，第1117页。
③ 万国鼎辑释《氾胜之书辑释》，农业出版社，1980，第62~63页。
④ （清）阮元校刻《十三经注疏·周礼注疏》卷一六《地官·草人》，中华书局，1980，第746页。
⑤ 许维遹集释《吕氏春秋集释》卷二六《士容论·任地》，文学古籍刊行社，1955，第1178~1179页。

和土、务粪泽、早锄、早获。"① 其中，"和土"指土壤的水、肥等要协调；"务粪泽"是施肥与灌溉；"早锄"可保持土壤水分。西汉还发明了"区田法"。这是综合运用深耕细作、密植全苗、增肥灌水、精细管理等措施，创造高额产量的耕作方法。区田法有两种：一是带状区种法，这是一种在平原地区分厢开沟作畦园田化的耕作方法，其特点是深耕细作，等距全苗；二是方形区种法，即山区丘陵地带的窝种法，对地面植被破坏不大，可以防止水土流失②。东汉王充认为地力可以通过人力而达到常新的状态。其《论衡·率性》指出，"肥沃烧埆"是土壤的本性，"肥而沃者性美，树稼丰茂，烧而埆者性恶"，但只要"深耕细锄，厚加粪壤，勉致人功，以助地力"，就可以使土地生机勃勃③。

魏晋时期治土成就的代表作是贾思勰的《齐民要术》。《耕田》篇指出，"凡秋耕欲深，春夏欲浅"；"犁欲廉，劳欲再"。犁条要窄，耙土需多次。又言："凡耕高下田不问春秋，必须燥湿得所为佳。若水旱不调，宁燥不湿。……燥耕虽块，一经得雨，地则粉解；湿耕坚络，数年不佳。"这基本上反映了土壤水分状况与耕作关系的客观情况。为了保持土壤水分，《齐民要术》记载了利用雨雪的经验，指出："冬雨雪止，辄以蔺之，掩地雪，勿使从风飞去。后雪复蔺之。则立春保泽，冻虫死，来年宜稼。"④ 这样，立春后可以保存水分，利于农作物的生长。

宋代发展了治土技术。《陈旉农书》指出："土壤气脉，其类不一，肥沃硗埆，美恶不同，治之各有宜也。"只要治理得当，任何类型的土壤都能种植庄稼。又指出："或谓土敝则草木不长，气衰则生物不遂，凡田土种三五年，其力已乏。斯语殆不然也，是未深思也。若能时加新沃之土壤，以粪治之，则益精熟肥美，其力常新壮矣，抑何敝何衰之有。"⑤ 只要合理使用

① 万国鼎辑释《氾胜之书辑释》，农业出版社，1980，第21~22页。
② 林蒲田：《中国古代土壤分类和土地利用》，科学出版社，1996，第124页。
③ 黄晖：《论衡校释》卷二《率性》，中华书局，1990，第36页。
④ 缪启愉校释《齐民要术校释》卷一《耕田》，农业出版社，1982，第24、27页。
⑤ 万国鼎校注《陈旉农书校注》卷上《粪田之宜》，农业出版社，1965，第33、34页。

土地，就能保持土壤的"常新壮"，避免地力衰竭。这对于黄河中下游地区的土地利用具有很好的指导作用。

元代治土主要强调深耕细作。《农桑辑要·耕垦》引《种莳直说》言："古农法，犁一耙〔耙〕六，今人只知犁深为功，不知耙细为全功。耙功不到，土粗不实，下种后，虽见苗，立根在粗土，根土不相着，不耐旱，有悬死、虫咬、干死等诸病；耙功到，土细又实，立根在细实土中。又碾过，根土相着，自耐旱，不生诸病。"①《王祯农书》内容更为丰富。其《垦耕篇》就开垦荒地和翻耕土地提出了积极的认识，还指出："天气有阴阳寒燠之异，地势有高下燥湿之别，顺天之时，因地之宜，存乎其人。"② 已充分认识到人在耕种中的重要作用。《耙劳篇》以桓宽"茂木之下无丰草，大块之间无美苗"之言介绍了耙劳的方法，"耙劳之功不至，而望禾稼之秀茂实栗，难矣"③。土地深耕后，还要耙细，否则庄稼无法生长。《锄治篇》介绍除草之法，主要是早锄和多锄，并引用了《左传》之言："农夫之务去草也，芟夷蕴崇之，绝其本根，勿使能殖，则善者信矣。盖粮莠不除，则禾稼不茂。"④ 锄草也是治土的重要环节。《粪壤篇》指出："田有良薄，土有肥硗，耕农之事，粪壤为急。粪壤者，所以变薄田为良田，化硗土为肥土也。"⑤ 强调了施肥的重要性。

明清之际，《沈氏农书》记载了当时的治土经验。其《运田地法》载，"凡种田总不出'粪多力勤'四字"；"种田地，肥壅最为要紧。人粪力旺，牛粪力长，不可偏废"；"羊壅宜于地（旱土），猪壅宜于水田"。⑥ 强调了粪肥的重要性。而关于土地规划、排灌系统，明人张瀚指出："官道之旁，多开沟洫，使接续流通，而又设大堤，以通行路。低洼之处，多开塘堰以潴

① 缪启愉校释《农桑辑要校释》卷二《耕垦》，农业出版社，1988，第38页。
② 王毓瑚校《王祯农书·农桑通诀集之二·垦耕篇》，农业出版社，1981，第22页。
③ 王毓瑚校《王祯农书·农桑通诀集之二·耙劳篇》，农业出版社，1981，第26页。
④ 王毓瑚校《王祯农书·农桑通诀集之三·锄治篇》，农业出版社，1981，第33页。
⑤ 王毓瑚校《王祯农书·农桑通诀集之三·粪壤篇》，农业出版社，1981，第36页。
⑥ （明）沈氏撰，（清）张履祥校订《沈氏农书》上卷《运田地法》，乾隆四十七年刻本，第6页。

蓄之，夏潦之时，水归沟塘；亢旱之日，可资灌溉。高者麦，低者稻，平衍地多，则木棉、桑、枲皆得随时树艺。土本膏腴脁，地无遗利，遍野皆衣食之资矣。"① 发达的沟洫系统可以给很多作物提供良好的生长环境。

2. 沙碱化土壤的应对

我国对沙碱化土壤的治理历时很久，而黄河中下游地区就是沙碱化相对严重的地区之一。为了改良土壤，发展农耕，优化生存环境，该地区的百姓尝试了不少改良土壤的方法，取得了一定的成效。

先秦时期已开始改良沙碱化土壤。魏襄王时（前 318～前 296），"史起为邺令，遂引漳水溉邺，以富魏之河内。民歌之曰：'邺有贤令兮为史公，决漳水兮灌邺旁，终古舄卤兮生稻粱'"②。史起引漳水，改良了土壤，使盐碱地变成了良田。

河内郡的汲县在东汉时为"斥卤之地"，顺帝时，县令崔瑗率民"开沟浍"、辟稻田，将盐碱地改良成沃土③。汲郡之吴泽，"良田数千顷，泞水停洿，人不垦植。闻其国人，皆谓通泄之功不足为难，舄卤成原，其利甚重"④。

隋唐时期，人们对开渠治理盐碱的办法有了更为深刻的认识。隋开皇年间，卢贲任怀州刺史，"决沁水东注，名曰利民渠，又派入温县，名曰温润渠，以溉舄卤，民赖其利"⑤。元晖拜都官尚书，"奏请决杜阳水灌三畤原，溉舄卤之地数千顷，民赖其利"⑥。唐开元间，张说言："臣再任河北，备知川泽。窃见漳水可以灌巨野，淇水可以灌汤阴。若开屯田，不减万顷。"这样一来，可以"化萑苇为秔稻，变斥卤为膏腴"⑦。既发展了经济，又改造了土地。开元二十六年（738），面对栎阳（今陕西临潼境）等县出现大量

---

① 胡锡文主编《中国农学遗产选集》（甲类第二种），中华书局，1958，第 124 页。
② （汉）班固：《汉书》卷二九《沟洫志》，中华书局，1962，第 1677 页。
③ （宋）李昉等：《太平御览》卷二六八《职官部·良令长下》，中华书局，1963，第 1255 页。
④ （唐）房玄龄等：《晋书》卷五一《束皙传》，中华书局，1974，第 1431～1432 页。
⑤ （唐）魏征、令狐德棻：《隋书》卷三八《卢贲传》，中华书局，1973，第 1143 页。
⑥ （唐）魏征、令狐德棻：《隋书》卷四六《元晖传》，中华书局，1973，第 1256 页。
⑦ （清）董诰等编《全唐文》卷二二三《请置屯田表》，中华书局，1983，第 2253 页。

盐碱地的情况，唐玄宗颁诏曰："顷以栎阳等县，地多咸卤，人力不及，便至荒废。近者开决，皆生稻苗，亦既成功，岂专其利？"① 于是，大兴水利，改造盐碱地，开出大片稻田。

明清时期，黄河水患严重，大量泥沙沉淀泛区，导致下游出现了大片盐碱地，人们也采取了更为多样的应对措施。

一是种植苜蓿。苜蓿是一种多年生的植物，其布种之后，易于滋生，牲畜、贫民兼可充食，"且沙碛之地，既种苜蓿之后，草根盘结，土性渐坚，数年之间，既成膏腴，于农业洵为有益"②。"碱地寒苦，唯苜蓿能暖地不畏碱，先种苜蓿，岁夷其苗食之，三年或四年后犁去其根，改种五谷蔬果，无不发矣。"③ 这是沿河居民在长期遭受河患之苦后总结出的农业生产经验。嘉庆十八年（1813），河南官府下令种植苜蓿。时人黄钊诗云："北去龙沙苜蓿肥，故宫禾黍莽离离。王孙善保珊瑚玦，春草间吟牧苑诗。"④

二是种树治理盐碱。明人吕坤曾留意这一方法，说道："那卤碱之地三二尺下不是碱土，你将此地掘沟深二尺、宽三尺，将那柳橛粗如鸡卵的砍三尺长，头削尖，……柳橛插下，九分入地，外留一分，后将湿土填空，封个小堆，待一两个月间，芽发出，……不消十年，都成材料；其次，正月后二月前，或五六月大雨时行，将柳枝杨枝截一尺长，也掘一沟，密密地压在沟里，入七八分，外留二分，伏天压桑，亦照此法，十压九活，……天雨，沟中聚水，又不费浇，根入三尺，又不怕碱，地如麻林一般，至薄之地一亩也有一两银的利息。"⑤ 一举多得的治碱之法。

三是农耕改良土壤。仍是吕坤所言："山东之民掘碱地一方，径尺深尺，换以好土，种以瓜瓠，往往收成，明年再换。"⑥ 数年后，土壤恢复正

---

① （清）董诰等编《全唐文》卷二四《春郊礼成推恩制》，中华书局，1983，第276页。
② （清）方寿畴：《抚豫恤灾录》卷五《文檄》，嘉庆年间刻本，第50页。
③ 乾隆《济宁直隶州志》卷二《物产·附治碱法》，乾隆五十年刻本，第65页。
④ （清）黄钊：《游梁杂诗》，《读白华草堂诗二集》卷一〇，《续修四库全书》，上海古籍出版社，2002，集部，第1516册，第198页。
⑤ 道光《观城县志》卷一〇《杂事志·治碱》，清抄本，第13页。
⑥ 道光《观城县志》卷一〇《杂事志·治碱》，清抄本，第13页。

常，可以进行常态化耕作。又据载，"掘地方数尺，深四五尺，换好土以接引地气，二三年后则周围方丈地皆变为好土矣"①。这一方法当畅行于黄河中下游地区。

总之，黄河泥沙改变了沿岸的土壤生态，百姓为了生存，也尝试各种方法进行应对，在黄河中下游地区，呈现出的是一幅沙化和治理沙化的生活图景。

3. 水土的保持②

水土保持既事关农业发展的根本因素——土壤的稳定性，也关系到黄河及其支流的泥沙含量，所以黄河中下游地区的居民颇为重视，并针对不同的地形地貌，总结出不同的保持水土的方法。

最常用之法为沟洫。"沟洫"一词最早出现于春秋战国时期。《论语·泰伯》载："禹，吾无间然矣……卑宫室而尽力乎沟洫。"③《管子·立政》指出："沟渎不遂于隘，鄣水不安其藏，国之贫也。"④ 良好的沟洫系统不仅对于土壤处于良性状态意义重大，还可以分泄洪水，避免大面积的土地直接受到水冲之害，从而起到保持水土之效，故为历代所重。明代礼部尚书丘濬说："井田之制虽不可行，而沟洫之制则不可废。……今京畿之地，地势平衍，率多洿下。一有数日之雨，即便淹没，不必霖潦之久，辄有害稼之苦……为今之计，莫若少仿遂人之制，每郡以境中河水为主，又随地势，各为大沟，广一丈以上者，以达于大河。又各随地势，各开小沟，广四五尺以上者，以达于大沟。又各随地势开细沟，广二三尺以上者，委曲以达于小沟。……若夫旬日之间，纵有霖雨，亦不能为害矣。"⑤ 能有效疏导洪水的大小沟洫是解决农田水灾和保护土壤的灵妙之方。清代的沈梦兰也指出："古人于是作为沟洫以治之，纵横相承，浅深相受。伏秋水涨，则以疏泄为

---

① 乾隆《济宁直隶州志》卷二《物产·附治碱法》，乾隆五十年刻本，第65页。
② 参阅林蒲田《中国古代土壤分类和土地利用》，科学出版社，1996，第159～169页。
③ （清）阮元校刻《十三经注疏·论语注疏》卷八《泰伯》，中华书局，1980，第2488页。
④ （唐）房玄龄注《立政》，《管子》卷一，《景印文渊阁四库全书》，台湾商务印书馆，1986年影印本，子部，第729册，第20页。
⑤ （明）丘濬编《大学衍义补》卷一四《制民之产》，上海书店出版社，2012，第139～140页。

灌输，河无泛流，野无墣土，此善用其决也。春冬水消，则以挑浚为粪治，土薄者可使厚，水浅者可使深，此善用其淤也。自沟洫废而决淤皆害，水土交病矣。"① 沟洫之法实际上是"蓄水防冲"的上好之法。

低地地区多采用陂塘之法。陂塘属于蓄水性工程，由挡水、泄水、取水和库区等组成系统性水利工程，对于预防水土流失具有一定的作用。陂塘有着悠久的历史。《禹贡》载："九泽既陂，四海会同。"② 《诗经·陈风·泽陂》载："彼泽之陂，有蒲与荷。"③ 三国时期，魏国的沛郡地势低洼，水涝为患，太守郑浑在萧、相二县界"兴陂遏，开稻田，……比年大收，顷亩岁增……号郑陂"④。而小型的陂塘之建也多见于史载。如《汉书·沟洫志》载："它小渠及陂山通道者，不可胜言。"⑤ 西晋杜预曾言及"山谷私家小陂"⑥。迄于明清，陂塘之建更加兴盛。据顾炎武《日知录》载，明初全国各地共修筑"塘堰凡四万九百八十七处，河四千一百六十二处，陂渠堤岸五千四十八处"⑦。已遍及全国，数量颇多，对于水土保持具有重要意义。

黄河河滨推行的筑坝之法，也是治理黄河的常用措施之一。据黎世序《续行水金鉴·河水》载，乾隆八年（1743），陕西道监察御史胡定给乾隆皇帝提出"汰沙澄源"的治黄方案："黄河之沙，多出自三门以上，及山西中条山一带破涧中，请令地方官于涧口筑坝堰，水发，沙滞涧中，渐为平壤，可种秋麦。"⑧ 主张在黄河中游地区的黄土丘陵沟壑区和山西西南部的中条山地区广为修筑淤地坝，这样既可以"汰沙澄源"，还能减少水土流失，使沟壑变为良田。

---

① （清）沈梦兰：《五省沟洫图则四说》，《魏源全集》卷一○六《工政十二》，岳麓书社，2004，第 10 页。
② （清）阮元校刻《十三经注疏·尚书正义》卷六《禹贡》，中华书局，1980，第 40 页。
③ （清）阮元校刻《十三经注疏·毛诗正义》卷七《陈风·泽陂》，中华书局，1980，第 111 页。
④ （晋）陈寿：《三国志》卷一六《郑浑传》，中华书局，1964，第 511 页。
⑤ （汉）班固：《汉书》卷二九《沟洫志》，中华书局，1962，第 1684 页。
⑥ （唐）房玄龄等：《晋书》卷二六《食货志》，中华书局，1974，第 789 页。
⑦ 黄汝成集释《日知录集释》，上海古籍出版社，2006，第 732 页。
⑧ （清）黎世序等：《续行水金鉴》卷一一《河水》，商务印书馆，1936，第 255 页。

　　黄土高原和平原地区均使用过淤灌之法。处于平原的汴水和开封一带，宋时侯叔献等人曾被任命为都水监丞，管理淤田一事。据记载，熙宁十年（1077），刘淑奏称于开封府境淤田 8700 余顷，次年又淤开封附近官私瘠地5800 余顷①。王安石变法后，又在开封一带引黄、汴二河之水灌溉农田，淤地 90 万亩②。对于中游地区的淤田法，沈括给予了高度评价："熙宁中，初行淤田法。论者以谓《史记》所载：'泾水一斛，其泥数斗，且粪且溉，长我禾黍。'所谓粪，即"淤"也，余出使至宿州，得一石碑，乃唐人凿六陡门，发汴水以淤下泽，民获其利，刻石以颂刺史之功。则淤田之法，其来盖久矣。"沈括还说："深（今河北深州）、冀（今河北冀州）、沧（今河北沧州）、瀛（今河北河间市）间，惟大河（黄河）、滹沱、漳水所淤方为美田，淤淀不至处，悉是斥卤。"③

　　山地和丘陵地区常采用梯田之法。梯田是在丘陵或山坡上修筑的阶台式或波浪式断面的田地，对于治理坡耕地水土流失十分有效。早在周代，梯田已具雏形。《诗经·小雅·正月》一诗："瞻彼阪田，有菀其特。"④"阪田"即山坡之田。周以后的历代，这一兼具收成与保土双效的方法被逐步推广。到了清代，吴颖炎也提及梯田的保土功能："凡山除巉岩峭壁莫施人力及已标样柴薪外，其人众地狭之所，皆宜开种。开山法择稍平地为棚，自山尖以下分为七层，五层以下乃可开种。就下层开起，先就地芟其柴草烧之，即用重尖锄一剧两敲开之……两年则易一层，以渐而上，土膏不竭。且土膏自上而下，至旱不枯。上半不开，泽自皮流，限以下层，润足周到。又度涧壑与所开之层高下相当，委曲开沟，于涧以石沙截水，淳满乃听溢出，既便汲用，旱急亦可拦入沟中，展转沾溉也。至第五层，上四层膏日下流，下层又

---

① （元）脱脱等：《宋史》卷九五《河渠五》，中华书局，1977，第 2373 页。
② 开封市郊区黄河志编纂领导组：《开封市郊区黄河志》，黄河水利委员会印刷厂，1994，第1 页。
③ （宋）沈括著，胡道静校正《梦溪笔谈》卷二四、卷一三《杂志一》《权智》，上海古籍出版社，1987，第 755、469 页。
④ （清）阮元校刻《十三经注疏·毛诗正义》卷一二《小雅》，中华书局，1980，第 175 页。

可周而复始，收利无穷。"①

　　山地丘陵地带还以植树种草的方式保持水土。保护植被是保护好土壤、涵养水分的根本之策。周代已开始封山育林。《商君书·垦令》载，商鞅在变法时曾颁布"山泽"之令，禁止私人砍伐山林②。秦始皇封禅泰山，下令"无伐草木"，实行深山封禁③。丘陵地区的林木同样受到保护。《管子》载："行其山泽，观其桑麻，计其六畜之产，而贫富之国可知也"④。《史记·货殖列传》也提倡种植林木："安邑千树枣；燕、秦千树栗；蜀、汉、江陵千树橘；淮北、常山已南，河济之间千树萩；陈、夏千亩漆；齐、鲁千亩桑麻；渭川千亩竹；……此其人皆与千户侯等。"⑤ 这些林木的种植，既有效保持了水土，又带来了经济收入。《逸周书》载："陂沟道路、藂苴、丘坟，不可树谷者树之材木。春发枯槁，夏发叶荣，秋发实蔬，冬发薪烝，以匡穷困。"⑥ 在不宜种植五谷的地方应栽植林木，这对防止水土流失意义很大。同时，在河道两侧，植以树木，可以防止堤防的溃塌。《管子·度地》言堤岸"大者为之堤，小者为之防，夹水四道，禾稼不伤，岁埤增之，树以荆棘，以固其地，杂之以柏杨，以备决水"⑦。明代的刘天和曾有植柳六法，即：一曰卧柳，二曰低柳，三曰编柳，四曰深柳，五曰漫柳，六曰高柳，总称"治河六柳"⑧。这样可以坚固堤防，保持水土。

---

① （清）吴颖炎辑《策学备纂》卷二〇《农政一·开山法》，光绪十九年上海点石斋印，第6页。
② 张觉校注《商君书校注》卷一《垦令》，岳麓书社，2006，第16页。
③ 陈嵘：《中国森林史料》，中国林业出版社，1983，第17页。
④ （唐）房玄龄注《八观》，《管子》卷五，《景印文渊阁四库全书》，台湾商务印书馆，1986年影印本，子部，第729册，第56页。
⑤ （汉）司马迁：《史记》卷一二九《货殖列传》，中华书局，1959，第3272页。
⑥ 黄怀信、张懋镕、田旭东：《逸周书汇校集注》卷四《大聚解》，上海古籍出版社，2007，第404页。
⑦ （唐）房玄龄注《度地》，《管子》卷一八，《景印文渊阁四库全书》，台湾商务印书馆，1986年影印本，子部，第729册，第197页。
⑧ （明）刘天和：《植柳六法》，《问水集》卷一，《四库全书存目丛书》，齐鲁书社，1996，史部，第221册，第256~258页。

三　树木的种植与保护

广泛植树是改善生态环境的有效方式之一，尤其对于黄河中下游地区而言更是如此。随着人口的增加、土地的过度开垦和土壤日益沙碱化，国家越来越重视树木的种植，并出台奖励政策。

在远古时代，已经有了植草木的传说。《史记·五帝本纪》载，黄帝"播百谷草木"①。黄帝本人亲力亲为，种植草木。《中国森林史料》载："尧禅天下，虞舜受之，命益为虞，以若草木。"开始设置专门的官员"虞"来管理草木。大禹治水后，"区分九州，别草木之等，相地所宜，于是神州之林产乃渐著也"②。

夏代承绪远古，当在树木种植上有所发展。商朝建立后，较为注重对林木的保护，"陟彼景山，松柏丸丸"③，林木非常茂盛。相比之下，西周的林政取得了很大的进步，官员的设置也更为完备。其中天官冢宰之职"以九职任万民，一曰三农生九谷、二曰园圃育草木、三曰虞衡作山泽之材"④。官林由大司徒主管：

> 大司徒之职，掌建邦之土地之图与其人民之数，以佐王安扰邦国。以天下土地之图，周知九州之地域广轮之数，辨其山林、川泽、丘陵、坟衍、原隰之名物；而辨其邦国都鄙之数，制其畿疆而沟封之，设其社稷之壝而树之田主，各以其野之所宜木，遂以名其社与其野。以土会之法辨五地之物生：一曰山林，其动物宜毛物，其植物宜早物。其民毛而方。二曰川泽，其动物宜鳞物，其植物宜膏物，其民黑而津。三曰丘陵，其动物宜羽物，其植物宜核物，其民专而长。四曰坟衍，其动物宜介物，其植物宜荚物，其民晳而瘠。五曰原隰，其动物宜裸物，其植物

---

① （汉）司马迁：《史记》卷一《五帝本纪》，中华书局，1959，第6页。
② 陈嵘：《中国森林史料》，中国林业出版社，1983，第2、3页。
③ （清）阮元校刻《十三经注疏·毛诗正义·商颂》，中华书局，1980，第628页。
④ （清）阮元校刻《十三经注疏·周礼注疏》卷二，中华书局，1980，第647页。

宜丛物，其民丰肉而庳。因此五物者民之常，而施十有二教焉：一曰以
祀礼教敬，则民不苟。二曰以阳礼教让，则民不争。三曰以阴礼教亲，
则民不怨。四曰以乐礼教和，则民不乖。五曰以仪辨等，则民不越。六
曰以俗教安，则民不愉。七曰以刑教中，则民不虣。八曰以誓教恤，则
民不怠。九曰以度教节，则民知足。十曰以世事教能，则民不失职。十
有一日以贤制爵，则民慎德。十有二日以庸制禄，则民兴功。以土宜之
法辨十有二土之名物，以相民宅而知其利害，以阜人民，以蕃鸟兽，以
毓草木，以任土事。①

　　山虞、林衡监督山林政令的具体实施。《周礼·地官·山虞》载："山
虞掌山林之政令，物为之厉，而为之守禁。仲冬斩阳木，仲夏斩阴木。凡服
耜，斩季材，以时入之。令万民时斩材，有期日，凡邦工入山林而抡材不
禁，春秋之斩木不入禁。"《周礼·地官·林衡》载："林衡掌巡林麓之禁
令，而平其守。以时计林麓而赏罚之。若斩木材，则受法于山虞，而掌其政
令。"② 而封疆社壝之植树，则有封人。《周礼·地官·封人》载："封人掌
诏王之社壝，为畿封而树之。"③ 掌固负责城池之植树。《周礼·夏官·掌
固》载："掌固掌修城郭、沟池、树渠之固。……凡国都之竟，有沟树之
固，郊亦如之，民皆有职焉。若有山川，则因之。"④

　　各地方之森林由司险、职方氏等掌管。司险负责管理各地山林地区的道
路，并进行相关的林木种植。《周礼·夏官·司险》云："司险掌九州之图，
以周知其山林、川泽之阻，而达其道路，设国之五沟、五涂，而树之林以为

①　（清）阮元校刻《十三经注疏·周礼注疏》卷一〇《地官·大司徒》，中华书局，1980，第
702~703 页。
②　（清）阮元校刻《十三经注疏·周礼注疏·地官》卷一六《山虞》《林衡》，中华书局，
1980，第747 页。
③　（清）阮元校刻《十三经注疏·周礼注疏》卷一二《地官·封人》，中华书局，1980，第
720 页。
④　（清）阮元校刻《十三经注疏·周礼注疏》卷三〇《夏官·掌固》，中华书局，1980，第
843、844 页。

阻固，皆有守禁，而达其道路。"① 职方氏关注全国各地树木的种类及其生长环境，以互通有无。《周礼·夏官·职方氏》载："职方氏掌天下之图，以掌天下之地，辨其邦国、都、鄙、四夷、八蛮、七闽、九貉、五戎、六狄之人民，与其财用九谷、六畜之数要，周知其利害。乃辨九州之国，使同贯利，东南曰扬州，其山镇曰会稽，其泽薮曰具区，其川三江，其浸五湖，其利金锡竹箭，……河南曰豫州，其山镇曰华山，其泽薮曰圃田，其川荥洛，其浸波溠，其利林漆丝枲，……河内曰冀州，其山镇曰霍山，其泽薮曰杨纡，其川漳，其浸汾潞，其利松柏。"②

民林则由闾师、山师等管理。闾师须按时征收草木。《周礼·地官·闾师》载："闾师掌国中及四郊之人民、六畜之数，以任其力，以待其政令，以时征其赋。凡任民任农，以耕事贡九谷，任圃以树事贡草木。"③ 山师负责掌管各地林名及物产，以进贡于中央。《周礼·夏官·山师》载："山师掌山林之名，辨其物与其利害，而颁之于邦国，使致其珍异之物。"④ 可见，周朝已设有不同层级的管理林木的专职人员与职官制度，这无疑提高了管理林木的效能。

春秋时期，齐国的管仲成为林木保护的践行者，"泽立三虞，山立三衡"⑤。他认为，山林是国家财富的主要来源之一，"山泽救于火，草木植成，国之富也"⑥；"林薮积草，夫财之所出，以时禁发焉"⑦；"行其山泽，

---

① （清）阮元校刻《十三经注疏·周礼注疏》卷三〇《夏官·司险》，中华书局，1980，第844页。
② （清）阮元校刻《十三经注疏·周礼注疏》卷三〇《夏官·职方氏》，中华书局，1980，第861~863页。
③ （清）阮元校刻《十三经注疏·周礼注疏》卷一三《地官·闾师》，中华书局，1980，第727页。
④ （清）阮元校刻《十三经注疏·周礼注疏》卷三三《夏官·山师》，中华书局，1980，第865页。
⑤ （唐）房玄龄等：《小匡》，《管子》卷八，《景印文渊阁四库全书》，台湾商务印书馆，1986年影印本，子部，第729册，第89页。
⑥ （唐）房玄龄等：《立政》，《管子》卷一，《景印文渊阁四库全书》，台湾商务印书馆，1986年影印本，子部，第729册，第20页。
⑦ （唐）房玄龄等：《立政》，《管子》卷一，《景印文渊阁四库全书》，台湾商务印书馆，1986年影印本，子部，第729册，第22页。

观其桑麻，计其六畜之产，而贫富之国可知也。夫山泽广大，则草木易多也；壤地肥饶，则桑麻易植也；荐草多衍，则六畜易繁也。山泽虽广，草木毋禁；壤地虽肥，桑麻毋数；荐草虽多，六畜有征，闭货之门也。故曰时货不遂，金玉虽多，谓之贫国也"①。故破坏森林于国民不利，"烧山林，破增薮，焚沛泽，猛兽众也；童山竭泽者，君智不足也"②。鉴于此，管仲提出了一些保护山林的主张。如伐木有时，"山林虽近，草木虽美，宫室必有度，禁发必有时，是何也？曰：大木不可独伐也，大木不可独举也，大木不可独运也，大木不可加之薄墙之上。故曰，山林虽广，草木虽美，禁发必有时"③；"工尹伐材用，毋于三时，群材乃植"④。用奖励的办法鼓励植树造林，"民之能树艺者，置之黄金一斤，直食八石；民之能树瓜瓠、荤菜、百果使蕃衰者，置之黄金一斤，直食八石"⑤。管仲还指出："为人君而不能谨守其山林菹泽草莱，不可以立为天下王。……山林菹泽草莱者，薪蒸之所出，牺牲之所起也。故使民求之，使民借之，因以给之，私爱之于民，若弟之与兄，子之与父也，然后可以通财交殷也。"⑥ 可见，春秋时代的管仲已经深刻地意识到林木的重要性，并推行了颇具成效的保护措施。

此外，也有其他士人言及保护树林。孟子云："拱把之桐梓，人苟欲生之，皆知所以养之者。"⑦《春秋繁露》载："无伐名木，无斩山林。"⑧ 对毁

① （唐）房玄龄等：《八观》，《管子》卷五，《景印文渊阁四库全书》，台湾商务印书馆，1986 年影印本，子部，第 729 册，第 56 页。
② （唐）房玄龄等：《国准》，《管子》卷二三，《景印文渊阁四库全书》，台湾商务印书馆，1986 年影印本，子部，第 729 册，第 252 页。
③ （唐）房玄龄等：《八观》，《管子》卷五，《景印文渊阁四库全书》，台湾商务印书馆，1986 年影印本，子部，第 729 册，第 57 页。
④ （唐）房玄龄等：《问第》，《管子》卷九，《景印文渊阁四库全书》，台湾商务印书馆，1986 年影印本，子部，第 729 册，第 106 页。
⑤ （唐）房玄龄等：《山权数》，《管子》卷二二，《景印文渊阁四库全书》，台湾商务印书馆，1986 年影印本，子部，第 729 册，第 239 页。
⑥ （唐）房玄龄等：《轻重甲》，《管子》卷二三，《景印文渊阁四库全书》，台湾商务印书馆，1986 年影印本，子部，第 729 册，第 256~257 页。
⑦ （清）阮元校刻《十三经注疏·孟子注疏》卷一一下《告子》，中华书局，1980，第 2752 页。
⑧ 钟肇鹏主编《春秋繁露校释》卷一六《求雨》，河北人民出版社，2005，第 981 页。

林者会给予惩罚。《左传》昭公十六年载："郑大旱，使屠击、祝款、竖栁
有事于桑山。斩其木，不雨。子产曰：'有事于山，蓻山林也，而斩其木，
其罪大矣。'夺之官邑。"① 齐国国君欲大兴土木，晏婴劝诫道，"晏闻之，
古者先君之干福也，政必合乎民，行必顺乎神。节宫室不敢大斩伐，以无逼
山林，……今君政反乎民，而行悖乎神，大宫室多斩伐以逼山林"，这样做
的结果将"民神俱怨"②。由此打消了国君的这一念头。战国时代的孟子提
出"斧斤以时入山林，材木不可胜用也"的观点③。《荀子·王制》说：
"圣王之制也：草木荣华滋硕之时，则斧斤不入山林，不夭其生，不绝其长
也。"④ 认识相当深刻。

秦始皇设置九卿，其少府为九卿之一，主管全国山林和木材的采伐，兼
理宫中与街衢树木的栽种。《汉书·贾山传》载："（秦）为驰道于天下，东
穷燕齐，南极吴楚，江湖之上，濒海之观毕至。道广五十步，三丈而树，厚
筑其外，隐以金椎，树以青松。"⑤ 尽管出发点在于皇帝的安全，却实现了
大量树木的种植。值得一提的是，秦代的"焚书坑儒"留恶名于千古，但
"不去种树之书，留令士人读之，则其留传实学之功，要不得以其焚书而没
之也"⑥。这从侧面证明了秦代对林木的重视。

西汉以将作大匠掌植树之事。《后汉书·百官志》载："将作大匠一人，
二千石。"注云："掌修作宗庙、路寝、宫室、陵园木土之功，并树桐梓之
类列于道侧。"⑦ 不少帝王都很重视植树。文帝前元十二年（前168）春三

① （清）阮元校刻《十三经注疏·春秋左传正义》卷四七《昭公十六年》，中华书局，1980，
第2080页。
② （春秋）晏婴：《内篇·问上》，《晏子春秋》卷三，《景印文渊阁四库全书》，台湾商务印
书馆，1986年影印本，史部，第446册，第120页。
③ （清）阮元校刻《十三经注疏·孟子注疏》卷一上《梁惠王上》，中华书局，1980，第
2666页。
④ （唐）杨倞注《王制篇》，《荀子》卷五，《景印文渊阁四库全书》，台湾商务印书馆，1986
年影印本，子部，第695册，第166页。
⑤ （汉）班固：《汉书》卷五一《贾山传》，中华书局，1962，第2328页。
⑥ 陈嵘：《中国森林史料》，中国林业出版社，1983，第17页。
⑦ （南朝宋）范晔：《后汉书》志二七《百官四》，中华书局，1965，第3610页。

月，诏曰："诏书数下，岁劝民种树。"① 景帝中元六年（前144），改将作少府为将作大匠，武帝太初元年（前104）又改为东园主章，专掌材木。颜师古注云："东园主章，掌大材，以供东园大匠也。"② 景帝后元三年（前141），诏郡国务种农桑："农，天下之本也。黄金珠玉，饥不可食，寒不可衣，以为币用，不识其终始。间岁或不登，意为末者众，农民寡也。其令郡国务劝农桑，益种树，可得衣食物。吏发民若取庸采黄金珠玉者，坐赃为盗。二千石听者，与同罪。"③ 在中央的重视下，不少地方官员积极响应。如黄霸，做颍川太守时，"务耕桑，节用殖财，种树畜养"④。龚遂为渤海太守时，"劝民务农桑，令口种一树榆、百本薤、五十本葱、一畦韭"⑤。多个地区分布或种植了大片的林木。《史记·货殖列传》载："安邑千树枣；燕、秦千树栗；蜀、汉、江陵千树橘；淮北、常山已南，河济之间千树荻；陈、夏千亩漆；齐、鲁千亩桑麻；渭川千亩竹。"⑥《汉书·地理志下》称，巴蜀广汉，"土地肥美，有江水沃野，山林竹木疏食果实之饶"⑦。

魏晋处于乱世，留下的关于植树的记载不多。如魏国，据《三国志·魏志》载，山阳魏郡太守郑浑"以郡下百姓，苦乏材木，乃课树榆为篱，并益树五果，榆皆成藩，五果丰实。入魏郡界，村落齐整如一，民得财足用饶"⑧。王昶在任洛阳典农时，"都畿树木成林"⑨。当时的都城洛阳和魏郡的林木情况尚堪称道。西晋时期，"王猛整齐风俗，……自长安至于诸州，皆夹路树槐柳，……百姓歌之曰：'长安大街，夹树杨槐。'"⑩ 可以看出其对林木种植和保护的重视。甚至还出现了强令官员种树之景："蒋山本少

① （汉）班固：《汉书》卷四《文帝纪》，中华书局，1962，第124页。
② （汉）班固：《汉书》卷一九上《百官公卿表》，中华书局，1962，第733~734页。
③ （汉）班固：《汉书》卷五《景帝纪》，中华书局，1962，第152~153页。
④ （汉）班固：《汉书》卷八九《黄霸传》，中华书局，1962，第3629页。
⑤ （汉）班固：《汉书》卷八九《龚遂传》，中华书局，1962，第3640页。
⑥ （汉）司马迁：《史记》卷一二九《货殖列传》，中华书局，1959，第3272页。
⑦ （汉）班固：《汉书》卷二八下《地理志下》，中华书局，1962，第1645页。
⑧ （晋）陈寿：《三国志·魏志》卷一六《郑浑传》，中华书局，1962，第511页。
⑨ （晋）陈寿：《三国志·魏志》卷二七《王昶传》，中华书局，1962，第744页。
⑩ （唐）房玄龄等：《晋书》卷一一三《苻坚载记上》，中华书局，1974，第2895页。

林木，东晋令刺史罢还都种松百株、郡守五十株。宋时诸州刺史罢职还者，栽松三千株，下至郡守，各有差。"①

南北朝时期各国继续重视植树。元嘉八年（431），宋文帝诏"耕蚕树艺，各尽其力"②。南齐地方官刘善明也积极种树，在其任海陵太守时，"郡境边海，无树木"，便"课民种榆槚杂果，遂获其利"③。北魏孝文帝所实施的均田制，在对土地进行重新分授的同时，也要求植树："诸初受田者，男夫一人给田二十亩，课莳余，种桑五十树，枣五株，榆三根。非桑之土，夫给一亩，依法课莳榆、枣。奴各依良。限三年种毕，不毕，夺其不毕之地。于桑榆地分杂莳余果及多种桑榆者不禁。"④ 北齐也十分重视树木的种植。武成帝河清三年（564）令："每丁给永业二十亩，为桑田。其中种桑五十根，榆三根，枣五根。不在还受之限。"⑤ 北周文帝则明令广植树木。据《周书·韦孝宽传》载，韦孝宽为雍州刺史时，见路侧一里一置的土堠"经雨秃毁，每须修之"，便令雍州境内当堠处植一槐树代之，"既免修复，行旅又得庇荫"。文帝见后，当面责怪他，如此良方"当令天下同之"。于是"令诸州夹道一里种一树，十里种三树，百里种五树焉"⑥。这一替代土堠的方法，在客观上加大了植树的力度。

隋唐时期，林木栽植统由工部管理。史载，工部"掌天下百工、屯田、山泽之政令"。下设之虞部"掌京城街巷种植，山泽苑囿，草木薪炭，供顿田猎之事"⑦。而在土地制度中也有植树之规定。隋代的均田制中，永业田须"课树以桑榆及枣"⑧。唐代的均田令中，永业田须"树以榆、枣、桑及

---

① （宋）周应和：《山川》，《景定建康志》卷一七，《景印文渊阁四库全书》，台湾商务印书馆，1986 年影印本，史部，第 489 册，第 43~44 页。

② （南朝梁）沈约：《宋书》卷五《文帝本纪》，中华书局，1974，第 80 页。

③ （南朝梁）萧子显：《南齐书》卷二八《刘善明传》，中华书局，1972，第 523 页。

④ （北齐）魏收：《魏书》卷一一〇《食货志》，中华书局，1974，第 2853 页。

⑤ （唐）魏征、令狐德棻：《隋书》卷二四《食货志》，中华书局，1973，第 677 页。

⑥ （唐）令狐德棻等：《周书》卷三一《韦孝宽传》，中华书局，1971，第 538 页。

⑦ （后晋）刘昫等：《旧唐书》卷四三《职官二》，中华书局，1975，第 1840、1841 页。

⑧ （唐）魏征、令狐德棻：《隋书》卷二四《食货志》，中华书局，1973，第 680 页。

所宜之木，皆有数"①。此外，隋炀帝大业年间，为了确保汴河河道的畅通，奖励沿岸植柳。《开河记》载："大业中，帝开汴渠两堤，上栽垂柳，诏民间有柳一株赏一缣，百姓竞献之。"② 唐开元四年（716）二月，曾明令关中地区"禁断樵采"③。不过，这一禁令的效用如何，对于已深受破坏的关中地区的林木的保护作用如何，还值得考量。

宋代非常重视保护林木、栽植树木，设置了相对复杂的管理机构和人员。如土木工匠之政由将作监总理，下设之竹木务"掌修诸路水运材植及抽算诸河商贩竹木，以给内外营造之用"；事材场"掌计度材物，前期朴斫，以给内外营造之用"；退材场"掌受京城内外退弃材木，抡其长短有差，其曲直中度者以给营造，余备薪爨"；帘箔场"掌抽算竹木、蒲苇，以供帘箔内外之用"④。这为林木的营造、使用提供了制度上的参照。

作为最高统治者，皇帝的重视对于林木的栽种尤其重要。宋代立国的第二年（961），太祖赵匡胤就劝课林木。《宋史》云："建隆以来，命官分诣诸道均田，苛暴失实者辄遣黜。申明周显德三年之令，课民种树，定民籍为五等，第一等种杂树百，每等减二十为差，桑枣半之；男女十岁以上种韭一畦，阔一步，长十步；乏井者，邻伍为凿之；令、佐春秋巡视，书其数，秩满，第其课为殿最。"一方面，提高种树之人的社会地位，鼓励民人种树；另一方面，种树成为考核官吏政绩的一项内容，也能够提升官员对于种树的重视程度。同年又诏"所在长吏谕民，有能广植桑枣、垦辟荒田者，止输旧租；县令、佐能招徕劝课，致户口增羡、野无旷土者，议赏"⑤。广植树木，农民可以获得减租的实效，官员能够受到国家的奖励，可谓一项林木之善政。开宝五年（972），赵匡胤又诏"应缘黄、汴、清、御等河州县，除准旧制种蓺桑枣外，委长吏课民别树榆柳及土地所宜之木。仍案户籍高下，

---

① （宋）欧阳修、宋祁：《新唐书》卷五一《食货志》，中华书局，1975，第1342页。
② （明）董斯张：《草木一》，《广博物志》卷四二，《景印文渊阁四库全书》，台湾商务印书馆，1986年影印本，子部，第981册，第375页。
③ （后晋）刘昫等：《旧唐书》卷八《玄宗本纪》，中华书局，1975，第176页。
④ （元）脱脱等：《宋史》卷一六五《职官五》，中华书局，1977，第3919页。
⑤ （元）脱脱等：《宋史》卷一七三《食货一》，中华书局，1977，第4158页。

定为五等：第一等岁树五十本，第二等以下递减十本。民欲广树蓺者听，其孤、寡、茕、独者免"①。到太平兴国中，两京、诸路"许民共推练土地之宜、明树艺之法者一人，县补为农师"②。同样是在调动民间和基层官吏的兴致。帝王的重视推动了宋代各地方官员的植树之举。天圣三年（1025）三月，枢密直学士陈尧佐任并州知州，"每汾水涨，州人忧溺，尧佐为筑堤，植柳数万本，作柳溪亭，民赖其利"③。可见，宋代对于种植林木的重视是持续性的、富有成效的。

金代作为游牧民族建立的政权，也很注重林木的种植与保护。世宗大定五年（1165），大兴少尹巡按"京畿两猛安居民不自耕垦，及伐桑枣为薪鬻之"。十九年（1179），诏"亲王公主及势要家，牧畜有犯民桑者，许所属县官立加惩断"④。不仅滥伐木材的居民受到惩治，亲王和公主之家也不能例外。

元明清三朝对林木的重视程度更高。元至元七年（1270）置司农司，掌管农桑水利，其种植之制，"每丁岁种桑枣二十株。土性不宜者，听种榆柳等，其数亦如之。种杂果者，每丁十株，皆以生成为数，愿多种者听。其无地及有疾者不与。所在官司申报不实者，罪之"⑤。《元史·刑法志》还留下了卫辉等处私毁竹子的条文："诸卫辉等处贩卖私竹者，竹及价钱并没官，首告得实者，于没官物约量给赏。犯界私卖者，减私竹罪一等。若民间住宅内外并阑槛竹不成亩，本主自用外货卖者，依例抽分。有司禁治不严者罪之，仍于解由内开写。"⑥

明代朱元璋立国之初，即令"农家凡有田五亩栽桑、麻各半亩"⑦。洪

①　（元）脱脱等：《宋史》卷九一《河渠一》，中华书局，1977，第2257页。

②　（元）脱脱等：《宋史》卷一七三《食货一》，中华书局，1977，第4158页。

③　（宋）李焘：《续资治通鉴长编》卷一〇三，天圣三年三月丙子，中华书局，1979，第912页。

④　（元）脱脱等：《金史》卷四七《食货二》，中华书局，1975，第1044、1045页。

⑤　（明）宋濂等：《元史》卷九三《食货志》，中华书局，1976，第2355页。

⑥　（明）宋濂等：《元史》卷一〇四《刑法志》，中华书局，1976，第2649页。

⑦　（明）孙承泽：《户部》，《春明梦余录》卷三八，《景印文渊阁四库全书》，台湾商务印书馆，1986年影印本，子部，第868册，第587页。

武二十七年（1394），令天下百姓栽桑枣，违者治罪。《明会典》记载："命工部行文书，教天下百姓务要多栽桑枣，每一理〔里〕种二亩秧，每一百户内出人力挑运柴草烧地，耕过再烧，耕烧三遍下种，待秧高三尺，然后分栽，每五尺阔一垄，每一户初年二百株，次年四百株，三年六百株。栽种过数目造册回奏，违者全家发云南金齿充军。"① 为了保护林木，明代也采取过禁止砍伐林木的做法。如明孝宗下令："大同、山西、宣府、延绥、宁夏、辽东、蓟州、紫荆、密云等边分守、守备、备御并府州县官员，禁约该管官旗军民人等，不许擅将应禁林木砍伐贩卖。违者问发南方烟瘴卫所充军。若前项官员有犯，军职俱降二级，发回原卫所都司，终身带俸差操，文职降边远叙用。镇守并副参等官有犯，指实参奏，其经过河道守把官军容情纵放者，究问治罪。"② 这些严厉的惩罚措施是对林木最好的保护，而鼓励种植又在一定程度上减轻了明代林木的受破坏程度。

清代是林木遭破坏最为严重的时期，故护林形势最为严峻。鲁仕骥在《备荒管见》中曾说："夫山无林木，濯濯成童山，则山中之泉脉不旺，而雨潦时降，泥沙石块与之俱下，则田益硗矣！必也使民樵采以时，而广畜巨木，郁为茂林，则上承雨露，下滋泉脉，雨潦时降，甘泉奔注，而田以肥美矣。"③ 护林意识有所提高。

由于人口激增，各类土地大多变成农用地，加上黄河决溢严重，在沿黄两岸植树成为清代林木种植的一大特点。康熙十七年（1678），玄烨在诏令治理河患时，"责以栽柳蓄草，密种菱荷蒲苇，为永远护岸之策"④。乾隆年间，对河堤植树做出了更为细致的规定，并制定了明确的奖惩措施。如乾隆三年（1738），"覆准河南、山东沿河文武官弁，于沿河地方，有能出己资捐栽成活小杨五百株者，准其纪录一次，千株者纪录二次，千五百株者纪录

① （明）徐溥等撰，李东阳等重修《工部》，《大明会典》卷一六三，《景印文渊阁四库全书》，台湾商务印书馆，1986年影印本，史部，第618册，第611页。

② （明）徐溥等撰，李东阳等重修《兵部》，《大明会典》卷一一〇，《景印文渊阁四库全书》，台湾商务印书馆，1986年影印本，史部，第618册，第71页。

③ （清）贺长龄辑《皇朝经世文编》卷四一《户政·备荒管见》，道光年间刻本。

④ 《中国林业大事年表》，《中国农业百科全书·林业卷》，农业出版社，1989，第956页。

三次，二千株者准其加一级。其濒河民人有情愿在官地内捐栽成活小杨二千株，或在自己地内栽成千株者，该管官申报河督，勘明成活数目，造册报部，给以九品项带荣身。如不及议叙之数，准其次年补栽，仍将栽成杨树，责令汛官收管培养。如厅汛各官有将民地指为官地强占栽种，希图议叙者，察出严参照强占官民山场河泊律治罪"①。乾隆二十年（1755），"奏准南河栽种柳杨，在报捐之人，虽稍出己资，并不亲身料理，大概托河工弁兵代为栽植，往往以细小嫩枝，溷插充数，幸而成活，即可倖邀议叙，迨验看之后，报捐者绝不照管，或渐次枯槁，实属有名无实，所有南河官民捐栽议叙之例应请停止，以免冒滥"②。同时，"又议准河工杨柳苇草均有捐栽议叙之例，但行之既久，恐滋冒滥之渐，自应稍为分别。除柳株一项既有捐栽又有兵夫额栽，易于溷冒。惟杨桩苇草二项并无兵夫额栽，易于核验，不至有名无实，且定例以来，官民捐栽杨树苇草者寥寥无几，应督令各力行劝捐，以裕工料。嗣后河南、山东官民捐栽杨柳树照依南河之例停止议叙，以免冒滥。其杨树芦苇二项，河东与江南稍有不同，必须及早劝谕捐栽，以资工用，势不能照依南河一例停止。应照旧办理，仍令该督，嗣后官民捐栽杨苇，务须委官察验实在成活数目，取结造册，送部题明，分别议叙，毋使溷冒影射，致滋冒滥"③。可见，官方对河堤植树非常重视，这些政令对河堤植树、减少决溢应具有一定的积极作用。

在黄河下游地区，治理黄河需要大量的物料，而柳树、茼麻等是非常好的物料。譬如柳树，明人刘天和强调了柳树护堤之功效，"余行中州，历观堤岸，绝无极坚者，且附堤少盘结繁密之草，与南方大异，为之忧虞"，并

---

① 《钦定大清会典则例》卷二八《河工》，《景印文渊阁四库全书》，台湾商务印书馆，1986年影印本，史部，第 620 册，第 559~560 页。

② 《钦定大清会典则例》卷二八《河工》，《景印文渊阁四库全书》，台湾商务印书馆，1986年影印本，史部，第 620 册，第 560 页。

③ 《钦定大清会典则例》卷二八《河工》，《景印文渊阁四库全书》，台湾商务印书馆，1986年影印本，史部，第 620 册，第 560~561 页。

提出"六柳之法"①。清代河道总督靳辅也指出,"其根株足以护堤身,枝条足以供卷埽,清阴足以荫纤夫,柳之功大矣",若令各营弁"凡春初防守少暇之时,每丁计地各课种柳若干,不过三年,沿河成林,一有不测,卷埽抢防,不烦砍运于他处,即以本汛之柳供本汛之工,力省而功易集,所益非小也"②。清人洪肇楙亦云:"筑堤以捍水,尤须栽树以护堤,诚使树植茂盛,则根柢日益蟠深,堤岸亦日益固坚。"③ 优越的河工属性,使这些植物得以在沿黄地区广泛种植。

为了保护已有的林木,清代还制定了专门的法规。如禁止非时砍伐。雍正二年(1724),令各省督抚,查阅各地不可耕之地,均种树,并加以保护,"禁非时斧斤"④。"再舍旁田畔以及荒山旷野,度量土宜,种植树木。桑柘可以饲蚕,枣栗可以佐食,柏桐可以资用,即榛楛杂木亦足以供炊爨,其令有司督率指画,课令种植,仍严禁非时之斧斤,牛羊之践踏,奸徒之盗窃,亦为民利不小。"⑤ 也有禁止故意毁伐树木的法令,"凡(故意)弃毁人器物及毁伐树木稼穑者,计(所弃毁之物即为)赃,准窃盗论(照盗窃定罪),免刺(罪止杖一百,流三千里),官物加(准盗窃赃上)二等"⑥。这些法规可在一定程度上约束人们的行为。

不过,尽管国家颁布了一些与林业相关的法令,但并未出现全国统一的林业法规,"地方上的山林保护,主要依靠乡规民约,因而护林碑大量出现"⑦。如河南周口市鹿邑县太清宫前壁东侧于元代中统二年(1261)立的

---

① (明) 刘天和:《植柳六法》,《问水集》卷一,《四库全书存目丛书》,齐鲁书社,1997,集部,第 221 册,第 256~258 页。
② (清) 靳辅:《栽植柳株》,《治河奏绩书》卷四,《景印文渊阁四库全书》,台湾商务印书馆,1986 年影印本,史部,第 579 册,第 739~740 页。
③ 乾隆《宝坻县志》卷一六《河堤》,《中国地方志集成·天津府县志辑》,上海书店出版社,2004,第 4 册,第 438 页。
④ (清) 乾隆敕撰《食货一·田制》,《皇朝通典》卷一,《景印文渊阁四库全书》,台湾商务印书馆,1986 年影印本,史部,第 642 册,第 10 页。
⑤ 《清世宗实录》卷一六,中华书局,1985,第 272 页。
⑥ 《大清律例》卷九《户律》,《景印文渊阁四库全书》,台湾商务印书馆,1986 年影印本,史部,第 672 册,第 548 页。
⑦ 樊宝敏、董源、李智勇:《试论清代前期的林业政策和法规》,《中国农史》2004 年第 1 期。

《太清宫里旨碑》云："所有树木，诸人毋得斫伐；不选是何物色，毋得夺要。"① 山东省淄博市博山区凤凰山泰山行宫于明万历三十年（1602）立的《凤凰山泰山行宫禁山碑》云："因思建庙，本以佑民也，而有基不拓，非所以卫庙也。乃踏得凰皇阿，东至孝妇河，南至神头西峪，西至团山东岭，北至峨岭南峪，四至俱山根脚下，周围参差不齐为界。四至中凡有树株，宜遂生长，克行宫用，居民敢有牛羊作践、斧斤砍伐者，庙主呈官，枷号重责，赔偿问罪。"② 山西忻州市宁武县于康熙二十三年（1684）立的《民山碑》也禁止砍伐树木③。樊宝敏等人认为，"从清中央机构来看，只有管采伐、管收税、管围场、管皇家园林的官，但是并没有专门管理山林，治理荒山，负责植树造林的官职。山林管理由地方官负责，但没有多少地方官会照顾到林业问题"。但是，护林碑的出现，还是有一定的积极意义的，"在一定程度上起到地方性法规的作用，对制止滥伐森林、保护野生动植物确起到积极作用"④。

四　气候变迁的应对

前已有述，历史时期我国的气候经历了长时段的变迁，不过，历代官民并没有完全受困于气候的变化，而是采取了不少行之有效的应对措施。如宋代仁宗："帝留意农事，每以水旱为忧。甲申，诏天下州郡每旬上雨雪状，著为令。"⑤ 神宗熙宁元年（1068）重言："近来诸州府军监逐时降雨雪，多以为常事，不即上闻。虽有先降指挥，官吏上下以其年岁深远，便生怠慢。其令诸路检会旧条，今后并即时具的实尺寸闻奏。仍令转运司逐季举行。"⑥ 对于报告不实或隐瞒不报者，予以严惩："诸水旱，监司、帅守奏闻不实或

① 蔡美彪编著《元代白话碑集录》，科学出版社，1955，第21页。
② 倪根金辑《中国古代护林碑辑存》，凤凰出版社，2018，第42页。
③ 倪根金辑《中国古代护林碑辑存》，凤凰出版社，2018，第80~81页。
④ 樊宝敏、董源、李智勇：《试论清代前期的林业政策和法规》，《中国农史》2004年第1期。
⑤ （宋）李焘：《续资治通鉴长编》卷一二二，宝元元年六月甲申，中华书局，1979，第1100页。
⑥ （清）徐松辑《宋会要辑稿·瑞异》，中华书局，1957，第2089页。

隐蔽者，并以违制论。"① 揆诸历史，最为多见的常规性措施，既有专门的观测气象与气候的机构和官员的设置，也有历法的逐步完善，这是历代应对气候变化的重要表现。

1. 天象观测机构的设置

传说在颛顼时代，"南正重司天，火正黎司地"，观测天象与地理，这可视为通过观测天象来了解气候或四时的肇始。夏代置"清台"，商代易为"神台"，周代名为"灵台"②，专司天文、气象和祭祀之事。《诗·大雅·灵台》孔颖达疏云："天子有灵台，所以观祲象、察气之妖祥也。"③ 春秋之后，各诸侯国也开始设置灵台。如春秋时期鲁国的观台。《左传》哀公五年（前655）载："春，王正月，辛亥，日南至，公既视朔，遂登观台以望。"④

西汉在都城长安建有天文台，置浑仪、铜表等观测仪器，东汉沿置。《后汉书·光武帝纪下》载，中元元年（56），"起明堂、灵台"。四周建有屋舍，供办公人员住宿和办公⑤。东汉最高级别的天文官乃太史令，管理天文台和明堂。灵台丞主持天文台工作，"掌侯日月星气"，下设42个"灵台待诏"，其中"十四人候星，二人候日，三人候风，十二人候气，三人候晷景，七人候钟律，一人舍人"⑥。机构已变得复杂化。

隋唐对天文工作很重视。《隋书·天文志上》载："史臣于观台访浑仪……开皇三年，新都初成，以置诸观台之上。大唐因而用焉。"⑦ 另据《旧唐书·天文志上》记载，"贞观初，将仕郎直太史李淳风始上言灵台

---

① （宋）谢深甫：《庆元条法事类》卷四《上书奏事》，黑龙江人民出版社，2002，第38页。
② 吴守贤、全和钧主编《中国古代天体测量学及天文仪器》，中国科学技术出版社，2013，第480页。
③ （唐）孔颖达注疏《大雅》，《毛诗注疏》卷二三，《景印文渊阁四库全书》，台湾商务印书馆，1986年影印本，经部，第69册，第737页。
④ （唐）孔颖达注疏《春秋左传注疏》卷一一，《景印文渊阁四库全书》，台湾商务印书馆，1986年影印本，经部，第143册，第261页。
⑤ （南朝宋）范晔：《后汉书》卷一下《光武帝纪下》，中华书局，1965，第84页。
⑥ （南朝宋）范晔：《后汉书》志二五《百官二》，中华书局，1965，第3572页。
⑦ （唐）魏征、令狐德棻：《隋书》卷一九《天文志上》，中华书局，1973，第505页。

候仪是后魏遗范，法制疏略，难为占步。太宗因令淳风改造浑仪……太宗令置于凝晖阁以用测候，既在宫中，寻而失其所在"[1]。皇宫中亦建有观象台。

北宋更加注重，仅汴京就建有4个天文台。《宋史·律历志》载，绍兴三年（1133），太史局令丁师仁等言："省议东都浑仪四座：在测验浑仪刻验所曰至道仪，在翰林天文局曰皇祐仪，在太史局天文院曰熙宁仪，在合台曰元祐仪。"[2] 司天监的岳台和禁城内翰林天文院的候台也是重要的观测台。《宋史·律历志·皇祐圭表》载："今司天监圭表乃石晋时天文参谋赵延义所建，表既欹倾，圭亦垫陷，其于天度无所取正。皇祐初，诏周琮、于渊、舒易简改制之。乃考古法，立八尺铜表，厚二寸，博四寸，下连石圭一丈三尺，以尽冬至景长之数，面有双水沟为平准，于沟双刻尺寸分数，又刻二十四气岳台晷景所得尺寸，置于司天监。"[3]

元代继续承袭。至元十三年（1276），郭守敬言："历之本在于测验，而测验之器莫先仪表。今司天浑仪，宋皇祐中汴京所造，不与此处天度相符，比量南北二极，约差四度；表石年深，亦复欹侧。"为此，郭守敬"乃尽考其失而移置之。既又别图高爽地，以木为重棚，创作简仪、高表，用相比覆。又以为天枢附极而动，昔人尝展管望之，未得其的，作候极仪。极辰既位，天体斯正，作浑天象"[4]。纠正了之前出现的偏差。

明洪武十八年（1385），"筑钦天监观星台于鸡鸣山，因雨花台为回回钦天监之观星台"[5]。正统二年（1437），行在钦天监正皇甫仲和奏言："南京观象台设浑天仪、简仪、圭表以窥测七政行度，而北京乃止于齐化门城上观测，未有仪象。乞令本监官往南京，用木做造，挈赴北京，以较验北

---

[1] （后晋）刘昫等：《旧唐书》卷三五《天文志上》，中华书局，1975，第1293页。

[2] （元）脱脱等：《宋史》卷八一《律历十四》，中华书局，1977，第1921页。

[3] （元）脱脱等：《宋史》卷七六《律历九》，中华书局，1977，第1751页。

[4] （明）宋濂等：《元史》卷一六四《郭守敬传》，中华书局，1976，第3847页。

[5] 《明太祖实录》卷一七六，洪武十八年十月丙申，台北"中央研究院"历史语言研究所，1962年影印本，第2666页。

极出地高下，然后用铜别铸，庶几占测有凭。"① 此建议得到了皇帝的认同。次年，于北京铸浑天仪、简仪等。正统七年（1442），在今北京市建国门外北京古观象台址上建造钦天监、观象台，置有浑仪、浑象、简仪、圭表和漏刻。清代，钦天监观象台仍在原处。康熙八年至十二年（1669～1673），由比利时传教士南怀仁监制天体仪、黄道经纬仪、赤道经纬仪、地经仪、象限仪和纪限仪等仪器，安放在台上。康熙五十四年（1715），法国传教士纪理安监制的地平经纬仪亦安放于此处。乾隆十九年（1754）前后安置了 8 架大型天文仪器——玑衡抚辰仪。清代除在观象台内进行天文观测外，在畅春园（西直门外）亦曾用 40 尺（约 13 米）高表做过天文观测②。

2. 历代历法的制定

传统时期，历法几为历代统治者所重视，且改朝换代后的新历法还具有宣扬新朝创立和政权合法性的政治意义。这些历法多在前历法的基础上加以革新，推动了历法的不断进步和完善，为社会生产提供了重要的指导。

相传，尧之时，命"羲、和，钦若昊天，历象日月星辰，敬授民时"，"岁三百有六旬有六日，以闰月定四时成岁，允厘百官，众功皆美"③。尧舜时代，大体上已定出春分、夏至、秋分和冬至，并将其作为划分四季的标准，以利于原始农事。这是我国古代初始历法的最早记载④。

春秋时期，传说孔子得到了我国最早的历法——《夏小正》。它记录了一年 12 个月的天象、气象，也记述了先民据众多的物候现象来指导渔猎活动和农事安排等内容，集物候历、观象授时法于一身，孔子所言之"行夏之时"即指此。另据《荀子》载，"群道当，则万物皆得其宜，六畜皆得其长，群生皆得其命。故养长时则六畜育，杀生时则草木殖。……春耕、夏

---

① （明）张廷玉等：《明史》卷二五《天文志一》，中华书局，1974，第 357～358 页。
② 吴守贤、全和钧主编《中国古代天体测量学及天文仪器》，中国科学技术出版社，2013，第 481 页。
③ （汉）班固：《汉书》卷二一上《律历志上》，中华书局，1962，第 973 页。
④ 张培瑜：《中国古代历法》，中国科学技术出版社，2008，第 2 页。

耘、秋收、冬藏，四者不失时，故五谷不绝而百姓有余食也；污池渊沼川泽谨其时禁，故鱼鳖优多而百姓有余用也；斩伐养长不失其时，故山林不童而百姓有余材也"①。可见，历法的重要性已为时人所认知。

尤其值得一提的是，为了更精确地反映季节变化，先民们创立了延续至今的二十四节气，即把一年分为24等分，平均15天多置一节气。完整记载二十四节气名的较早文献有《逸周书》《淮南子》等。其中，《逸周书·时训》最晚当属于战国时期的作品②。由此来看，二十四节气的形成有可能在春秋时期。

西汉武帝时，命司马迁等人修改历法，并于太初元年（前104）颁布，称为《太初历》，以正月为岁首。汉章帝元和二年（85）改正了一些不足，启用《四分历》。东汉末年，刘洪再次革新历法，称为《乾象历》，齐备了古代历法的气、朔、闰、晷、漏、交食以及五星和恒星位置等元素，传统历法体系基本成熟。

魏晋南北朝时期，历法也得到一定的发展。如东晋虞喜提出"岁差"概念。刘宋时何承天制定出《元嘉历》，于元嘉二十三年（446）颁行。其后，祖冲之将岁差理论用于历法编制，推出一部新历法《大明历》。

唐代，天文学家僧一行在实际观测的基础上，用时三年修订历法，撰写了《开元大衍历经》，编成《大衍历》，于开元十七年（729）推行全国。唐代另有麟德历、至德历、至元历、观象历、宣明历等，在历法上的贡献非常大。

到了宋代，人们对物候的观察达到了新的高度。著名科学家沈括指出，不同地域的物候存在很大的差别，并在《梦溪笔谈》中说："土气有早晚，天时有愆伏。如平地三月花者，深山中则四月花。"③ 对天时的关注已成为

---

① （唐）杨倞注《工制篇》，《荀子》卷五，《景印文渊阁四库全书》，台湾商务印书馆，1986年影印本，子部，第695册，第166页。

② 黄怀信：《〈逸周书〉源流考辨》，西北大学出版社，1992，第111~115页。

③ （宋）沈括著，胡道静校正《梦溪笔谈》卷二六《药议》，上海古籍出版社，1987，第835页。

农业从业者的普遍共识。农学家陈旉以"盗天地之时利"来强调天时的重要性，认为"盖万物因时受气，因气发生"；"在耕稼盗天地之时利，可不知耶？……故农事必知天地时宜，则生之、蓄之、长之、育之、成之、熟之，无不遂矣"；"顺天地时利之宜，识阴阳消长之理，则百谷之成，斯可必矣"①。进一步深刻阐明了把握天时对于农业生产的重要意义。宋代多次改革历法，以北宋姚舜辅编制并于大观元年（1107）施行的《纪元历》和南宋以杨忠辅编制并于庆元五年（1199）推行的《统天历》最有成就和创造性。

元代科学家郭守敬编制的《授时历》是当时最为先进的历法。明代对《授时历》又进行了改进，编成《大统历》。后又因误差较多，崇祯皇帝先后任命徐光启、李天经等人主持修订，并聘用西方传教士龙华民、汤若望等参与其中，于崇祯八年（1635）著成《崇祯历书》。与传统历书不同的是，本次修订更多地吸收了欧洲天文学知识，如采用第谷创立的天体运行体系和几何学计算系统；引入地球和地理经纬度概念；采用欧洲通行的天文学度量制度，准确性大大提高②。但是，由于保守势力的反对，直至崇祯十六年（1643）才下令实施。翌年明朝灭亡。清代顺治初年，汤若望重新改定《崇祯历书》，进呈皇帝，这部历书最终正式颁行，命名为《时宪历》，沿用到清末。

3. 极端天气的应对

风调雨顺一直都是世间众民的美好诉求，适宜的气温和充足的水源对于农业生产、城市发展至为重要。然而，旱涝、寒燠等极端天气在历史上也屡见不鲜，成为气候生态的重要组成部分。不过，对于如何应对酷热和严寒，即便是到了技术高度发达的今天也是一大难题，古代社会更加难以应对，历史时期北方少数民族的多次南下，就是应对严寒的不得已的选择之一。

---

① 万国鼎校注《陈旉农书校注·天时之宜篇第四》，农业出版社，1965，第 27~29 页。
② 南炳文、汤刚：《明史》（下），上海人民出版社，2003，第 1064 页。

　　在科技水平和认知能力低下的年代，极端天气往往被视为上天对人类的惩罚，所以对上天诸神的祭祀是人们最为常见的反应。在我国历史上，人们很早便将祀神视为国家大事，"国之大事，在祀与戎"，这一观念深入人心。因此，对于灾难而言，祀神是举足轻重的事情，祈禳程序还被纳入了礼制。《旧唐书·礼仪四》载："显庆中，……京师孟夏以后旱，则祈雨，审理冤狱，赈恤穷乏，掩骼埋胔。先祈岳镇、海渎及诸山川能出云雨，皆于北郊望而告之。又祈社稷，又祈宗庙，每七日皆一祈。不雨，还从岳渎。旱甚，则大雩，秋分后不雩。初祈后一旬不雨，即徙市，禁屠杀，断伞扇，造土龙。雨足，则报祀。……若霖雨不已，禜京城诸门，门别三日，每日一禜。不止，乃祈山川、岳镇、海渎；三日不止，祈社稷、宗庙。其州县，禜城门；不止，祈界内山川及社稷。三禜、一祈，皆准京式。"① 宋代《典礼》规定："凡京都旱，则祈岳、镇、海、渎及诸山川能兴云雨者，于北郊望而祭之。又祈宗庙、社稷。每七日一祈，不雨，还从北郊如初。旱甚则雩，雨足则报。祈用酒、脯、醢，报如常祀，皆有司行事。已（赉）及未祈而雨者，皆报祀。"② 如多雨时节的祈晴活动。太祖开宝五年（972）五月持续多雨，"京师大雨，连旬不止，诸州皆言大雨霖"③。皇帝忧心忡忡，五月七日"遣近臣分诣京城祠庙祈晴"④。甚至释放后宫女眷，以期待降雨停止⑤。开宝八年（975）五月，"京师大雨水"⑥，朝廷再次祈晴。五月十日，皇帝"以久雨，命近臣祈晴于在京祠庙"⑦。仁宗天圣四年（1026）六月大雨，宰相曹利用撰写了祈晴词："维天圣四年岁次丙寅六月乙卯朔二十日甲午，嗣皇帝臣，谨遣推忠、协谋、同德、佐理功臣，枢密使，武宁军节度、管内观察处置等使，开府仪同三司，守司空，检校太师兼侍中，充景灵使，兼群牧制置

---

① （后晋）刘昫等：《旧唐书》卷二四《礼仪四》，中华书局，1975，第911~912页。

② （清）徐松辑《宋会要辑稿·礼》，中华书局，1957，第734页。

③ （元）马端临：《文献通考》卷三○三《物异考九》，浙江古籍出版社，2007，第2390页。

④ （宋）李焘：《续资治通鉴长编》卷一三，开宝五年五月乙丑，中华书局，1979，第108页。

⑤ （元）佚名：《宋史全文》卷二，开宝五年五月，黑龙江人民出版社，2005，第71页。

⑥ （元）脱脱等：《宋史》卷六一《五行一》，中华书局，1977，第1321页。

⑦ （宋）李焘：《续资治通鉴长编》卷一六，开宝八年五月辛巳，中华书局，1979，第230页。

使，行徐州大都督府长史，上柱国，鲁国公臣曹利用，谨上启圣祖上灵高道
九天司命保生天尊大帝：伏以方回褥暑，肇戒青商，大田垂丰茂之期，积雨
有滞淫之惧。比修馨荐，虔冀灵休，精诚溥伸，感应如响。"① 虔诚之至。
大旱时节则有祈雨活动。如宋神宗对翰林学士韩维说："久不雨，朕夙夜焦
劳，奈何？"韩维回答道："陛下忧闵旱灾，损膳避殿，此乃举行故事，恐
不足以应天变。愿陛下痛自责己，下诏广求直言，以开壅蔽，大发恩令，有
所蠲放，以和人情。"皇帝马上表示赞同，遂令他起草此诏，"诏出，人情
大悦"②。韩维起草的《求直言诏》云：

> 朕涉道日浅，昧于致治，政失厥中，以干阴阳之和。乃自冬迄春，
> 旱暵为虐，四海之内，被灾者广。间诏有司，损常膳，避正殿，冀以塞
> 责消变，历日滋久，未能休应。嗷嗷下民，大命近止，中夜以兴，震悸
> 靡宁，永惟其咎，未知攸出。意者朕之听纳不得于理欤？狱讼非其情
> 欤？赋敛失其节欤？忠谋谠言郁于上闻，而阿谀壅蔽以成其私者众欤？
> 何嘉气之久不效也？应中外文武臣僚，并许实封直言朝廷阙失，朕将亲
> 览，考求其当，以辅政理。三事大夫其务悉心交儆，成朕志焉。故兹诏
> 示，想宜知悉。③

地方官也有责任。景德四年（1007），卫尉少卿姚坦言："诸州知州祭
境内山川多不尽精专，以致水旱〔旱〕，望加戒励。"宋真宗下诏："祠祭之
仪，当思严肃。如闻列郡，不切遵依。将罄寅恭，时行戒喻。自今诸州祠祭
并依礼例，官吏务在严恪，不得违慢。"④
而对于广大百姓，政府则采取了具体的应对措施。我们可以将水旱的应

① （宋）夏竦：《文庄集》卷二七《祈晴祝文》，《景印文渊阁四库全书》，台湾商务印书馆，
1986年影印本，集部，第1087册，第272~273页。
② （元）佚名：《宋史全文》卷一二上，熙宁七年三月，黑龙江人民出版社，2005，第602页。
③ （宋）韩维：《南阳集》卷一五《求直言诏》，《景印文渊阁四库全书》，台湾商务印书馆，
1986年影印本，集部，第1101册，第639页。
④ （清）徐松辑《宋会要辑稿·礼》，中华书局，1979，第593页。

对分成灾前、灾中和灾后三部分。

灾前多为预防性和常规性措施。如兴修农田水利、整治河道等。只有河道畅通沟渠通流，才能确保旱时供水、涝时排洪。前文已有相关说明。再如仓储制度，这也是古代中国应灾的主要措施之一。唐代时，仓储建设已较为完善，以常平仓、义仓、正仓为主。《册府元龟》载，贞观年间"每岁水旱，皆以正仓出给。无仓之处，就食他州"①。玄宗时，岐、华、同、豳、陇等州发生灾害，"灼然乏绝者，速以当处义仓，量事赈给。如不足，兼以正仓及永丰仓米充"②。这一措施延至明清仍在发挥重要作用。清人邵长蘅总结说："先事而为之计者，一曰积储，而积储之法有三，曰常平，曰义仓，曰社仓。"③ 清人高尔俨也说："今国家于州县各设预备仓，以为救荒之本，为法甚善。"④ 譬如陕西地区，乾隆九年（1744）奏准常平仓储额"二百七十七万三千有十石，按各州县大小分存"⑤。河南各地区也广泛设置⑥。

灾难发生时，救灾措施较为灵活。如发放粮物。唐开元十五年（727），"同州、鄜州近属霖雨稍多，水潦为害，……宜令侍御史刘彦回乘传宣慰，其有百姓屋宇、田苗被漂损者，量加赈给"⑦。清嘉庆二十三年（1818）正月，因上年河南安阳处村庄被水，遂令"将安阳县八高利等八十二村庄，汤阴县南固城等二十四村庄，内黄县北高等四十二村庄，及渑池县、陕州

① （宋）王钦若等编纂《册府元龟》卷五〇二《邦计部·常平》，凤凰出版社，1966，第6020页。
② （清）董诰等编《全唐文》卷三四《元〔玄〕宗皇帝·赈岐华等州敕》，中华书局，1983，第373页。
③ （清）邵长蘅：《试策七荒政》，《青门簏稿》卷一六，《四库全书存目丛书》，齐鲁书社，1997，集部，第248册，第31页。
④ （清）高尔俨：《救荒安民事宜》，《古处堂集》卷二，《四库全书存目丛书》，齐鲁书社，1997，集部，第199册，第649页。
⑤ 《续修陕西通志稿》卷三二《仓庾一》，《中国西北文献丛书》，兰州古籍出版社，1990，第1辑第7卷，第89页。
⑥ 闫娜轲：《清代河南灾荒及其社会应对研究》，博士学位论文，南开大学，2013，第72~86页。
⑦ （宋）王钦若等编纂《册府元龟》卷一〇五《帝王部·惠民》，凤凰出版社，1966，第1260页。

原报被水被雹各村庄无力贫民，一体借粜仓谷以裕民食"①。或平粜粮食。如唐开元十二年（724），蒲州、同州干旱，"虑至来岁贫下少粮，宜令太原仓出十五万石米付蒲州，永丰仓出十五万石米付同州，减时价十钱粜与百姓"②。大历四年（769），"自夏四月连雨至八月，京师米斗八百文，官出米二万石，减价而粜，以惠贫民"③。或移民就粟。《新唐书·食货一》载，仓储不足"则徙民就食诸州"④。如贞观初年，"频年霜旱，畿内户口并就关外，携负老幼，来往数年，曾无一户逃亡"⑤。或移粟就民。《新唐书·食货志》载："唐都长安，而关中号称沃野，然其土地狭，所出不足以给京师、备水旱，故常转漕东南之粟。"⑥ 当然，提供住所、医疗等日常服务也较为常见。如唐元和十二年（817），诏"诸道遭水州府，其人户中有漂溺致死者，委所在收瘞。其屋宇摧倒，亦委长史量事劝课修葺，使得安存"⑦。

灾害过后，善后事宜同样重要。譬如借贷籽种，恢复生产。唐贞元四年（788）诏："诸州遭水旱，委长吏贷种。"⑧ 清道光二十四年（1844），河南发生水灾，谕令将中牟、祥符、陈留、杞县、通许、尉氏、淮宁、太康、扶沟、沈丘、鹿邑、阳武等十二县"原淹、洼下积水未消，失业、极贫灾民于明春展赈一月口粮，其已涸复淹，及续淹村庄酌借籽种口粮，西华县原淹极贫灾民着展赈一月口粮，次贫灾民着粜借仓谷，项城县原淹洼下贫民着

① 中国第一历史档案馆藏《军机处上谕档》，嘉庆二十三年正月初八第9条，转引自闫娜轲《清代河南灾荒及其社会应对研究》，博士学位论文，南开大学，2013，第104页。
② （宋）王钦若等编纂《册府元龟》卷一〇五《帝王部·惠民》，凤凰出版社，1966，第1259页。
③ （后晋）刘昫等：《旧唐书》卷一一《代宗本纪》，中华书局，1975，第294页。
④ （宋）欧阳修、宋祁：《新唐书》卷五一《食货一》，中华书局，1975，第1344页。
⑤ 谢保成集校《贞观政要集校》卷一〇《论慎终》，中华书局，2003，第540页。
⑥ （宋）欧阳修、宋祁：《新唐书》卷五三《食货志三》，中华书局，1975，第1365页。
⑦ （宋）王钦若等编纂《册府元龟》卷一四七《帝王部·恤下》，凤凰出版社，1966，第1777页。
⑧ （宋）王钦若等编纂《册府元龟》卷一〇六《帝王部·惠民》，凤凰出版社，1966，第1264页。

酌借籽种口粮，睢州原、续被淹极、次贫民着照借仓谷以资接济"[1]。又如蠲免缓征，一般可分为全免、部分免除、缓征。《册府元龟》载："古者使民以时，赋调有数，盖以备国用，均民力也。其或天灾流行，水旱作沴，兵革之后，必有凶年。故哀其疾苦，而有复除之制。"[2] 这一措施较为普遍化。如高宗上元二年（675）正月，"敕雍、岐、同、华、陇等州，给复一年，自余诸州，咸亨年遭旱涝虫霜损免之家，虽经丰稔，家产未复，宜更免一年租"[3]。获嘉县清康熙二十九年（1690）夏旱、三十年（1691）春夏旱，"免赋十之三"[4]。又如招徕流民返乡。对于流亡在外的灾民，官方鼓励其返回家园，并给予相应的优惠政策。如唐乾元二年（759）规定，"流民还者给复三年"[5]；大历元年（766）规定，"流民还者，给复二年，田园尽，则授以逃田"[6]；清雍正元年（1723）谕："今据山东巡抚奏称，直隶、河南邻境小民，资生无策，间有携家就近觅食者……当此春初，农事方兴。若任其流离，则小民何归？着直隶、河南巡抚即遴遣贤员，招辑复业，核实赈济，务令得所，勿失农时。"[7]

总体来说，黄河中下游地区水旱灾害的社会应对体现了传统时期的基本模式，在技术条件还很落后的社会环境中，这些措施已经表现出积极的一面，也对灾害的应对、灾民的生存及国家基层社会秩序的维护起到了应有的作用。

---

[1] 中国第一历史档案馆藏《军机处上谕档》，道光二十四年十二月十八第1条，转引自闫娜轲《清代河南灾荒及其社会应对研究》，博士学位论文，南开大学，2013，第103页。

[2] （宋）王钦若等编纂《册府元龟》卷四八九《邦计部·蠲复》，凤凰出版社，1966，第5845页。

[3] （宋）王钦若等编纂《册府元龟》卷四九〇《邦计部·蠲复》，凤凰出版社，1966，第5860页。

[4] 民国《获嘉县志》卷一七《祥异》，1934年铅印本，第6页。

[5] （宋）欧阳修、宋祁：《新唐书》卷六《肃宗本纪》，中华书局，1975，第161页。

[6] （宋）欧阳修、宋祁：《新唐书》卷五一《食货一》，中华书局，1975，第1348页。

[7] 《世宗宪皇帝圣训》卷一五《爱民一》，《景印文渊阁四库全书》，台湾商务印书馆，1986年影印本，史部，第412册，第212页。

第二节　古代国家政权对黄河中下游地区
城镇灾害的应对机制

城镇是一个地区的政治、经济、文化中心，也是人口麇集、财富集中之地，故城镇若受灾，损失难以估量。鉴于此，城镇灾害不容忽视。所幸的是，在黄河中下游地区，城镇灾害的应对一直为官民所重视，并取得了积极的效果。

一　城镇灾害的应对

城镇灾害有自然灾害和人为灾害两种，本书所指之灾害系为自然方面。在所有自然灾害中，水灾对城镇的影响最大，故围绕水灾展开讨论。

1. 防洪设施的建设

最为常见的方略乃建城于高地。在战国时，管子就指出："水之性，以高走下，则疾，至于漂石，而下向高，即留而不行。"[①] 城镇选址于低洼之处，洪水冲来，轻则受淹，重则被冲毁。故管子提出，城市选址"高毋近旱，而水用足；下毋近水，而沟防省"[②]。历史时期大量的城镇建于靠近河道的高地之上既利于防卫，也便于防洪和排水。

与《管子》选址原则高度吻合的是齐都临淄城：其城址东临淄河，西依系水，南有牛、援二山，北为广阔原野，地势南高北低，利于排水。城址地平多为海拔 40~50 米，比北边原野高出 5~15 米。地势高敞，不易受到洪水威胁[③]。隋唐长安城也是如此。《元和郡县图志》载："隋氏营都，宇文恺以朱雀街南北有六条高坡，为乾卦之象，故以九二置宫殿，以当帝王之居，

---

① （唐）房玄龄注《度地》，《管子》卷一八，《景印文渊阁四库全书》，台湾商务印书馆，1986年影印本，子部，第729册，第195页。

② （唐）房玄龄注《立政》，《管子》卷一，《景印文渊阁四库全书》，台湾商务印书馆，1986年影印本，子部，第729册，第23页。

③ 刘敦愿：《春秋时期齐国故城的复原与城市布局》，《历史地理》创刊号，上海人民出版社，1981，第157、158页。

九三立百司，以应君子之数，九五贵位，不欲常人居之，故置玄都观及兴善寺以镇之。"① 宫城、皇城等重要建筑均置于六条高坡上，有利于军事防御和防洪排水。

作为具备防卫功能的城墙因其本身的形制而带有天然的防洪功用，故在其诞生后不久就承担起防洪之任②。据史料记载，尧时出现大洪水，广求能平治洪水者，"四岳举鲧，帝乃封鲧为崇伯，使治之。鲧乃大兴徒役，作九仞之城，迄无成功"③。鲧之所以失败，主要在于他只用了"防"的单一方略，洪水排泄不畅。这对于夯土筑成的城墙来说，是灾难性的。

尧舜时代的考古发掘也证实了这一时期城墙的防洪功能。如河南淮阳平粮台城，据考证，今平粮台古城址高出地面3~5米，现存城墙顶部宽8~10米，下部宽13米，城墙残高3米多。城墙中心下部为一小版筑墙，修在坚硬的褐色土基上，能起到防渗的作用，以抵御洪水的侵袭④。

商代的城市防洪沿用此法。1983年，偃师尸乡沟发现了商代早期都城西亳遗址，城墙全部由分土筑成，厚约18米，残高1~2米⑤。郑州商城城墙现存夯土层下部宽21.85米，残高5.3米。而且，郑州商城采用大版夯筑法，中间是平夯筑成的"主城墙"，两边是斜夯筑成的"护城坡"⑥，筑城方法取得了明显的进步，也有助于城市应对洪水的浸泡和冲击。这一时期的城墙上还出现了排水设施，如郑州商城主城墙内外两面护城坡的顶面，均铺有一层料姜石碎块⑦，可以有效地预防雨水的冲刷。

春秋战国时期，两板间夯土筑城之法被普遍采用。这一办法"可使夹板悬空而固定，不断垂直加高城墙"。位于今天洛阳境内的东周王城就采用

① （唐）李吉甫撰，贺次君点校《元和郡县图志》卷一《关内道》，中华书局，1983，第1~2页。
② 吴庆洲：《中国古代城市防洪研究》，中国建筑工业出版社，1995，第2页。
③ （清）傅恒：《御批历代通鉴辑览》卷一，《景印文渊阁四库全书》，台湾商务印书馆，1986年影印本，史部，第335册，第41页。
④ 吴庆洲：《中国古代城市防洪研究》，中国建筑工业出版社，1995，第2页。
⑤ 本刊讯：《偃师尸乡沟发现商代早期都城遗址》，《考古》1984年第4期。
⑥ 河南省博物馆、郑州市博物馆：《郑州商代城址试掘简报》，《文物》1977年第1期。
⑦ 马世之：《试论商代的城址》，《中国考古学会第五次年会论文集》，文物出版社，1985，第28页。

了此法，"该城的夯土法有二种：平夯法和方块夯法。平夯即两边夹板，一层层平夯。从夯土的侧面上看，层次分明；从夯土的平面上看，没有任何分界。方块夯法是分段的夯筑法，平面上边痕极其清楚，层次也分明"①。城墙防雨仍然受到重视。赵都邯郸的城墙上就发现了排水道，同时在西城南墙还发现了用筒、板瓦等覆盖城墙的情形，城墙防止雨水冲刷、渗透的效果大大加强②。

魏晋时期，城墙的坚固性得到强化。北魏都城洛阳的内城城垣沿自东汉，墙基埋在地平面 1 米以下，北城垣宽 25～30 米，东垣宽约 14 米，西垣宽 20 米左右，系版筑夯土墙，细致结实③。无疑，内城城垣具有很好的防洪效果。东晋咸和三年（328）八月，刘曜"攻石生于金墉，决千金堨以灌之"④，城却未毁。足见内城的防洪能力。

唐代起，城墙包砖开始增多。唐都长安的郭城为夯土版筑，但宫城城门附近和拐角处的内外表面已经砌砖，夹城拐角处也部分包砌了青砖。东都洛阳的郭城亦为夯土版筑，而宫城和皇城的城壁内外也包砌了砖⑤。

五代之际，后周统治者较为重视城市的防洪排洪问题。太祖广顺二年（952）正月，"修东京罗城，凡役丁夫五万五千，两旬而罢"⑥。北宋东京城有外城、里城和宫城三重城墙，外城周长为四十余里，城门除南薰门、新郑门、新宋门、封丘门"直门两重"外，余皆"瓮城三层，屈曲开门"⑦。瓮城之设，无论是对军事防御还是防洪都是十分有利的。

明清时期是我国的筑城时代，经过大规模的城市建设，城镇的御灾能力得到较大的提高。大型城市如明太原城，城周 24 里，高 3 丈 5 尺，外包砖，

① 中国科学院考古研究所洛阳发掘队：《洛阳涧滨东周城址发掘报告》，《考古学报》1959 年第 2 期。

② 河北省文物管理处、邯郸市文物保管所：《赵都邯郸故城调查报告》，《考古学辑刊》，中国社会科学出版社，1984，第 4 页。

③ 中国科学院考古研究所洛阳工作队：《汉魏洛阳城初步勘查》，《考古》1973 年第 4 期。

④ （唐）房玄龄等：《晋书》卷一〇三《刘曜传》，中华书局，1974，第 2700 页。

⑤ 宿白：《隋唐长安城和洛阳城》，《考古》1978 年第 6 期。

⑥ （宋）薛居正等：《旧五代史》卷一一二《太祖纪三》，中华书局，1976，第 1479 页。

⑦ （宋）孟元老撰，邓之诚注《东京梦华录》卷一《东都外城》，中华书局，1985，第 17 页。

设 8 门，"四隅建大楼十二，周垣小楼九十，东面二十二座，南面二十三座，西面二十四座，北面二十一座，以按木火金水之生数。敌台逻室称之崇墉，雉堞甲天下。故昔人有锦绣太原之称也"①。中等城市城周也多在 8 里以上。洪武年间，重修绥德城，"东西二里一百五十步，南北二里三百一十五步，方八里二百八十步"②。曹州府"城周十二里，高二丈五尺，堞垣高五尺，趾阔三丈。……沿池及四关皆缭以郛郭，环以沟堑。……嘉靖元年，知州沈韩离城五里周围筑大堤，防水护城"③。小的城市如靖边县城池，"明永乐初建成，改名靖边营，周二里许"④。阳谷县城，明成化五年（1469）知县孟纯增筑，"周九里，高二丈有奇，厚二丈，池阔二丈，深一丈"。万历二十五年（1597），知县卢道"筑护堤二重，高一丈五尺"⑤。无论是大的城市还是小的城市，城墙建设均相对完备，这不但是城镇灾害应对机制的基础，也是城镇灾害应对的重要举措。清代继续改进。如乾隆三十三年（1768）规定，凡城墙顶部须"海墁砖砌，使雨水不能下渗城身，里面添设墙宇，安砌水沟，使水顺流而下"⑥。可见当时对城墙的排水系统非常重视。

再者，护城堤对于沿河城市而言特别重要。在城市尤其是滨河城市周围建设防洪堤，无疑会进一步提升城市的防洪能力。我国早期就出现了防洪堤。《晏子春秋·内篇·杂上》载："景公登东门防，民单服然后上。公曰：'此大伤牛马蹄矣，夫何不下六尺哉？'晏子对曰：'昔者吾先君桓公，明君也；而管仲，贤相也。夫以贤相佐明君，而东门防全也。古者不为，殆有为也。早岁淄水至，入广门，即下六尺耳。乡者防下六

---

① 乾隆《太原府志》卷六《城池》，《中国地方志集成·山西府县志辑》，凤凰出版社，2005，第 1 册，第 43 页。

② 光绪《绥德州志》卷二《建置志·城堡》，《中国方志丛书》，成文出版社，1970 年影印本，第 165 页。

③ 宣统《山东通志》卷一九《城池》，1918 年铅印本，第 23~24 页。

④ 雍正《敕修陕西通志》卷一四《城池》，雍正十三年刻本，第 14 页。

⑤ 宣统《山东通志》卷一九《城池》，1918 年铅印本，第 18~19 页。

⑥ 民国《续修陕西通志稿》卷八《城池》，1934 年铅印本，第 1 页。

尺，则无齐矣。'"①《国语·周语》亦载："灵王二十二年，谷、洛斗，将毁王宫。王欲壅之。太子晋谏曰：'不可。晋闻古之长民者，不堕山，不崇薮，不防川，不窦泽……'王卒壅之。"② 充分意识到了堤防的重要性。

洛阳城因距离黄河干道不远，洛河复贯入城内，护城堤的作用受到了官民的重视。《唐两京城坊考》积善坊条引《河南图经》："洛水自苑内上阳宫南，弥漫东注。隋宇文恺版筑之，时因筑斜堤，束令东北流，当水冲捺堰，作九折，形如偃月，谓之月陂。其西有上阳、积翠、月坡〔陂〕三堤。明皇开元末作三堤，命李适之撰记，永王璘书。其记云：及泉而下巨木，飞轮而出伏水，然后积石，增卑而培薄，方下而锐上。"③ 又载："洛水……经尚善、旌善二坊之北，南溢为魏王池（与洛水隔堤，初建都筑堤，壅水北流，余水停成此池，下与洛水潜通，深处至数顷，水鸟翔泳）。"④ 慈惠坊条引《河南志》复载："此坊半已北即洛水之横堤。"⑤ 数重堤防，成为洛阳城的屏障。

宋代的开封城，除三重城墙外，汴河、蔡河、五丈河、金水河四河均筑有堤防。据《宋史·河渠志》载，太祖建隆三年（962）十月，诏"缘汴河州县长吏，常以春首课民夹岸植榆柳，以固堤防"⑥绍圣四年（1097）十二月，诏"京城内汴河两岸，各留堤面丈有五尺，禁公私侵牟"⑦。金水河亦有堤防。宋人袁纲言："自京城西南分京索河筑堤，从汴河上用水槽架过，从西北水门入京城，夹墙遮拥入大内，灌后苑池浦。先是诏析金水河透

---

① （春秋）晏婴：《内篇·杂上》，《晏子春秋》卷五，《景印文渊阁四库全书》，台湾商务印书馆，1986 年影印本，史部，第 446 册，第 134 页。

② （春秋）左丘明撰，焦杰校点《国语》卷三《周语下》，辽宁教育出版社，1997，第 20~22 页。

③ （清）徐松撰，李健超增订《增订唐两京城坊考》卷五《外郭城》积善坊条引《河南图经》，三秦出版社，2006，第 383 页。

④ （清）徐松撰，李健超增订《增订唐两京城坊考》卷五《东京洛渠》，三秦出版社，2006，第 443 页。

⑤ （清）徐松撰，李健超增订《增订唐两京城坊考》卷五《外郭城》慈惠坊条引《河南志》，三秦出版社，2006，第 346 页。

⑥ （元）脱脱等：《宋史》卷九三《河渠三·汴河上》，中华书局，1977，第 2317 页。

⑦ （元）脱脱等：《宋史》卷九四《河渠四·汴河下》，中华书局，1977，第 2334 页。

槽回水入汴，北引洛水入禁中，赐名天源河。然舟至即启槽，频妨行舟。乃自城西超宇坊引洛，由咸丰门立堤，凡三千三十步，水遂入禁而槽废。"[1]多重的堤防保护着东京城内外，形成了完整的城市防洪障水体系。

　　元代对护城堤的重视程度更高。如开封城，仁宗延祐五年（1318），河北河南道廉访副使奥屯言："近年河决杞县小黄村口，滔滔南流，……今水迫汴城，远无数里，倘值霖雨水溢，仓卒何以防御。……窃恐将来浸灌汴城，其害匪轻。"于是，次年二月政府组织修治了汴梁护城堤二道，"长七千四百四十三步"[2]。山东的鱼台县城也是如此，"元泰定间县尹孙荣祖划筑西北一隅，周七里余，高二丈二尺，厚一丈。……接旧城废址，环以大小两堤。……万历三十二年河决，南注丰沛，入境为城郭患，巡抚黄克绕督令增修重堤以保障之"[3]。

　　同时，为了有效保护堤防，古人采取了在堤岸植树的措施。早在周代，已有在道路边、沟渠堤上植树的制度。据《周礼·夏官》，掌固之职守是"掌修城郭、沟池、树渠之固"，"凡国都之竟，有沟树之固，郊亦如之"；司险之职守是"设国之五沟、五涂，而树之林以为阻固"[4]等。由此可知，沟渠之旁必植树以加固堤岸，这在周代已成制度。而《管子》也主张："大者为之堤，小者为之防……树以荆棘，以固其地，杂之以柏杨，以备决水。"[5]成为后世植树固堤的滥觞。据《宋史·谢德权传》载，咸平年间，谢德权在全力修筑堤防的同时，"植树数十万以固岸"[6]。几十万棵树木被栽种在堤岸上，规模是相当大的。明代刘天和总结堤岸植柳的经验，定出植柳六法，依不同堤段进行栽植，有护堤防冲之效，还可为河工提

①　（宋）袁䋹：《枫窗小牍》卷上，《景印文渊阁四库全书》，台湾商务印书馆，1986 年影印本，子部，第 1038 册，第 221 页。

②　（明）宋濂等：《元史》卷六五《河渠二·黄河》，中华书局，1976，第 1623 页。

③　宣统《山东通志》卷一九《城池》，1918 年铅印本，第 20 页。

④　（清）阮元校刻《十三经注疏·周礼注疏》卷三〇《夏官》，中华书局，1980，第 843、844 页。

⑤　（唐）房玄龄注《度地》，《管子》卷一八，《景印文渊阁四库全书》，台湾商务印书馆，1986 年影印本，子部，第 729 册，第 197 页。

⑥　（元）脱脱等：《宋史》卷三〇九《谢德权传》，中华书局，1977，第 10166 页。

供物料①。

此外，还有一些值得书写的事情。如设置警戒水位。《宋史·河渠志》记载，宋大中祥符八年（1015）六月诏，"自今后汴水添涨及七尺五寸，即遣禁兵三千，沿河防护"②。"七尺五寸"正是宋东京城防洪的警戒水位，这成为城市防洪史上一件了不起的成就。又如保护水流畅通。真宗景德三年（1006），"分遣入内内侍八人，督京城内外坊里开浚沟渠。先是，京都每岁春浚沟渎，而势家豪族，有不即施工者。帝闻之，遣使分视，自是不复有稽迟者，以至雨潦暴集，无所壅遏，都人赖之"。仁宗天圣二年（1024），张君平等提出治理河渠的八条建议，被皇帝采纳，其中第五条为"民或于古河渠中修筑堰竭，截水取鱼，渐至淀淤，水潦暴集，河流不通，则致深害，乞严禁之"③。畅通的河道沟渠便利了积水的流通和排泄，一定程度上缓解了城镇的内涝。

2. 排洪设施的建设

排洪设施建设是应对城镇水灾的主要措施之一，包括修渠、建湖、筑水门等，其中修渠乃是最为重要和有效的应对措施。

首先看修渠。河渠对内水外排的巨大作用毋庸置疑。北宋绍圣初（1094），吴师孟在记载成都城内河渠时言："蕞尔小邦，必有流通之水，以济民用。藩镇都会，顾可缺欤？虽有沟渠，壅淤沮洳，则春夏之交，沈郁湫底之气，渐染于居民，淫而为疫疠。譬诸人身气血并凝，而欲百骸之条畅，其可得乎？伊滔贯成周之中，汾浍流绛郡之恶，《书》之浚畎浍，《礼》之报水，《周官》之善沟防，《月令》之导沟渎，皆是物也。"④ 南宋人林景熙在《州内河记》中也指出："邑，犹身也；河，犹血脉也。血脉壅则身病，

---

① （明）刘天和：《植柳六法》，《问水集》卷一，《四库全书存目丛书》，齐鲁书社，1997，集部，第 221 册，第 256~258 页。
② （元）脱脱等：《宋史》卷九三《河渠三·汴河上》，中华书局，1977，第 2321 页。
③ （元）脱脱等：《宋史》卷九四《河渠四·京畿沟渠》，中华书局，1977，第 2343、2344 页。
④ 同治《重修成都县志》卷一三《艺文志·导水记》，《中国地方志集成·四川府县志辑》，巴蜀书社，1992，第 2 册，第 573 页。

河壅则邑病。不壅不病。"① 城市的排洪离不开便利的河道，闻名遐迩的苏州正是由于发达的河道便于内水外排，"虽名泽国，而城中未尝有垫溺荡析之患"②。可见，开凿河渠很早已为古人所重视。

最早用河渠排洪之人无疑是传说中的大禹，他吸取父亲"壅"的教训，采用疏导之策，"决九川、距四海，浚畎浍、距川"③，使"水由地中行，……然后人得平土而居之"④。疏浚河道，使水畅行，确保了治河的成功。

对于城市而言，开渠之法最为常见。在目前所发掘的夏商时期的城址中，夏代二里头遗址发现了大型的排水系统。在遗址庭院的东部，发现了两处地下水道，一处在庭院东北部，由若干节陶水管拼接而成，安装在预先挖好的沟槽之内，水道西高东低，便于将庭院的水排出去。水道残长 7 米左右。另一处地下水道在庭院东南部，在一条先挖好的沟槽内用石板上下左右砌成方腔水道，其上再垫土以便行走。该水道南北向一段内腔较窄小，东西向一段内腔渐次变得宽大。水道北高南低，西高东低。其南北向一段长 11.6 米。在宫殿东墙的第一、四道门都铺有地下水道。⑤ 此外，郑州商城发现了商代壕沟⑥，安阳殷墟也发现了一条宽 7～21 米、深 5～10 米的很有可能是用于排水的灰沟⑦。

春秋战国时期，城市的排水系统已逐渐完善。城市排水系统由下水管道、城内沟渠和城壕组成，把城外的积水排到城内的河、湖中。齐临淄故城、燕下都城、曲阜鲁国故城等都有完善的城市排水系统⑧。

---

① （宋）林景熙：《州内河记》，民国《平阳县志》卷七《建置志三·水利上》，1936 年刻本，第 1 页。
② （宋）朱长文：《吴郡图经续记》卷上《城邑》，中华书局，1985，第 2 页。
③ （清）阮元校刻《十三经注疏·尚书正义》卷五《益稷》，中华书局，1980，第 141 页。
④ （清）阮元校刻《十三经注疏·孟子注疏》卷六下《滕文公下》，中华书局，1980，第 2714 页。
⑤ 赵芝荃、郑光：《河南偃师二里头二号宫殿遗址》，《考古》1983 年第 3 期。
⑥ 河南省博物馆、郑州市博物馆：《郑州商代城址试掘简报》，《文物》1977 年第 1 期。
⑦ 安志敏、江秉信、陈志达：《1958～1959 年殷墟发掘简报》，《考古》1961 年第 2 期。
⑧ 吴庆洲：《中国古代城市防洪研究》，中国建筑工业出版社，1995，第 15 页。

汉魏之际，洛阳城建设了发达的河渠。《洛阳伽蓝记》载："太仓南有翟泉，周回三里。……水犹澄清，洞底明静，鳞甲潜藏，辨其鱼鳖。……泉西有华林园，高祖以泉在园东，因名苍龙海。华林园中有大海，即魏天渊池。池中犹有文帝九华台。……奈林西有都堂，有流觞池。堂东有扶桑海。凡此诸海，皆有石窦流于地下。西通谷水，东连阳渠，亦与翟泉相连。若旱魃为害，谷水注之不竭；离毕滂润，阳渠泄之不盈。至于鳞甲异品，羽毛殊类，濯波浮浪，如似自然也。"① 可知，汉魏洛阳城内不但水体通畅，可蓄可泄，还具有溉灌田圃、水产养殖、造园绿化、改善环境等功用。当时，城内沟渠工程的质量较之前代有很大进步："魏太和中，皇都迁洛阳，经构宫极，修理街渠，发石视之，尝无毁坏，又石工细密，非今之所拟，遂因用之。"②

唐代的滑州城也曾以疏导之法解除洪水之困。据载，宪宗元和八年（813）十二月，"以河溢浸滑州羊马城之半，滑州薛平、魏博田弘正征役万人，于黎阳界开古黄河，南北长十四里，东西阔六十步，深一丈七尺，决旧河水势，滑人遂无水患"③。《新唐书》亦载："始，河溢瓠子，东泛滑，距城才二里所。平按求故道出黎阳西南，因命其佐裴弘泰往请魏博节度使田弘正，弘正许之。乃籍民田所当者易以它地，疏道二十里，以酾水悍，还墒田七百顷于河南，自是滑人无患"④。

宋代使用此法更为频繁。以都城东京为例，城市水系由城壕、穿城河道、各街巷沟渠及城内外湖池等组成，表现出多元化的特点。东京城的三重城墙外均有壕池，即三重城壕⑤。外城"城壕曰护龙河，阔十余丈"⑥。汴河、蔡河、五丈河和金水河均入城内，汴河是最为重要的排洪河道，"异时京师沟渠之水皆入汴，旧尚书省都堂壁记云：疏治八渠，南

① 杨勇校笺《洛阳伽蓝记校笺》卷一《城内》，中华书局，2006，第62~64页。
②′（清）顾炎武：《历代宅京记》卷八《洛阳中》，中华书局，1984，第133页。
③ （后晋）刘昫等：《旧唐书》卷《宪宗本纪下》，中华书局，1975，第448页。
④ （宋）欧阳修、宋祁：《新唐书》卷一一一《薛平传》，中华书局，1975，第4145页。
⑤ 董鉴泓主编《中国城市建设史》，中国建筑工业出版社，1982，第47页。
⑥ （宋）孟元老撰，邓之诚注《东京梦华录》卷一《东都外城》，中华书局，1985，第1页。

入汴水是也"①。城内街衢更为庞大，城内有排水沟渠 200 余条，流入各河②。元丰五年（1082），"诏开在京城壕，阔五十步，深一丈五尺"③。规定了沟渠的宽度和深度。城内还有凝祥、金明、琼林、玉津四个池沼。其中，金明池"在顺天街北，周围约九里三十步，池西直径七里许"④。池的面积很大，容量自然也较大。

反之，如果城市水系缺失或设计不合理，则将加重洪灾。如唐代东都洛阳，有洛水、通济渠、通津渠、伊水（两支）、运渠、漕渠、谷渠、瀍渠、泄城渠、写口渠等 11 条水道⑤，具体如下。

洛水：西自苑内上阳宫之南，流入外郭城。东流经积善坊之北，分三道，当端门之南立桥。过桥，又合而东流，经尚善、旌善二坊之北，南溢为魏王池。又东北流，经惠训坊之西，分为漕渠。斗门之西旧中桥，过斗门又东，流经新中桥。又东经安众、慈惠二坊之北，有浮桥。又东流经询善、嘉猷、廷庆三坊之北，出郭城。

通济渠：自苑内支分谷、洛水，流经都城通济坊之南，故以名渠焉。过通济坊，又东北流经西市，东折而东流至河南县（今属洛阳）之西，又北流至宽政坊之西北隅，东流过天门街，经宜人、正乎坊，北流至崇政坊西，过河南府、宣范、恭安坊西北，又东北抵择善坊西北，东流经道德、惠和、通利、富教、睦仁、静仁六坊之南，屈而北流，过官药园、廷庆坊之东，入洛水。天宝中，壅蔽不通，渠遂涸绝。

通津渠和伊水：隋大业元年（605）开。于午桥庄（在长夏门南五里）西南二十里分洛堰引洛水，又于正南十八里龙门堰引伊水（在河南

① （明）宋濂撰，周宝珠、程民生校《汴京遗迹志》卷六《河渠二》，中华书局，1999，第89 页。

② 张亦文：《开封城市建设的发展》，开封市政协文史资料委员会编印《开封文史资料》第 11 辑，1991，第 8 页。

③ （元）脱脱等：《宋史》卷九四《河渠四·京畿沟渠》，中华书局，1977，第 2344 页。

④ （宋）孟元老撰，邓之诚注《东京梦华录》卷七《三月一日开金明池琼林苑》，中华书局，1985，第 127~128 页。

⑤ （清）徐松撰，李健超增订《增订唐两京城坊考》卷五《洛水》《通济渠》《通津渠》《运渠》《漕渠》《谷渠》《瀍渠》《泄城渠》《写口渠》，三秦出版社，2006，第 442~447 页。

县东南十八里），以大石为杠，互受二水。洛水一支西北流，名千步碛渠。又东北距河南县三里，名通津渠。由厚载门入都城，经天街北、天津桥南入于洛。伊水分二支，西支正北入城，经归德之西，折而东流，又北经正俗、永丰之西，又折而东南流，经修善、嘉善南，合于东支。东支东南入城，经兴教坊西，又折而东流，经宣教、集贤之南，又折而北，经履道之西，以周其北，又东经永通之北，又折而北经利仁、归仁、怀仁之东，以入于运渠。

运渠：自都城之东，西北流至外郭之东南隅，屈而北流，经永通、建春门外，又屈而西流入城，经仁风坊南，又西经从善坊南，分为二流，屈曲至临闽坊南而合，至南市北，有福先寺永磴，又北流经延福、富教、询善坊西入洛。

漕渠：自斗门下支分洛水东北流，至立德坊之南，西溢为新潭。又东流至归义坊之西南，有西槽桥。又东流至景行坊之东南，有漕渠桥。又东流经时邕、毓财、积德三坊之南，出郭城之西南。

谷渠：渠在洛水之北，自苑内分谷水东流，至城之西南隅入洛水。渠南隋有石泻，后入上阳宫。

瀍渠：自修义坊西南流入外郭城，南流经进德、履顺二坊之东，又东南流，穿思恭坊，通宣仁门南流，经归义坊入漕渠。

泄城渠：渠自含嘉仓城出，循城南流至宣仁门南，屈而东流，经立德坊之北，至东北隅遥其坊，屈而南流入漕渠。

写口渠：渠自宣仁门南，支分泄城渠，南流与皇城中渠合，循城南流，至立德坊之西南隅，透其坊，屈而东流入漕渠之西。

据此可知，11 条河道汇为 2 条河道排出城外，一是通济渠、通津渠、伊水（两支）、运渠、谷渠 6 水汇于洛水；二是瀍渠、泄城渠、写口渠 3 水汇于漕渠。洛水、漕渠两支河道泄洪，一般来讲是合理的。但把谷水、伊水等引入城内，排入洛水，却增加了城区内洛河河道的水量，这成为唐代洛阳发生水灾的重要原因。所以，从防洪角度上来讲，这是城市水系规划的失误。

此外，湖池可以蓄洪调节，这也是城市防洪的办法。湖池具有调蓄雨洪的天然功能，湖池的面积越大、越深，其容水量也就越大，调蓄的作用就越明显。早在西汉，贾让已注意到湖池的调蓄功能，指出："古者立国居民，疆理土地，必遗川泽之分，度水势所不及……陂障卑下，以为汙泽，使秋水多，得有所休息，左右游波，宽缓而不迫。"① 隋唐时期的洛阳也采用了此法。《新唐书·李适之传》载："徙陕州刺史、河南尹。……玄宗患谷、洛岁暴耗徭力，诏适之以禁钱作三大防，曰上阳、积翠、月陂，自是水不能患。"② 又《资治通鉴》载："都城（洛阳）西连禁苑，谷、洛二水会于禁苑之间。至玄宗开元二十四年，以谷、洛二水或泛溢，疲费人功，遂出内库和雇，修三陂以御之，一曰积翠，二曰月陂，三曰上阳；尔后二水无劳役之患。"③ 到了明朝，宋濂在分析黄河水患比长江多的原因时指出："以中原之平旷夷衍，无洞庭、彭蠡以为之汇，故河常横溃为患。"④ 即黄河水患频发与黄河没有像长江那样有较多大湖泊调蓄分洪有关。清人裘日修也认为，洛阳、巩县（今巩义市）以东，平原广野，河性难制，其原因为土质不坚，无山以束，无湖以蓄，平时黄流宽缓，泥沙沉滞，积日久，河道日浅，及至汛期水发，河道难容，无束无蓄，"何不溢且溃哉！"⑤ 可见，古代普遍认识到湖池调水功能的重要性。不过，一般来讲，湖泊可以汇聚多余之水，防止城镇内涝，但若水量过大，湖泊的作用就另当别论了。

城墙涵洞（或称水门）也是城镇内水外排的途径，为历代所注意。城墙涵洞春秋时已出现，当时被称为"窦"或"渎"。《左传》载，鲁襄公二

---

① （汉）班固：《汉书》卷二九《沟洫志》，中华书局，1962，第 1692 页。

② （宋）欧阳修、宋祁：《新唐书》卷一三一《李适之传》，中华书局，1975，第 4503 页。

③ （宋）司马光：《资治通鉴》卷一九五，贞观十一年七月癸未，中华书局，1956，第 6130 页。

④ （明）宋濂：《治河议》，（明）万表辑《皇明经济文录》卷一五，《四库禁毁书丛刊》，北京出版社，1997，集部，第 19 册，第 2 页。

⑤ （清）裘日修：《治河论上》，《裘文达公文集》卷五，《续修四库全书》，上海古籍出版社，2002，集部，第 1441 册，第 99 页。

十六年（前547），齐人"遂袭我高鱼，有大雨，自其窦入"①。因下雨，打开水窦以排泄雨水，齐人从窦孔进入高鱼城。徐州城也有涵洞，城内间有积水，"一开水关，无不复归于河，而城不受内溃"②。水关即涵洞。宋代的开封城由于河道发达，涵洞亦盛。据史载，汴河上水门，南曰大通［即西水门，太平兴国四年（979）赐名，天圣初改顺济，后复该名］，北曰宣泽［旧亦曰大通，熙宁十年（1077）改］；汴河下水门，南曰上善，北曰通津（天圣初改广津，熙宁十年复）；惠民河上的水门，上曰普济，下曰广利；五丈河（又称广济河）上的水门，上曰咸丰，下曰善利（旧名咸通）。上南门曰永顺，熙宁十年赐名。其后又于金辉门南置开远门，旧名通远③。

3.供水设施的建设

城镇人口群集，需水量巨大，如果没有供水系统，对于城镇而言将是灾难性的，所以如何规划供水系统，也是城镇建设要解决的重大问题。

（1）选址多在水边

从史前的原始部落，到城市的萌芽，一个共同的特征便是多位于水的边沿，或者距离水源很近。《大雅·公刘》云："笃公刘，逝彼百泉，瞻彼溥原。乃陟南岗，乃觏于京。"④ 表明人们在选址方面顾及水因素。

春秋战国各诸侯国的都城无不临河而建。齐都临淄（今山东临淄市），东临淄水，西依济水，两水间又有淄济运河。鲁都曲阜（今山东曲阜市），位于洙、泗二水间。燕下都易（今河北易县境），位于北易水和中易水之间。先后作为郑都和韩都的郑韩故城（今河南新郑市境），洧水、黄水穿城而过。赵都邯郸（今河北邯郸市境），清河贯通城中。魏都安邑（今山西

---

① （清）阮元校刻《十三经注疏·春秋左传正义》卷三七《襄公二十六年》，中华书局，1980，第1992页。

② （明）陈仁锡：《陈太史无梦园初集·劳集一·修徐城》，《续修四库全书》，上海古籍出版社，2002，集部，第1382册，第323页。

③ （元）脱脱：《宋史》卷八五《地理一》，中华书局，1977，第2102页。

④ （清）阮元校刻《十三经注疏·毛诗正义》卷一七《大雅·公刘》，中华书局，1980，第542页。

夏县境），青龙河流经城区①。这些河流既便利了交通，也保障了城镇的用水。

战国时期，水在城市规划中的受重视程度更高。《管子·乘马》提出："凡立国都，非于大山之下，必于广川之上。高毋近旱，而水用足；下毋近水，而沟防省。因天材，就地利，故城郭不必中规矩，道路不必中准绳。"②《管子·度地》中又说："故圣人之处国者，必于不倾之地，而择地形之肥饶者，乡山左右，经水若泽，内为落渠之泻，因大川而注焉。"同篇中还说："内为之城，外为之城郭，郭外为之土阆，地高则沟之，下则堤之。"③这些论述体现了在早期城市规划中，对地理环境因素中地形、地势、水源和土壤的重视。

隋唐及其以前长期占据我国政治、经济和文化重心的古都西安城，位于关中平原，周围有渭、泾、浐、灞、滻、涝、沣诸河，形成了"八水绕长安"之势。丰沛的水资源、便利的水运交通造就了优越的自然条件，从而为秦的崛起和统一、西汉盛世、隋唐鼎盛奠定了坚实的基础。加上曾先后定都于此的西周、新、东汉（献帝初）、西晋（愍帝）、前赵、前秦、后秦、西魏、北周等王朝，其作为都城的时间长达 1700 多年。

洛阳位于伊洛盆地，群山环绕，伊水、洛水、瀍水、涧水蜿蜒城之内外，这为洛阳城和洛阳地区提供了充足的水资源和便利的水运交通，洛阳自古即有"河山拱戴，形势甲天下"之称。从公元前 771 年开始，先后有东周、东汉、曹魏、西晋、北魏、隋、唐、后梁、后唐等 9 个朝代在此建都（现代还有十三朝之说）。

在政治中心东迁之后，开封在五代和北宋时期迎来鼎盛期，其最大的驱动因素便是汴河、蔡河、五丈河和金水河四大漕河的贯通，尤其是岁漕 600

---

① 靳怀堵：《中国古代城市与水——以古都为例》，《河海大学学报》（哲学社会科学版）2005
年第 4 期。

② （唐）房玄龄注《乘马》，《管子》卷一，《景印文渊阁四库全书》，台湾商务印书馆，1986
年影印本，子部，第 729 册，第 23 页。

③ （唐）房玄龄注《度地》，《管子》卷一八，《景印文渊阁四库全书》，台湾商务印书馆，
1986 年影印本，子部，第 729 册，第 194、195 页。

万石粮食的汴河，成为京师的依赖。在宋初立国时，太祖欲迁都洛阳，但汴河"岁漕江、淮、湖、浙米数百万，及至东南之产，百物众宝，不可胜计。又下西山之薪炭，以输京师之粟，以振河北之急，内外仰给焉"①，成为改变其想法的重要因素。汴河在最繁忙之时段，通航船只可达五六千艘。宋人宋庠曾感叹道："虎眼春波溢岩沟，万艘衔尾饷中州。控淮引海无穷利，枉是滔滔半浊流。"② 水道之外，开封城内外还有大量的池、潭、泊、峡、渚、沂、湖等不同类型的水系，这些水因素使开封城成为七朝都城，即战国魏、后梁、后晋、后汉、后周、北宋和金。

（2）开凿供水渠道

商代时，城市供水取得较大进展。偃师商城建有池苑，位于宫城的北部，主体是一座人工挖掘、用石块垒成的大池，呈长方形，东西长约 130 米，南北宽约 20 米，现存深度 1.5 米，东西两端各有一条与之连通的石砌渠道通往宫外。渠道基槽宽度为 3 米左右，石砌水腔一般宽约 0.4 米、高约 0.5 米，池、渠总长度约为 1430 米。渠道穿过城门，与护城河沟通，而护城河又与洛水相连，从而形成了一个循环供水系统③。战国时期，地下供水管道更为系统④。

西汉时，都城长安的用水最初是引渭河支流之水入镐池，再通过镐池入城。后来城市规模越来越大，旧有水源难以满足需求，遂于元狩四年（前 119）在城中修建了以昆明池为中心的供水工程，通过纵横交错的渠道将水引到城内各处（见图 5-1）。

三国时期，雁门郡治广武城（今山西代县境），"井水咸苦，民皆担辇远汲流水，往返七里"。饮用水供应成为郡内居民的最大的生活问题。后来，官员通过测量，开渠引水入城，"民赖其益"⑤。

---

① （元）脱脱：《宋史》卷九三《河渠三·汴河上》，中华书局，1977，第 2316~2317 页。
② （宋）宋庠：《元宪集》卷一五《汴渠春望漕舟数十里》，中华书局，1985，第 156 页。
③ 杜金鹏、王学荣：《偃师商城遗址研究》，科学出版社，2004，第 615 页。
④ 河南省博物馆登封工作站：《东周阳城地下输水管道和贮水池的初步发掘》，《河南文博通讯》1980 年第 1 期。
⑤ （晋）陈寿：《三国志·魏书》卷二六《满田牵郭传》，中华书局，1975，第 732 页。

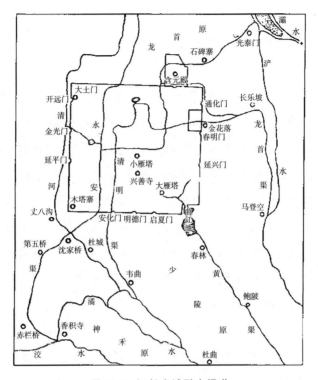

图 5-1　汉长安城引水渠道

资料来源：庄林德、张京祥编著《中国城市发展与建设
史》，东南大学出版社，2002，第 64 页。

　　唐代经济发达，都城长安的人口有"百万家"[①] 之说。如此规模宏大的
城市，对水的需求量是巨大的。为此，长安城建设了庞大的供水系统。正如
《长安志图》所记述的，渠水导入城者，"一曰龙首渠，自城东南导浐至长
乐坡，酾为二渠：一北流入苑，一经通化门兴庆宫由皇城入太极宫。二曰永
安渠，导交水，自大安坊西街入城，北流入苑注渭。三曰清明渠，导坑水，
自大安坊东街入城，由皇城入太极宫"[②]。这些干渠又有若干支渠，通往城

---

① （宋）魏仲举编《出门》，《五百家注昌黎文集》卷二，《景印文渊阁四库全书》，台湾商务
　　印书馆，1986 年影印本，集部，第 1074 册，第 62 页。
② （元）李好文：《长安志图》卷上，《景印文渊阁四库全书》，台湾商务印书馆，1986 年影
　　印本，史部，第 587 册，第 478 页。

内各处。而在各地，也有官吏为较高质量饮用水的开发进行尝试。贞观十三年（639），太原城因"井苦不可饮"，李勣组织民众在汾河上架槽，引甘泉入城①，为人称道。

宋代的开封府，也有一条重要的引水渠，即金水河。太祖建隆二年（961）春，凿渠引水百多里，到东京城西，架水槽横跨汴河，置斗门，入浚沟，通城壕，东汇于五丈河。金水河由于水清，成为宫廷用水水源。乾德三年（965），"又引贯皇城，历后苑，内庭池沼，水皆至焉"。开宝九年（976），"命水工引金水由承天门凿渠，为大轮激之，南注晋王第"。真宗大中祥符二年（1009）九月，"决金水，自天波门并皇城至乾元门，历天街东转，缭太庙入后庙，皆甃以礲甓，植以芳木，车马所经，又累石为间梁。作方井，官寺、民舍皆得汲用。复引东，由城下水窦入于壕。京师便之"②。金水河成为东京城的饮用水源。

明清时期，引渠之法继续被使用。洪武十二年（1379），"西安城中皆礘卤水不可饮，……乃命西安府官役工凿渠甃石，引龙首渠水入城中，萦绕民舍，民始得甘饮"③。成化年间，又从城西南修通济渠引交、浪二河水供西城民众饮用④。清康熙三年（1664），巡抚贾汉复重疏龙首渠和通济渠。三年后复修通济渠。至雍正时，龙首渠"亭子头以下入城旧道湮塞不通"⑤，用水又成为大问题。至乾隆年间，官员大修水利，共修水渠70道，其中包括龙首、通济二渠⑥。乾隆三十年（1765），巡抚毕沅修复了通往贡院的一支通济渠水道。后来修筑西安城时，将东、西二水门废弃，"龙首、通济之入城者遂不可复"。嘉庆八年（1803），巡抚方维甸又修复通济渠的贡院一

---

① （宋）欧阳修、宋祁：《新唐书》卷三九《地理三》，中华书局，1975，第1003页。
② （元）脱脱：《宋史》卷九四《河渠四·金水河》，中华书局，1977，第2340~2341页。
③ 《明太祖实录》卷一二八，洪武十二年十二月壬辰，台北"中央研究院"历史语言研究所，1962年影印本，第4~5页。
④ 黄盛璋：《西安城市发展中的给水问题以及今后水源的利用与开发》，《地理学报》1958年第4期。
⑤ 雍正《陕西通志》卷三九《水利一》，雍正十三年刻本，第44页。
⑥ 民国《续修陕西通志稿》卷五七《水利一》，1934年铅印本，第1页。

支，十七年（1812）淤塞。此后，"通济渠入西城壕，而龙首渠则自灌田处，入东郭冰窖，余者注东城壕，而渠自此绝矣"①。可见，乾嘉时期，入城之渠已多湮废。光绪二十九年（1903），通济渠城外30余里又被逐段开凿，"潜导水自西门入，曲达街巷，绕护行宫，便民汲用。城外近渠民田兼可灌溉，并浚城壕"②。

陕州地区，"求民瘼，念利之当兴者是渠为最"③。康熙四十三年（1704），周全功重修广济渠，"其断崖处鸠工创筑以连接之，亦或架以石梁，或接以木槽，水得入城"，几经周转，水源入城，注入文庙泮池和瑞莲池，又引入"州治内，以达四街"。乾隆元年（1736），分巡道刘兆几又于城内东北隅开渠道，使水分八道，署内沿渠共912丈，亦均重加疏凿。乾隆二十八年（1763），知州高积厚到任时，审视城外"渠堰渗卸，不能长流，询之居民，水不达街市"，针对水土流失、水槽易坏、土堰易崩、砖渠易裂的特点，采用石灰和土夯杵法，共计修复渠堰1517丈，同时渠道两旁"栽草卫沟，植树护堰"④。光绪十八年（1892），知州黄璟修葺城东北隅渠道，并于广济渠入城处兴建源源亭⑤。

（3）挖掘水井

水井的历史由来已久。《吕氏春秋·勿躬》云："伯益作井。"⑥《淮南子·本经训》载："伯益作井而龙登玄云，神栖昆仑。"⑦"伯益造井"成为各家所公认的传说。不论其真相如何，水井从诞生之日起，就与民生紧密结合，成为我国传统社会最为常见的饮水来源。

---

① 嘉庆《咸宁县志》卷一〇《地理志》，《中国方志丛书》，成文出版社，1969年影印本，第536页。
② 民国《续修陕西通志稿》卷五七《水利一》，1934年铅印本，第4页。
③ 乾隆《重修直隶陕州志》卷一五《艺文》，周全功《重修广济渠记》，乾隆二十一年刻本，第52页。
④ 民国《陕县志》卷二四《掌故·重修广济渠记》，《中国方志丛书》，成文出版社，1968年影印本，第985~986页。
⑤ （清）黄璟：《源源亭记》，光绪《陕州直隶州续志》卷八《艺文》，光绪十八年刻本，第24页。
⑥ 许维遹集释《吕氏春秋集释》卷一七《审分览·勿躬》，文学古籍刊行社，1955，第16页。
⑦ 何宁集释《淮南子集释》卷八《本经训》，中华书局，1998，第571页。

先秦时期，水井的开凿和利用已比较普遍化。山西夏县东下冯遗址出土了两座二里头文化类型时期的水井[①]。陕西咸阳车站附近发现了属于战国时期的水井 81 座[②]，数量较为庞大。这些水井遗址大都位于宫殿区或生活区，明显是为了满足生产生活用水之需。

时代推移，水井的数量日渐增多，使用地区日益扩展。譬如宋代的开封城，尽管城内的河道非常发达，但在仁宗庆历六年（1046）六月，仍"以久旱，民多喝死，命京城增凿井三百九十"[③]。一次就凿井 390 眼，可见当时水井的使用量和民众的重视程度。在明清和民国时期的大量地方志中，均有各地方历史时期水井的记述。需要说明的是，水井之水来自地下，水井取水的一个重要先决条件是，水井所在地的地下水足够丰富，否则即便是打出井洞，也难以如愿。清代秦、豫、晋交通的要道陕州为豫西重镇，由于地势高亢，城内水资源一直处于短缺状态，加之陕州的黄土地层具有透水特性，贮存性较差，地下水埋藏深，"州城高阜，井深二百尺，民艰于水"[④]，民间的饮水问题很严峻。

（4）人工湖泊

湖泊不仅可用于防洪和排洪，也能给城镇居民提供足够的生产生活用水。长安最有名的湖泊乃昆明湖。《三辅黄图》记载："汉昆明池，武帝元狩三年穿，在长安西南，周回四十里。《西南夷传》曰：'天子遣使求身毒国市竹，而为昆明所闭。天子欲伐之，越巂昆明国有滇池，方三百里，故作昆明池以象之，以习水战，因名曰昆明池。'《食货志》曰：'时越欲与汉用船战逐，乃大修昆明池也。'"[⑤] 因战争之目的而修建的昆明湖却转而成为都城内外居民生产生活用水的重要水源。宋人程大昌《雍录》

---

① 徐殿魁、王晓田、戴尊德：《山西夏县东下冯遗址东区、中区发掘简报》，《考古》1980 年第 2 期。

② 陈国英：《咸阳长陵车站一带考古调查》，《考古与文物》1985 年第 3 期。

③ （元）脱脱等：《宋史》卷一一《仁宗纪三》，中华书局，1977，第 222 页。

④ 雍正《山西通志》卷一九八《艺文·碑碣八·虎谷先生墓志铭》，《景印文渊阁四库全书》，台湾商务印书馆，1986 年影印本，史部，第 549 册，第 453 页。

⑤ 何清谷：《三辅黄图校释》卷四《池沼》，中华书局，2005，第 249 页。

云："昆明基高，故其下流尚可壅激为都城之用，于是并城疏别三派，城内外皆赖之。"①

洛阳城有名的湖泊乃千金堨，是一座横断谷水引水渠的石坝，位于汉魏洛阳城以西数里处。《水经·谷水注》有详细的记述：

　　谷水又东流径乾祭门北，……东至千金堨。《河南十二县境簿》曰：河南县城东十五里有千金堨。《洛阳记》曰：千金堨旧堰谷水，魏时更修此堰，谓之千金堨。积石为堨而开沟渠五所，谓之五龙渠。渠上立堨，堨之东首，立一石人，石人腹上刻勒云：太和五年二月八日庚戌造筑此堨，更开沟渠，此水衡渠上其水，助其坚也，必经年历世，是故部立石人以记之云尔。盖魏明帝修王、张故绩也。堨是都水使者陈协所造。《语林》曰：陈协数进阮步兵酒，后晋文王欲修九龙堰，阮举协，文王用之。掘地得古承水铜龙六枚，堰遂成。水历堨东注，谓之千金渠。逮于晋世，大水暴注，沟渎泄坏，又广功焉。石人东胁下文云：太始七年六月二十三日，大水迸瀑，出常流上三丈，荡坏二堨，五龙泄水，南注泻下，加岁久漱啮，每涝即坏，历载消弃大功，今故无令遏，更于西开泄，名曰代龙渠，地形正平，诚得为泄至理。千金不与水势激争，无缘当坏。由其卑下，水得逾上漱啮故也。今增高千金于旧一丈四尺，五龙自然必历世无患。若五龙岁久复坏，可转于西更开二堨。二渠合用二十三万五千六百九十八功，以其年十月二十三日起作，功重人少，到八年四月二十日毕。代龙渠即九龙渠也。后张方入洛，破千金堨。永嘉初，汝阴太守李矩、汝南太守袁孚修之，以利漕运，公私赖之。水积年，渠堨颓毁，石砌殆尽，遗基见存。朝廷太和中修复故堨。按千金堨石人西胁下文云：若沟渠久疏，深引水者当于河南城北、石碛西，更开渠北出，使首狐丘。故沟东下，因故易就，碛坚便时，事业已讫，然后见之。加边方多事，人力

────────────────

① （宋）程大昌撰，黄永年校《雍录》卷六《昆明池》，中华书局，2002，第129页。

苦少，又渠塌新成，未患于水，是以不敢预修通之。若于后当复兴功者，宜就西碛。故书之于石，以遗后贤矣。虽石碛沦败，故迹可凭，准之于文，北引渠东合旧渎。①

依据上文，千金塌是王梁、张纯的成就，二人均为东汉时人。《后汉书》载，建武五年（29），王梁"为河南尹，梁穿渠引谷水注洛阳城下，东泻巩川，及渠成，而水不流"②。即引水没有成功。建武二十四年（48），张纯"上穿阳渠，引洛水为漕，百姓得其利"③。这次取得了成功。曹魏太和五年（231），重修千金塌，由千金渠向洛阳城引水。晋武帝泰始七年（271），大水冲坏两处引水渠首，千金塌得以重修，并于五龙渠浚代龙渠两条，以备泄水。

又《水经注》载："《地记》曰：洛水东北过五零陪尾，北与涧、瀍合，是二水，东入千金渠，故渎存焉。"④ 即千金塌南有故水道，通洛水，以备洪水之泄，从而保证千金塌的安全，使洛阳城免受洪水之灾。

二　城镇灾害的救助

城镇是一个地区的经济和文化重心，灾害不仅毁坏亭台楼榭、园林园囿等建筑物，吞噬城内麇集的百姓的生命，也会对社会财富造成不可估量的损失。因此，古代社会对城镇灾害的救助非常重视，推行了灵活多样的应对措施。

1. 制度之设

古代国家对灾伤的救助被称为"荒政"，周代已经出现，至明清时实现了"制度化、经常化"⑤。正如清人邵长蘅所说："先事而为之计者，一曰积

---

① （北魏）郦道元撰，（清）戴震校《水经注》卷一六《谷水注》，武英殿聚珍版，第7~9页。
② （南朝宋）范晔：《后汉书》卷二二《王梁传》，中华书局，1965，第775页。
③ （南朝宋）范晔：《后汉书》卷三五《张纯传》，中华书局，1965，第1195页。
④ （北魏）郦道元撰，（清）戴震校《水经注》卷一五《洛水注》，武英殿聚珍版，第11页。
⑤ 李向军：《清代荒政研究》，中国农业出版社，1995，第23页。

储，而积储之法有三，曰常平，曰义仓，曰社仓；将事而为之谋者，一曰广籴；既荒而为之救者二，曰赈，曰蠲。"[1] 魏禧则将荒政总结得更为具体："先事之策八，当事之策二十有八，事后之策三。"[2] 完备的体制为城镇灾害的应对提供了保证。

同时，不同层级政府部门的协同和沟通是启动城镇灾害应对机制的基础。我们以郿州城修建为例，看一下各级官僚机构的运作情况。

清代建立后，因河水年复一年地决刷，郿州城已被冲毁殆尽，破败不堪，"是有城实无城也"。经乡官罗大任、生员雷惟时、里民宋国瑜等反映，知州顾耿臣非常重视，其亲自实地调查后，向上级申请重修，并得到了积极的回应：

> 伏祈宪台垂念岩疆极口，转详照例，公议协办，刻日鸠工。
>
> 详奉分巡河西道许批，仰俟转详。

随奉转详延绥部院张批：边地城垣，乃一方保障，岂容坍圮。该道新莅即捐银百两，首倡义举，诚实政也。已即行府矣。所阅碑记，昔有协济，今者各处兴工，民贫力弱，惟在该道劝勉力行耳。

又蒙巡按陕西察院施批：葺城垣以资保障，撤桑土而豫绸缪，正今日急务。该道劝输通州乐取，雇工修造，可也。完日，仍具乐输姓名与工费数目，造册报院，一体题叙。

又蒙巡抚陕西部院张批：即照按院详行。

又蒙总督军门李批：据详州城坍塌，自宜捐修，以资保障。该道首输百金，具见念且地方，但各属派夫，恐夺民时，本部院剿抚川疆，远难遥度。

各级官员的重视，使重修之举很快得以实施。顺治十七年（1660）五月申请，六月兴工，至十月中以寒冻停工，修完东南北三城工程的十分

---

[1]　（清）邵长蘅：《青门簏稿》卷一六《试策七荒政》，《四库全书存目丛书》，齐鲁书社，1997，集部，第 248 册，第 31 页。

[2]　（清）魏禧：《魏叔子文集·外集》卷三《策》，中华书局，2003，第 168 页。

之八。

随后又蒙分巡河西道许申报陕抚批：捐修城工，例应题叙，仰道速催修筑，完日造册，通详报。

又蒙巡按陕西察院施批：该道捐修城工银两与各属官师士民，慕义乐输，俟工竣之日，一体题叙。

又蒙总督军门李批：鄜州城垣倾圮，许副使首倡捐输修完十分之八，急公可嘉，应侯抚按题请叙录，其未完城工二分，仰该道速督修理完固，用壮金汤。

至次年七月，分巡河西道李莅任，知州顾耿臣因东南北三城虽已竣工，而西山城缘物力有限，前未议及，遂以前事复请，申称：查看得鄜时五路冲涂，城守为要，往时戍守之兵俱严于下城，疎于上城，屡致贼寇从此乘虚而入，是以前宪酌议尽撤操下兵丁，分防上城，其下三城专令民壮快役守把。诚重夫设险以守之义也。西山上城自前朝重修以来，虽不若下城之逼近洛河，时受溃决之患①。然经今百年未尝修筑，日就颓废，是于固圉之计终无裨也。

奉批山城自应亟修，诚如该州所议，本道即捐俸竣工，不必复行劝输也②。

从上述公文行移过程可知，延安府鄜州为重修本州城垣经历了各级官僚的层层审批，"详奉分巡河西道许批"，"奉转详延绥部院张批"，"又蒙巡按陕西察院施批"，"又蒙巡抚陕西部院张批"，"又蒙总督军门李批"，这些都需要各部门之间具有快捷的信息通道。最后城垣修筑完固，与各级官员的支持是分不开的。

在具体的救灾事宜中，也有相关的法制建设。如报灾须及时。万历九年（1581）十二月，重申及时上报灾害事宜。"山西太原、潞安二府并辽、沁、泽三州灾，巡抚辛应乾后期乃闻。户科给事中姚学闵奏言：地方水旱灾伤，

①　康熙《鄜州志》卷二《建置志·城池》，康熙五年刻本，第4页。
②　康熙《鄜州志》卷二《建置志·城池》，康熙五年刻本，第4页。

抚臣即时奏闻，不俟再查。按臣勘明即题，不俟部覆。所以急民隐、宣主德也。今灾已数月，而辛应乾候勘乃奏，迟留小民之疾苦，壅闭朝廷之德意，荒政何神。宜通为勒限，夏灾定以五月，秋灾定以七月，敢有耽延过期不报者，罪之。又西北一带边方气候不同腹里，八九月间在腹里为盖藏之期，在边方为登获之候，霜雹下零，子粒凋枯，灾伤此时为甚。若拘定报期，地方官恐罹后至之罚，反匿边屯之苦，不以上闻。今后惟腹里各州县严督如例，边庭不妨宽之。上以为然，辛应乾姑免究。"①

又如破坏城池将处以重罪。明代景泰年间，有官员偷盗修筑城池的木材。"镇守陕西左副都御史刘广衡，先是奏都指挥同知张俊枉法，索操卒贿，歇其役，盗修城木以营私第诸罪。诏巡按御史鞫之，至是奏当赎斩还职。"② 按照律令，罪重至死。只是因为恩诏，"送甘肃杀贼立功"。

有趣的是，救灾制度也体现出人性化的一面。如果官员举措失当，可通过积极救灾将功赎罪。北宋皇祐四年（1052）九月，皇帝遣内侍谕中书曰："鄜州大水，而知州薛向不能捍城，至坏仓廪及军民庐舍，今虽力能修完，止可免责，不当更议酬庸。"③ 一般的百姓因救灾触犯法律也可被赦免罪责。"鄜州兵广锐、振武二指挥戍延州，闻其家被水灾，诣副部署王兴求还，不能得，乃相率逃归，至则家人无在者，于是聚谋为盗，州人震恐。"知州薛向遣亲吏谕之曰："冒法以救父母妻子，乃人之常情；而不听汝归，独武帅不知变之过尔。汝听吾言，亟归收亲属之尸，贷汝擅还之罪；不听吾言，汝无噍类矣。"众径入拜庭下泣谢，境内以安。"经略、转运司言其状，上嘉叹之。"④

---

① 《明神宗实录》卷一一九，万历九年十二月辛丑，台北"中央研究院"历史语言研究所，1962 年影印本，第 2226~2227 页。

② 《明英宗实录》卷一九五，景泰元年八月丙戌，台北"中央研究院"历史语言研究所，1962 年影印本，第 4127 页。

③ （宋）李焘：《续资治通鉴长编》卷一七三，皇祐四年九月甲辰，中华书局，1979，第 1593 页。

④ （宋）李焘：《续资治通鉴长编》卷一七三，皇祐四年八月庚寅，中华书局，1979，第 1593 页。

2. 灾前的准备

城镇的特点之一是点状分布，所以其备灾方面较之广袤的乡村更具操作性。今天，当我们邂逅古城，多能见到残存的古城垣，甚至夏代之前的诸多文明古迹也会留下部分夯土墙垣，这些都是我国传统时期城市建设的重要内容，尤其是明清两朝，被称为"筑城时代"，大小城邑均被一圈坚固的墙垣包裹，垣脚之处还有宽窄不一、深浅不一的城濠，共同组成城镇的最外围。这些墙垣不仅在军事上保护城镇，也可防御外水的冲击。所以，常规性的修缮垣墙自然是城镇备灾的方式之一。保存相对完好的西安、开封古城墙均是有力的例证。

对于沿黄城市来说，垣墙之外，或许还能见到多重堤防，清代河南境内黄河两岸的堤防甚至"多者至四五重"①。这些堤防多因黄河而建，乃治理黄河不能忽略的举措。但其在防御黄河水的同时，又在客观上保护了城镇，所以也可视为城镇备灾的内容。例如徐州，历史上曾具有显赫的地位和发展历程，也一直是苏北地区的中心城市。黄河南流后，徐州的水患与日俱增，据统计，明朝 276 年间，徐州共发生黄河水灾 48 次，平均不到 6 年就发生一次。清顺治元年（1644）至咸丰五年（1855），黄河流经徐州 211 年，在这期间，徐州境内共发生黄河水灾 60 次，平均每 3 年多就发生一次②。鉴于徐州的重要地位及漕运所系，为保护徐州城，国家在徐州一带的黄河治理上投入很多，"险工林立，丞倅佐杂，半皆河员，自春徂秋，修防不辍"③，"筑堤堰以束沙，开闸坝以减水，增培越堤，加护软埽，度支国帑，动以数百万计"④。尤其是兴筑堤防，更是核心举措。康熙十八年（1679），自黄河南岸自徐州至河南虞城县界、北岸自徐州至山东单县，

---

① （清）靳辅：《南岸遥堤》，《治河奏绩书》卷四，《景印文渊阁四库全书》，台湾商务印书馆，1986 年影印本，史部，第 579 册，第 716 页。

② 钱程、韩宝平：《徐州历史上黄河水灾特征及其对区域社会发展的影响》，《中国矿业大学学报》（社会科学版）2008 年第 4 期。

③ 乾隆《徐州府志》，乾隆七年刻本，石杰"序"第 4 页。

④ 同治《徐州府志》卷一三上《河防考》，《中国地方志集成·江苏府县志辑》，凤凰出版社，2008，第 61 册，第 417 页。

筑格堤 4000 余丈、缕堤 40000 余丈，又于砀山、萧县近河高滩之上，筑缕堤 18000 余丈[1]。雍正八年（1730），大修黄河堤工，上起虞城，下迄海口，"江南安枕者数十年，此皆修堤防险之明效大验也"[2]。这样的例子不胜枚举。

同时，应对黄河水患的洪水预报之法也被引入日常防灾中。《后汉书》记载，永寿元年（155），弘农（今河南灵宝）"霖雨大水，三辅以东莫不湮没"。县令公沙穆"明晓占候，乃预告令百姓徙居高地，故弘农人独得免害"[3]。提前徙居高地，避免了百姓伤亡。这样的例证也普见于方志的载记之中。

由于人口群集，一旦遇到灾荒，数万或数十万居民的饮食将成为巨大的难题，平时有备，灾时则有粮，这就是置仓积储一直受到重视的原因。唐代开元二年（714），玄宗在诏令中提出："天灾流行，国家代有，若无粮储之备，必致饥馑之忧。"[4] 清人高尔俨言："今国家于州县各设预备仓，以为救荒之本，为法甚善。"[5] 可见，上至帝王，下迄士人，均对仓储表现出很大的关注。但该法贵在官民持之以恒，且杜绝侵渔等弊，"仓屋具在，只须有心人踵而行之耳"[6]。

清代的城镇灾害应对更看重日常管理。雍正四年（1726）十一月谕："朕经理天下，凡用人行政，悉本大中至正之心，事至而应，惟理所当然，从无计及利弊之私意。如谓兴利除弊，则凡平治道路，疏浚河渠，修葺城垣，开垦田亩，此国家经野之常典，而可谓之兴利乎？年岁丰歉不齐，设有水旱，为之赈饥平粜，蠲赋缓征，此朝廷轸恤之恒政，而可谓之兴利乎？老

---

① 郑肇经：《中国水利史》，上海书店出版社，1984，第 70 页。

② 郑肇经：《中国水利史》，上海书店出版社，1984，第 76 页。

③ （南朝宋）范晔：《后汉书》卷八二下《公沙穆传》，中华书局，1965，第 2731 页。

④ （宋）王钦若等编纂《册府元龟》卷五〇二《邦计部·常平》，凤凰出版社，1966，第 6021 页。

⑤ （清）高尔俨：《救荒安民事宜》，《古处堂集》卷二，《四库全书存目丛书》，齐鲁书社，1997，集部，第 199 册，第 649 页。

⑥ （清）钱仪吉：《河南司备仓记》，《衍石斋记事续稿》卷一，《续修四库全书》，上海古籍出版社，2002，第 1509 册，第 64 页。

人应赐以衣食，则赐之。孤独应恤以钱物，则恤之。劝以孝弟，本小民自有之天良。勖以耕桑，固间阎各尽之职业。而可谓之兴利乎？"[1] 帝王的重视往往更有利于城镇灾害的筹备。

3. 具体措施

灾害的影响是多元性的，一次河水入城，不仅会造成城镇建筑的毁坏、生活物资的漂没、生命的丧失，也会带来生态系统的灾变，危害堪称深远。因此，灾害的应对当灵活化，不同问题以不同的有效措施应对。

一是挽救城体。这是城镇灾害应对的重中之重，特别是水灾，多为夯土的古代城垣难以承受水的冲击和浸泡。关于挽救城体，古人主要采取的措施如下。

修筑河堤。黄河中下游城镇水灾的主要成因是河道决溢，故首要措施便是增固河防。如俞应贵，"筑黄家口堤工，又补筑长、缕二堤，拮据终岁，民赖以宁"[2]。嘉庆五年（1800），值黄河决溢，萧县知县陈观国"昼夜防堵，又捐资数千金，急募民夫增筑子堰，蓑楗畚锸，躬自巡阅，濒河黎庶再庆更生，皆其力也"[3]。砀山县人于湄"尝呈请河督于沿河筑子堰，东西接连大堤，绵亘五十余里。又于郭家口定国寺请建口门，冬闭夏启，疏引河堵旁派，邑人至今利赖之"[4]。其次，修筑护城堤。康熙十二年（1673），黄河决溢，徐州知州孙枝蕃"出私财，募人夫取石筑堤护城垣数里，城赖以全"[5]。钱塘人王兆堂任徐州时，"值大水，昼夜巡视，脱冠服塞渗漏，堤得不溃"[6]。这样的史实更是俯拾即是。

---

① 《清世宗实录》卷五〇，雍正四年十一月己亥，台北"中央研究院"历史语言研究所，1962 年影印本，第 752 页。

② 同治《徐州府志》卷二一下《宦绩传》，《中国地方志集成·江苏府县志辑》，凤凰出版社，2008，第 61 册，第 613 页。

③ 同治《徐州府志》卷二一下《宦绩传》，《中国地方志集成·江苏府县志辑》，凤凰出版社，2008，第 61 册，第 612 页。

④ 同治《徐州府志》卷二二中之下《人物传》，《中国地方志集成·江苏府县志辑》，凤凰出版社，2008，第 61 册，第 742 页。

⑤ 乾隆《徐州府志》卷一七《名宦》，乾隆七年刻本，第 26 页。

⑥ 同治《徐州府志》卷二一下《宦绩传》，《中国地方志集成·江苏府县志辑》，凤凰出版社，2008，第 61 册，第 611 页。

疏泄泛水。宋真宗咸平五年（1002）七月二日，皇帝"遣使完葺京城军营，应诸处工役悉罢。诸州因霖雨坏军营，有出军而家属在营者赐缗钱。时都下积潦，自朱雀门东抵宣化门尤甚，有深至三四尺，浸道路、坏庐舍。城南流水皆入惠民河，河复涨溢。诏遣使驰往河上，按视有陂池古河道处疏决之"①。七月十二日，为解决内涝，知开封府寇准报告："宣化门外有古河，可疏之以导京城积水。"宋真宗"诏遣使臣同经度之"②。大中祥符三年（1010）六月三日，供备库使谢德权报告："准诏，导太一宫侧积水。今开渠抵陈留县界，入亳州涡河。"③长期雨水，致使朝廷不惜开挖一条长达数十里的排水渠，可见积水甚多。天禧三年（1019）五月，"以大雨，京城积水，遣清卫都虞候袁俊相度开畎河道，浚太一宫前河及修移水窗，以便水势八月巡护河岸"④。英宗治平二年（1065）秋天，京师发生雨涝水灾，"地涌水，坏官私庐舍，漂杀人民畜产，不可胜数。……诏开西华门以泄宫中积水"⑤。

治河护城。方法更加多样化。如堵塞决口。乾隆十八年（1753）九月，河决铜山张家马路，影响到灵璧、虹县等处。十二月，决口合龙，河复故道⑥。开挖引河。嘉庆二年（1797）七月，黄河决于砀山杨家坝，复决曹县北二十五堡，分道由单县、鱼台、沛县等处下流至邳州、宿迁，是冬，"挑引河自曹汛漫口迤下，迄于徐州百八十里"。修建减水闸坝。嘉庆二十年（1815），于徐州十八里屯，"建筑滚水坝，以泄黄涨，而护徐城"⑦。

需要指出的是，官员的作为对于挽救城体至为重要。宋人唐恪，在沧州

---

① （宋）李焘：《续资治通鉴长编》卷五二，咸平五年七月乙未，中华书局，1966，第441页。
② （宋）李焘：《续资治通鉴长编》卷五二，咸平五年七月乙巳，中华书局，1966，第442页。
③ （宋）李焘：《续资治通鉴长编》卷七三，大中祥符三年六月庚戌，中华书局，1966，第650页。
④ （清）徐松辑《宋会要辑稿·方域》，中华书局，1957，第7590页。
⑤ （宋）李焘：《续资治通鉴长编》卷二〇六，治平二年八月庚寅、辛卯、甲午、乙未，中华书局，1979，第1904页。
⑥ 同治《徐州府志》卷一三上《河防考》，《中国地方志集成·江苏府县志辑》，凤凰出版社，2008，第61册，第425页。
⑦ 郑肇经：《中国水利史》，上海书店出版社，1984，第84、87页。

当地为官时，"河决，水犯城下，恪乘城救理。都水孟昌龄移檄索船与兵，恪报水势方恶，舩当以备缓急；沧为极边，兵非有旨不敢遣。昌龄怒，劾之，恪不为动，益治水。水去，城得全，诏书嘉奖"。后唐恪被任命为户部侍郎。"京师暴水至，汴且溢，付恪治之。或请决南堤以纾宫城之患，恪曰：'水涨堤坏，此亡可奈何，今决而浸之，是鱼鳖吾民也。'亟乘小舟，相水源委，求所以利导之，乃决金堤注之河。浃旬水平。"① 苏轼知徐州时，"河决曹村，泛于梁山泊，溢于南清河，汇于城下，涨不时泄，城将败，富民争出避水。轼曰：'富民出，民皆动摇，吾谁与守？吾在是，水决不能败城。'驱使复入。……呼卒长，……率其徒持畚锸以出，筑东南长堤。……雨日夜不止，城不沈者三版。轼庐于其上，过家不入，使官吏分堵以守，卒全其城。复请调来岁夫增筑故城，为木岸，以虞水之再至"②。苏轼在这次防洪抢险中坚定不移，日夜指挥，组织抢险，终于保全了城池。没有这些关心民瘼的官员的殚精竭虑，城池能否在大水中得以保全就难说了。

二是迁城。这也是古代城市防洪的重要方略。黄河及其支流的决溢泛滥，使许多城市和村庄遭受灭顶之灾，人们往往不得不迁城以避河患，宋神宗一度认为迁城避河患是治河良策。据记载，元丰四年（1081），帝谓辅臣曰："河之为患久矣，后世以事治水，故常有碍。夫水之趋下，乃其性也，以道治水，则无违其性可也。如能顺水所向，迁徙城邑以避之，复有何患？虽神禹复生，不过如此。"③

早在商代，为防洪而出现了多次迁都。商王河亶甲在位期间，"嚣有河决之患，遂自嚣迁于相"。祖乙期间，"相都又有河决之患，乃自相而徙都于耿"④。《水经注》载："汾水又西迳耿乡城北，故殷都也。帝祖乙自相徙此，为河所毁……乃自耿迁亳。"⑤ 以上记载，说明了商都屡受河决之患的

---

① （元）脱脱等：《宋史》卷三五二《唐恪传》，中华书局，1977，第11118页。

② （元）脱脱等：《宋史》卷三三八《苏轼传》，中华书局，1977，第10808页。

③ （元）脱脱等：《宋史》卷九二《河渠二·黄河中》，中华书局，1977，第2286页。

④ （清）陈梦雷、蒋廷锡等主编《古今图书集成·庶征典》卷一二四《水灾部汇考一》，中华书局，1985，第559页。

⑤ （北魏）郦道元撰，（清）戴震校《水经注》卷六《汾水注》，武英殿聚珍版，第14页。

史实，也反映了城市防洪形势之严峻。现将历史时期发生的部分迁城避水患事例列入表5-1中。

表5-1　历史时期部分迁城避水患事例的时空分布

时间	城镇	出处
东晋末	济州理碻磝城	《元和郡县图志》卷一○《河南道》
唐乾元二年（759）	齐州禹城	《太平寰宇记·齐州·禹城县》
后晋开运三年（946）	博州城	嘉庆《东昌府志》卷四三《墟郭》
宋建隆元年（960）	济南府临邑县城	《宋史·地理志》
宋太平兴国八年（983）	山东阳谷县城	乾隆《山东通志》卷四《城池志》
宋淳化三年（992）	东昌府城	乾隆《山东通志》卷四《城池志》
宋咸平三年（1000）	郓州城	《宋史·地理志》
宋大中祥符四年（1011）	棣州城	《宋史·地理志》
宋大中祥符八年（1015）	棣州城	《宋史·地理志》
宋明道二年（1033）	朝城县城	乾隆《山东通志》卷四《城池志》
宋熙宁元年（1068）	朝城县城	乾隆《山东通志》卷四《城池志》
宋熙宁二年（1069）	沧州饶安县城	《宋史·五行志》
宋元丰中（1078~1085）	清平县城	乾隆《山东通志》卷四《城池志》
宋大观二年（1108）	邢州巨鹿县城	《宋史·河渠志》
	赵州隆平县城	
金大定六年（1166）	郓城	《金史·地理志》
金大定中（1161~1189）	封丘城、孟州城	《元史·地理志》
金（1115~1234）	济州城	《元史·地理志》
元初	封丘城、杞县城	《元史·地理志》
明洪武初	洧川县城	道光《河南通志》卷九《城池》
洪武三年（1370）	河阴县城	道光《河南通志》卷九《城池》
洪武四年（1371）	定陶县城	乾隆《山东通志》卷四《城池志》
洪武八年（1375）	谷城县城	乾隆《山东通志》卷四《城池志》
洪武十三年（1380）	范县城	乾隆《山东通志》卷四《城池志》
洪武二十二年（1389）	仪封县城	《明史·河渠志》
宣德三年（1428）	灵州千户所城	《明史·河渠志》
景泰三年（1452）	濮州城	乾隆《山东通志》卷四《城池志》
景泰三年（1452）	原武县城	《河南通志》卷一三《河防考》
景泰间（1450~1457）	西华县城	《明史·河渠志》
成化十五年（1479）	荥泽县城	《明史·河渠志》

续表

时间	城镇	出处
弘治十五年（1502）	商丘县城	《明史·地理志》
正德十四年（1519）	城武县城	《明史·地理志》
嘉靖五年（1526）	丰县城	《明史·河渠志》
嘉靖五年（1526）	单县城	乾隆《山东通志》卷四《城池志》
嘉靖间（1522~1566）	孟津城、夏邑城、蒙城	《明史·河渠志》
万历四年（1576）	宿迁城	《明史·河渠志》
天启四年（1624）	徐州城	《明史·河渠志》
崇祯二年（1629）	睢宁城	《明史·河渠志》
康熙三十五年（1696）	荥泽城	《清史稿·河渠志》

迁城避水患可视为灾害应对的特殊形式。唐咸通四年（863），萧仿"以检校工部尚书出为滑州刺史，充义成军节度、郑滑颍观察处置等使。在镇四年，滑临黄河，频年水潦，河流泛溢，坏西北堤。仿奏移河四里，两月毕功，画图以进。懿宗嘉之"①。将黄河远离滑州，减少州城水患。河北邯郸也是如此。县尹张公载："城西沁水迫城，改去半里许，以防冲决。"② 向西改半里沁水河道，减少城池水灾。正德九年（1514），"改（沁）河故道，避城而北，以入于漳"③。

三是提供粮食。城内居民有产业者，因遭灾而无收；无产业者，因遭灾而陷入更加严重的困境。故赈济灾民乃是救灾的重中之重，也是安定社会秩序、恢复民生的必要措施。赈济的方式有数种，最常见的是赈济银两，这是恢复常态生活的环节之一。宋天禧四年（1020）秋，阴雨连绵，京师雨涝严重。七月二十三日，"以久雨，诏诸军校营在新城者权免常朝，赐诸班直军营压死者缗钱有差"④。崇祯十五年（1642），黄河决于开封，河水淹城，

---

① （后晋）刘昫等：《旧唐书》卷一七二《萧仿传》，中华书局，1975，第4482页。

② 乾隆《邯郸县志》卷一〇《艺文志》，唐□《县尹张公修城记》，乾隆二十一年刻本，第12页。

③ 民国《邯郸县志》卷三《地理志》，1940年刻本，第3页。

④ （宋）李焘：《续资治通鉴长编》卷九六，天禧四年七月甲子、丙寅、壬申，中华书局，1957，第849页。

难民北渡，散处封丘、阳武等县，政府发帑金 10 万两，"男子一两，妇女五钱，计众不满十万，民赖存活"①。嘉庆四年（1799）八月，黄河决砀山，徐州受灾，"赈银一万五千余两"②。

民以食为天，大水暴至，粮食无存，即便是有赈银也无计可施，故赈济粮食更重要。天顺五年（1461），河决开封，城被冲没，灾民枵腹，"移粟以赈其饥"③。道光二十一年（1841）六月二十一日，牛鉴派人于开封五城门上"散放馍饼"。同日，政府于火神庙设赈厂放赈，并派人"分赴五门城上散放赈票"，以便凭票至赈厂领取粮食④，又从司备仓中"得谷若千石，悉发而畚之，以食民"⑤。另有截留漕粮以济灾民者。咸丰元年（1851），河决丰县蟠龙集，次年仍未堵合，复加之淫雨连绵，徐州被灾严重，乃"截留漕米三十万石，赈给铜沛等县及徐州卫被水灾民"⑥。这些粮食自然会分配给嗷嗷待哺的大批城镇居民。

粥赈是赈济粮食的特殊形式。明人甚赞此法，谓之"取用有数，未敢太糜，赈恤有等，不致虚费，简直而奸欺难作，平易而有司可举。此法一行，穷饿垂死之人，晨得而暮即起，其效甚速，其功甚大"⑦。清人陆曾禹也言："人当饥馑之时，得惠一餐之粥，即延一日之命。"⑧ 明万历三十一年（1603），开封连雨数月，稼穑无收，次年出现饥荒与疾疫，城内官员"画

---

① 刘益安：《汴围湿襟录校注·赈济难民》，中州书画社，1982，第 65 页。

② 咸丰《邳州志》卷六《民赋下》，《中国地方志集成·江苏府县志辑》，凤凰出版社，2008，第 63 册，第 287、288 页。

③ （清）顾炎武：《天下郡国利病书》卷五〇《河南一》，光绪五年蜀南桐花书屋薛氏家塾刻本，第 6 页。

④ 李景文等点校《汴梁水灾纪略》，河南大学出版社，2006，第 11 页。

⑤ （清）钱仪吉：《河南司备仓记》，《衍石斋记事续稿》卷一，《续修四库全书》，上海古籍出版社，2002，集部，第 1509 册，第 63 页。

⑥ 同治《徐州府志》卷五下《纪事表》，《中国地方志集成·江苏府县志辑》，凤凰出版社，2008，第 61 册，第 106 页。

⑦ （明）席书：《南畿赈济疏》，（明）陈子龙等选辑《明经世文编》卷一八三，中华书局，1962，第 1869 页。

⑧ （清）陆曾禹：《十开粥厂以活垂危》，《钦定康济录》卷三上，《近代中国史料丛刊三编》，文海出版社，1989，第 54 辑，第 66 页。

地设粥场，以铺〔哺〕饿人"①。康熙年间，丰县水灾，知县卢世德"捐资
施粥，不待符下，辄开仓平粜，复请拨他县仓助之，全活者三万余人"②。
也有降低价格赈济粮食的情况。如唐天宝十二载（753）八月，"京师霖雨，
米贵，令出太仓米十万石，减价粜于贫人"③。天宝十三载（754）秋，"霖
雨积六十余日，京城垣屋颓坏殆尽，物价暴贵，人多乏食，令出太仓米一百
万石，开十场贱粜以济贫民"④。

四是平抑物价。这对于财产受损严重的居民而言，非常必要。如宋仁宗
庆历八年（1048），全年有雨，内涝严重，十一月底，仍"时雨潦害稼，坏
堤防，两河间尤甚"。雨涝成灾，农业歉收。十一月二十八日，"以畿内物
价翔贵，于新城外置十二场，官出米，裁其价以济贫民"⑤。粮食减产势必
出现商人囤积居奇以求暴利的情况，朝廷减价出售粮食不仅可以平抑物价，
也是稳定社会秩序、恢复灾民生活的必要措施。

五是提供居所。水灾来临，屋舍多遭水冲，难免坍塌，灾民面临无处可
居的困境，提供居所也非常紧迫。如宋真宗咸平五年（1002）六月，开封
雨水严重，许多房屋被冲刷浸泡而毁坏倒塌，致使居民死伤严重。"是月，
都城大雨，漂坏庐舍，东南隅地形尤下，上累遣觇视。军营中皆有积水，命
卒伍迁就高阜处官舍安泊。"⑥ 天禧四年（1020）秋季阴雨连绵，造成内涝。
七月十二日，"京城大雨，水坏庐舍大半"⑦。七月十五日，"大雨，流潦泛
溢公私庐舍大半，有压死者"⑧。皇帝下诏："以连雨，诏三司计度材木完葺

① 顺治《祥符县志》卷六《艺苑》，张同德《西关记》，天津图书馆 1989 年影印顺治十年刻本，第 78 页。
② 同治《徐州府志》卷二一下《宦绩传》，《中国地方志集成·江苏府县志辑》，凤凰出版社，2008，第 61 册，第 614 页。
③ （后晋）刘昫等：《旧唐书》卷九《玄宗本纪下》，中华书局，1975，第 227 页。
④ （后晋）刘昫等：《旧唐书》卷九《玄宗本纪下》，中华书局，1975，第 229 页。
⑤ （宋）李焘：《续资治通鉴长编》卷一六五，庆历八年十一月壬戌，中华书局，1979，第 1519 页。
⑥ （宋）李焘：《续资治通鉴长编》卷五二，咸平五年六月末，中华书局，1979，第 442 页。
⑦ （元）脱脱等：《宋史》卷八《真宗纪三》，中华书局，1977，第 168 页。
⑧ （元）佚名：《宋史全文》卷六，天禧四年七月，黑龙江人民出版社，2005，第 259 页。

营舍，又令八作司并集工徒修建。其军士有无屋者，配以空闲廨宇处之。"①
仁宗天圣四年（1026），暴雨又造成民房、军营大量倒塌。西仁阁门使曹仪
奏称："昨雨水损坏诸军营房，蒙差臣与江德明提举修盖。自六月二十五日
用功起役，至今都修舍屋墙壁共十二万九千一百余间堵。所役兵士颇涉辛
苦，欲自十月二十日后住役。所有八作司事材场各归逐司，并内臣十人发归
两省外，有畸零修盖，乞令东西八作司将本司兵士、工匠一面修盖。其外处
并在京抽差到兵士等，却遣赴逐处收管。"宋仁宗予以批准②。可知，降雨
停止后随即开始修缮营房，到十月中旬共修缮 129100 余间，但仍尚有"畸
零修盖"。清道光二十一年（1841）六月二十日，灾民在四城搭盖席棚暂
居，而穷苦露处几居其半，官员"皆发给席片令暂栖止"。两天后，拔贡常
茂徕等在东城面禀牛鉴，陈言贡院可令灾民暂居，亦便赈济，得到巡抚允
诺。六月二十五日，祥符县就灾民入住贡院出示布告："兹将贡院号房给尔
等栖宿，每大口二人住号舍一间，散给粮食养生。惟因地窄人多，尔等只准
携带随身行李小锅碗箸，不得搬进木器家具，免得占地，致乏人居。现定于
本日午刻用船筏往渡，尔等挨次登船，前赴贡院，听候指给号舍。"八月二
十一日，又规定"倒塌者，每瓦房一间，官给银一两，草房五钱。瓦房不
准过三间，草房不准过五间"③。

　　此外，还有一些灵活性的措施。如贾逵任步军副都指挥使时，"都城西
南水暴溢，注安上门，都水监以急变闻。英宗遣逵督护，亟囊土塞门，水乃
止。议者欲穴堤以泄其势，逮请观水所行，谕居民徙高避水，然后决之"④。
抢险过程迅速稳妥，先迁民于高处，再决堤泄洪。明崇祯十五年（1642），
黄河决于开封，泛水入城，郭御青"督舟师拯救，多所全活"⑤。这是于滔
滔洪流中抢救生命。甚者因水旱而罢官。仁宗庆历八年（1048），全年有

① （清）徐松辑《宋会要辑稿·兵》，中华书局，1957，第 6861 页。
② （清）徐松辑《宋会要辑稿·兵》，中华书局，1957，第 6861 页。
③ 李景文等点校《汴梁水灾纪略》，河南大学出版社，2006，第 10、21、69 页。
④ （元）脱脱等《宋史》卷三四九《贾逵传》，中华书局，1977，第 11051 页。
⑤ （清）薛所蕴：《增补名宦乡贤议》，《澹友轩文集》卷一四，《四库全书存目丛书》，齐鲁
　　书社，1997，集部，第 197 册，第 162 页。

雨，内涝严重，五月二十四日，"言者既数论竦奸邪，会京师同日无云而震者五"。如此异常，令皇帝恐慌："上方坐便殿，趣召翰林学士。俄顷，张方平至，上谓曰：'夏竦奸邪，以致天变如此，亟草制出之。'"于是，枢密使、河阳三城节度使、同平章事夏竦，被罢为枢密使，判河南府①。

在城镇救灾中，普通居民并没有袖手旁观，而是以灵活多样的方式同官方一起救灾。如乾隆二十六年（1761），河溢杞县，邑人胡骝"捐秸数百，钱三十千，雇夫筑堤捍御"②。嘉庆三年（1798），河决睢州，居人余功存以油篓百余，夹以大木，贯以绳索，"令善泅者牵至城下，以次救渡，活人无数"③。

历史时期，施用于黄河中下游地区城镇的救灾措施，虽然不免具有一定的局限性，但在保护城池、救济灾民上还是具有很大积极意义的。正如乾隆年间徐州知府石杰所言："余守徐五年于兹矣，无年不水，无岁不灾，荷蒙皇上轸恤民艰，不惜帑金，廪粟、蠲租、给赈之令，殆无虚日，所费几及百万，民之赖以存活者不可胜计。"④ 同时，民间的积极参与也起到了较好的效果，在一定程度上弥补了国家救灾的不足，折射出社会共治的客观需求。

---

① （宋）李焘：《续资治通鉴长编》卷一六四，庆历八年五月辛酉，中华书局，1957，第1509页。
② 乾隆《杞县志》卷一七《人物志五·善良》，乾隆五十三年刻本，第23页。
③ 光绪《续修睢州志》卷七《人物·独行》，民国间河南建华印刷所据清光绪十八年刻本铅印本，第9页。
④ 乾隆《徐州府志》，乾隆七年刻本，石杰"序"第3页。

第六章

不同河流区域城镇生态的比较研究

不同区域的城镇生态是基于不同自然环境形成的，城镇周边自然环境的承载力与自然环境的开发之间存在相当大的制约关系。对于这一关系的综合评估，不仅要考量区域内良性发展所达到的高度和协调度、生态破坏后的损失及适应性调整，还需要与不同区域的发展脉络作一横向比较，以便在更加全面和系统研究的基础上得出更为科学的认知。

第一节 其他河流区域生态变迁与城镇的关系

除黄河流域外，传统中国以长江、珠江流域尤其是两江入海口的三角洲地区为主要发展区域，长江三角洲和珠江三角洲地区的生态变迁与城镇的互动模式是传统中国经济发展的重要路径。为此，就长江三角洲地区的生态环境及其城镇发展作一阐释，从中比较长江三角洲、珠江三角洲这两个地区与黄河中下游地区的差异，既对认识历史脉络有所帮助，也能在其得失中寻觅出利于当今的经验教训。

一 长江三角洲地区

至迟从唐宋开始，长江三角洲地区已经在我国的经济地理中占据了显要地位，都于长安、洛阳、开封或北京的历代王朝不断漕运江南的粮食来满足京师一带的生存需求。这使黄河中下游地区与长江三角洲地区紧紧联系在一起。"苏湖熟，天下足"的农谚既反映了这一地区农业经济的成就，也在客观上说明了这一地区经济地位的重要性。

1. 农业开发对城镇发展繁荣的重要作用

长江三角洲地区的开发经历了一个相当长的过程。先秦时期，这里相对于黄河中下游地区还比较落后。随着秦汉数百年的发展，其经济地位开始凸显。到了魏晋南北朝，北方长期分裂割据，战乱不断，黄河中下游地区是战乱的中心，这导致大量人口南迁，促进了长江三角洲地区农业的开发。此后，又经历"安史之乱"和"靖康之难"两次移民潮的南下，我国的经济重心区完成南移，长江三角洲成为我国的经济核心区，农田的经济价值日益凸显。《宋书·沈昙庆传》载："会土带海傍湖，良畴亦数十万顷，膏腴上地，亩直一金。"① 随着农业开发的持续深入，出现了"苏湖熟，天下足"和"湖广熟，天下足"的民谚，农业的发展也为城镇的繁荣奠定了物质基础。

长江三角洲自唐宋以来以种植水稻等粮食作物为主。到明代中叶以后，经济作物的种植面积扩大，超过了粮食作物。农民将更多的人力、物力投入到经济作物的种植上，从以种植水稻为主的粮食作物的"田"转向以种植桑树为主的经济作物的"地"上，农书在总结农村经济时也发现了民众有所谓"多种田不如多治地"的新价值取向。明末清初人张履祥曾将以粮食作物为主的种田和以经济作物为主的治地作过比较，并分析治地与种田的利弊。一是种桑养蚕利厚。"桐乡田地相匹，蚕桑利厚。东而嘉善、平湖、海盐，西而归安、乌程，俱田多地少；农事随乡地之利为博，多种田不如多治地。"② 具体而言，种桑养蚕收益多，最坏之年与种植粮食作物的收益也是持平的。"况田极熟，米每亩三石，春花一石有半，然间有之；大约共三石为常耳。地得叶，盛者一亩可养蚕十数筐，少亦四五筐，最下二三筐。米贱

---

① （南朝梁）沈约：《宋书》卷五四《沈昙庆传》，中华书局，1974，第1540页。

② （清）张履祥：《杨园先生全集》卷五〇《补农书下》，中国文献出版社，1968年影印本，第1~2页。

丝贵时，则蚕一筐，即可当一亩之息矣。虽久荒之地，收梅豆一石、晚豆一石。近来豆贵，亦抵田息；而工费之省，不啻倍之，况又稍稍有叶乎？"[1] 二是种桑养蚕省工省力。"盖吾乡田不宜牛耕，用人力最难；又田壅多，工亦多；地工省，壅亦省；田工俱忙，地工俱闲；田赴时急，地赴时缓，田忧水旱，地不忧水旱；俗云：'千日田头、一日地头'是已。"[2] 治地利厚促使人们改田为地，如隶属于湖州府乌程县的浙江西部的南浔镇，近市之民多种蚕豆瓜果蔬菜以谋利。温鼎《见闻偶录》载："农人日即偷惰；新谷登场，不闻从事于春花。前志所载田中起稜，播种菜麦，今皆无有。惟垄畔桑下，莳种蚕豆，吾镇所辖十二庄，大率如此。春郊闲眺，绝无麦秀花黄之象。近市之黠农，专务时鲜蔬瓜，逢时售食，利市三倍。"[3] 治地比种田利厚，农户改田为地成为趋势。嘉兴县土高水浅，不利于田，多改之为地，种桑植烟。"一二不逞之徒，磨牙砺角，日相寻于椎刀锋刃之利，而其类从之，渐以成俗，岂种蚕之遗未尽渐泯，一再变而致此乎？"[4] 经济作物的重要性日益增强。范金民先生在《明清杭嘉湖农村经济结构的变化》一文中也肯定了杭嘉湖地区"农业经营重点由粮食生产向经济作物转移"的事实（见表6-1）。

表 6-1　明后期到清康熙二十年（1681）前后杭嘉湖地区田地变化

府名	田	地
杭州府	减 30 顷	增 184 顷
湖州府	减 79 顷	增 28 顷
嘉兴府	减 1354 顷	增 1560 顷

资料来源：范金民《明清杭嘉湖农村经济结构的变化》，《中国农史》1988 年第 2 期，第 15 页。

---

[1] （清）张履祥：《杨园先生全集》卷五〇《补农书下》，中国文献出版社，1968 年影印本，第 1~2 页。

[2] （清）张履祥：《杨园先生全集》卷五〇《补农书下》，中国文献出版社，1968 年影印本，第 1~2 页。

[3] 民国《南浔志》卷三〇《见闻偶录》，1922 年刻本，第 3 页。

[4] （清）袁国梓：《杜臻嘉兴府志序》，光绪《嘉兴府志》卷八八《旧志序录》，光绪五年刊本，第 14 页。

长江三角洲地区粮食生产向经济作物种植的转移，促进了该地区农业生产的多样性，突破了单一的粮食生产模式，在微区域内形成了各自独特、形式多样的种植业生产模式。对此，李伯重、陈忠平、张家炎等都有过具体的考证①。在太湖周边的水乡平原地带，江苏省常州府金匮县（今属无锡市）"水乡民操舟捕鱼者十之七，或莳菱藕，种菱蒲。近山民伐石担樵，近城种蔬菜瓜果，或捆屦织曲薄。近陶则雇民运薪，或担水河内"②。诸如此类的经济多样化生产和区域分工，陈忠平在《论明清江南农村生产的多样化发展》中作了较为详细的梳理：濒江沿海的冈身沙土地带的太仓州、水乡平原地带的归安县、苏南浙西的山区地带的宜兴县和荆溪县等无不是如此③。这一点是黄河中下游地区所没有的。多样性是一个地区经济发展活力和韧性的催化剂。

区域农业经济的多样化促进了手工业的发展和市场的兴盛。农业多样性使以农副产品加工为主的农民家庭手工业得到普遍发展，长江三角洲地区的手工业门类齐全，发展态势良好。例如棉花的种植与加工，嘉定"虽存田额，其实专种木棉"，"小人之依，全倚花布，其织作之苦无间于昼夜"④。长江三角洲地区棉稻兼植区、水稻种植区和部分桑稻兼植区内棉纺织业也都得到了一定程度的发展。该地区桑稻种植区内养蚕缫丝十分普遍。浙西部分不事棉织、丝织的桑稻区内撚绵织绸业获得了发展。茶与竹木种植业较发达的苏南、浙西山区的茶笋纸炭业也得到较快发展⑤。15 世纪中叶以后，长江三角洲地区的棉花与棉纺织业及太湖与浙西一带的蚕桑与丝织业，都已具备

① 李伯重：《"桑争稻田"与明清江南农业生产集约程度的提高》，《中国农史》1985 年第 1 期；陈忠平：《论明清江南农村生产的多样化发展》，《中国农史》1989 年第 3 期；张家炎：《明清长江三角洲地区与两湖平原农村经济结构演变探异》，《中国农史》1996 年第 3 期。

② 乾隆《金匮县志》卷一一《风俗》，转引自陈忠平《论明清江南农村生产的多样化发展》，《中国农史》1989 年第 3 期，第 9 页。

③ 陈忠平：《论明清江南农村生产的多样化发展》，《中国农史》1989 年第 3 期。

④ 万历《嘉定县志》卷七《漕折始末》，《中国方志丛书》，成文出版社，1983 年影印本，第 481 页。

⑤ 陈忠平：《论明清江南农村生产的多样化发展》，《中国农史》1989 年第 3 期。

高度专业化的生产方式。

区域经济多样化的发展促进了国内和对外市场的兴盛。长江三角洲地区桑蚕、竹纸、草纸、丝茶等成为重要商品。桑蚕为崇德一带农家所依赖，"卒岁公私取偿丝布之利，胥仰给于贾客腰缠"①。苏南、浙西山区亦与市场联系紧密，富阳一带"竹纸一项，每年约可博六七十万金；草纸一项，约可博三四十万金；丝、茶两项，约有十余万金"。"南乡则沿江各庄外皆有山无田，人丁约有二十余万，终岁食米皆仰给于杭之湖墅。"②由上可知，明清江南农村生产随着多样化的发展，商品化进程加快，山区、平原都卷入市场化的漩涡。上述商品不仅在国内售卖量多利厚，而且远销国外。乾隆二十四年（1759），两广总督李侍尧在上报外贸情况时谈及国内贩运出口货物量巨大："外洋各国夷船到粤，贩运出口货物，均以私货为重，每年贩运湖丝并绸缎等货，自二十余万斤至三十二三万斤不等，统计所买丝货，一岁之中，价值七八十万两，或百余万两。至少之年，亦买价至三十余万两之多。其货物均系江浙等省商民贩运来粤，转售外夷。"③国外市场的巨大需求刺激了国内经济作物种植和手工业的持续发展，作为传统生丝出口地的太湖流域更是得以繁荣发展。除生丝外，江南棉布也远销海外，经济学家严中平在《中国棉纺织史稿》中言江南棉布在19世纪初就已经远销英国等海外市场④。梁方仲先生在其文章《明代国际贸易与银的输出入》中写道，"欧洲东航以后，钱银及银货大量地由欧洲人自南北美洲运至南洋又转运来中国"，自万历年间至崇祯十七年（1573~1644）的70余年间，各国合计输入中国的银元"至少远超过一万万

---

① 万历《崇德县志》卷二《物产》，转引自陈忠平《论明清江南农村生产的多样化发展》，《中国农史》1989年第3期。

② 光绪《富阳县志》卷一五《物产》，《中国方志丛书》，成文出版社，1983年影印本，第1241~1242页。

③ （清）李侍尧：《奏请将本年洋商已买丝货准其出口折》，（清）梁廷枏总纂，袁钟仁校注《粤海关志》卷二五《行商》，广东人民出版社，2002，第282页。

④ 严中平：《中国棉纺织史稿》，科学出版社，1955，第32页。

元以上"①。白银大量流入中国，刺激了商品经济的发展，带动了长江三角洲地区传统农业结构的变化。

随着长江三角洲地区经济的转型，以种桑养蚕为主的生产方式省工省力，剩余劳动力大量流入城镇。一些保守农户依靠传统农耕入不敷出，生活艰难，"尽所有以供富民之租，犹不能足。既无立锥以自存，又鬻妻子为乞丐以偿丁负"②，只能另谋出路，舍本逐末。明人何良俊云："赋税日增，徭役日重，民命不堪，遂皆迁业。……大抵以十分百姓言之，已六七分去农矣。……空一里之人，奔走络绎于道路，谁复有种田之人哉！吾恐田卒污莱，民不土著，而地方将有土崩瓦解之势矣。"③ 大量人口流入工商业发达的城镇，有助于城镇的发展。

明清时期，苏州境内人口汇聚迅速。洪武四年（1371）的人口密度为每平方公里297.84人，嘉庆十五年（1810）达每平方公里627.15人④。明清之际，苏州烟户已是"聚居城郭者十之四五，聚居市镇而分之相悬"⑤。入清后，苏州府城外来人口颇多，"苏州长吴等县有名自输户，有名下几甲任意捏名，挂立甲外。且有乡绅物故已久，生员学册无名并寺观香火，上司承差书役亦皆各立户名，公然讨免各差"⑥。乾隆《吴县志》记载当时的苏州府"吴为东南一大都会，当四达之冲，闽商洋贾、燕齐楚晋百货之所聚，则杂处阛阓者，半行旅也"⑦。苏州城市人口承载力主要表现在以非农劳动为特点的手工业发展。纺织业和丝织业的发达为更多的人口提供了劳

---

① 刘志伟编《梁方仲文集》，中山大学出版社，2004，第222页。
② （清）盛枫：《江北均丁说》，（清）贺长龄辑《皇朝经世文编》卷三〇，《近代中国史料丛刊》，文海出版社，1966，第731辑，第1086页。
③ （明）何良俊：《四友斋丛说》卷一三《史九》，谢国桢选编《明代社会经济史料选编》（下册），福建人民出版社，2004，第437页。
④ 王卫平：《明清时期江南城市史研究：以苏州为中心》，人民出版社，1999，第48页。
⑤ （清）赵锡孝：《徭役议》，道光《苏州府志》卷一〇《田赋》，道光年间刻本，第23~24页。
⑥ 道光《苏州府志》卷一〇《田赋》，道光年间刻本，第11~12页。
⑦ 乾隆《吴县志》卷八《市镇》，转引自范金民《明清江南商业的发展》，南京大学出版社，1998，第184页。

动岗位，在棉纺织业，由于棉布的加工要经过踹压、染色等基本步骤，因此需要专业作坊和专门从事加工的工人。另据李伯重先生研究，康雍乾时期苏州的踹坊有六七百家之多，雇佣踹匠达万人左右，染匠人数也在万人左右，相比明代的几千人规模，有了不少的增加。而清代丝织业最兴盛时，民间织机约达 8 万台，比明代增长了 4 倍左右；职工约有 17 万人，是明代的 5 倍多。[①]

明清两代，长江三角洲地区农村市镇大量出现，傅衣凌《明清时代江南市镇经济的分析》、陈忠平《江南市镇经济结构研究》、樊树志《江南市镇：传统的变革》、范金民《江南经济研究》、陈学文《明清时期太湖流域的商品经济与市场网络》、刘石吉《明清时代江南市镇研究》等都有所涉及。李慧在《明清长江三角洲地区城镇化及城镇体系研究》中对上述学者的成果进行了汇总，详情列于表 6-2 中。

表 6-2 明清长江三角洲六府市镇分布

单位：个

府	县	镇	市
苏州府	吴县	6	1
	长洲县	5	5
	昆山县	5	5
	常熟县	5	9
	吴江县	4	10
	嘉定县	15	11
	太仓州	4	10
松江府	华亭县	13	5
	上海县	9	7
	青浦县	20	7
常州府	武进县	5	5
	无锡县	7	7
	江阴县	15	28
	宜兴县	5	8

① 李伯重：《江南的早期工业化（1550~1850）》，社会科学文献出版社，2000，第 41~45 页。

府	县	镇	市
杭州府	府城内	—	8
	府城外	2	12
	海宁县	2	5
	富阳县	—	5
	余杭县	9	2
	临安县	6	—
	新城县	4	—
	昌化县	2	1
嘉兴府	嘉兴县	5	—
	秀水县	5	1
	嘉善县	6	—
	海盐县	5	5
	平湖县	7	3
	崇德县	1	4
	桐乡县	4	1
湖州府	乌程县	4	4
	归安县	6	1
	安吉州	5	—
	长兴县	6	—
	德清县	2	—
	武康县	—	2

资料来源：李慧：《明清长江三角洲地区城镇化及城镇体系研究》，硕士学位论文，天津师范大学，2007，第29～31页。

表6-2清晰显示了明清时期长江三角洲六府市镇的数量：苏州府44镇，51市；松江府42镇，19市；常州府32镇，48市；杭州府25镇，33市；嘉兴府33镇，14市；湖州府23镇，7市；合计199镇，172市。

长江三角洲地区城镇贸易繁荣。明代中叶以后，每日开市的"逐日市"基本取代了每旬开市数次的定期市[1]。此外，还出现了影响力巨大的商业中心。明清时期的苏州发展非常迅速，其商业地位学界多有论述。范金民提到

————————

① 许檀：《明清时期农村集市的发展》，《中国经济史研究》1997年第2期。

明清时代的苏州是全国经济文化最为发达的城市，既是商品生产中心，又是全国商品特别是江南各地商品的集中地，还是全国著名的丝绸生产、加工和销售中心，最大的棉布加工和批销中心，以及江南地区最大的米粮转输中心①。龙登高在研究区域中心城市时，提到11~19世纪江南最高中心地发生了两次转移，从宋元杭州，到明清苏州，到近代上海。这三个城市发生海港—内陆—海港的转移，表明江南区域中心恰与海外贸易的发展相适应，宋元时期海外贸易兴盛，明清中国海外贸易时有反复。他在研究苏州城市发展历程时得出结论：苏州已经由传统消费型城市转向生产型城市，由输入型城市转向制品输出型城市，由区域中心城市成长为全国性中心城市，这是明清苏州与宋元杭州最大的区别之所在。②

市镇贸易也很兴盛。例如上海宝山区的罗店镇，"元至元间里人罗升所创，故名。东西三里，南北二里，出棉花、纱、布，徽商丛集，贸易甚盛"③。嘉定区的娄塘镇，"所产木棉布匹，倍于他镇。所以客商鳞集，号为花布马头。往来贸易，岁必万余；装载舡只，动以百计"④。奉贤区的金汇镇成市于南宋期间，以金姓聚族建桥而得名。乾隆《奉贤县志》载："金汇桥在金汇塘东，居民五十余家，街止一道，多列肆估价者，棉花收购时最繁盛。"⑤浦东新区的周浦镇，"棉花之盛，亦推周浦，买者群集行家，而听其支配。后海滩垦熟，地质腴松，棉花朵大衣厚，远在内地产棉之上"⑥。农村经济的兴盛直接促使市镇数量增长⑦，市镇乃至周边农村经济朝着外向型

---

① 范金民：《江南社会经济研究·明清卷》，中国农业出版社，2006，第1035、1039、1052、1064页。

② 龙登高：《江南市场史——十一至十九世纪的变迁》，清华大学出版社，2003，第33、37页。

③ 光绪《宝山县志》卷一《舆地志》，《中国方志丛书》，成文出版社，1983年影印本，第134页。

④ 《嘉定县为禁光棍串通兵书扰累铺户告示碑》，上海博物馆图书资料室编《上海碑刻资料选辑》，上海人民出版社，1980，第96页。

⑤ 上海市奉贤县县志修编委员会编著《奉贤县志》，上海人民出版社，1987，第135页。

⑥ 民国《南汇县续志》卷一八《风俗志一·风俗》，1929年刊本，第864页。

⑦ 吴仁安：《明清上海地区城镇的勃兴及其盛衰存废变迁》，《中国经济史研究》1992年第3期。

经济转变。值得一提的是，有一种服务性市镇，其本身并没有什么经济作物
和手工业品出产，其兴起缘于周边大的城镇经济上的外溢效应。吴淞地处黄
浦江海口，为商贸港口，它的兴盛缘于上海港的繁荣，乾隆年间建镇则是为
了加强上海地区的警备："吴巷桥镇，县治南六里。旧名胡巷桥，系黄浦海
口要道，今更名镇，设吴淞营捕盗战舰同顾径司巡检，凡进出海口商渔船
只，由此挂号照验。"①

以市镇为主导的城镇化也已出现。中国的城镇化不同于西方国家的城镇
化模式。明清时期区域中心城市基本定型，县城以上的城市较为稳定，而农
村市镇繁荣发展是地方社会，特别是长江三角洲地区最具活力的生产生活事
项和文化景观。农村市镇远离城市，官方行政力量薄弱，商品经济发展阻力
较小，因此地方经济能够自主地选择适应自身的发展道路，较容易发展具有
近代意义的生产生活方式，开启地方城镇化之路。费孝通先生曾赞扬小城镇
的发展，期望小城镇模式成为中国现代化的发展方向，其依据便是传统社会
特别是明清时期在太湖流域形成并不断繁荣发展的市镇格局。

农业生产逐渐脱离了基本的粮食作物的生产阶段而向经济作物转型，并
在长江三角洲内部不同自然因素区呈现出多元化的生产模式。便利的水运条
件和经济作物天然的外向性，使农业融入了长江三角洲的市场体系，手工业
和城镇经济的发展成就更为突出。

总之，与黄河中下游地区相比，长江三角洲一带的农业生产以多样化发
展为主要特点，而生产多样化及其引发的生产社会分工化、专业化、商品化
发展趋势使以经济作物加工为主的农业市镇的大量出现成为可能。黄河中下
游地区经济相对单一，以种植业为主使土地被过度开垦，造成水土流失，而
长江三角洲地区农业经济多样化，并且能够因地制宜，有利于生态环境的
优化。

2. 优越的水环境对城镇发展的影响

长江三角洲地区以长江为主要航道，辅以其他大小河道和贯通南北的运

———————

① 光绪《宝山县志》卷一《舆地志》，《中国方志丛书》，成文出版社，1983年影印本，第
137页。

河，形成了发达的水运网络，将大量零散分布的城镇联系起来，这成为推动城镇发展繁荣的重要因素，苏州、南京、镇江、扬州、常州、通州（今南通市）、江阴、宝山、杨舍镇、高桥镇等一大批沿江沿河城镇发展迅速。

春秋时期的长江三角洲地区，分布着远比今天多得多的自然河流和湖泊。《周礼·职方氏》将水力资源分为泽薮、川、浸三种，泽薮是"聚水丰物"的薮泽；川是贯穿通流的水，可以通航；浸则有灌溉之利的。尤其是该地区的太湖区域。太湖区域"其泽薮曰具区，其川三江，其浸五湖"①。具区是指太湖及其附近的沼泽地，三江五湖是流域内错综复杂的水道及可饮用灌溉的湖泊②。春秋时期的吴国曾开凿两条运河：一条是胥浦，利用太湖泄水道疏浚而成，西连太湖，东通大海，是吴国海运的通道；另一条运河北通长江。春秋时期在运河周围兴起的城市中，以苏州、绍兴最为重要。《越绝书》对春秋时期的苏州、绍兴有具体的记载。卷二载："吴水道，出平门，上郭池，入渎，出巢湖，上历地，过梅亭，入扬湖，出渔普，入大江，奏广陵。"苏州城"周四十七里二百一十步二尺，陆门八，其二有楼，水门八"。③ 卷八载："山阴故水道，从郡阳春亭，去县五十里。"绍兴城："陆门三，水门三。"④ 两个城市主要依靠河流对外联系，正如越王勾践所说"以船为车，以楫为马"。当时，长江三角洲的其他城市大率与此相同。吴、越之间，在利用自然水道的基础上，也开有渠道以相互沟通。《越绝书·吴地传》载："百尺渎，奏江，吴以达粮。"⑤ 百尺渎为古运河，从苏州向南，通过吴江、平望、嘉兴、崇德，南下直达钱塘江边，是吴国转运越国粮食的重要通道⑥。

---

① （汉）郑氏注，（唐）贾公彦疏《周礼注疏》卷三三，《景印文渊阁四库全书》，台湾商务印书馆，1986年影印本，经部，第90册，第602页。

② 武汉水利电力学院、水利水电科学研究院《中国水利史稿》编写组编《中国水利史稿》（上册），水利电力出版社，1979，第78页。

③ （汉）袁康、吴平辑录《越绝书》卷二《吴地传》，上海古籍出版社，1985，第10、9页。

④ （汉）袁康、吴平辑录《越绝书》卷八《记地传》，上海古籍出版社，1985，第63、58页。

⑤ （汉）袁康、吴平辑录《越绝书》卷二《吴地传》，上海古籍出版社，1985，第11页。

⑥ 武汉水利电力学院、水利水电科学研究院《中国水利史稿》编写组编《中国水利史稿》（上册），水利电力出版社，1979，第88页。

魏晋南北朝时期，黄河中下游地区长期处于战乱之中，大量北方人南迁，为南方带去了先进的生产工具，尤其是长江三角洲地区得到空前开发，到隋时，开凿南北运河，主要目的是将这一带的粮食运到都城长安。大运河对沿岸城镇发展起着巨大的推动作用。地处太湖之滨的无锡成了太湖平原农副产品的最大集散地，成为后世四大米市之一。

明清时期，长江三角洲地区优越的水环境促进了一大批沿江沿河城镇的兴盛。以苏州为核心，由宜兴—无锡—昆山—盛泽—南浔—长兴构成六边形，太湖沿岸即该区域的内部边缘。由于太湖的存在，整个区域呈现一个不规则的环形。环太湖地区农业和交通运输条件发达，不同级别的中心城市与太湖关系密切，这种现象反映出区域中心城市分布的一个特征——临水性①。而长江三角洲上的其他大量中小市镇，由密集的河流水道相互贯通，彼此之间的联系大大加强，相互依存关系强化，这促进了市镇群内部结构的合理化和优化，在此过程中江南区域经济联为一体，形成了以水路交通为主要载体的水乡市镇网络体系。

市镇网络的间距以 12~36 里为最常见的模式②。在长江三角洲的水网地带，主要交通工具是手摇小船，农家把商品运入市镇销售，往返时间不能过长，要赶得上早市或午市，并来得及返回村中。因此交通工具的速度决定了市镇与周围村落之间的距离，也进一步决定了市镇密度。两镇的间距在 12~36 里是比较合适的，过密会导致商业不振，过疏则满足不了商品集散的需要。

水城发展中有一种特殊的设置——栅。《濮院琐志》载："四河有栅，里各有门，门以竖木排列成之。"门之上有檐，不逾其屋之檐。"更阑重闭，固如层城"。不仅设置防御性的构造，更安排人员负责治安问题，"或有疏虞，司门者是问"③。樊树志认为"四栅"是一个市镇不同于乡村的特质，

---

① 李慧：《明清长江三角洲地区城镇化及城镇体系研究》，硕士学位论文，天津师范大学，2007，第65页。
② 樊树志：《江南市镇：传统的变革》，复旦大学出版社，2005，第198页。
③ 转引自樊树志《江南市镇：传统的变革》，复旦大学出版社，2005，第154页。

标志着市镇从乡村腹地中分离出来，成为一个独立的经济单元与社会单元，是农村向城市转化的表现。陆栅与水栅属巡检司管辖，都有栅房的设置和栅丁的配备，在这种意义上，"栅"是一种保障市镇工商业与居民安全的治安设施。明人李日华在《建郡城各处水口总栅议》中明确表述了栅门的治安作用："正以各口有栅，口不易入，即得入，而别口之栅又不易出，入而难出，势即成擒。"① 《甫里志稿》的编者在按语中描述了水栅防盗的细节：建置水栅，必审度地势之要害和守望之尽责。"须于离镇半里之外，择小水连接大水紧要处，两边密钉桩木三四层，中作水门，以通船只出入。锁链务须坚巨。栅之左右，构屋数椽，择附近诚实之人，编定工食，从厚给予，令彼栖守。"只有如此，才能保证内栅安全。"即有盗贼窃发，能斩栅而入乎？纵使得入，看守者力不能敌，亦可从陆路抄至内栅，呼集居民以助声援。"②

长江三角洲地区的水环境相对黄河中下游地区要优越得多，河流流经之地多为黏土之地，水土流失要小得多，河流泥沙沉积缓慢，水患既少又小，对城镇的负面影响也较弱。但也不能说没有，河湖的治理也时有发生。

宋元时期太湖地区水域治理较为频繁。如单鄂在《吴中水利书》中通篇分析了太湖水患，认为应先开一些港或渎，有效治水后再筑围垦田③。徽宗宣和元年（1119）正月，赵霖组织当地人民"前后修过一江、一港、四浦、五十八渎，修筑常熟塘岸一条，随岸开塘"④。翌年八月完工。元代，太湖湖面萎缩，水量减少，周围自然环境恶化，灾害不断。元代对吴淞江的疏浚始自大德八年（1304）十一月，由任仁发组织，"自上海县界吴松旧江东，抵嘉定石桥洪，迤逦入海，长三十八里，深一丈五尺，阔二十五丈，役

---

① （明）李日华：《恬致堂集》卷三九，上海古籍出版社，2012，第 1411 页。
② 光绪《甫里志稿·疆里志·水栅》，《中国地方志集成·乡镇志专辑》，上海书店出版社，1992，第 6 册，第 200 页。
③ （宋）单鄂：《吴中水利书》，《景印文渊阁四库全书》，台湾商务印书馆，1986 年影印本，史部，第 576 册，第 7 页。
④ （宋）范成大：《水利下》，《吴郡志》卷一九，《景印文渊阁四库全书》，台湾商务印书馆，1986 年影印本，史部，第 485 册，第 144 页。

夫为数一万五千"，至九年二月晦毕工①，吴淞江得以贯通。泰定元年（1324），再次浚治淀山湖、常州路江阴州各通江河港；次年浚吴淞旧江大盈浦乌泥泾；三年置赵浦、潘家浜、乌泥泾三闸，疏漕渠，修浚练湖②。

总体来看，长江三角洲地区的水环境明显优于黄河中下游地区，其与城镇经济发展的关系也更为密切，特别是大量市镇的出现，离不开发达的水运网络。明人王士性将江浙地区的繁荣归因于水系和水运的发达："浙十一郡惟湖最富，盖嘉、湖泽国，商贾舟航易通各省。"③ 是很有见地的。

3.气候、地貌、土壤等自然条件对城镇发展的影响

长江三角洲地区温暖湿润，拥有较好的适宜农业和城镇发展的气候条件。风调雨顺的年景，五谷丰登，能够促进城镇的发展。但也有极端天气，导致粮食歉收，物价上涨，人口减少，间接制约城镇的发展。例如明代震泽县在永乐二年（1404）五月，大雨，低田尽没。壮者相率借稼，"杂菱、芡、荇、藻食之"，老幼入城行乞，"不得，多投于河"④。正德十年（1515），太仓州气候变化，"大无麦，斗米八十钱，薪百斤钱五十"⑤。嘉靖二十一年（1542），江苏靖江县旱，致使"五斗糠秕三尺布，一挑河水五文钱"⑥。华亭县于嘉靖四十年（1561）"秋大水，饿殍浮水者甚多，鱼虾至肥，分文可得巨鱼五六斤"⑦。万历三十六年（1608），震泽县"大水，高田皆潲没，城中居民皆驾阁以处，鱼虾蠃蚌满屋，卧榻之下，可俯而探"⑧。

① （明）姚文灏：《元书》，《浙西水利书》卷中，《景印文渊阁四库全书》，台湾商务印书馆，1986年影印本，史部，第576册，第117~118页。
② （明）张国维：《水治》，《吴中水利全书》卷一〇，《景印文渊阁四库全书》，台湾商务印书馆，1986年影印本，史部，第578册，第338页。
③ （明）王士性：《广志绎》，中华书局，1981，第70页。
④ 乾隆《震泽县志》卷二七《灾祥》，《中国地方志集成·江苏府县志辑》，凤凰出版社，2008，第23册，第249页。
⑤ 民国《太仓州志》卷二六《祥异》，1919年刻本，第2页。
⑥ 光绪《靖江县志》卷八《祲祥》，光绪五年刻本，第5页。
⑦ 光绪《重修华亭县志》卷二三《灾异》，《中国地方志集成·上海府县志辑》，上海书店出版社，1991，第4册，第773页。
⑧ 乾隆《震泽县志》卷二七《灾祥》，《中国地方志集成·江苏府县志辑》，凤凰出版社，2008，第23册，第249页。

大量的水旱灾害阻碍了城市发展。

长江三角洲地区处于地势第三阶梯，属于冲积平原，植被茂盛。陆玉麒、董平在论述地形地貌与长江三角洲二级中心城市分布的关系时，提到长江三角洲地区的山地主体由分布在宜兴、溧阳二县南部的众多山丘组成，故名宜溧山地，海拔一般为 200~300 米。正是这些山体导致长江三角洲二级中心地呈五边形的分布格局。[①] 明清时期土壤状况已被纳入监控范围，一些农业著作多有记载。清初浙西人张履祥记载："田荒一年一熟，地荒三年熟，人情欲速，治地多不尽力，其或地远者，力有所不及耳！俗云：种桑三年，采叶一世，未尝不一劳永逸也。弗思耳。"[②]

可见，在气候、地貌、土壤方面，长江三角洲地区要优于黄河中下游地区。气候上，长江三角洲地区较温暖，适宜更多农作物的生产，河道结冰期短，利于农业商品化，并推动城镇之间的贸易往来。地貌上，长江三角洲属于长江入海三角洲，地势平坦，河湖纵横，更利于城镇的选址和发展。土壤上，长江三角洲地区为黄棕壤，对于旱作物和水作物都较适宜，"苏湖熟，天下足"的农谚形象反映了这一地区农业经济的发达。

4. 长江三角洲地区生态环境演变对城镇兴衰的影响

长江三角洲地区优越的生态环境促进了城镇的兴盛，这方面同黄河中下游地区乃至其他地区都是相似的。上海是长江三角洲地区生态环境与城镇协调发展的典型。上海地区在五代至宋初形成聚落[③]，农业已经有了较大发展，周边密布着水网。据北宋著名水利专家郏亶的《吴门水利书》记载，吴淞江南北两岸已被开发成七里为一浦、五里为一塘的纵横交错的水利系统。而这一水利系统奠定了后世上海城市的河浜、巷弄格局。明清时老城厢

---

① 陆玉麒、董平：《明清时期太湖流域的中心地结构》，《地理学报》2005 年第 4 期。

② （清）张履祥：《杨园先生全集》卷五〇《补农书下》，中国文献出版社，1968 年影印本，第 2 页。

③ 谭其骧：《上海得名和建镇的年代问题》，引自谭其骧《长水集》（下），人民出版社，1987，第 198~206 页。

的城市景观有两个主体：一为河浜，其大者可行船，小者服务于居民生活；二为巷弄，曲折而狭窄，主要供人行走。南宋嘉定年间，长江口南岸昆山县的黄姚因水道便利，已成为商业辐辏之地。"黄姚税场系二广、福建、温、台、明、越等郡大商海船辐辏之地，南擅澉浦、华亭、青龙、江湾、牙客之利。比兼顾径、双浜、王家桥、南大场、三槎浦、沙泾、沙头、掘浦、萧径、新塘、薛港、陶港沿海之税，每月南货商税动以万计。"① 俨然一商业大都会。

长江三角洲地区也有生态环境恶化导致城镇衰落的例子，这与黄河中下游地区乃至其他地区既有相同之处（如河道淤浅，不能行船）也有不同之处。长江三角洲临海城镇，因为海平面的变化而衰落。吴淞江南岸的青龙镇（今并入白鹤镇），南宋初年因海上贸易而盛极一时，"为海舶辐辏之地，人号小杭州"。后来因吴淞江江身淤浅，迁曲多湾，尤其是青龙港逐渐窄狭，海船出入不便，该镇失去了海港重镇的地位。明代嘉靖中虽曾一度将青浦县治设置在青龙镇，但因其商业不振，于明万历元年（1573）将青浦县治从青龙镇迁往唐行镇，青龙镇仍为镇所。至清光绪初年，青龙镇已衰败为"仅存旧青浦市集而已"②。上文所述长江口南岸昆山县的黄姚，入明后，江海侵蚀，黄姚镇逐渐颓败。"按盛家桥北，旧有黄姚镇，没入于海。"③ 根据吴仁安的推测，黄姚镇塌入海中的时间应为明嘉靖末年至万历初年④。与黄姚情形相似的还有钱门塘、乌泥径、三沙等镇。金山卫城东南郭的青龙港地处柘湖出海口、东江入海口，水路交通便利，为"宋元间入贡及市舶交集之处"⑤。洪武十九年（1386），金山设卫，以商港

① （清）徐松辑《商税》，《宋会要辑稿·食货》，中华书局，1957，第5122页。
② 光绪《青浦县志》卷二《疆域志下·镇市》，《中国方志丛书》，成文出版社，1970年影印本，第197页。
③ 光绪《宝山县志》卷一《舆地志》，《中国方志丛书》，成文出版社，1983年影印本，第138页。
④ 吴仁安：《明清上海地区城镇的勃兴及其盛衰存废变迁》，《中国经济史研究》1992年第3期。
⑤ 光绪《金山县志》卷五《山川》，《中国方志丛书》，成文出版社，1983年影印本，第303页。

又兼军港，地位凸显，船只云集，盛极一时。成化八年（1472）以后，重修海塘，"通海诸港日就湮废，而海沙渐积成洲"，金山卫失去海陆交通枢纽地位，"海舶设有至者，当搁浅牢不可动"①。卫城衰落，生态环境的恶化是主要原因。"自柘湖没后，东南诸河俱筑坝堰。其水旧从浙西而东流入青龙港达海，厥后海口淤塞，西水不东，邑之支干诸河水从北入运，盐河由张泾出浦，此河道之大变而卫城之盛衰亦系乎此。"海陆交通不畅，难以承载往日的辉煌，城市衰落，非人力所能阻挡。"乾隆初年（1739），西水不至，张泾亦浅，盐艘不能达卫城，必用小舟驳运，东由秦山塘入胥浦，至洋关头过船。其间水道曲折且多淤塞，后经开浚，始由张泾出黄浦。近年又渐淤浅，夏秋之交，舟尾相衔，涓流易阻，灌溉有妨。"②明万历年间，金山卫东北的澉阙（一名澉缺）已成为海港市镇。至崇祯年间，浙闽客商贩运木材至松江，经由澉阙，"海舶出没"③。清康熙二十四年（1685）开放海禁之初，即在澉阙设立海关。但因澉阙镇地狭小，官署窄陋，不久海关移驻上海县城内。上海之有榷关，亦始于康熙二十四年。"关使者初至松，驻札澉阙。后因公廨窄陋，移驻邑城。往来海舶，俱入黄浦编号。"④但澉阙的发展昙花一现，由于海潮顶冲，海岸线不断西移，澉阙港口逐渐淤塞。至乾隆年间，金山嘴已取代澉阙的渔港地位："向来捕鱼船俱从澉缺口出海，今海潮侵齿，金山嘴渐可泊舟，捕鱼者不下澉缺矣。"⑤这些海港城镇发展的此起彼伏，究其原因，诚如上文所述，主要在于它们是否处于沿海沿江交通要冲有利的地理位置⑥。这些城镇的兴衰与其所处的自然环境的变化息息相关。

---

① 正德《金山卫志》下卷之一，传真社景印明正德刻本，第 10 页。

② 光绪《金山县志》卷五《山川》，《中国方志丛书》，成文出版社，1983 年影印本，第 303、304、308～309 页。

③ 崇祯《松江府志》卷三《镇市》，《日本藏中国罕见地方志丛刊》，书目文献出版社，1992，第 61 页。

④ （清）叶梦珠著，来新夏点校《阅世编》卷三，上海古籍出版社，1981，第 82 页。

⑤ 乾隆《金山县志》卷八《兵防》，《中国方志丛书》，成文出版社，1983 年影印本，第 338 页。

⑥ 吴仁安：《明清江南望族与社会经济文化》，上海人民出版社，2001，第 132 页。

二 珠江三角洲地区

珠江三角洲地区位于广东省中南部,其主体位于北回归线以南,地势低平,天然水系发达,年平均气温在 20℃ 以上。以清代政区而论,大致包括广州府的番禺、南海、顺德、东莞、新会、花县、从化、增城、香山、三水、新宁、新安等 12 县,肇庆府的高要、四会、高明、开平、恩平、鹤山等 6 县,以及惠州府的归善、博罗 2 县。[①] 从整个历史时期看,珠江三角洲地区的发展较为滞后,其真正的快速发展期当在唐宋以后,明清时期达到传统时期的最高峰。清代中期,珠江三角洲成为全国重要的粮食作物和经济作物生产基地,工商业较为发达,这为城镇发展奠定了物质基础,上至省城广州,下至市镇都发展起来,特别是佛山镇,手工业、商业都较发达,号称全国"四大名镇"之一。

1. 农业开发对城镇发展繁荣的重要作用

珠江三角洲地区农业开发起步较晚,至隋代仍处于"火耕水耨"[②] 的原始农业阶段,入宋后才有较大的改观,如围堤等水利工程兴建较多,共修堤围 28 条,长 66024 丈,护农田 24322 顷。元代新修堤围 34 条,长 50526 丈,护农田 2332 顷[③]。明代又将"已成之沙"加以围垦,扩大耕作面积。清代兴建堤围垦种更具有主动性,多围垦"未成之沙",将大片的水域用石坝圈筑,使围内泥沙淤积,此种方法比起明代仅用种草促淤更加快了沙田面积的扩大,为珠江三角洲农业开发提供了大量土地资源。[④]

与黄河中下游地区不同的是,珠江三角洲地区的农业尽管开发较晚,但在发展之初即带有商品性农业的特点。其农业生产,特别是经济作物的生产

---

① 谭其骧主编《中国历史地图集》第八册"广东",地图出版社,1987,第 44~45 页。

② (唐)魏征、令狐德棻:《隋书》卷三一《地理下》,中华书局,1973,第 886 页。

③ 佛山地区革命委员会《珠江三角洲农业志》编写组:《珠江三角洲农业志 二 珠江三角洲堤围和围垦发展史》,佛山地区革命委员会,1976,第 5、12 页;叶显恩、谭棣华:《明清三角洲农业商业化与墟市的发展》,明清广东省社会经济研究会编《明清广东社会经济研究》,广东人民出版社,1987,第 58 页。

④ 谭棣华:《清代珠江三角洲的沙田》,广东人民出版社,1993,第 226~227 页。

一直与外界市场联系紧密。明代珠江三角洲地区有一种田地名为基塘，即地势低洼之处挖深为塘，取塘泥覆塘四周为基，基上种植果木桑树，塘内养鱼。据嘉庆《龙山乡志》载，顺德县龙山乡"乡田原倍于塘，近以田入歉薄，皆弃田筑塘，故村田不及百顷"①。所出产的农副产品及水产品无疑将作为商品流入各类市场。明万历年间，南海县九江乡基塘以果基鱼塘为主，入清后，果基鱼塘很快被桑基鱼塘取代，成为基塘的主体。民谚有"蚕壮鱼肥桑茂盛，塘肥桑旺茧结实"之说②。这是一种非常好的生态农业。乾嘉年间，民间更兴起了"弃田筑塘，废稻树桑"浪潮，经济作物的生态体系在农村生产领域不断扩大③。

种桑养鱼的回报多于种粮，民人因地制宜种植经济作物，发展生态农业。光绪《高明县志》载："基六塘四，基种桑，塘蓄鱼，桑叶饲蚕，蚕矢饲鱼，两利俱全，十倍禾稼。"④珠江之南有33村，"谓之河南……其土沃而人勤，多业艺茶"。珠江三角洲的茶业以南海县（今佛山市南海区）西樵最为发达，西樵号"茶山"⑤。清初东莞县民众因地制宜，在不宜种植粮食作物的贫瘠之地种植香料作物。劳动力得到充分利用，也促进了香料买卖的繁荣。"硗确者不生他物而独生香，有香而地无余壤，人无徒手。种香之人一，而鬻香之人十，爇香之人且千百。"⑥珠江三角洲地区大规模种植经济作物，粮食作物种植面积逐渐减少。《清世宗实录》载，雍正五年（1727），广西巡抚韩良辅奏称："在广东本处之人，惟知贪财重利，将地土多种龙眼、甘蔗、烟草、青靛之属，以致民富而米少。"⑦这又促进了以买卖粮食

---

① 嘉庆《龙山乡志》卷四《田塘》，《中国地方志集成·乡镇志专辑》，上海书店出版社，1992，第31册，第65页。
② 叶显恩：《略论珠江三角洲的农业商业化》，《中国社会经济史研究》1986年第2期。
③ 叶显恩、谭棣华：《明清三角洲农业商业化与墟市的发展》，明清广东省社会经济研究会编《明清广东社会经济研究》，广东人民出版社，1987，第60页。
④ 邹兆麟等：《高明县志》卷二《物产》，《中国方志丛书》，成文出版社，1973年影印本，第119页。
⑤ （清）屈大均：《食语·茶》，《广东新语》卷一四，中华书局，1985，第364页。
⑥ （清）屈大均：《香语·莞香》，《广东新语》卷二六，中华书局，1985，第678页。
⑦ 《清世宗实录》卷五三，雍正五年二月乙酉，中华书局，1985，第810页。

作物为主的市场的发展。圩市就是例子。圩市是农作物和外来粮食的集散地，圩是不分季节四时皆开的市场。市为随农作物收获季节而开的定期的大型农贸市场。民国《番禺县续志》载："依期常开者谓之墟。如新造之牛墟，黄陂之猪仔墟，市桥、蔡边之布墟是也。届时开者谓之市。如大塘之果市，南村之乌榄市，钟村、南村之花生市是也。"[1] 明清时期，珠江三角洲入海口地区的墟市发展很快，数量迅速增加。据《珠江三角洲农业志》统计，明代永乐年间珠江三角洲的墟市有 33 个，嘉靖三十七年（1558）增至95 个，万历三十年（1602）又多达 176 个，其中以靠近入海口之顺德、东莞、南海、新会最多[2]，反映出便利的海运对墟市地理分布的影响。清代以后，专业性墟市发展迅速，有圩与市之分。以佛山镇为例。佛山起初为一聚落，"相传肇于汴宋"，但在元代仍只是一个普通渡口，至明中期景泰年间迅速崛起，"凡三千余家"[3]。入清后，佛山名满天下，称"岭南一大都会"、"天下四大聚"之一。佛山镇冶铁业非常发达，铁制品销往全国各地。"南海之佛山去城七十里，其居民大率以铁冶为业。""两广铁货所都，七省需焉。每岁浙、直、湖、湘客人，腰缠过梅岭者数十万，皆置铁货而北。"佛山仅进口洋铁一项多达 1000 万斤[4]，可知规模之大。手工业和商业的发展推动了珠江三角洲地区城镇的发展。

2. 水环境对城镇发展的影响

珠江三角洲地区位于热带湿润季风区，降水丰沛，是西江、北江、东江三江汇聚之地，水系网络四通八达，为城镇发展提供了便利的水运条件。早在汉武帝时，位于珠江三角洲的南越同夜郎（今贵州）间的水运就很频繁，

---

① 民国《番禺县续志》卷一二《实业志·工商业》，《中国方志丛书》，成文出版社，1967 年影印本，第 186 页。
② 佛山地区革命委员会《珠江三角洲农业志》编写组：《珠江三角洲农业志 一 珠江三角洲形成发育和开发史》，佛山地区革命委员会，1976，第 96~97 页。
③ 景泰二年《灵应碑》，叶显恩、谭棣华：《明清珠江三角洲农业商业化与圩市的发展》，明清广东省社会经济研究会编《明清广东社会经济研究》，广东人民出版社，1987，第 73~78 页。
④ 广东省社会科学院历史研究所中国古代史研究室等编《明清佛山碑刻文献经济资料》，广东人民出版社，1987，第 295、298 页。

"道西北牂柯江，江广数里，出番禺城下……夜郎者，临牂柯江，江广百余步，足以行船，南粤以财物役属夜郎，西至桐师，然亦不能臣使"①。清代发展起来的全国四大名镇之一的广州佛山镇，就是依靠发达的水运发展起来的。道光《佛山忠义乡志》载，佛山在康熙初年"桡楫交击，争沸喧腾，声越四五里，有为郡会之所不及者"②。人称："佛山一埠，为天下重镇，工艺之目，咸萃于此。"③ 当时佛山之汾水旧槟榔街"为最繁盛之区，商贾丛集，阛阓殷厚，冲天招牌，较京师尤大，万家灯火，百货充盈，省垣不及也。惟街衢较窄，有仅容二人并行者"④。狭窄而繁华的街道开满店铺，"通津、利步各街近海，行店多至二百余家，铺尾通海深二三十丈不等"⑤。从中可以看出，佛山之繁荣与水运便捷有莫大关系。更为重要的是，珠江三角洲地区南面濒临大海，便于开展海外贸易，这是该地区城镇发展的又一优势。自隋代以降开始发展海外贸易，促进了城镇的发展繁荣，广州是受益最大的城市。唐宋元明都在广州设立市舶司，管理对外贸易，广州是主要的对外贸易港口城市。广州港在清代更是国家承认的唯一涉外港口。

以珠江为中心的大小河道形成了发达的水运网，对城镇的发展提供了基本的水源保障。尽管珠江下游河道及其他中小河流出现过多次变动⑥，但并未如黄河下游河道变动之剧烈。珠江三角洲地区也有水患，但水患是可控的，对农业和城镇的发展没有产生太大的影响。如乾隆二十九年（1764）四月二十九日，两广总督苏昌奏称："西、北两江山水骤发，沿河地方猝被水淹，……四月十一日及十三、四等日，各属又连得大雨，禾苗正资荫溉，农民无不欢忭，不期西、北两江上游各路俱山水骤发……以致三水、南海二

---

① （汉）班固：《汉书》卷九五《西南夷两粤朝鲜传》中华书局，1962，第3839页。

② 道光《佛山忠义乡志》卷一二《金石志上·修灵应祠记》，道光十一年刻本，第37页。

③ （清）徐勤：《拟粤东南商务公司所宜行各事》，邵之棠：《皇朝经世文统编》卷六三，《近代中国史料丛刊续编》，文海出版社，1974，第72辑，第2519页。

④ （清）徐珂编撰《清稗类钞》第五册《农商类》，中华书局，2010，第2333页。

⑤ 民国《佛山忠义乡志》卷一四《人物志第十四·货殖》，1926年刻本，第10页。

⑥ 珠江水利委员会《珠江水利简史》编纂委员会：《珠江水利简史》，水利电力出版社，1990，第14~17页。

县近河一带民间所筑围基，各被冲决漫溢。……所有围地自一二顷至一二十顷不等，其已种早稻杂粮被淹者约十之二三。自十六日水退，现已涸出大半，尚可补种晚禾，秋成无碍。"① 此类大雨尽管会引发山洪，水势汹涌，但突发突泄之间并不会造成长时间的破坏。官民各界都认识到周期性的降水、地形地势与水消退甚速关系甚大，水灾可控、可救。

上述情形并非特例，官方文献中多次记载暴雨易盈易泄与秋收并无妨碍的事例。乾隆三十四年（1769）五月，广东布政使欧阳永禚奏："臣因照料阅兵过境，往来惠、潮、嘉属，沿途察看情形，凡近水低洼田地，稍有淹浸，旋即消退，尚无妨碍。"五月二十六日广东巡抚钟音奏："广东田亩大半依山滨海，在港汊陂塘，易盈易泄。五月初、中二旬，间晴间雨，雨大水骤，低田即有淹浸，雨止天霁，片时即就消涸，并无妨碍。"② 乾隆三十八年（1773）七月，广东巡抚德保奏称，"广东地方……六月中旬大雨时作"，各地不同程度受灾，但恢复很快。"南海、三水、高要各县围基溃缺之处，业经围业人等多备桩石上紧筑复，沿河及基内田亩早禾均已收获，晚禾甫经栽插。现在天气连晴，水退甚速，间有淹坏，即可补种，无碍秋收。"③ 乾隆五十八年（1793）六月，郭世勋奏："查广州省城及附近地方，五月初一、初九、初十、十一、十三、十七、十九、二十及二十一、二十二、二十九等日，俱得细雨中雨，初二、十二、十八、二十三、二十八等日，甘霖大沛，早稻已经登场，晚禾俱乘时播种。……西、北两江潦水间有长发，随长随消并无泛滥。沿河围基堤岸……悉属稳固无虞。"④ 所以，除持续性的强降雨外，雨灾的破坏力相对有限，影响不到农业收成，城镇发展所受到的危

---

① 水利电力部水管司、水利水电科学研究院编《清代珠江韩江洪涝档案史料》，中华书局，1988，第92页。

② 水利电力部水管司、水利水电科学研究院编《清代珠江韩江洪涝档案史料》，中华书局，1988，第96页。

③ 水利电力部水管司、水利水电科学研究院编《清代珠江韩江洪涝档案史料》，中华书局，1988，第99页。

④ 水利电力部水管司、水利水电科学研究院编《清代珠江韩江洪涝档案史料》，中华书局，1988，第103页。

害也不大。总之，珠江三角洲地区的水患对农业和城镇的发展没有产生太大的影响，这主要受益于宋代以来注重水生态保护的举措。宋代修建桑园围，是用人力改变生态环境的一大创举，也是珠江三角洲水利史上的重要事件。明洪武二十八年（1395），陈博文主持倒流港的合围工程，宣告开口围向闭口围的转变。闭口围对农田庐舍的保护显而易见，水涝则排，水旱则拦，调节余缺，利于农业。倒流港的合围，最终奠定了桑园围作为一个水利社区的地理基础①。

　　不过，因对珠江三角洲自然河湖水系利用不当，出现的水患也不少。闭口堤围在当时就是一种无计划的只顾眼前利益的行为，对河湖水系的改造有很大的局限性，"其围筑之法有数村合筑者，有各自为筑者，有增旧筑而高厚之者，有附他围基而成者，有专护田陇者，有但卫村舍者，有村社田陇并防者……情事不一"②。各村往往各自为政，彼此对立，一遇水患，纷扰成讼。民国《东莞县志》载，道光十九年（1839）五月十六日，番禺案犯郭进祥等在南沙乡之南兴工圈筑堤坝，长三四千丈，灌溉己田，但堤坝"干碍河流"，给下游民众带来威胁，"本年四、五、六月三见水灾，低下田庐皆成巨浸，加之东南两江盛涨陡至，经月始消，田禾浸没，黎民阻饥"③。天灾与人祸叠加，受灾惨重。在探究灾害原因时，有人提到"自来言治水者，为顺其自然之性，不与水争地，须宽其身，畅其流，今则偏垦沙滩侵占水道，是与水争地也，将何以顺其流而弭其患乎？是以嘉庆十八年暨二十二年及道光三年至九年先后共遭漫决四次，去夏水灾淹没民田庐舍为害尤甚，此水灾之所以累见而为害之所以愈烈也"。④闭口堤围设置不当，非但无利反倒有害。地方志书中也一再提及相似的观点。"潦水骤涨，下流不能畅消，一时渲泄不及"，"沧海尽变桑田，将来水患有不可问者"⑤。但经营堤

①　吴建新：《明代珠江三角洲的农业与环境——以环境压力下的技术选择为中心》，《华南农业大学学报》（社会科学版）2006年第4期。
②　咸丰《顺德县志》卷五《建置略二》，咸丰六年刻本，第33页。
③　民国《东莞县志》卷九九《沙田志一》，1927年铅印本，第5页。
④　（清）何如铨：《桑园围志》卷一五《艺文》，光绪十五年刻本，第36页。
⑤　民国《东莞县志》卷九九《沙田志一》，1927年铅印本，第14页。

围的民众因自身的局限性，往往缺乏全局意识，终致堤围弊政积重难返。有学者统计，有明一代，广东水患有 160 年次，644 县次；清代增加到 274 年次，1186 县次①。堤围起初是高效利用水资源的措施，到后来，反而成为当地经济发展的桎梏。但这与黄河中下游水患主要来自黄河改道决溢有着实质性的差别。

3. 气候、地貌、土壤等自然条件的变化对城镇发展的制约

珠江三角洲属于热带湿润季风区，终年温湿多雨。高温季节和多雨季节同步，除了有利于农业生产，也有利于适宜高温行业的发展。广东佛山很早即为重要的冶铁地区，除了原材料和燃料充分外，常年高温也是重要条件。佛山堪称冶铁之城，城市的这种面貌反过来对气候产生影响，佛山常年气温高于周边地区，拥有自身的城市小气候。"气候于邑中为独热，以冶肆多也。炒铁之炉数十，铸铁之炉百余，昼夜烹炼，火光烛天，四面薰蒸，虽寒亦燠。又铸锅者先范土为模，锅成弃之，日模泥。居人取以培地筑墙，并治渠井，七经金火，燥性不灭，渗引及泉，泉失其冽。饮之食之，易成温结。"② 正因如此，当地人在日常生活中特别讲究"布宣之道，增凉减热"。

珠江三角洲地区异常气候事件主要是台风和洪水，这从杨承舜在其论文中利用《小榄镇初志》《顺德龙江乡志》文献进行的统计可以看出，详情列于表 6-3 中。

表 6-3　清代珠江三角洲小榄、龙江灾害

	乾隆朝		嘉庆朝		道光朝		咸丰朝		同治朝		光绪朝	
	小榄	龙江	小榄	龙江	小榄	龙江	小榄	龙江	小榄	龙江	小榄	龙江
台风	3	4	6		6		2		2		1	
洪水		4	5		2	4			1			
冰雹		1	4		2		1		1		1	

---

① 梁必骐、叶锦昭：《广东的自然灾害》，广东人民出版社，1993，第 38~42 页。

② 广东省社会科学院历史研究所中国古代史研究室等编《明清佛山碑刻文献经济资料》，广东人民出版社，1987，第 297 页。

续表

	乾隆朝		嘉庆朝		道光朝		咸丰朝		同治朝		光绪朝	
	小榄	龙江	小榄	龙江	小榄	龙江	小榄	龙江	小榄	龙江	小榄	龙江
地震		3	3		4				1			
大雨雪	1	3		1	1				3			
春旱		5		1		1						

资料来源：杨承舜：《清代珠江三角洲市镇管理研究》，硕士学位论文，暨南大学，2006，第31页。

从表 6-3 可知，位于珠江三角洲近海之地的小榄镇、龙江乡，台风和洪水是其异常天气事件，这也是珠江三角洲有别于黄河中下游地区尤为明显的一点。珠江三角洲地区发生飓风灾害的范围比较广，受损情况各异。乾隆十年（1745），广州府沿海地区遭受飓风危害。据策楞奏报："八月三十之夜，忽起飓风，雨又过猛，居民房屋墙垣多有倒塌，沿海商渔船只，并人口亦有损伤，灶地盐斤不无漂失。"事后查出此次飓风危及珠江三角洲入海口整个地区，"南海、番禺、东莞、新安、新宁、清远、花县、增城、归善、高要、恩平等十一县，及香山、海锉、归靖、东莞四盐场被风情形分案题报"[1]。乾隆十二年（1747）七月二十九日，策楞复奏："兹于七月初三、四、五、六等日，广、惠、肇、罗四府州先后起有飓风，兼之大雨三昼夜始息，沿江、沿河低地俱被水漫；……水势消退甚速，田畴获以无恙，惟官民瓦、草房屋以及城垣工程，风吹雨淋倒塌之处甚多，盐场亦有漂失。……四属内被风最重者南海、番禺、新会、归善、高要、高明、四会、开平、鹤山九县，每县倒塌房屋自数十间以至数百间不等。其余如东莞、顺德、香山、清远、三水、新安、新宁、博罗、永安、罗定、东安、西宁以及英德、化州十四州县，被风尚轻。"[2]沿海主要城市以珠江三角洲入海口受损最大。以广州为例。乾隆十二年（1747）七月，"省城地面

---

① 水利电力部水管司、水利水电科学研究院编《清代珠江韩江洪涝档案史料》，中华书局，1988，第70页。

② 水利电力部水管司、水利水电科学研究院编《清代珠江韩江洪涝档案史料》，中华书局，1988，第77页。

飓风，阴雨连绵历三昼夜始息。在市衢街巷，因鉴前次秋淋涨溢房屋多被淹倒，皆沟渠淤塞所致。……臣等将旗民住居街道于上年悉加挑浚疏通、水势流行，此次省城内官兵民房得免淹没。而墙壁城垣则系被风雨淋搏，亦各有坍塌之处"[①]。乾隆三十七年（1772）七月，"省城风势渐作，雨亦旋至。二十四日卯刻以后，狂飓簸荡尤为猛烈，今至午刻方息。城楼营房衙署及沿河民居房屋有掀去瓦面、吹损篱壁等项，草房间被吹倒。省河商、渔、驿巡各船亦有被风击损，淹毙大小男妇共一十八名口。……嗣据东莞、香山、顺德三县察称，虽有风雨，势不猛烈，其余各属均得透雨，并未被风"[②]。其他地区也是如此。乾隆三十八年（1773）六月中旬，"大雨时作，据惠州府及归善县为禀报，府县两城滨临河干，河身浅窄。十四、五、六、七等日大雨如注，河流宣泄不及，水漫入城，民房多有坍塌，人口并无损伤。十八日雨霁水平，旋即消退"。"申复，惠州府、归善县两城内外，坍塌瓦、草民房共三百余间。"[③] 强烈的飓风不仅带来了短时间内的强降雨，冲刷城市，淹没乡村，还以有力的风速破坏城市本身，成为城镇发展的严重障碍。

在地貌上，珠江三角洲地区为冲积平原，地势平坦，海拔较低，由西江、北江、东江入海冲积基岩岛屿，泥沙堆积而成，故沙田分布较广。宋代以前，珠江三角洲的发展较为缓慢，沙田的形成主要靠自然的因素，即由三江挟带泥沙淤积而成。明代，人们通过抛石、种草，实行人工促淤，加快了沙田的淤涨。清代，人们逐渐把目光转移到未成之沙上，开始了与海争田，堤围的修筑迅猛发展，沙田的开垦进入了前所未有的全盛时期。根据史书记载，顺德、新会、香山尤多。沙田土质润泽，适合种植稻、林等农作物和桑麻等经济作物。"农以二月下旬偕出，沙田上结墩，墩各有墙栅二重，以为

---

① 水利电力部水管司、水利水电科学研究院编《清代珠江韩江洪涝档案史料》，中华书局，1988，第77~78页。

② 水利电力部水管司、水利水电科学研究院编《清代珠江韩江洪涝档案史料》，中华书局，1988，第99页。

③ 水利电力部水管司、水利水电科学研究院编《清代珠江韩江洪涝档案史料》，中华书局，1988，第99页。

固。其田高者牛犁，低者以人秧，莳至五月而毕。"① 这种积淤泥流沙而耕种的田土，时人称为"浮生沙潭"。

珠江三角洲这种沙田类似于黄河中下游地区黄河决溢造成的大片土地沙化，前者有利于农作物的种植而后者不适宜作物的生长和种植，后者经过改良、调试才可发展农业生产。此外，沙洲和临海滩涂也是珠江三角洲区别于黄河下游的表现。明代的香山县外是一片汪洋大海，散布着诸多洲渚，仅有名可征者就 35 个，囊括了东海十六沙和西海十八沙。这些沙洲多被势要豪民侵占，"外而名者皆侵"②。豪门富户将现有滩涂开垦以后，又将沙洲旁"潜生暗长"的未成之沙洲兼并侵占，着意开发。临海滩涂荒地的开垦同样受到重视。清代从乾隆十八年（1753）至嘉庆二十三年（1818）的 60 多年间，共开垦了 5300 余顷。咸同年间，又新开垦了 8000 顷。③ 与海争地、围海造田，临海土地逐渐被开垦，基本上解决了珠江三角洲人多地少的资源配置问题。但是，"在充分利用滩涂造田的过程中，也使珠江三角洲乃至广东沿海地区的生态环境发生了变化，主要表现在：带来了严重的水患，影响了水利灌溉、渔业生产和海产养殖，对物种的繁衍造成不利影响"④。过度的土地利用转而就是对耕作环境的破坏。

4. 珠江三角洲生态环境演变对城镇兴衰的影响

珠江三角洲地区优越的生态环境，促进了城镇的兴盛。广州是珠江三角洲地区生态环境与城镇协调发展的典型。明清时期珠江三角洲地区的果基鱼塘和桑基鱼塘走的是生态化农业之路，既为城镇发展提供了经济保障，也优化了区域城镇生态环境，这也是珠江三角洲地区的农业尽管开发较晚，但在发展之初既带有商品性农业的特点，又优化了区域生态环境的原因。然而，

---

① （清）屈大均：《地语·沙田》，《广东新语》卷二，《中国风土志丛刊》，中华书局，1997，第 51 页。

② 嘉靖《香山县志》卷一《土田》，《日本藏中国罕见地方志丛刊》，书目文献出版社，1992，第 304 页。

③ 谭棣华：《清代珠江三角洲的沙田》，广东人民出版社，1993，第 25 页。

④ 冼剑民、王丽娃：《明清珠江三角洲的围海造田与生态环境的变迁》，《学术论坛》2005 年第 1 期。

珠江三角洲地区在发展农业的过程中，也有不利于生态环境的行为措施，如围堤垦田引发生态环境的负变迁，制约城镇的发展。围堤垦田造成大雨时节河水上涨，无法排泄，河决漫溢，破坏城镇的正常发展。有学者统计，宋朝到明代初期（960~1399）广州地区每50年只有0~5次水灾，而从建文至嘉靖中期（1400~1549）每50年的水灾次数为12~22次[①]。民国《东莞县志》载："获水之利与受水之害，其事直相等。"[②] 获利与受灾相埒，足见水灾之严重。乾隆元年（1736）五月下旬，珠江三角洲地区连日大雨，南海、四会、三水县围基坍塌，增城县地处下流，疏泄不及，田禾被浸，民房倒塌。水灾造成的损失急需弥补，决口之处更需急招募民夫兴筑："南海之碧岸、沙利二围，四会县之仓丰、大兴二围，俱已于六月十七、十九等日兴工。三水县之石板围于六月十五日兴工，二十九日已经工竣。其鹤山之白水等围，现俱上紧填筑。"[③] 政府为修筑坍塌的围基花费很多人力物力，可以说是围堤垦田劳民伤财，破坏生态环境。兴工往往达十余日、数十日之久，需要巨额支出。西江流经的肇庆、广州地区的围基工程浩大，"非数十万金不能告竣"[④]乾隆四十九年（1784）六月，两广总督舒常等奏："据高要县报称，肇庆府城河水陡长漫溢，景福、头溪、香山三处围基被冲缺口各一段，东、西、南三门地势低洼，城内亦俱进水，沿河房屋间有倒塌。……臣等逐加细查各处情形，肇庆府城滨临大江，为省城之上游，西涝骤涨，被水较重。南海、三水次之。"再加之灾伤造成的直接性破坏，损失堪称巨大。更为严重的是雨水所导致的江河决溢。英德县城地处北江各山水汇集之处，深受水患侵扰。乾隆二十九年（1764）五月十一日广东布政使胡文伯奏：

---

① 乔盛西等：《广州地区历史时期水灾的研究》，乔盛西、唐文雅主编《广州地区旧志气候史料汇编与研究》，广东人民出版社，1993，第645页。

② 民国《东莞县志》卷二一《堤渠》，1921年铅印本，第9页。

③ 水利电力部水管司、水利水电科学研究院编《清代珠江韩江洪涝档案史料》，中华书局，1988，第57页。

④ 水利电力部水管司、水利水电科学研究院编《清代珠江韩江洪涝档案史料》，中华书局，1988，第65页。

粤东于四月十一及十三、四等日，省城及省北各属多有大雨，山水盛涨，正北则南雄府属之保昌、始兴，西北则连州、阳山及湖南之宜章等处，万山汇集之水，从韶州府属之曲江县奔腾直注，而英德县等首当其冲，下流浈阳峡两山壁立，一时不及宣泄，以致水漫入城，城厢内外淹损街署仓廒民房，沿河各乡浸坏田禾房屋。

下游则系广州府属之清远县，民房田亩亦淹损，递下则系三水、南海等县，因东西各路受水，兼多暴涨，近河护田围基漫决，顶冲处所沿塘茅屋土壁亦间被冲坏，内惟英德被水较重。

二次之水五月初一、二日，长有三丈二尺，复漫入城，幸水消退甚速，初四日已退至河岸。

至该邑城垣逼近河干，四面万山围还，上游暴涨猝至，下流峡束难消，以致淹塌城墙四十余丈。城厢内外衙署、仓廒、营房俱有坍损，……城乡民房共倒二千余间，被水淹毙及压毙者共三十六人，沿河田亩亦多被淹。幸初五、六等日，水落归漕，两岸涸出田亩业已播种。①

对于五月初一、二日水漫入城，苏昌等奏："（英德县）前次被浸未倒之城垣、营房、仓廒等项，复多坍塌。"② 后续查明受灾的程度有所扩大。六月二十七日明山等奏："迨五月下旬以来，其英德县贫民已查明大小口四千八百余口。……该县两次被水倒塌瓦、草房屋稍多，共有二千余间，其余各州县各倒塌房屋自一百余间以至三四百间及六百余间不等。"③ 从中可以看出围堤垦田引发的河水决溢，给珠江三角洲地区城乡带来的损失。尽管珠

---

① 水利电力部水管司、水利水电科学研究院编《清代珠江韩江洪涝档案史料》，中华书局，1988，第93页。
② 水利电力部水管司、水利水电科学研究院编《清代珠江韩江洪涝档案史料》，中华书局，1988，第94页。
③ 水利电力部水管司、水利水电科学研究院编《清代珠江韩江洪涝档案史料》，中华书局，1988，第94页。

江下游及其他中小河流河道出现过多次变动①，但并未类如黄河下游河道变动过于剧烈。珠江三角洲地区的水患是可控的，对农业和城镇的发展没有产生太大的影响，这主要受益于宋代以来注重水生态保护的举措。宋代修建桑园围，用人力改变生态环境的一大创举，也是珠江三角洲水利史上的重要事件。明洪武二十八年（1395），陈博文主持倒流港的合围工程，宣告开口围向闭口围的转变。闭口围对农田庐舍的保护显而易见，水涝则排，水旱则拦，调节余缺，利于农业。这是继倒流港的合围，最终奠定了桑园围作为一个水利社区的地理基础②。

综上所述，珠江三角洲地区濒临大海，适宜发展海上贸易。明清时期珠江三角洲地区商业发达，对外贸易发展繁荣。随着社会分工加强，珠江三角洲地区越来越多的农民家庭，已经不能单独完成某一产品的全过程。农户已经不复成为单一的经济单位，小生产者和消费分离，原料与成品生产分离，商业资本兴起。各城镇商业资本发展各异，从经商人口所占比重大致可了解各城镇商业资本在本地区经济结构中的地位。据道光年间龙廷槐推测，商贾之多，首推南海，民众从商者占六成；次为顺德、新会，亦有四成；再次为番禺、东莞、新宁、新安，为三成；增城、三水为二成，清远、从化等为一成③。各行业都需要从自然环境中获得原料，而商业资本大大缩短了原料开采与消费成品制作之间的生产时间和环节。不仅如此，商人还将产品与城镇市场紧密联系起来，加快货币融通速度，促进社会再生产。商业的发展减轻了土地承载力，从另一个角度看，能够优化生态环境。优越的生态环境也促进了城镇的发展。

---

① 珠江水利委员会《珠江水利简史》编纂委员会：《珠江水利简史》，水利电力出版社，1990，第14~17页。

② 吴建新：《明代珠江三角洲的农业与环境——以环境压力下的技术选择为中心》，《华南农业大学学报》（社会科学版）2006年第4期。

③ 龙廷槐：《敬学轩文集》卷二《初与邱滋书》，转引自叶显恩、谭棣华《明清珠江三角洲农业商业化与墟市的发展》，《广东社会科学》1984年第2期。

第二节　黄河中下游生态环境变迁
与城镇发展的优、劣势分析

黄河中下游地区是中国历史时期重要的发展区域，其生态环境变迁与城镇发展具有典型性，与其他地区生态环境不同，城镇发展模式选择迥异，在具体的历史实践中有经验亦有教训。黄河中下游地区生态保护与城镇发展内在的优势和劣势，决定了其自身的发展走向。在横向参照的前提下，纵向历史逻辑的探讨能够更加透彻地通过现象看到生态和城镇发展的本质，发展模式更具有针对性，能够为后人与自然和谐发展提供历史借鉴。

一　优势

黄河中下游地区有广阔的平原、适宜的气候，这在以农立国的传统社会，给人类和社会运行提供了基本的生存保障，是城镇产生和发展的物质基础。

关中平原西起宝鸡，东到潼关，东西长约 350 公里，号称"八百里秦川"，面积约 3.6 万平方公里，一片沃野，适合发展农业。战国时期，纵横家苏秦曾向秦惠王称颂关中"田肥美，民殷富，战车万乘，奋击百贸，沃野千里，积蓄多饶"，称"此所谓天府，天下之雄国也"[①]。关中平原属温带季风气候，四季分明。优越的地理环境和气候条件促使古代统治者竞相定都于此，秦始皇嬴政定都咸阳，汉高祖刘邦定都长安（今西安）等。长安是著名古都，备受统治者青睐，西周、西汉、西晋、前秦、后秦、西魏、北周、隋、唐均在此定都。城镇发展繁荣。

此外，黄河中下游地区还有伊洛河平原等，这些大面积的平原适宜农耕，有利于城镇的发展。

北宋以前，黄河中下游地区是都城所在地，以都城为中心的水运交通四

---

① 何建章注释《战国策》卷三《秦策一》，中华书局，1990，第 74 页。

通八达，促进了该地区城镇繁荣发展。长安（今西安）、洛阳、开封等城市是北宋以前都城的代表，均位于黄河中下游地区。以它们为中心的水路交通较为发达。"八水绕长安"很形象地反映了长安的水运情况。

开封是战国时期魏国的都城，尽管曾遭到名士张仪的疵议："魏地四平，诸侯四通，条达辐辏，无有名山大川之阻。"①但直至魏国灭亡，一直是魏国的国都。大梁城的发展与河流密切相关。魏惠王九年（前361），魏建都大梁，即在开封城周围兴建大型引水工程。前363年，自荥阳引黄河水入圃田泽，开大沟，引圃田水，经大梁城北再折而南入颍水、涡河，开封城周围形成以大梁为核心的鸿沟水系，四通八达。作为魏都大梁的开封也成为当时的名都大邑，"北距燕赵，南通江淮，水路都会，形势富饶"②。隋大业年间，开凿大运河，召集河南、淮北诸郡民夫百万，挖凿通济渠，沟通黄淮水道。此后至唐宋，开封成为"国内水陆交通重镇和国家经济命脉的总关卡"③。城市发展迅猛。唐代中后期，关中地区的粮食形势紧张，依赖江淮的局面迫使统治者开通了汴水，汴州城即因此得名并得到快速发展，这为北宋定都开封奠定了坚实的基础。后世开封城再次发展亦源自河流的因素。宋朝建立之后，太祖认为开封地处平原之上，无险可守，形势不及洛阳或西安地理险要，屡有迁都之意。但是，地理位置在黄河和长江两大经济区交汇地带④的特殊优势，金水、蔡水、五丈河、汴河四大漕河入城所形成的发达的水运系统，使开封最终成为大宋之都。

二 劣势

1. 生态环境具有脆弱性

农耕经济单一，引发生态环境的脆弱性。传统社会以农立国，大片土地被开垦，相应地植被减少。关中地区农业开发较早，亦是人口增长较早

---

① 何建章注释《战国策》卷二二《魏策一》，中华书局，1990，第823页。
② 李润田：《开封城市的形成与发展》，《河南大学学报》（自然科学版）1985年第3期。
③ 刘璞：《汴河通淮利最多——隋唐时期的开封》，《中学历史教学参考》2001年第3期。
④ 李润田等：《黄河影响下开封城市的历史演变》，《地域研究与开发》2006年第6期。

的地区，地区发展加快了黄河中下游地区的森林砍伐。战国时期，冀鲁豫很多地区的天然植被几乎被砍伐殆尽。秦汉、隋唐定都关中，魏晋、北宋立都洛阳、开封和元明清定都北京，所需的木材多来自以黄土高原为中心的地区，导致黄河中游地区的植被受破坏程度很深，几致"无尺寸"之存，且干燥的气候、山区的地貌使植被很难恢复。同长江三角洲与珠江三角洲相比，这一劣势尤为显著。人口急剧增加，需要更多的农田和农业收入才能满足生存最基本的需求，自然植被的单一化日益突出，不利于城镇的发展。

2.黄河泛滥导致本地区城镇的衰退

唐代以前，黄河一直北流，没有流经下游的黄淮平原。黄淮平原不受黄河决溢危害，是重要的农业区，城镇在这一时期发展相对稳定，呈现可持续发展的局面。北宋以后，黄河经历大的变迁，到金代完全改道南流。黄淮平原受黄河决溢危害较大，农业受害，城市被淹没。徐州城地处苏豫鲁错壤地区，水陆交汇，交通便利，经济繁荣，地位显要，长期是苏北重镇。明清黄河流经后，由于善决多溢，自然条件渐趋恶化，徐州城"状如仰釜"，时有倾城之危，但仍坚守不迁。顺治《徐州志》载："万历十八年，徐城大水，官廨民庐尽没水中。"乾隆《徐州府志》载："万历一十八年，河大溢徐州，水积城中逾年，众议迁城改河，潘季驯浚奎山支河以通之。"《徐州自然灾害史》载，天启四年（1624）六月二日夜，黄河在奎山决口，洪水冲垮徐州城东南城墙，城中水深四米多，房屋尽淹，死人无数，官民退居云龙山等高阜避难，"有人议迁州治于二铺，未成，遂以原址营建新城"[1]。关于不迁城的原因，兵科给事中陆文献曾言有"不可迁六议"，即运道不当、害要不当、省费不当、仓库不当、民生不当、府治不当等，这些原因中不乏自然环境的因素，最终以不可迁移而作罢，仿照古城址建新城，是为"崇祯城"。

黄河泛滥成灾，豫东、淮北许多城镇惨遭破坏，城池被淹没于地下。即

---

① 赵明奇主编《徐州自然灾害史》，气象出版社，1994，第 183 页。

使幸免，但赖以发展的水路网络壅塞无存，城邑衰败难以扭转。兰考县城东北旧有东昏故城，"周九里二十步，高二丈五尺"，为一宏伟名城。至元至正十七年（1280）为黄河泛滥所冲毁，此后，地上遗迹无存，城市已被埋没于地下①。诸如此类，不一而足。豫东淮北地区的商丘、周口、宿州、寿县等，至今仍是发展有限的中小城市。黄河决溢往往造成城市积贫积弱的局面。隆庆四年（1570），小北干流大徙决，黄河水浸灌入荣河城。此后，荣河城屡遭河患，城市依托城西门抵御水患。西门封闭，城门功能丧失。虽有万历七年（1579）、二十九年（1601）重开西门之举，但都是旋开旋闭。崇祯十二年（1629），"别筑西城于西门内，弃旧城于外"②。城市发展日渐窘迫，元代周长为"九里八步"的城池减少为八里③。

黄河决溢不仅直接淹没破坏城镇，而且导致土地盐碱化。盐碱化影响了该地区的农业发展，无疑间接制约城镇的发展。河北地区，早在北宋时期已因黄河泥沙的沉滞出现大片的土地盐碱化，大名、澶渊、安阳、临洺、汲郡等地"颇杂斥卤"④，在土地未改造前，都是无法耕种的荒芜之地。熙宁年间，国家兴举一些盐碱地的治理措施，引导黄河水进行淤灌，较有成效。但盐碱地的根本原因在于部分地区地势低平、排水不畅造成的积水成涝，此问题不解决盐碱地无法根治，土壤盐碱化至清代仍很严重⑤。淮北地区的土壤盐碱较重，主要原因也是黄河泛滥。黄河夺泗入淮后，淮北河沟淤塞，河间洼地密布。遇有积水，排泄不畅，导致涝渍、盐碱。盐碱土壤遇旱则有返盐作用，改变土壤结构。土壤盐碱度超过农作物耐盐、耐碱能力，往往会破坏农作物生理功能，导致作物减产或死亡，地区经济衰退⑥。吴海涛在分析淮

---

① 嘉靖《兰阳县志》卷九《遗迹志》，嘉靖二十四年刻本，第 2 页。
② 光绪《荣河县志》卷二《城池》，《中国方志丛书》，成文出版社，1976 年影印本，第 79~80 页。
③ 王元林：《明代黄河小北干流河道变迁》，《中国历史地理论丛》1999 年第 3 辑。
④ （元）脱脱等：《宋史》卷八六《地理志二》，中华书局，1977，第 2131 页。
⑤ 邹逸麟主编《黄淮海平原历史地理》，安徽教育出版社，1997，第 51~57 页。
⑥ 水利部淮河水利委员会、《淮河志》编纂委员会编《淮河综述志》，科学出版社，2000，第 419~420 页。

北盛衰时指出，黄河泛淮在很大程度上改变了当地的自然地理环境，给淮北地区社会经济的发展带来了极大的负面影响，使原本发达的经济区变为经济相对落后区①。彭安玉也认为，黄河夺淮给苏北的自然环境以极大的破坏，进而影响了苏北经济发展，使苏北地区自南宋黄河夺淮至今都明显滞后于苏南②。邹逸麟先生为此指出："黄河下游的河道变迁曾经严重影响了下游平原地区的地理面貌，淤塞了河流，填平了湖泊，毁灭了城市，阻塞了交通；使良田变为沙荒，洼地沦为湖沼，沃土化为盐碱，生产遭到破坏，社会经济凋敝。"③ 言简意赅地总结了黄河的多重危害。直至今天，黄河中下游地区的经济水平仍然明显落后于长江三角洲地区与珠江三角洲地区。

第三节　不同河流区域城镇生态环境比较的思考

黄河、长江、珠江等不同河流区域城镇生态环境既有共性，又存在差异。河流毫无疑问给人类带来了极大的好处，创造了人类文明，扩大了人类的交往。在自然界的各种地理障碍中，河流尤其是丘陵平原地带的河流，对人类交通的阻隔作用最为微弱。英国学者卡尔·桑比斯认为，与其说河流对人类接触的阻碍是多么的小，不如说它为人类的接触提供了巨大的交通动脉④。放眼整个黄河中下游地区，会出现更大的整体，汾渭谷地与关中平原之间的关系，大抵类似。

城镇能够通过自身结构的调整应对水灾。水灾对城镇的破坏也提升了城镇应对水灾的能力，使大量城镇存续下来，也有少数城镇消失。以荣河城为例，随着黄河生态环境的不断恶化，明代黄河小北干流含沙量不断增加，淤积成为常态，河道决徙改道频繁。地处黄河东岸的明代荣河城，由于受到黄

① 吴海涛：《历史时期黄河泛淮对淮北地区社会经济发展的影响》，《中国历史地理论丛》2002 年第 1 辑。

② 彭安玉：《试论黄河夺淮及其对苏北的负面影响》，《江苏社会科学》1997 年第 1 期。

③ 邹逸麟：《黄河下游河道变迁及其影响概述》，《复旦学报》（社会科学版）1980 年第 6 期。

④ 胡方：《黄河与河洛文化核心区的形成》，《黄河科技大学学报》2010 年第 1 期。

河河道的侵蚀，不断调整城市结构以适应环境变迁。正德二年（1507），河水至城下，圮西北隅，知县宋纬筑补，止开东南北三门。城内东西空阔，无居民。嘉靖三十四年（1555），地震，城圮，知县侯祁重筑雉堞，俱易以砖。隆庆四年（1570），小北干流大徙决，黄河水浸灌入城。此后，荣河城屡遭河患，但城市防灾能力尚存，城市结构调整主要集中在城西门启闭问题。崇祯十二年（1639），知县王心正"别筑西城于西门内，弃旧城于外"[①]。虽遭水害侵扰，但重新调整城市布局后城市功能仍然健全，可见县城防灾能力之强[②]。黄河两岸的蒲州城、朝邑城、荣河城等常遭水侵，城市多能通过调整自身结构以实现发展的基本稳定。

自然环境的差异、人们行为的差异对区域生态环境的影响结果也是不同的。俗语说："一方水土养一方人。"黄河中下游地区广阔的平原有利于农业生产、土地开垦，发展农耕经济，但造成该地区生态环境脆弱性；而长江三角洲地区农作物种植的多样性，尤其是以植桑养蚕为主的农业经济，进一步优化了生态环境，也促进了城镇发展繁荣；珠江三角洲地区发展桑基鱼塘生态农业，也有利于生态环境的良性发展，而围堤垦田引发河道决溢，淹没城镇，制约城镇发展。

在对生态环境的不断适应和改造过程中，黄河中下游、长江三角洲、珠江三角洲地区的城镇逐步构建起自身的发展模式，先后取得了巨大的发展成就，共同造就了丰富多彩的中华文明。可以看出，自然环境带来的压力与人类的应对之间存在巨大的调整空间，在此空间中，各种因素相互作用，使人与自然在不断调适中走向和谐。

---

① 光绪《荣河县志》卷二《城池》，《中国方志丛书》，成文出版社，1976 年影印本，第 79 ~ 80 页。

② 王元林：《明代黄河小北干流河道变迁》，《中国历史地理论丛》1999 年第 3 辑。

第七章
历史启示

　　城镇是人类文明发展进步的产物，它的发展程度也是品评一个国家或地区经济发展水平的重要标准之一。作为我国历史时期长期的经济重心区，黄河中下游地区不但拥有高度发达的农业文明，而且在城镇发展史上占据着显要的地位。但是，城镇的发展繁荣是建立在适宜的生态环境基础之上的。气候的温和、水源的丰茂、土壤的肥沃以及由此带来的农业丰收能够极大推动城镇的繁荣；反之则会阻滞城镇的发展，尤其是黄河下游决溢改道、土壤沙碱化等重大生态灾变，对城镇的影响非常巨大，如胙城县因沙化而废弃、开封和徐州等城多次受到黄河水患冲击而衰落萧条。同时，为了维持城镇的良性发展，改良土壤、修治河道等改造城镇所在地区的生态环境的举措也在历史时期屡见不鲜。因此，生态环境和城镇发展之间呈现出一种兴废与共的互动关系，如何应对生态环境的变迁及处理好二者之间的关系，推动城镇的发展繁荣，既是历代官民孜孜以求的目标，也是当代的重要任务。

　　黄河中下游地区之所以能够成为我国文明的主要诞生地之一，与其当时生态环境的优越是密不可分的。宋金以降，黄河中下游地区逐步落后于江南地区，这又与其时生态环境的退化密切相关。认清生态环境及其变迁的生态效应，厘清历代官民应对生态变迁的具体行为，对做好城镇发展与生态环境的协调是大有裨益的。

第一节　黄河利害对其影响区域内城镇发展的作用

黄河是中华民族的母亲河之一，孕育了中国早期城市，然而黄河也是一条善淤、善决、善徙的河流，对其区域内城镇的兴衰影响很大。从长时段来看，黄河在古代早期对城镇的正面作用较为突出；宋元以降，黄河水患逐渐成为沿岸城镇的梦魇，负面作用凸显。

1. 黄河水利对城镇孕育发展的推动

水是生命之源、万物生存之本。从古至今，对水的重要性的认识自不待言。如明人夏良胜言："水者，五行之先气，万物之母也。"① 那么，在生产技术落后的古代早期，临近河流乃是维系生存的合理选择。黄河及其支流以其丰富的水资源为人类早期的生产生活提供便利，也为城镇的选址提供了天然条件，故中国早期城市在黄河中下游地区率先出现。田银生言："气候温和，水土肥沃，适宜耕作，物产丰富以及良好的山川河湖等自然条件是中国古代城市选址首先注重的因素。"② 可谓恰如其分。

具体地讲，由秦迄清的历史长河中，我国经济发展的基础乃是农业。农业的兴衰，小而言之关系民命和民生，大而言之则关系到国家的兴亡。城镇的兴衰自然与农业休戚相关，即便是沿海沿河等交通便利的地区，城镇依然不能完全脱离农业。而水利是农业之命脉，黄河及其支流为农业经济发展提供了充足的灌溉水源，加上精耕细作的劳作方式，黄河流域率先成为全国的经济重心区，国都和众多城镇先后诞生于此，这是不难理解的。揆诸历史，在完成经济重心南移的南宋之前，我国的国都一直在黄河中下游地区东西迁移，引领着全国城镇的发展。金代以降，黄河中下游地区失去了中心区的地位，城镇也同步逐渐落伍。

---

① （明）夏良胜：《水利》，《东洲初稿》卷七，《景印文渊阁四库全书》，台湾商务印书馆，1986 年影印本，集部，第 1269 册，第 838 页。
② 田银生：《自然环境——中国古代城市选址的首重因素》，《城市规划汇刊》1999 年第 4 期。

水利之利还在于方便"商旅之往来"①。黄河作为我国第二大河，其主干道与渭河、汾河等诸支流在历史时期承担着重要的航运功能。传统社会中，水运在载重量、运输速度、行进的便捷性、经济价值等诸多方面，都明显优于依靠牛马车运输的陆运。在陆运较为落后的古代社会，水运具有不可比拟的运输价值和交通价值。历史时期沿岸城镇的发展不能忽视黄河航运之功，这也是很多城镇分布于河道沿岸的原因之一。

2. 黄河水灾对城镇的破坏

黄河对沿岸的影响具有矛盾的双重性，在提供丰沛的水资源、便利的水运交通的同时，也以决溢漫流给沿岸带来灾难性打击。在古代早期，黄河就表现出灾难性的一面。明人郑岳说："河浑浑，发昆仑，……洑流转徙浩无垠，历代为患难具陈。"② 不过，古代早期的黄河水患尚不剧烈，东汉王景的治理又使其安流近千年。唐宋以降，黄河开始呈现出决徙经常化、影响深远化的特点，下游紧临河道的诸多城镇，处于决徙的中心地带，"行者不得遂，居者不得宁，园庐漂溺鱼鳖横"③，严重妨碍了沿岸城乡的发展。由于农业经济是城镇赖以生存发展的基础，农业的滞缓势必削弱所在地区城镇经济发展的内生力量，最终束缚黄河中下游地区城镇走向繁荣的脚步。

此外，黄河的决溢也会对城镇造成极大的冲击，严重者淹没城镇。就开封城而言，仅明清两朝，就有十余次冲荡城池，更有数次淹没城市者。如天顺五年（1461），决溢的河水冲入开封城，"城中水丈余，坏官民舍过半，周王府宫人及诸守土官皆乘舟筏以避，军民溺死无算"④。崇祯十五年（1642），河决开封，灾情相当严重，"满城俱成河洪，止存钟鼓两楼及各王

---

① （清）李茹旻：《水利》，《李鹭洲集》卷八，《四库全书存目丛书》，齐鲁书社，1997，集部，第 266 册，第 796 页。

② （明）郑岳：《杂体诗·黄河篇》，《山斋文集》卷三，《景印文渊阁四库全书》，台湾商务印书馆，1986 年影印本，集部，第 1263 册，第 16 页。

③ （明）顾清：《河浑浑》，《东江家藏集》卷六，《景印文渊阁四库全书》，台湾商务印书馆，1986 年影印本，集部，第 1261 册，第 337 页。

④ （清）张廷玉等：《明史》卷八三《河渠一·黄河上》，中华书局，1974，第 2019~2020 页。

府屋脊、相国寺寺顶，周府紫金城惟壁"①。道光二十一年（1841），河决祥符三十一堡，开封城再次遭受水灾②。短暂的冲击，往往需要数年甚至数十年的恢复期，影响堪称深远。李润田在总结开封近代衰落之因时特别指出，造成这一局面的原因固然与北宋以后全国政治中心的北移有直接关系，但从环境条件来看，金元以降黄河的不断改道与泛滥更是开封城市衰落的重要因素。③ 在黄河中下游地区，这样的例子并不鲜见。

3. 具有保护城镇意义的黄河治理

黄河中游支流流经黄土高原，黄土的自然属性和人文因素造成水土流失，黄河泥沙含量与日俱增，生活在该区域的民众有责任、有义务保护好自己的家园。作为国家顶层制度的制定者，首先应该遵循因地制宜的原则，在保护好当地生态环境的基础上，引导民众开展生产、生活。

大禹治水的传说家喻户晓，这是远古人对于治理黄河的记忆。大禹摒弃父亲"堵"的失败方法，采取疏导之策，成功治理了黄河水患。春秋战国时期，由于黄河下游河道变迁剧烈，各国为了避免受灾，纷纷修筑河堤，河道开始稳定下来。筑堤由此成为历朝最为重要的治河策略之一。

汉代的黄河治理更进一步，采用分疏、改道、滞洪、以水排沙等策略，表现出更好的治理效果。贾让的人工改道、分流和固堤"治河三策"，"不仅创造性地提出了防御黄河洪水的方略，还提出了放淤、改土、通潜等具体措施，不失为我国历史上第一个除害兴利的规划方案"④。王景的黄河治理更是让河道稳定近千年之久。同时，在堵决口方面也取得了进步，主要是"平堵"和"立堵"两种。此外在河道整治上的裁弯取直，河道治理中的"水门"，河道测量上的"表""准""商度"等技术，均表现出很大的进步。

魏晋南北朝时期，我国出现了政权林立的局面，北方也长期被各民族政权所掌控，退耕还牧现象较为普遍，水土流失问题有所缓解。加上民族政权

---

① （明）李光壂撰，王兴亚点校《守汴日志》卷二六，中州古籍出版社，1987，第33页。
② 武同举：《再续行水金鉴》卷一五三《河水》，1942年水利委员会铅印本，第4028页。
③ 李润田：《开封城市的形成与发展》，《河南大学学报》（自然科学版）1985年第3期。
④ 程有为主编《黄河中下游地区水利史》，河南人民出版社，2007，第85页。

文献资料的匮乏，对黄河水灾和黄河治理的记载更为少见，故而这一时期除关于堵塞决口和修筑堤防的记载外，见不到关于黄河系统治理的记载。

唐宋时期，黄河水患逐渐频繁。但是唐代对于河道治理的记载非常少，仅有的文献乃开元十年（722）和开元十四年（726）抢护河堤，堵塞决口，前者成效不得而知，后者则效果不俗，为当地百姓所盛赞。五代时期，后唐、后晋和后周都曾进行治河活动，其治理措施也没有脱离修筑堤防之窠臼。唯一的进步是，后晋时开始实行"每岁差堤长检巡"的制度，加强了河道平时的养护。

金代以降，黄河改道南流汇入淮河，加之元明清三代为保证京杭大运河的畅通，人为抑止黄河北流，下游的决溢改道进入最为频繁的时期。因此，为护佑城邑及沿岸乡村，各朝实施了积极的应对措施。首先是选定组织者，这是兴工最起码的条件。官员的设置也被分为专职官员、兼管官员与临时官员三类，视具体情形而定，尤以清代最为完备。工程的实际践行者是大批的夫役与兵丁，元代多为临时派遣，明清时期则逐渐形成了固定的制度。接下来就是经费与物料的筹备，这是兴工的基础，其主要来自国家的拨付与购备，这在元明清三朝表现得非常明显。由于清中后期治河需费愈来愈多，国家拨付能力日益欠缺，社会捐款、捐纳等其他来源则越来越重要。为了保证河工的日常维护与顺利实施，各朝均制定了相应的法律法规，以期形成有效的约束机制。当然，最重要的就是各类工程的开展了。主要工种可分为沟洫、塞决、修堤、筑坝、镶埽、开凿涵洞与疏浚引河，在很多时候，这些方法并不是单一使用，而是根据实际情况混而用之。黄河的工程既表现出技术的进步，也引发了一些社会问题。但总体上，各代的治河行为是值得肯定的，没有这种组织性和规模化的治理活动，黄河水患的发生频率及其后果将更加难以想象。

总体来看，作为黄河流域最大的生态因素和引发生态变迁最为主要的驱动力，黄河既孕育了黄河中下游地区的城镇文明，也带给沿岸城镇无尽的"噩梦"。黄河及其支流以丰富的水源为流域内的城镇提供了航运、生产生活用水，使腹地农业具有便利的农田水利条件，为流域内城镇的孕育、发展和繁盛提供了强有力的支持。但是，"善淤、善决、善徙"的河道又带给流域内城镇以巨大的灾难。迁址、沦没、萧条之城镇不乏其例。为减少灾伤，由夏迄清，对黄河治理的重视程度愈来愈高，技术和措施也日益进步，成效显著。可以说，如果没有历代规模化的治理，黄河中下游地区的历史将会是另一番面貌。换言之，黄河治理本身也是对流域内生态环境的改善，减少了水患就减少了灾难，生命和财产则免受冲击；减少了泥沙沉淀，也就降低了土壤沙碱化的可能性。农业秩序稳定，农业丰收在望，植根于农业基础上的城镇自然可以获得发展的机会。因此，保持好黄河流域的土壤生态，治理好黄河河道以避免其决溢改道，正是做好黄河中下游地区生态环境与城镇发展协调的关键所在。历代的尝试提供了大量可资参考的经验。

第二节　生态因素与城镇发展的协调

生态环境内涵丰富，除黄河这一最为根本的因素外，其他形态的水文、气候、地貌等也是至为重要的，其优劣同样关系到城镇的兴衰。

1. 水文生态与城镇发展

在黄河中下游地区，除了黄河及其支流这一最大的水体系统外，湖泽、陂塘、井泉、沟渠及人工运河也是水文生态的组成部分。历史时期，黄河中下游地区的水文生态对于城镇的发展作用巨大。

譬如名闻于史的鸿沟，经过魏国数十年的开凿和疏导，形成了一条绵长的人工运河，历史上第一次将黄河和淮河连通，也由此贯通了两大流域，实现了大小河道的畅通无阻。魏都大梁正处于水陆交通的枢纽，迎来了难得的发展机遇，遂成为战国时期最为富庶的城市之一。此后关中地区的漕渠、六辅渠及中原地区的汴水（通济渠）、蔡水、贾鲁河等人工河道的修凿，成为这一地区农业发展和城镇繁荣最为重要的推动力之一。

沟渠对于城市发展有着非常重要的作用，古人常喻之为城市的血脉，尤其是城镇排洪，更离不开便利的河道。宋人朱长文曾谈及河道对于苏州城市排洪的作用："泄积潦，安居民，……故虽名泽国，而城中未尝有垫溺荡析之患。"①
在历史典籍中，我们常可以看到关于黄河中下游地区诸城镇沟渠的记载。正
是这些沟渠的存在，才使外水的内输和内水的外排变得顺畅，进而确保了城
内的用水，减少了城镇水浸之灾的发生。

湖泽的重要性也毋庸置疑。流域内的大型湖泽是天然的水量调节器，河
水过剩时，承担泄洪之任；河水萎缩时，可提供水源。历史上的大陆泽和巨
野泽等诸多湖泽均如此。城镇内外的湖泽则在民生用水、农田灌溉、改善生
态环境等方面发挥作用。北宋都城开封处处"水声潺潺、花香袭人"是与
城区内外峡、汴、泊、池、湖、潭等水体的广泛分布分不开的。

水井作为水文生态的特殊组成部分，多由人工开凿而成。尽管其不如大
型河道、湖泽那么显赫，但关系民生，尤其是人口群集的城镇，水井更是与
民生休戚相关。譬如开封城，在新中国成立前城市生活用水主要依靠井
水②。即便是在河道非常兴盛的宋代，开封城内之水井开凿也很常见，其数
量亦较可观。如大中祥符二年（1009）九月，"作方井，官寺、民舍皆得汲
用"③。宋仁宗庆历六年（1046）六月，"以久旱，民多暍死，命京城增凿井
三百九十"④。

既然水文生态对于城镇发展非常重要，对其进行管理自然也成为官民倾
力而为的事情，并在一定程度上实现了水文生态与城镇发展的协调。以开封
城为例。开封城虽然坐落于内陆，但纵观其城市发展史，往往是在河道畅通
的情况下，城市会出现高度繁荣的局面。战国时代魏国凿通鸿沟，使战国时
期的大梁城无比繁华。隋朝开通大运河，通济渠经过开封（汴州），从而奠
定了开封此后繁荣的基础。为保持河道的畅通，唐宋时期形成了对汴河定期
疏浚的制度，开封城受益颇大，达到了传统时期繁盛的顶峰。元代末年，贾

---

① （宋）朱长文：《吴郡图经续记》卷上《城邑》，江苏古籍出版社，1999，第 6 页。
② 张亦文：《开封城市建设的发展》，开封市政协文史资料委员会编印《开封文史资料》第 11
辑，1991，第 23 页。
③ （元）脱脱等：《宋史》卷九四《河渠四·金水河》，中华书局，1977，第 2341 页。
④ （元）脱脱等：《宋史》卷一一《仁宗本纪三》，中华书局，1977，第 222 页。

鲁治理黄河，疏通了经由开封城近郊朱仙镇的河道，该河道成为明清两朝开封城市发展尤为依赖的商贸通道，河道的通塞甚至关系到开封城市的兴衰，故对其的疏浚也被该时期开封官民及中央政府所关注，清代前期疏浚行为达50余次。可以这么说，历次的河道疏浚，尽管目的不尽相同，但为了沿岸城市的发展当是共同目标之一。为了协调城镇的发展，水文生态得到了不同程度的改善。

2.气候变迁与城镇发展

气候是一个地区长时段气象变迁的总括，不同的气候背景会形成不同的地理环境和发展模式。我国长期以来"南稻北麦"的农业格局、长城南北草原与农耕的差别、河西走廊东西肥沃与硗确的迥异，是与气候条件分不开的。所以，气候对于城镇之影响不容忽视。

囿于技术条件，当时的人们还不能对气象进行过多的干预，历代天文历法的递嬗不过是对气象的预测和农作的指导，但其进步意义还是很明显的。这在黄河中下游地区突出表现在两个方面。

第一，黄河的"伏秋大汛"。这一地区夏秋两季具有气温高、雨量大的特点，往往造成水源过旺，河道无法承载，以致决溢漫流，危及城镇。所以，宋代开始，人们对于水情有了全新的认识，不同的月份水情拥有不同的专称。如二、三月为菜华水，四月为麦黄水，五月为瓜蔓水，六月为矾山水，七月为豆华水，八月为荻苗水，九月为等高水，十月为复槽水，十一月、十二月为蹙凌水，这在防水御洪上有了很大的进步。明代在黄河沿岸做"雨情"记录，"吃紧在五、六、七月，余月小涨不足虑也"①。万恭还设立快马报汛制度，这为控制水势、部署防汛争取了主动。潘季驯制定了"四防二守"的修防法规，即风防、雨防、昼防、夜防和官守、民守。其中的风防和雨防，就是针对气候而言的。朱衡、万恭所建立的护堤制度，要求每年"伏秋水发时，五月十五日上堤，九月十五日下堤"②，也是针对"伏秋

---

① （明）万恭著，朱更翎整编《治水筌蹄》（下），水利电力出版社，1985，第31页。

② （清）张廷玉等：《明史》卷八三《河渠一》，中华书局，1974，第2041页。

大汛"的措施。这些措施和技术的引入，增强了人们应对黄河水患的能力，减少了沿岸城乡受冲击的次数，也赢得了更多的发展时间和空间。

第二，城镇旱涝的预防与应对。城镇是一个地区的政治、经济、文化中心，财富和人口集中在这里，既不能缺乏生活生产用水，又不能遭受大水的侵迫。大旱和大涝都是城镇发展的羁绊。但是，历史时期黄河中下游地区诸城镇的旱涝之灾并不少见，又以涝灾更为突出。解决这一问题的途径，最为常见的乃是在城内外修凿大量的沟渠。宋代的开封城内有排水沟200余条①。这些沟渠的修凿，便利了城外水源的内输，可以随时解决城内的用水问题。同时，一旦城内出现积水，或者短时间出现强降雨，可以及时将水排出城外。此外，城垣、护城堤的建设也是抵御黄河泛水冲击的有效方法，水井的挖掘、池沼等水体的建设也是解决民生用水的重要方法。这些都是调节城镇用水的合理措施，为城镇的发展提供了基本保障。

3. 地貌变迁与城镇发展

地形地貌或土壤形态是城镇的根基。山地丘陵等地形起伏较大的地区很难成为城址的首选之地，土壤贫瘠或沙碱化也不利于城镇的发展。

古代早期，黄河水患相对较少，中下游地区水草丰茂，这为农业耕作提供了良好的条件，从原始人类遗址到大小城邑先后兴起，这一地区成为我国最早发展起来的地区之一，并长期是经济、政治和文化的重心区。宋金以后，黄河改道南移，夺淮入海，下游的决溢漫流频繁发生，大量泥沙沉淀，逐步改变了原有的优越生态环境，湖泽湮废，土壤沙碱化，农业经济受到冲击并波及城镇。中游地区的生态环境也出现了较大变迁，主要表现为林木被大量砍伐及由此带来的水土流失加剧，这同样影响到该地区的农耕环境，河道泥沙含量的增加使其航运价值愈来愈低，从而使城镇失去了赖以发展经济的航运条件。因此，黄河中下游地区之所以在宋代以后逊于江南等地区，地貌生态的退化乃其重要原因之一。

---

① 张亦文：《开封城市建设的发展》，开封市政协文史资料委员会编印《开封文史资料》第11辑，1991，第8页。

4. 生态变迁与城镇发展的协调

生态环境是由不同因子组成的有机系统，当所有因子以适宜的组合良性存在时，其可以为城镇提供优越的发展条件；若其中一个或数个因子发生不良变动，城镇发展势必受到阻碍。同样，当科学合理发展城镇时，生态环境受到的影响较轻；而当不惜代价、不计后果发展城镇时，将会对生态环境造成极大的破坏。二者之间既对立又统一，核心问题便是"协调"。

历史时期，黄河中下游地区的生态环境与城镇发展一直处于协调和失调的动态过程中。从原始遗址的产生到西周，我们一般认为是生态环境相对良好的时期，大量文明遗迹的发掘和城镇的诞生，也可作为有力的证据。但由于文献记载的详细程度无法与后世相比，生态实情尚需进一步探索。此处暂时将这一时期定为生态环境同城镇发展的协调期。

春秋战国时期，列国纷争，战乱不断，加之树木大规模砍伐现象的出现，原有的生态环境开始恶化。在黄河治理方面，尽管已修建了大量堤防，但受战争、政治因素的制约，河道很难长期保持安稳的局面。秦国水灌大梁就是明证。而朝代更替之际，黄河中下游地区均处于战乱状态，无暇顾及黄河治理，西汉末60余年的泛滥、唐宋间河道的南移和决溢的频发、元末和明末的黄河大决均是几个时期典型的黄河泛滥事件，与纷乱的社会现实相对应。在生态环境失衡的背景下，城镇很难获得有利的发展机会。所以，这些时段可以视为失调期。

而在统一王朝的治理下，黄河大体上能够获得不同程度的治理，安澜期相对延长，城镇也得以处于较为稳定的环境之下，出现繁盛的局面。但若从不同的朝代看，显然可以将唐代作为分界线。唐代之前，中游的生态环境破坏程度尚浅，在国家统一的推动下，黄河能够在官民的治理下保持安流的状态，为城镇提供较好的发展环境。尤其魏晋南北朝时期，虽为乱世，但北方的局部统一和少数民族退耕还牧政策的执行，还是为城镇营造了较好的生态氛围。而唐代以后，随着中游地区生态环境的日益恶化，黄河泥沙含量的增多，治理的难度愈来愈大，土地的沙化和盐碱化日益严重，城镇的发展也越来越受到制约。这也是宋金以后经济重心南移和北方城镇落后的原因之一。

所以这段时期可以视为生态环境和城镇发展的调和期，国家为发展城镇，不断改造生态环境；为保持生态环境，也在城镇发展策略上做出调整。其间的经验教训成为我们今天应对相类问题的宝贵财富。

　　总之，水是生命之源，是生态之基，是维持自然界生态平衡的基础。随着科技的进步，人类干预水环境的能力逐步提高。这种人为干预如果处理得当，就可以改善环境因素，维持生态系统的良性循环，优化我们所生存的环境，推动生态城镇建设。反之，就可能引起生态系统失稳，甚至带来影响深远的严重后果，更遑论生态建设了。

参考文献

一 古籍类

（春秋）晏婴：《晏子春秋》，景印文渊阁四库全书本。

（春秋）左丘明撰，焦杰校点《国语》，辽宁教育出版社，1997。

（战国）墨翟：《墨子》，景印文渊阁四库全书本。

（秦）公孙鞅：《商子》，景印文渊阁四库全书本。

（汉）王符：《潜夫论》，景印文渊阁四库全书本。

（汉）许慎：《说文解字》，中华书局，1963。

（梁）沈约：《竹书纪年》，景印文渊阁四库全书本。

（梁）萧统编，（唐）李善注《文选》，景印文渊阁四库全书本。

（北魏）郦道元撰，（清）戴震校《水经注》，武英殿聚珍版。

（唐）杜宝撰，辛德勇辑校《大业杂记辑校》，三秦出版社，2006。

（唐）杜佑：《通典》，景印文渊阁四库全书本。

（唐）房玄龄等注《管子》，景印文渊阁四库全书本。

（唐）李吉甫撰，贺次君点校《元和郡县图志》，中华书局，1983。

（唐）李林甫等：《唐六典》，中华书局，1992。

（唐）李商隐：《李义山诗集》，景印文渊阁四库全书本。

（唐）皮日休：《皮子文薮》，上海古籍出版社，1981。

（唐）王建：《王司马集》，上海古籍出版社，1993。

（宋）程大昌撰，黄永年校《雍录》，中华书局，2002。

（宋）韩琦：《韩魏公集》，丛书集成初编本。

（宋）乐史：《太平寰宇记》，中华书局，2007。

（宋）李焘：《续资治通鉴长编》，中华书局，1979。

（宋）李昉等：《太平御览》，景印文渊阁四库全书本。

（宋）李昉等编《太平广记》，景印文渊阁四库全书本。

（宋）林希逸：《考工记解》，景印文渊阁四库全书本。

（宋）刘恕：《资治通鉴外纪》，景印文渊阁四库全书本。

（宋）陆游：《剑南诗稿》，景印文渊阁四库全书本。

（宋）吕祖谦：《宋文鉴》，景印文渊阁四库全书本。

（宋）梅尧臣：《宛陵集》，景印文渊阁四库全书本。

（宋）孟元老：《东京梦华录》，中华书局，1985。

（宋）沈括：《梦溪笔谈》，丛书集成初编本。

（宋）司马光：《资治通鉴》，中华书局，1956。

（宋）宋敏求：《长安志》，景印文渊阁四库全书本。

（宋）苏轼：《东坡全集》，景印文渊阁四库全书本。

（宋）王安石：《初寮集》，景印文渊阁四库全书本。

（宋）王溥：《唐会要》，中华书局，1955。

（宋）王溥：《五代会要》，上海古籍出版社，1978。

（宋）王钦若等编纂《册府元龟》，凤凰出版社，1966。

（宋）袁褧：《枫窗小牍》，景印文渊阁四库全书本。

（宋）周邦彦：《汴都赋》，丛书集成续编本。

（宋）周应和：《景定建康志》，景印文渊阁四库全书本。

（元）马端临：《文献通考》，浙江古籍出版社，2007。

（元）苏天爵：《滋溪文稿》，景印文渊阁四库全书本。

（元）苏天爵辑撰《元朝名臣事略》，中华书局，1996。

（元）陶宗仪：《说郛》，景印文渊阁四库全书本。

（元）王恽：《秋涧集》，景印文渊阁四库全书本。

（元）佚名：《宋史全文》，黑龙江人民出版社，2005。

（元）袁桷：《清容居士集》，景印文渊阁四库全书本。

（明）陈仁锡：《陈太史无梦园初集》，续修四库全书本。

（明）陈应芳：《敬止集》，景印文渊阁四库全书本。

（明）陈子龙等选辑《明经世文编》，中华书局，1962。

（明）董斯张：《广博物志》，景印文渊阁四库全书本。

（明）顾璘：《顾华玉集·息园存稿诗》，景印文渊阁四库全书本。

（明）顾清：《东江家藏集》，景印文渊阁四库全书本。

（明）归有光：《震川集》，景印文渊阁四库全书本。

（明）何乔远：《闽书》，崇祯四年刻本。

（明）李东阳：《怀麓堂集》，景印文渊阁四库全书本。

（明）李光壂撰，王兴亚点校《守汴日志》，中州古籍出版社，1987。

（明）刘天和：《问水集》，四库全书存目丛书本。

（明）陆粲：《陆子余集》，景印文渊阁四库全书本。

（明）罗钦顺：《整庵存稿》，景印文渊阁四库全书本。

（明）茅元仪：《石民四十集》，四库禁毁书丛刊本。

（明）潘季驯：《河防一览》，景印文渊阁四库全书本。

（明）丘濬编《大学衍义补》，上海书店出版社，2012。

（明）沈氏撰，（清）张履祥校订《沈氏农书》，乾隆四十七年刻本。

（明）宋濂撰，周宝珠、程民生校《汴京遗迹志》，中华书局，1999。

（明）宋应星：《天工开物》，商务印书馆，1933。

（明）孙承泽：《春明梦余录》，景印文渊阁四库全书本。

（明）唐顺之：《北奉使集》，四库全书存目丛书本。

（明）唐顺之：《荆川集》，景印文渊阁四库全书本。

（明）万表辑《皇明经济文录》，四库禁毁书丛刊本。

（明）万恭著，朱更翎整编《治水筌蹄》（下），水利电力出版社，1985。

（明）王士性：《广志绎》，中华书局，1981。

（明）王世懋：《闽部疏》，丛书集成初编本。

（明）谢肇淛：《五杂组》，上海书店出版社，2001。

（明）徐溥等撰，李东阳等重修《明会典》，景印文渊阁四库全书本。

（明）姚文灏：《浙西水利书》，景印文渊阁四库全书本。

（明）张国维：《吴中水利全书》，景印文渊阁四库全书本。

（明）张翰：《松窗梦语》，中华书局，1985。

（明）张元凯：《伐檀斋集》，景印文渊阁四库全书本。

（明）朱国祯：《涌幢小品》，中华书局，1959。

（明）朱元璋：《明太祖文集》，景印文渊阁四库全书本。

（清）包世臣：《齐民四术》，中华书局，2001。

（清）毕沅：《灵岩山人诗集》，续修四库全书本。

（清）陈轼：《道山堂集》，四库全书存目丛书本。

（清）董诰等编《全唐文》，中华书局，1983。

（清）方寿畴：《抚豫恤灾录》，嘉庆年间刻本。

（清）傅恒：《御批历代通鉴辑览》，景印文渊阁四库全书本。

（清）傅泽洪：《行水金鉴》，景印文渊阁四库全书本。

（清）葛士浚：《皇朝经世文续编》，近代中国史料丛刊本。

（清）龚柴：《河南考略》，小方壶斋舆地丛抄本。

（清）顾炎武：《历代宅京记》，中华书局，1984。

（清）顾炎武：《天下郡国利病书》，光绪五年蜀南桐花书屋薛氏家塾刻本。

（清）顾祖禹：《读史方舆纪要》，中华书局，2005。

（清）何如铨：《桑园围志》，光绪十五年刻本。

（清）贺长龄辑《皇朝经世文编》，近代中国史料丛刊本。

（清）胡聘之：《山右石刻丛编》，光绪二十七年刻本。

（清）黄钊：《读白华草堂诗二集》，续修四库全书本。

（清）蒋景祁：《瑶华集》，四库禁毁书丛刊本。

（清）靳辅：《治河奏绩书》，景印文渊阁四库全书本。

（清）康基田：《河渠纪闻》，四库未收书辑刊本。

（清）昆冈等：《光绪钦定大清会典事例》，光绪二十五年石印本。

（清）蓝鼎元：《鹿洲初集》，景印文渊阁四库全书本。

（清）蓝浦、郑廷桂：《景德镇陶录》，江西人民出版社，1996。

（清）黎汝谦：《夷牢溪庐诗抄》，续修四库全书本。

（清）黎世序：《续行水金鉴》，万有文库本。

（清）李茹旻：《李鹭洲集》，四库全书存目丛书本。

（清）梁份著，赵盛世等校注《秦边纪略》，青海人民出版社，1987。

（清）梁廷柟纂，袁钟仁校注《粤海关志》，广东人民出版社，2002。

（清）刘敏中：《中庵集》，景印文渊阁四库全书本。

（清）卢坤：《秦疆治略》，（台湾）中国方志丛书本。

（清）潘铎：《奏为敬陈贾鲁河今昔情形并筹议赔修旧河间段改道以复朱仙镇旧规刻日兴工仰祈圣鉴事》，道光二十九年二月十五日，中国第一历史档案馆藏。

（清）祁寯藻著，高恩广、胡辅华注释《马首农言注释》，农业出版社，1991。

（清）屈大均：《广东新语》，中华书局，1985。

（清）阮元：《十三经注疏》，中华书局，1980。

（清）邵之棠：《皇朝经世文统编》，近代中国史料丛刊续编本。

（清）孙嘉淦：《孙文定公奏疏》，近代中国史料丛刊本。

（清）谈迁：《北游录》，中华书局，1960。

（清）汪价：《中州杂俎》，中国风土志丛刊本。

（清）王凤生：《河北采风录》，道光六年刻本。

（清）王峻：《王艮斋诗集》，四库全书存目丛书本。

（清）魏源：《魏源集》，中华书局，1976。

（清）吴颖炎辑《策学备纂》，光绪十九年上海点石斋印。

（清）武同举：《再续行水金鉴》，1942年水利委员会铅印本。

（清）徐端：《安澜纪要》，道光二十三年刻本。

（清）徐珂：《清稗类钞》，中华书局，2010。

（清）徐松编撰《宋会要辑稿》，中华书局，1957。

（清）严如煜：《三省山内风土杂识》，中华书局，1985。

（清）姚之骃：《元明事类钞》，景印文渊阁四库全书本。

（清）叶梦珠著，来新夏点校《阅世编》，上海古籍出版社，1981。

（清）尹会一：《尹少宰奏议》，中华书局，1985。

（清）张九钺：《紫岘山人诗集》，续修四库全书本。

（清）张履祥：《杨园先生全集》，台北：中国文献出版社，1968 年影印本。

（清）张履祥辑补，陈恒力校释《补农书校释》，农业出版社，1983。

（清）张鹏飞：《关中水利议》，关中丛书本。

蔡美彪编著《元代白话碑集录》，科学出版社，1955。

《大清律例》，景印文渊阁四库全书本。

"二十四史"，中华书局标点本。

《古今图书集成》，中华书局，1985。

黄汝成集释《日知录集释》，上海古籍出版社，2006。

刘益安：《汴围湿襟录校注》，中州书画社，1982。

《明清史料汇编初集》，台北：文海出版社，1967。

《明实录》，台北"中央研究院"历史语言研究所，1962。

缪启愉校释《农桑辑要校释》，农业出版社，1988。

缪启愉校释《齐民要术校释》，农业出版社，1982。

《清实录》，中华书局，1985。

《清史稿》，中华书局标点本。

石声汉校注《农政全书校注》，上海古籍出版社，1979。

万国鼎辑释《氾胜之书辑释》，农业出版社，1980。

万国鼎校注《陈旉农书校注》，农业出版社，1965。

王荣揖：《豫河续志》，中华山水志丛刊本。

谢保成集校《贞观政要集校》，中华书局，2003。

杨勇校笺《洛阳伽蓝记校笺》，中华书局，2006。

《御定全唐诗》，景印文渊阁四库全书本。

二 地方志类

（元）李好文：《长安志图》，景印文渊阁四库全书本。

成化《宁波郡志》，北京图书馆古籍珍本丛刊，书目文献出版社，1998。

弘治《保定府志》，天一阁藏明代方志选刊本。

弘治《延安府志》，陕西省图书馆西安市古旧书店影印本。

正德《朝邑县志》，清乾隆四十五年刻本。

正德《姑苏志》，北京图书馆古籍珍本丛刊本。

正德《金山卫志》，传真社景印明正德刻本。

正德《新乡县志》，天一阁藏明代方志选刊本。

嘉靖《广平府志》，天一阁藏明代方志选刊本。

嘉靖《归德志》，天一阁藏明代方志选刊续编本。

嘉靖《兰阳县志》，天一阁藏明代方志选刊本。

嘉靖《濮州志》，天一阁藏明代方志选刊续编本。

嘉靖《三水县志》，（台湾）中国方志丛书本。

嘉靖《山东通志》，天一阁藏明代方志选刊续编本。

嘉靖《陕西通志》，三秦出版社，2006。

嘉靖《太康县志》，天一阁藏明代方志选刊续编本。

嘉靖《香山县志》，日本藏中国罕见地方志丛刊本。

嘉靖《徐州志》，台北：台湾学生书局，1987年影印本。

嘉靖《耀州志》，嘉靖三十六年刻本。

嘉靖《仪封县志》，天一阁藏明代方志选刊续编本。

嘉靖《翼城县志》，天一阁藏明代方志选刊续编本。

嘉靖《章丘县志》，天一阁藏明代方志选刊续编本。

嘉靖《彰德府志》，天一阁藏明代方志选刊本。

万历《韩城县志》，万历三十五年刻本。

万历《嘉定县志》，（台湾）中国方志丛书本。

万历《开封府志》，四库全书存目丛书补编本。

万历《续朝邑县志》，清康熙五十一年刻本。

万历《兖州府志》，齐鲁书社，1984。

崇祯《松江府志》，日本藏中国罕见地方志丛刊本。

顺治《封丘县志》，顺治十六年刻本。

顺治《温县志》，顺治十五年刻本。

顺治《祥符县志》，天津图书馆藏 1989 年影印顺治十年刻本。

顺治《徐州志》，顺治十一年刻本。

顺治《胙城县志》，顺治年间刻本。

康熙《朝邑县后志》，中国方志丛书本。

康熙《封丘县续志》，康熙十九年刊本。

康熙《郿州志》，康熙五年刻本。

康熙《河阴县志》，乾隆十三年刻本。

康熙《嘉定县志》，中国地方志集成上海府县志辑本。

康熙《开封府志》，康熙三十四年刻本。

康熙《沁水县志》，故宫珍本丛刊本。

康熙《咸宁县志》，康熙七年刻本。

雍正《敕修陕西通志》，雍正十三年刻本。

雍正《河南通志》，景印文渊阁四库全书本。

雍正《畿辅通志》，雍正十三年刻本。

雍正《沁源县志》，中国地方志集成山西府县志辑本。

雍正《山西通志》，景印文渊阁四库全书本。

雍正《陕西通志》，景印文渊阁四库全书本。

雍正《泽州府志》，中国地方志集成山西府县志辑本。

雍正《浙江通志》，景印文渊阁四库全书本。

乾隆《宝坻县志》，中国地方志集成天津府县志辑本。

乾隆《保德州志》，中国地方志集成山西府县志辑本。

乾隆《长治县志》，中国地方志集成山西府县志辑本。

乾隆《朝邑县志》，乾隆四十五年刻本。

乾隆《陈州府志》，乾隆十二年刻本。

乾隆《大清一统志》，景印文渊阁四库全书本。

乾隆《富川县志》，故宫珍本丛刊影印乾隆二十二年刻本。

乾隆《高平县志》，中国地方志集成山西府县志辑本。

乾隆《邯郸县志》，乾隆二十一年刻本。

乾隆《韩城县志》，乾隆四十九年刊本。

乾隆《淮安府志》，咸丰二年重刊乾隆刻本。

乾隆《济宁直隶州志》，乾隆五十年刻本。

乾隆《金山县志》，（台湾）中国方志丛书本。

乾隆《陇州续志》，乾隆三十一年刻本。

乾隆《潞安府志》，中国地方志集成山西府县志辑本。

乾隆《孟县志》，乾隆五十五年刻本。

乾隆《杞县志》，（台湾）中国方志丛书本。

乾隆《沁州志》，中国地方志集成山西府县志辑本。

乾隆《确山县志》，乾隆十一年刻本。

乾隆《三原县志》，乾隆四十八年刻本。

乾隆《陕州直隶州志》，乾隆二十一年刻本。

乾隆《商水县志》，乾隆十二年刻本。

乾隆《泗州志》，中国地方志集成安徽府县志辑本。

乾隆《太和县志》，乾隆十七年刻本。

乾隆《太原府志》，中国地方志集成山西府县志辑本。

乾隆《吴江县志》，乾隆十二年刻本。

乾隆《祥符县志》，乾隆四年刻本。

乾隆《新修曲沃县志》，中国地方志集成山西府县志辑本。

乾隆《信阳州志》，乾隆十四年刻本。

乾隆《徐州府志》，乾隆七年刻本。

乾隆《偃师县志》，乾隆五十四年刻本。

乾隆《阳城县志》，中国地方志集成山西府县志辑本。

乾隆《震泽县志》，中国地方志集成江苏府县志辑本。

乾隆《镇安县志》，（台湾）中国方志丛书本。

嘉庆《龙山乡志》，中国地方志集成乡镇志辑本。

嘉庆《洛川县志》，中国地方志集成陕西府县志辑本。

嘉庆《孟津县志》，嘉庆二十一年刻本。

嘉庆《桐乡县志》，嘉庆四年刻本。

嘉庆《咸宁县志》，（台湾）中国方志丛书本。

道光《大荔县志》，道光三十年刻本。

道光《佛山忠义乡志》，道光十年刻本。

道光《观城县志》，清抄本。

道光《壶关县志》，中国地方志集成山西府县志辑本。

道光《苏州府志》，道光年间刻本。

道光《武陟县志》，道光九年刻本。

道光《榆林府志》，道光年间刻本。

咸丰《朝邑县志》，中国地方志集成陕西府县志辑本。

咸丰《江苏清河县志》，1919 年再补咸丰四年刊本。

咸丰《邳州志》，中国地方志集成江苏府县志辑本。

咸丰《顺德县志》，咸丰三年刻本。

同治《临邑县志》，中国地方志集成山东府县志辑本。

同治《徐州府志》，中国地方志集成江苏府县志辑本。

同治《阳城县志》，中国地方志集成山西府县志辑本。

同治《中牟县志》，同治九年刻本。

光绪《宝山县志》，（台湾）中国方志丛书本。

光绪《重修华亭县志》，中国地方志集成上海府县志辑本。

光绪《长治县志》，中国地方志集成山西府县志辑本。

光绪《扶沟县志》，光绪十九年大程书院刻本。

光绪《富阳县志》，（台湾）中国方志丛书本。

光绪《淮安府志》，光绪十年刻本。

光绪《嘉兴府志》，光绪五年刊本。

光绪《金山县志》，（台湾）中国方志丛书本。

光绪《靖江县志》，光绪五年刻本。

光绪《沁源县志》，中国地方志集成山西府县志辑本。

光绪《青浦县志》，（台湾）中国方志丛书本。

光绪《荣河县志》，（台湾）中国方志丛书本。

光绪《陕州直隶州续志》，光绪十八年刻本。

光绪《泗虹合志》，中国地方志集成安徽府县志辑本。

光绪《绥德州志》，（台湾）中国方志丛书本。

光绪《屯留县志》，中国地方志集成山西府县志辑本。

光绪《祥符县志》，光绪二十四年刻本。

光绪《续修睢州志》，民国间河南建华印刷所据清光绪十八年刻本铅印本。

光绪《延安府志》，中国方志丛书本。

宣统《山东通志》，1918 年铅印本。

民国《朝邑县乡土志》，1915 年铅印本。

民国《东莞县志》，1927 年铅印本。

民国《番禺县续志》，（台湾）中国方志丛书本。

民国《封丘县续志》，1937 年铅印本。

民国《佛山忠义乡志》，1926 年刻本。

民国《邯郸县志》，1933 年刻本。

民国《淮阴志征访稿》，民国年间抄本。

民国《开封县志草略》，1941 年开封马集文斋铅印本。

民国《考城县志》，1941 年铅印本。

民国《林县志》，1932 年石印本。

民国《南汇县续志》，1929 年刊本。

民国《南浔志》，1922 年刊本。

民国《平阳县志》，1926 年刻本。

民国《乾县新志》，1941 年铅印本。

民国《陕县志》，（台湾）中国方志丛书本。

民国《商水县志》，1918 年刻本。

民国《神木乡土志》，（台湾）中国方志丛书本。

民国《顺德龙江乡志》，台北：成文出版社，1967。

民国《宿迁县志》，1935 年宿迁会文斋印刷局承印本。

民国《太仓州志》，1919 年刻本。

民国《通许县新志》，（台湾）中国方志丛书本。

民国《吴县志》，1933 年铅印本。

民国《续武陟县志》，1931 年刊本。

民国《续修陕西通志稿》，1934 年铅印本。

民国《续纂清河县志》，1928 年刻本。

民国《中牟县志》，台北：成文出版社影印本。

民国《鳌屋县志》，中国地方志集成陕西府县志辑本。

开封市郊区黄河志编纂领导组：《开封市郊区黄河志》，黄河水利委员会印刷厂，1994。

《岐山县乡土志》，（台湾）中国方志丛书本。

榆林市志编纂委员会编《榆林市志》，三秦出版社，1996。

《元河南志》，宋元方志丛刊本。

三　今人著作类

〔美〕芭芭拉·沃德、勒内·杜博斯：《只有一个地球》，《国外公害丛书》编委会译校，吉林人民出版社，1997。

卜风贤：《周秦汉晋时期农业灾害和农业减灾方略研究》，中国社会科学出版社，2006。

曹凑贵主编《生态学概论》，高等教育出版社，2006。

岑仲勉：《黄河变迁史》，人民出版社，1957。

钞晓鸿：《生态环境与明清社会经济》，黄山书社，2004。

陈隆文：《郑州历史地理研究》，中国社会科学出版社，2011。

陈文华：《中国农业通史》，中国农业出版社，2007。

陈业新：《灾害与两汉社会研究》，上海人民出版社，2004。

成一农：《古代城市形态研究方法新探》，社会科学文献出版社，2009。

程民生：《河南经济简史》，中国社会科学出版社，2005。

程民生：《宋代地域经济》，河南大学出版社，1992。

程民生：《中国北方经济史》，人民出版社，2004。

程遂营：《唐宋开封生态环境研究》，中国社会科学出版社，2002。

程有为主编《黄河中下游地区水利史》，河南人民出版社，2007。

程子良、李清银：《开封城市史》，社会科学文献出版社，1993。

戴均良主编《中国城市发展史》，黑龙江人民出版社，1992。

邓亦兵：《清代前期商品流通研究》，天津古籍出版社，2009。

邓云特：《中国救荒史》，商务印书馆，2011。

樊树志：《江南市镇：传统的变革》，复旦大学出版社，2005。

樊树志：《明清江南市镇探微》，复旦大学出版社，1990。

范金民：《江南社会经济研究·明清卷》，中国农业出版社，2006。

范金民：《明清江南商业的发展》，南京大学出版社，1998。

佛山地区革命委员会《珠江三角洲农业志》编写组：《珠江三角洲农业志》，佛山地区革命委员会，1976。

傅崇兰等：《中国城市发展史》，社会科学文献出版社，2009。

傅筑夫：《中国封建社会经济史》（四卷本），人民出版社，分别于1980年、1982年、1984年、1986年出版。

高敏：《秦汉史探讨》，中州古籍出版社，1998。

高寿仙：《明代农业经济与农村社会》，黄山书社，2006。

葛剑雄：《中国人口史》第一卷，复旦大学出版社，2002。

顾朝林：《中国城镇体系——历史·现状·展望》，商务印书馆，1996。

郭松义、张泽咸：《中国屯垦史》，文津出版社，1997。

韩大成：《明代城市研究》，中国人民大学出版社，1991。

韩茂莉：《中国历史农业地理》，北京大学出版社，2012。

韩昭庆：《黄淮关系及其演变过程研究——黄河长期夺淮期间淮北平原湖泊、水系的变迁和背景》，复旦大学出版社，1999。

何一民主编《近代中国衰落城市研究》，巴蜀书社，2007。

何一民：《中国城市史纲》，四川大学出版社，1994。

河南省交通厅交通史志编审委员会：《河南航运史》，人民交通出版社，1989。

侯仁之：《历史地理学的理论与实践》，上海人民出版社，1979。

侯甬坚：《历史地理学探索》（第二集），中国社会科学出版社，2011。

侯甬坚：《历史地理学探索》，中国社会科学出版社，2004。

侯甬坚：《区域历史地理的空间发展过程》，陕西人民出版社，1995。

开封市交通志编纂委员会编《开封市交通志》，人民交通出版社，1994。

蓝勇：《中国历史地理学》，高等教育出版社，2002。

李丙寅等：《中国古代环境保护》，河南大学出版社，2001。

李伯重：《江南的早期工业化（1550~1850）》，社会科学文献出版社，2000。

李长傅：《开封历史地理》，商务印书馆，1958。

李久昌：《国家、空间与社会——古代洛阳都城空间演变研究》，三秦出版社，2007。

李令福：《古都西安城市布局及其地理基础》，人民出版社，2009。

李孝聪：《历史城市地理》，山东教育出版社，2007。

李孝聪：《中国区域历史地理》，北京大学出版社，2004。

梁必骐、叶锦昭：《广东的自然灾害》，广东人民出版社，1993。

林蒲田：《中国古代土壤分类和土地利用》，科学出版社，1996。

刘翠溶、〔英〕伊懋可主编《积渐所至：中国环境史论文集》，台北"中央研究院"经济研究所，2000。

刘景纯：《清代黄土高原地区的城镇》，中华书局，2005。

刘心长、马忠理主编《邺城暨北朝史研究》，河北人民出版社，1991。

吕荣民、石凌虚：《山西航运史》，人民交通出版社，1998。

吕振羽：《殷周时代的中国社会》，生活·读书·新知三联书店，1983。

罗桂环、舒剑民：《中国历史时期的人口变迁与环境保护》，冶金工业出版社，1995。

马保春：《晋国历史地理研究》，文物出版社，2007。

〔意〕马可波罗：《马可波罗游记》，冯承钧译，河北人民出版社，1999。

马正林编著《中国城市历史地理》，山东教育出版社，1998。

满志敏：《中国历史时期气候变化研究》，山东教育出版社，2007。

梅雪芹：《环境史学与环境问题》，人民出版社，2004。

梅雪芹编著《和平之景：20 世纪环境问题与环境保护》，南京出版社，2006。

潘镛：《隋唐时期的运河和漕运》，三秦出版社，1987。

饶明奇：《清代黄河流域水利法制研究》，黄河水利出版社，2009。

山西大学黄土高原地理研究所：《黄土高原整治研究——黄土高原环境问题与定位试验研究》，科学出版社，1992。

〔美〕施坚雅主编《中华帝国晚期的城市》，叶光庭等译，中华书局，2000。

史念海：《河山集》（二集），生活·读书·新知三联书店，1981。

史念海：《河山集》（三集），人民出版社，1988。

史念海：《黄河流域诸河流的演变与治理》，陕西人民出版社，1999。

史念海：《黄土高原历史地理研究》，黄河水利出版社，2001。

史念海：《中国的运河》，陕西人民出版社，1987。

史念海：《中国古都与文化》，中华书局，1998。

史念海等：《黄土高原森林与草原的变迁》，陕西人民出版社，1985。

水利部淮河水利委员会《淮河水利简史》编写组：《淮河水利简史》，水利电力出版社，1990。

水利部黄河水利委员会《黄河水利史述要》编写组编《黄河水利史述要》，水利电力出版社，1982。

谭棣华：《清代珠江三角洲的沙田》，广东人民出版社，1993。

谭其骧主编《黄河史论丛》，复旦大学出版社，1986。

〔美〕唐纳德·休斯：《什么是环境史》，梅雪芹译，北京大学出版社，2008。

王建革：《传统社会末期华北的生态与社会》，生活·读书·新知三联书店，2009。

王利华：《徘徊在人与自然之间——中国生态环境史探索》，天津古籍出版社，2012。

王利华主编《中国历史上的环境与社会》，生活·读书·新知三联书店，2007。

王命钦：《开封商业志》，中州古籍出版社，1994。

王兴亚：《明清河南集市庙会会馆》，中州古籍出版社，1998。

王星光：《生态环境变迁与夏代的兴起探索》，科学出版社，2004。

王学理：《秦都咸阳》，陕西人民出版社，1985。

王玉德、张全明等：《中华五千年生态文化》，华中师范大学出版社，1999。

王元林：《泾洛流域自然环境变迁研究》，中华书局，2005。

王子今：《秦汉时期生态环境研究》，北京大学出版社，2007。

文焕然、文榕生：《中国历史时期冬半年气候冷暖变迁》，科学出版社，1996。

吴存浩：《中国农业史》，警官教育出版社，1996。

吴宏岐：《西安历史地理研究》，西安地图出版社，2006。

吴庆洲：《中国古代城市防洪研究》，中国建筑工业出版社，1995。

吴松弟：《中国人口史》（第三卷），复旦大学出版社，2005。

武汉水利电力学院、水利水电科学研究院《中国水利史稿》编写组编《中国水利史稿》，水利电力出版社，1979。

谢国桢选编《明代社会经济史料选编》，福建人民出版社，2004。

辛德勇：《秦汉政区与边界地理研究》，中华书局，2009。

许学强、周一星、宁越敏编著《城市地理学》，高等教育出版社，1997。

严中平：《中国棉纺织史稿》，科学出版社，1955。

严足仁：《中国历代环境保护法制》，中国环境科学出版社，1990。

姚汉源：《黄河水利史研究》，黄河水利出版社，2003。

姚汉源：《中国水利史纲要》，水利电力出版社，1987。

叶显恩主编《广东航运史》，人民交通出版社，1989。

尤联元、杨景春主编《中国地貌》，科学出版社，2013。

袁林：《西北灾荒史》，甘肃人民出版社，1994。

袁清林：《中国环境保护史话》，中国环境科学出版社，1990。

袁行霈等主编《中华文明史》，北京大学出版社，2006。

翟旺、米文精：《山西森林与生态史》，中国林业出版社，2009。

张含英：《历代治河方略探讨》，水利电力出版社，1982。

张新斌等：《济水与河济文明》，河南人民出版社，2007。

张修桂：《中国历史地貌与古地区研究》，社会科学文献出版社，2006。

赵明奇主编《徐州自然灾害史》，气象出版社，1994。

赵珍：《清代西北生态环境变迁研究》，人民出版社，2005。

郑肇经：《中国水利史》，上海书店，1984。

中国科学院《中国自然地理》编辑委员会：《中国自然地理——历史自然地理》，科学出版社，1982。

周宝珠：《宋代东京研究》，河南大学出版社，1992。

周昆叔主编《环境考古研究》第1辑，科学出版社，1991。

朱绍侯主编《中国古代史》，福建人民出版社，2010。

朱士光：《黄土高原地区环境变迁及其治理》，黄河水利出版社，1999。

朱士光主编《中国八大古都》，人民出版社，2007。

珠江水利委员会《珠江水利简史》编纂委员会：《珠江水利简史》，水利电力出版社，1990。

竺可桢：《竺可桢文集》，科学出版社，1979。

邹逸麟：《千古黄河》，上海远东出版社，2012。

邹逸麟主编《黄淮海平原历史地理》，安徽教育出版社，1997。

左慧元编《黄河金石录》，黄河水利出版社，1999。

四 今人论文类

（一）学术论文

包茂宏：《环境史：历史、理论和方法》，《史学理论研究》2000年第4期。

钞晓鸿：《灌溉、环境与水利共同体——基于清代关中中部的分析》，《中国社会科学》2006年第4期。

钞晓鸿：《文献与环境史研究》，《历史研究》2010年第1期。

陈代光：《从万胜镇的衰落看黄河对豫东南平原城镇的影响》，《历史地理》第2辑，上海人民出版社，1982。

陈隆文：《水患与黄河流域古代城市的变迁研究——以河南汜水县城为研究对象》，《河南大学学报》（社会科学版）2009年第5期。

陈业新：《道光二十一年豫皖黄泛之灾与社会应对研究》，《清史研究》2011年第2期。

陈忠平：《论明清江南农村生产的多样化发展》，《中国农史》1989年第3期。

程森：《清代豫西水资源环境与城市水利功能研究——以陕州广济渠为中心》，《中国历史地理论丛》2010年第3辑。

邓亦兵：《清代前期的市镇》，《中国社会经济史研究》1997年第3期。

杜瑜：《中国历史上中心城市的作用及其对城市化的影响》，《中国历史地理论丛》1995年第4辑。

樊宝敏、董源：《中国历代森林覆盖率的探讨》，《北京林业大学学报》2001年第4期。

樊宝敏、董源、李智勇：《试论清代前期的林业政策和法规》，《中国农史》2004 年第 1 期。

方行：《清代前期农村市场的发展》，《历史研究》1987 年第 6 期。

高国荣：《什么是环境史？》，《郑州大学学报》（哲学社会科学版）2005 年第 1 期。

高凯：《20 世纪以来国内环境史研究的评述》，《历史教学》2006 年第 11 期。

勾利军：《寻找唐代洛阳的生态环境》，《决策探索》2003 年第 12 期。

郭黎安：《魏晋北朝邺都兴废的地理原因述论》，《史林》1989 年第 4 期。

郭睿姬：《殷墟的自然环境及其与人类的关系试探》，《中州学刊》1998 年第 2 期。

〔日〕鹤间和幸：《汉长安城的自然景观》，《中国历史地理论丛》1998 年 4 月增刊。

侯甬坚：《"生态环境"用语产生的特殊时代背景》，《中国历史地理论丛》2007 年第 1 辑。

胡阿祥：《魏晋南北朝时期的生态环境》，《南京晓庄学院学报》2001 年第 3 期。

胡方：《黄河与河洛文化核心区的形成》，《黄河科技大学学报》2010 年第 1 期。

黄以柱：《豫东黄河平原环境的变迁与开封城市的发展》，《河南师大学报》（自然科学版）1983 年第 1 期。

金兵、王卫平：《论近代清江浦城市衰落的原因》，《江苏社会科学》2007 年第 6 期。

靳怀堾：《中国古代城市与水——以古都为例》，《河海大学学报》（哲学社会科学版）2005 年第 4 期。

景爱：《环境史：定义、内容与方法》，《史学月刊》2004 年第 3 期。

李伯重：《"桑争稻田"与明清江南农业生产集约程度的提高——明清江南农业经济发展特点探讨之二》，《中国农史》1985 年第 1 期。

李民：《殷墟的生态环境与盘庚迁殷》，《历史研究》1991 年第 1 期。

李润乾：《古代西北地区生态环境变化及其原因分析》，《西安财经学院学报》2005 年第 4 期。

李润田等：《黄河影响下开封城市的历史演变》，《地域研究与开发》2006 年第 6 期。

李文海：《鸦片战争爆发后连续三年的黄河大决口》，《清史研究》1989 年第 2 期。

凌大燮：《我国森林资源的变迁》，《中国农史》1983 年第 2 期。

吕卓民：《试论陕北地区城镇体系的形成与发展演变》，《西北大学学报》（自然科学版）2006 年第 5 期。

马俊亚：《泗州之沉与淮北社会生态衰落》，《中国社会科学报》2010 年 7 月 8 日，第 7 版。

马雪芹：《明清时期黄河流域农业开发和环境变迁述略》，《徐州师范大学学报》（哲学社会科学版）1997 年第 3 期。

马雪芹：《明清时期黄河水患与下游地区的生态环境变迁》，《江海学刊》2001 年第 5 期。

满志敏等：《气候变化对历史上农牧过渡带影响的个例研究》，《地理研究》2000 年第 2 期。

毛曦：《论中国城市早期发展的阶段与特点》，《天津师范大学学报》（社会科学版）2006 年第 3 期。

〔日〕妹尾达彦：《唐代长安城与关中平原的生态环境变迁》，《中国历史地理论丛》1998 年 4 月增刊。

孟凡超：《黄河河道变迁与徐州社会兴衰》，《淮南师范学院学报》2012 年第 5 期。

牛建强：《明代黄河下游的河道治理与河神信仰》，《史学月刊》2011 年第 9 期。

牛建强：《明万历二十年代初河南的自然灾伤与政府救济》，《史学月刊》2006 年第 1 期。

牛建强：《战国时期魏都迁梁年代考辨》，《史学月刊》2003 年第 11 期。

彭安玉：《试论黄河夺淮及其对苏北的负面影响》，《江苏社会科学》1997 年第 1 期。

钱程、韩宝平：《徐州历史上黄河水灾特征及其对区域社会发展的影响》，《中国矿业大学学报》（社会科学版）2008 年第 4 期。

任放：《二十世纪明清市镇经济研究》，《历史研究》2001 年第 5 期。

史念海：《黄土高原的演变及其对汉唐长安城的影响》，《中国历史地理论丛》1998 年 4 月增刊。

谭其骧：《何以黄河在东汉以后会出现一个长期安流的局面——从历史上论证黄河中游的土地合理利用是消弭下游水害的决定性因素》，《学术月刊》1962 年第 2 期。

谭其骧：《〈山经〉河水下游及其支流考》，《黄河史论丛》，复旦大学出版社，1986。

田银生：《自然环境——中国古代城市选址的首重因素》，《城市规划汇刊》1999 年第 4 期。

汪志国：《20 世纪 80 年代以来生态环境史研究综述》，《古今农业》2005 年第 3 期。

王锋钧：《汉唐时期关中农业与京都长安》，《农业考古》2011 年第 4 期。

王建革、陆建飞：《从人口负载量的变迁看黄土高原农业和社会发展的生态制约》，《中国农史》1996 年第 3 期。

王利华：《生态环境史的学术界域与学科定位》，《学术研究》2006 年第 9 期。

王社教：《明清时期西北地区环境变化与农业结构调整》，《陕西师范大学学报》（哲学社会科学版）2006 年第 1 期。

王星光：《汉都长安与农业发展》，《中国农史》2015 年第 4 期。

王元林：《明代黄河小北干流河道变迁》，《中国历史地理论丛》1999 年第 3 辑。

王元林：《明清西安城引水及河流上源环境保护史略》，《人文杂志》2001 年第 1 期。

王子今：《秦汉时期的内河航运》，《历史研究》1990 年第 2 期。

吴海涛：《历史时期黄河泛淮对淮北地区社会经济发展的影响》，《中国历史地理论丛》2002 年第 1 辑。

吴建新：《明代珠江三角洲的农业与环境——以环境压力下的技术选择为中心》，《华南农业大学学报》（社会科学版）2006 年第 4 期。

吴仁安：《明清上海地区城镇的勃兴及其盛衰存废变迁》，《中国经济史研究》1992 年第 3 期。

吴滔：《关于明清生态环境变化和农业灾荒发生的初步研究》，《农业考古》1999 年第 3 期。

夏明方：《中国灾害史研究的非人文化倾向》，《史学月刊》2004 年第 3 期。

冼剑民、王丽娃：《明清珠江三角洲的围海造田与生态环境的变迁》，《学术论坛》2005 年第 1 期。

萧正洪：《传统农民与环境理性——以黄土高原地区传统农民与环境之间的关系为例》，《陕西师范大学学报》（哲学社会科学版）2000 年第 4 期。

徐海亮：《历代中州森林变迁》，《中国农史》1988 年第 4 期。

徐卫民：《汉长安城对周边水环境的改造和利用》，《河南科技大学学报》（社会科学版）2007 年第 6 期。

徐卫民、秦怀戈：《秦汉时期的关中自然环境》，《南都学坛》（人文社会科学学报）2013 年第 5 期。

徐伟民：《秦都咸阳对周围环境的改造和利用》，《咸阳师范学院学报》2005 年第 5 期。

许檀：《明清时期山东经济的发展》，《中国经济史研究》1995 年第 3 期。

许檀：《清代河南朱仙镇的商业——以山陕会馆碑刻资料为中心的考察》，《史学月刊》2005 年第 6 期。

许檀：《清代中叶的洛阳商业——以山陕会馆碑刻资料为中心的考察》，《天津师范大学学报》（社会科学版）2003 年第 4 期。

杨红娟、侯甬坚：《清代黄龙山地垦殖的政策效应》，《中国历史地理论丛》2005 年第 1 辑。

叶显恩：《略论珠江三角洲的农业商业化》，《中国社会经济史研究》1986 年第 2 期。

张家炎：《明清长江三角洲地区与两湖平原农村经济结构演变探异》，《中国农史》1996 年第 3 期。

张民服：《黄河下游段河南湖泽陂塘的形成及其变迁》，《中国农史》1988 年第 2 期。

张丕远、龚高法：《十六世纪以来中国气候变化的若干特征》，《地理学报》1979 年第 3 期。

张宇辉、苏红珠：《历史时期的汾河水利及其水文变迁》，《中国水利》2001 年第 5 期。

赵明奇：《徐州城叠城的特点和成因》，《中国历史地理论丛》2000 年第 2 辑。

朱士光：《汉唐长安城的兴衰对黄土高原地区社会经济发展与生态环境变迁的影响》，《中国历史地理论丛》1998 年 4 月增刊。

朱士光：《历史时期农业生态环境变迁初探——以陕蒙晋大三角地区为例》，《地理学与国土研究》1990 年第 2 期。

朱士光：《论我国黄土高原地区生态环境演化的特点与可持续发展对策》，《中国历史地理论丛》2000 年第 3 辑。

朱士光：《清代黄河流域生态环境变化及其影响》，《黄河科技大学学报》2011 年第 2 期。

朱士光：《我国黄土高原地区几个主要区域历史时期经济发展与自然环境概况》，《中国历史地理论丛》1992 年第 1 辑。

朱士光：《西汉关中地区生态环境特征及其与都城长安相互影响之关系》，《陕西师范大学学报》（哲学社会科学版）2000 年第 2 期。

朱士光：《遵循"人地关系"理念，深入开展生态环境史研究》，《历史研究》2010 年第 1 期。

竺可桢：《中国近五千年来气候变迁的初步研究》，《考古学报》1972 年第 1 期。

邹逸麟：《黄河下游河道变迁及其影响概述》，《复旦学报》（社会科学版）1980年第1期。

邹逸麟：《有关环境史研究的几个问题》，《历史研究》2010年第1期。

（二）学位论文

郭志安：《北宋黄河中下游治理若干问题研究》，博士学位论文，河北大学，2007。

李大伟：《明代榆林镇沿边屯田与环境变化关系研究》，硕士学位论文，陕西师范大学，2006。

李慧：《明清长江三角洲地区城镇化及城镇体系研究》，硕士学位论文，天津师范大学，2007。

卢勇：《明清时期淮河水患与生态、社会关系研究》，博士学位论文，南京农业大学，2008。

张洪生：《明清时期陕北的农业经济开发与环境变迁》，硕士学位论文，西北大学，2002。

郑南：《美洲原产作物的传入及其对中国社会影响问题的研究》，博士学位论文，浙江大学，2009。

五 考古资料

曹桂岑、马全：《河南淮阳平粮台龙山文化城址试掘简报》，《文物》1983年第3期。

河南省文化局文物工作队编著《郑州二里冈》，科学出版社，1959。

河南省文物考古研究所编《辉县孟庄》，中州古籍出版社，2003。

河南省文物考古研究所编著《新郑郑国祭祀遗址》，大象出版社，2006。

河南省文物考古研究所编著《郑州商城——1953~1985年考古发掘报告》，文物出版社，2001。

河南省文物研究所编《郑州商城考古新发现与研究（1985~1992）》，中州古籍出版社，1993。

河南省文物研究所、中国历史博物馆考古部编《登封王城岗与阳城》，文物出版社，1992。

洛阳市文物工作队：《洛阳北窑西周墓》，文物出版社，1999。

洛阳市文物工作队编《洛阳皂角树：1992～1993 年洛阳皂角树二里头文化聚落遗址发掘报告》，科学出版社，2002。

山东省文物考古研究所等编《曲阜鲁国故城》，齐鲁出版社，1982。

山西省考古研究所：《侯马铸铜遗址》，文物出版社，1993。

山西省考古研究所侯马工作站编《晋都新田》，山西人民出版社，1996。

陕西省考古研究所：《镐京西周官室》，西北大学出版社，1995。

夏商周断代工程专家组编著《夏商周断代工程 1996～2000 年阶段成果报告》（简本），世界图书出版公司，2000。

许宏：《二里头遗址发掘和研究的回顾与思考》，《考古》2004 年第 11 期。

杨肇清：《试论郑州西山仰韶文化晚期古城址的性质》，《华夏考古》1997 年第 1 期。

赵春青等：《河南新密市新砦城址中心区发现大型浅穴式建筑》，《考古》2006 年第 1 期。

郑州市文物考古研究所编著《郑州大师姑（2002～2003）》，科学出版社，2004。

中国考古学会编《中国考古学会第五次年会论文集》，文物出版社，1988。

中国考古学会编《中国考古学年鉴（1993）》，文物出版社，1995。

中国考古学会编《中国考古学年鉴（1994）》，文物出版社，1997。

中国科学院考古研究所编《沣西发掘报告》，文物出版社，1963。

中国科学院考古研究所编著《辉县发掘报告》，科学出版社，1956。

中国科学院考古研究所编著《洛阳中州路（西工段）》，科学出版社，1959。

中国历史博物馆考古部等编著《垣曲商城（1985～1986 年度勘察报

告）》，科学出版社，1996。

中国社会科学院考古研究所编著《偃师二里头——1959 年～1978 年考古发掘报告》，中国大百科全书出版社，1999。

中国社会科学院考古研究所编著《殷墟的发现与研究》，科学出版社，1994。

中国社会科学院考古研究所等：《夏县东下冯》，文物出版社，1988。

中国先秦史学会、洛阳市第二文物工作队编《夏文化研究论集》，中华书局，1996。

六　工具书

梁方仲编著《中国历代户口、田地、田赋统计》，上海人民出版社，1980。

史为乐主编《中国历史地名大辞典》，中国社会科学出版社，2005。

谭其骧主编《中国历史地理图集》，中国地图出版社，1982。

王力主编《王力古汉语字典》，中华书局，2000。

薛国屏编著《中国古今地名对照表》，上海辞书出版社，2010。

后　记

　　这本书是国家社科基金项目"古代黄河中下游地区生态环境变迁与城镇兴衰研究"的最终成果，该项目 2010 年 7 月立项，2016 年 12 月完稿，经历了长达六年半的搜集整理资料、实地考察和文稿撰写，其间得到了众多师友的倾力相助，其中的艰难困苦自不待言，"宝剑锋从磨砺出，梅花香自苦寒来"，所有的付出都凝结在这本书里。

　　回忆 2009 年 12 月至 2010 年 3 月申报国家社科基金项目时付出的点点滴滴，至今仍历历在目。我于 2009 年 6 月博士毕业，如果说此前申报国家项目是应对院里所里对科研人员的硬性要求的话，博士毕业后我想拿国家级、省级项目的愿望非常强烈，还有正如侯老师所写序中猜测的"可能是程有为先生这部《黄河中下游地区水利史》著作的内容吸引了她"，也正是这种非常强烈的愿望驱使着我绞尽脑汁去思考怎么申报国家课题。当时，我在网上反复翻阅历年入选的国家社科基金项目的选题，同时积极向入选国家社科基金项目的成功人士请教。我所在的河南省社会科学院历史与考古研究所所长张新斌已经入选两项国家社科基金项目，这是让科研人员羡慕至极的。我多次到所长办公室，虚心请教申报经验，至在还清楚记得他说的那句话，以你的博士论文《明代官员谥号研究》申报国家项目，你这辈子也拿不到项目。我渴望入选国家社科基金项目的急切心情只有我自己最清楚，所长这句话对我是非常有杀伤力的。于是我仔细查阅刚刚公布的国家课题指南，当看到"历史时期黄河流域、长江流域等生态环境变迁与城市发展研究"时，眼睛一亮，这不就是我要寻找的题目方向吗？

　　回首博士刚入学时，导师便给了博士论文题目"明代谥号研究"。经过一学期的资料查阅，我感觉这个题目困难重重。博一下学期开学伊始，我就向导师表达了这个想法，并提出做黄河史研究的意向。老师一听我说这话，一脸严肃地对我说："老师选的题目都是好题目，只是老师没有时间做才给你的，按老师的要求做，能做出来就能按时毕业。"这句话打消了我更换论文题目的想法。申报国家社科基金项目的机会圆了我几年来想做"黄河史研究"的梦想。

　　经过认真思考，我把题目确定为"古代黄河下游地区生态环境变迁与城镇兴衰研究"，随后就开始了搜集整理资料的艰难过程，其间得老所长程有为先生的热心帮助，把他上年搜集整理出来的古代黄河下游地区的水患资料提供给我，使我节省出许多时间去搜集整理城镇资料。接下来就是课题论证过程，我对以往研究成果进行爬梳归类，找到该问题研究的不足之处时，真是喜不自胜，莫名的成就感涌上心头，甚至到了忙于论证而废寝忘食的地步，竟把提交省社科规划办的最后期限都给忘掉了。记得最后一天中午科研处副处长王宏源给我打电话说我的课题没有提交，其他申报书上午已送规划办，若是补交，须赶快打印出来，下午送省规划办。这么一说，我连中午饭都顾不上吃，赶紧拿着论证好的活页到院打印室，恰好碰到当时社会学所副所长周全德，看到我的题目"古代黄河下游地区生态环境变迁与城镇兴衰研究"后，建议加上"中"字，说题目是黄河下游，论证内容肯定涉及中游和上游，黄河上游、中游和下游是不分家的，这样修改一定能中标。我也半开玩笑地说，中标了请您去国际大酒店吃大餐。不过，尽管我非常下功夫去搜集资料，论证课题，对自己的论证有一定信心，但在内心里仍然认为拿国家社科基金项目是可望不可及的事情。

　　真是"有心栽花花也发"，当年6月中旬全国哲学社会科学规划办网站上入选课题公示后，又是科研处副处长王宏源打电话告诉我喜讯，当时我不敢相信这个消息，说不可能，王宏源说"我啥时间跟你开过玩笑"，回过神来想想也是，赶紧打开家里的电脑，登录规划办网站。可能是课题刚公示，上网的人太多，怎么也上不去网。正在着急，夫君中原工学院的同学打来电话说"田冰申报的项目中标了",我们两个这才相信。

半个月之后,我所有的兴奋一扫而去,开始发愁怎么做课题。忽然想到应该去看看奔腾的黄河,这样或许就能打开思路。于是我和夫君阮传宝多次骑自行车到郑州北郊的黄河南岸,观察黄河在夏秋降雨季节的水文状况,看到河岸有些地方的坍塌现场,引发很多思考:同是黄河南岸,为啥有的地方坍塌、有的地方安然无恙?为啥黄河大堤距离河边那么远呢?虽然很多问题我都想不通,但是至少对黄河有了感性认识。2010年中秋节前,我带着自己至亲的弟弟田道成和侄子田志方去看上海世博会,上海世博会的主题是"城市让生活更美好","生态""城市"两个词出现频率极高,着实引人注目。我认真看城市、生态相关内容的解读,它们给我将要展开的研究提供了很多可资借鉴的思路。2010年10月国庆节假期,我和郑兰大姐跟着当时在青海地税局任职的同学郭钦向一起去有"贵德黄河清"之说的青海贵德看黄河,领略了迥然不同的黄河生态。离开青海,我和郑兰大姐又到兰州市看黄河,时隔5天时间,就觉得好像看的是两条河流——兰州市这段黄河水是黄色的,浑浊不清。通过这次经历,我对黄河的认识又进了一大步。

怀揣着做好课题的梦想,我又一次踏上拜师访友的旅途。最初一站又是拜访我的老所长张新斌,我跟他说明我想去复旦大学历史地理研究中心做博士后的想法后,他建议我去陕西师范大学西北历史环境与经济社会发展研究中心(2011年改为今名)做博士后,说那里的老师们做的研究跟我拿到的项目有很大关系。经他这么一提醒,我就毛遂自荐到侯甬坚老师门下,侯老师不嫌弃我这个门外汉,欣然接纳我进站。在站期间,侯老师曾带着我和三个硕士研究生从西安出发,经过甘肃、青海、宁夏到陕北榆林,最后回到西安。按照事先设计好的考察点,沿途考察了宝鸡的水库、河西走廊、金秋十月大雪纷飞的祁连山、青海湟水谷地、宁夏吴忠市的新农村、陕北靖边县的统万城遗址等等,其中最使我难忘的是对甘肃皋兰县忠和镇崖川村野马沟社八组砂田的考察和访问村民刘生贵有关砂田的基本情况。研究历史地理问题,野外考察是不可或缺的方法,但是野外考察很苦,也不是一个人能做的事情,必须有一个团队,在此非常感谢侯老师给我提供做博士后的机会,使得我有信心、有决心去完成这个项目。博士学期课程结束后，侯老师带着听课的八个博士生加上我共十个人到西安南边的杜陵原上去考察。此前，我只知道原这种地貌表面是平的，但是原下边是什么样的地形，不去实地考察，是搞不清楚的。原周围上下有的地方是直立的，有的地方是缓坡，缓坡是原上居民下原的道路。改革开放后原上绝大数人都搬到原下交通方便的地方居住，原上仅剩下一些老弱病残。我们问原上一位老人，当年为啥住在高原上，她说原上夏天凉快、干燥，还能放声高唱，说着说着就唱起来了，她说住在高原上的人几乎人人都会唱歌。改革开放前，市场经济不发达，人们以居住舒适为标准选择居住在原上，这真是生态经济时代。改革开放后，原上交通不便，经济落后，最后发展到不搬到原下，男的媳妇都娶不到，人们纷纷往原下搬，我这才认识到人们的生存环境跟时代发展紧密关联，也认识到野外考察才能使研究的问题得出相对科学的结论。

在接下来的几年里，考察黄河流域成了我做课题的一个重要组成部分。只要有野外考察机会，我就积极参加。记得 2014 年 5 月中旬，陕西师范大学陕西师范大学西北历史环境与经济社会发展研究院潘威老师带着几个硕士研究生来考察河南境内的黄河和江苏徐州的运河，我全程陪同。尤其考察徐州运河给我的启发最大，出站报告里有关明代黄河下游地区水环境变迁与城镇发展这一章涉及中牟、兰考、徐州这几个城市。明前期运河是从山东昭阳湖以西走的，因黄河决溢严重影响着漕运，明后期在昭阳湖、微山湖以东开挖新的运河，一是可以把昭阳湖、微山湖作为黄河决溢的蓄水池，二是运河走昭阳湖、微山湖以东，地势较高，黄河决溢不至于影响漕运。从徐州坐公交车去山东微山湖考察运河与微山湖的关系，从地图上看运河是南北走向的，但在微山湖看到北边有一条运河向东南流去，当地人称"新运河"，现在仍有运货船在运河上航行，南下的船只运送煤炭，北上的船只基本都是空船的；在微山湖南边的运河称"老运河"，也是向东南方向流去，水量较小，里边没有运货船，仅看到一条小渔船。徐州市内的黄河故道已经成为市民休闲的滨河公园了，黄河故道在徐州北郊与运河交汇处，黄河故道的水源主要靠运河接济，运河里的水主要靠微山湖水接济，跟明代正好相反。这些实地考察，对我修改提升文稿有很大帮助。

入选课题难，野外考察不容易，写作过程更艰辛。课题时间跨度大，设定的时间是自夏商周到清末（1911 年），但是在研究时间上，有时需向史前追述，以此作为铺垫，更好地解读黄河中下游地区生态环境变迁与城镇兴衰的外在表现与内在关联；课题以黄河中下游地区为研究范围，但是黄河中下游地区不是一个孤立的区域，它的发展变化跟其他地区也有间接关系，因此，把古代黄河中下游地区的生态环境变迁与城镇兴衰放在一个长时段、大范围内进行研究，免不了显得宏观空旷，深入细致的研究显得不够。从这个角度说，这本书的出版只能说给古代黄河中下游地区生态环境变迁与城镇兴衰研究起到抛砖引玉的作用，寄希望有更多的学者投入母亲河——大黄河历史的研究中，为我们绚烂多彩的母亲河谱写更加辉煌的新篇章。

课题完成结项之后，我总想着修改到自己满意再交出版社出版，为此错过了 2018 年侯老师帮忙联系的在中国环境科学出版社出版的大好机会。2023 年初，我终于"狠心"把书稿提交河南省社会科学院科研处，令人欣慰的是书稿通过院学术委员会评审，获得全额资助出版。在此书行将出版之际，我首先要说的话，就是感谢我的博士后合作导师侯甬坚老师。记得刚拿到课题的当年 9 月初，我冒昧给侯老师打电话说明要做他博士后的原因，其实自己也不相信侯老师会招收一个带着国家课题进站的学生。当时的侯老师承担着国家自然科学基金项目、国家社科基金项目等，指导着一批硕士生、博士生在做研究。然而，事情就是这样出人意料，侯老师竟招收我做了他的博士后。进站前见侯老师，他说的一句话至今记忆犹新，"有多大的胸怀，就会有多大的舞台"。尤其是历史地理研究，是跨学科研究，涉及历史学、地理学、灾害学、生物学等，没有宽广的胸怀，去学习吸纳其他学科知识，想做好历史地理方面的研究实属不易。进站后，我抓紧点滴时间弥补环境史、历史地理和城镇史等方面的欠缺。同时，侯老师给我百倍信心，多次给我提供外出考察和参加环境史及历史地理学等方面学术交流会的机会，指导我写作，正是侯老师的悉心指导和热情帮助，使我满腔激情，完成了本书的撰写。侯老师不仅给了我学业上的指导，而且也给了我工作、生活上的关心和帮助，令我终生难忘！感激之情，千言万语汇成一句话：谢谢恩师！

在本书的写作过程中，河南科技大学人文学院吴小伦鼎力相助，南阳师范学院历史文化学院陈二峰、郑州师范学院历史文化学院张玉娟、河南省社会科学院历史与考古研究所张玉霞等也给予我极大帮助。初稿完成之后，我和张玉娟对初稿进行逐字逐句的修改。记得 2016 年暑假里，我每天早上坐公交车去玉娟家，寒暄两句之后，我们两个就迅速伏案修改，她读着初稿，我听着核对着错别字和语句不通的地方；她读累了，我读，她一边听一边修改。当时玉娟的女儿才两岁多一点儿，由婆婆带着。我们在家里通稿，她婆婆就把小孩带到外边去玩儿，中午回来给我们做午饭。就这样，整整一个暑假才把稿子修改完。在此，我特别感谢玉娟和她的好婆婆！为此书的写作提供帮助的还有河南省社会科学院历史与考古研究所两任原所长程有为和张新斌，以及徐春燕等，我在郑州大学历史学院带的硕士研究生张可佳和吕蒙原两位学生对此书引用的文献进行全面核对和查找。在此书行将出版之际，在此一并表示感谢！

此书能够在社会科学文献出版社出版，非常感谢李森、贾全胜老师的倾力相助，他们为此书出版付出的艰辛劳动，只有我最清楚，我对他们重视学术著作出版的精神表示敬佩和感谢！

另外，此书的出版，得到我所在的工作单位河南省社会科学院领导和科研处同事白云的大力支持，在此表示衷心的感谢！

最后，我要感谢我的夫君阮传宝，在我拿到课题后多次陪着我到郑州黄河边进行实地考察，使我获得对黄河的感性认识；在我做博士后、撰写国家课题报告期间都给予了大力支持，使我能够在宽松愉快的家庭氛围中进行深入的思考和艰苦的写作。唯一感到欠缺的是对儿子照顾得太少，不过我也是在尽最大努力做到两不误。此书的出版是我给夫君阮传宝和儿子阮锡田的最好礼物，是我内心深处对最爱着的两位亲人的最好表达。

田 冰

2024 年 12 月 22 日，郑州

图书在版编目（CIP）数据

古代黄河中下游地区生态环境变迁与城镇兴衰研究 /
田冰等著 . --北京：社会科学文献出版社，2025.1.
（中原智库丛书）. --ISBN 978-7-5228-3962-2

Ⅰ . X321.22

中国国家版本馆 CIP 数据核字第 2024UZ7134 号

中原智库丛书·学者系列

古代黄河中下游地区生态环境变迁与城镇兴衰研究

著　　者 / 田　冰　等

出 版 人 / 冀祥德
组稿编辑 / 任文武
责任编辑 / 李　淼
文稿编辑 / 贾全胜
责任印制 / 王京美

出　　版 / 社会科学文献出版社·生态文明分社（010）59367143
　　　　　　地址：北京市北三环中路甲 29 号院华龙大厦　邮编：100029
　　　　　　网址：www. ssap. com. cn
发　　行 / 社会科学文献出版社（010）59367028
印　　装 / 三河市龙林印务有限公司

规　　格 / 开本：787mm×1092mm　1/16
　　　　　　印张：28　字数：429 千字
版　　次 / 2025 年 1 月第 1 版　2025 年 1 月第 1 次印刷
书　　号 / ISBN 978-7-5228-3962-2
定　　价 / 98.00 元

读者服务电话：4008918866

版权所有 翻印必究